新世纪计算机课程系列精品教材
江苏省高等学校精品教材

# 多媒体技术概论
## （第 2 版）

主　编　朱范德
副主编　李　峰　葛桂萍

东南大学出版社
·南京·

## 内 容 提 要

本书较全面地介绍了多媒体技术主要的基本概念和相关技术,内容包括多媒体技术的基本概念、音视频数据的压缩编码技术、光存储媒体、MPC 及常见设备、多媒体通信系统、多媒体技术应用实例、多媒体开发应用技术和多媒体技术发展的热门新技术。

本书可作为计算机、电子、电气、通信和信息管理专业本科生、专科生或高职高专的教材,也可以供从事多媒体计算机技术研制、开发和应用的工程技术人员参考使用。

## 图书在版编目(CIP)数据

多媒体技术概论／朱范德主编. —2 版. —南京:东南大学出版社,2011.5(2020.1 重印)
新世纪计算机课程系列精品教材
ISBN 978－7－5641－2796－1

Ⅰ.①多… Ⅱ.①朱… Ⅲ.①多媒体技术—高等学校—教材 Ⅳ.①TP37

中国版本图书馆 CIP 数据核字(2011)第 093162 号

**多媒体技术概论(第 2 版)**

| | |
|---|---|
| 出 版 发 行 | 东南大学出版社 |
| 出 版 人 | 江建中 |
| 社　　址 | 南京市四牌楼 2 号 |
| 邮　　编 | 210096 |
| 经　　销 | 全国各地新华书店 |
| 印　　刷 | 虎彩印艺股份有限公司 |
| 开　　本 | 787 mm×1092 mm　1/16 |
| 印　　张 | 20.25 |
| 字　　数 | 505 千字 |
| 版　　次 | 2006 年 2 月第 1 版　2011 年 5 月第 2 版 |
| 印　　次 | 2020 年 1 月第 3 次印刷 |
| 定　　价 | 50.00 元 |

(凡因印装质量问题,请与我社营销部联系。电话:025－83791830)

# 第 2 版前言

多媒体技术的出现是人类社会信息技术的又一次重要的飞跃。多媒体技术集成了多种技术,同时又是发展最快的技术之一。随着人类对信息处理和利用需求的不断增长,对信息形式和质量要求的不断提高,多媒体技术的应用也是突飞猛进。在越来越多的场合已经离不开多媒体技术的支持。学习和掌握多媒体技术知识对于现代科技人员和相关专业的学生显得越来越重要。

我们于1995年开设了《多媒体技术概论》,作为计算机专业学生的选修课,先后又在电子、电气、信息管理等专业作为选修课。在十年的教学过程中我们使用了多本教材,这些好的教材在教学过程中给了我们很大的帮助和启发。随着多媒体技术不断的快速发展以及社会对人才要求的变化,特别是不断更新的教学计划与本课程内容的衔接,促使我们开始编写本教材。为此,我们收集了国内外技术杂志、会议论文、产品手册、国际标准以及同行编著的教材,结合我们使用了十年经过不断修改的备课笔记作为本书的基本材料。在内容的选取上注意基本概念、最新技术发展和实践操作兼顾。对一些关键技术在理论上进行了深入讨论,对相关技术发展的方向进行了详细的介绍,利用大量的实例介绍了相关技术的应用和实现。

本教材共分10个章节,其中朱范德编写了第1章多媒体技术概论、第3章图像信号处理技术、第4章图像和视频信号压缩编码技术与相关国际标准和第8章多媒体通信技术;葛桂萍编写了第2章音频信号处理技术、第5章光存储媒体技术和第9章多媒体技术的应用;李峰编写了第6章多媒体计算机系统及常见硬件设备、第7章多媒体应用系统开发技术和第10章多媒体新技术展望。参加编写工作的还有:陈宏建、温品人、高晓蓉、张晓如等。从内容上来看本教材包括了多媒体技术中几乎所有的基本概念和成熟的技术,同时在第十章中简要阐述了数据压缩新技术、虚拟现实技术、智能交互技术、MPEG-21标准现实技术和信息高速公路等最新技术的内容。

此次修订参考了有关教材、文献和一些网站的内容,并引用了部分材料,在此我们对这些作者表示衷心的感谢!同时向关心和帮助我们的同事和家人表示衷心的感谢!

由于多媒体技术涉及面太广,发展较快,虽然我们尽了自己最大的努力,难免会出现一些问题,在此仅向读者表示歉意,并希望各位指正。

本教材出版后得到了许多学校老师和学生的关注,在使用本教材后给予了很高的评价和鼓励,同时也提出了许多中肯的建议和意见,在本课程的建设过程中也得到了领导和各位同行的指导和帮助,本课程于2009年成为江苏省精品课程(苏教高[2009]19号)。为了满足广大学校师生的教学需要,我们对原稿中的错误进行了纠正,对部分内容进行了调整。为了进一步贯彻"理论教学够用、实践动手能力加强"的思想,更加注重将新成果、新技术、新方法融入教材中。

感谢各位老师的关心和支持!感谢同行的帮助!感谢扬州大学继续教育处领导的关心和支持!感谢扬州大学信息工程学院领导的关心和支持!

编 者
E-mail:zfd@yzcn.net
2011年2月28日

# 目 录

## 1 多媒体技术概论 ……………………………………………………… (1)
### 1.1 引言 ………………………………………………………………… (1)
### 1.2 多媒体技术 ………………………………………………………… (1)
#### 1.2.1 多媒体信息 ………………………………………………… (1)
#### 1.2.2 多媒体信息处理 …………………………………………… (3)
#### 1.2.3 多媒体信息系统 …………………………………………… (3)
#### 1.2.4 多媒体技术的特点 ………………………………………… (3)
### 1.3 多媒体系统的发展 ………………………………………………… (3)
### 1.4 多媒体技术研究的主要内容 ……………………………………… (4)
#### 1.4.1 数字化技术 ………………………………………………… (5)
#### 1.4.2 数据压缩编码技术 ………………………………………… (5)
#### 1.4.3 计算机平台和硬件支持芯片 ……………………………… (8)
#### 1.4.4 实时多任务操作系统 ……………………………………… (8)
#### 1.4.5 高速通信网络 ……………………………………………… (9)
#### 1.4.6 多媒体著作系统 …………………………………………… (11)
#### 1.4.7 超文本和超媒体技术 ……………………………………… (13)
#### 1.4.8 多媒体信息的组织和管理技术 …………………………… (15)
#### 1.4.9 多媒体分布应用技术 ……………………………………… (17)
#### 1.4.10 标准化 …………………………………………………… (18)
### 1.5 多媒体技术的应用领域 …………………………………………… (19)
#### 1.5.1 多媒体技术在教育中的应用 ……………………………… (19)
#### 1.5.2 多媒体技术在商业中的应用 ……………………………… (21)
#### 1.5.3 多媒体技术在通信中的应用 ……………………………… (22)
#### 1.5.4 电子出版物 ………………………………………………… (23)
#### 1.5.5 家庭娱乐 …………………………………………………… (23)
#### 1.5.6 办公自动化 ………………………………………………… (23)
#### 1.5.7 国防和军事领域 …………………………………………… (24)
### 1.6 多媒体计算机的发展趋势 ………………………………………… (24)

## 2 音频信号处理技术 …………………………………………………… (26)
### 2.1 音频处理基础 ……………………………………………………… (26)
#### 2.1.1 声音的特性及分类 ………………………………………… (26)
#### 2.1.2 声音信息的数字化 ………………………………………… (27)

2.1.3 数字音频的文件格式 …………………………………………… (29)
2.2 声卡 ……………………………………………………………………… (31)
   2.2.1 声卡的发展历史 ……………………………………………… (31)
   2.2.2 声卡的声道 …………………………………………………… (33)
   2.2.3 声卡的功能和分类 …………………………………………… (34)
   2.2.4 声卡的工作原理 ……………………………………………… (34)
   2.2.5 声卡的外接插口 ……………………………………………… (35)
2.3 音频压缩技术和标准 …………………………………………………… (36)
   2.3.1 概述 …………………………………………………………… (36)
   2.3.2 声音压缩标准 ………………………………………………… (37)
2.4 MIDI ……………………………………………………………………… (40)
   2.4.1 MIDI 标准的内容 …………………………………………… (40)
   2.4.2 MIDI 标准的优点 …………………………………………… (40)
   2.4.3 产生 MIDI 音乐的方法 …………………………………… (40)
   2.4.4 MIDI 系统 …………………………………………………… (41)
2.5 语音识别技术 …………………………………………………………… (42)
   2.5.1 语音识别的发展历史 ………………………………………… (42)
   2.5.2 语音识别的分类 ……………………………………………… (43)
   2.5.3 语音识别的工作原理 ………………………………………… (44)
   2.5.4 语音识别的困难与对策 ……………………………………… (45)
   2.5.5 语音识别的前景和应用 ……………………………………… (46)

# 3 图像信号处理技术 …………………………………………………… (48)

3.1 数字图像基础 …………………………………………………………… (48)
   3.1.1 视觉系统对颜色的感知 ……………………………………… (48)
   3.1.2 图像的颜色模型 ……………………………………………… (49)
   3.1.3 彩色空间的线性变换标准 …………………………………… (52)
   3.1.4 图像的基本属性 ……………………………………………… (54)
3.2 图像的分类和格式 ……………………………………………………… (57)
   3.2.1 图像的分类 …………………………………………………… (57)
   3.2.2 常用图像文件格式 …………………………………………… (59)
   3.2.3 图像处理中的常用名词 ……………………………………… (62)
3.3 图像输入/输出设备 ……………………………………………………… (62)
   3.3.1 笔输入 ………………………………………………………… (62)
   3.3.2 触摸屏 ………………………………………………………… (64)
   3.3.3 扫描仪 ………………………………………………………… (66)
   3.3.4 数码相机 ……………………………………………………… (67)
   3.3.5 虚拟现实的三维交互工具 …………………………………… (70)

3.4 动态图像输入设备 …………………………………………………………………… (71)
   3.4.1 图像捕捉卡 ………………………………………………………………… (71)
   3.4.2 摄像头和摄像机 …………………………………………………………… (72)

# 4 图像和视频信号压缩编码技术与相关国际标准 …………………………………… (74)
4.1 引言 …………………………………………………………………………………… (74)
   4.1.1 压缩的重要性和可行性 …………………………………………………… (74)
   4.1.2 数据压缩技术的分类 ……………………………………………………… (76)
   4.1.3 常用编码方法介绍 ………………………………………………………… (76)
4.2 静止图像压缩编码标准 ……………………………………………………………… (85)
   4.2.1 基于 DCT 的编码器框图 …………………………………………………… (85)
   4.2.2 JPEG 编码算法和实现 ……………………………………………………… (85)
4.3 H.261 标准 …………………………………………………………………………… (89)
   4.3.1 概述 ………………………………………………………………………… (89)
   4.3.2 图像格式 …………………………………………………………………… (89)
   4.3.3 H.261 编码器框图 ………………………………………………………… (90)
   4.3.4 信源编码 …………………………………………………………………… (90)
   4.3.5 视频图像复接编码器 ……………………………………………………… (93)
   4.3.6 信道编码器 ………………………………………………………………… (94)
   4.3.7 其他 H 系列的视频标准 …………………………………………………… (94)
4.4 MPEG-1 标准 ………………………………………………………………………… (96)
   4.4.1 MPEG 简介 ………………………………………………………………… (96)
   4.4.2 MPEG-1 视频编/解码器 …………………………………………………… (97)
   4.4.3 MPEG-1 图像复接编码器 ………………………………………………… (99)
4.5 通用活动图像编码标准 MPEG-2 …………………………………………………… (101)
   4.5.1 概述 ………………………………………………………………………… (101)
   4.5.2 系统部分 …………………………………………………………………… (101)
   4.5.3 MPEG-2 的编解码器 ……………………………………………………… (104)
4.6 MPEG-4 视频 ………………………………………………………………………… (105)
   4.6.1 概述 ………………………………………………………………………… (105)
   4.6.2 视频编码 …………………………………………………………………… (107)
   4.6.3 视频轮廓 …………………………………………………………………… (113)
   4.6.4 MPEG-4 文件格式 ………………………………………………………… (114)
4.7 MPEG-7 多媒体内容描述接口 ……………………………………………………… (115)
4.8 其他压缩编码标准 …………………………………………………………………… (117)
   4.8.1 M-JPEG …………………………………………………………………… (117)
   4.8.2 MPEG-21 标准 ……………………………………………………………… (118)
   4.8.3 其他压缩编码标准 ………………………………………………………… (119)

## 5 光存储媒体技术 (120)

### 5.1 概述 (120)
- 5.1.1 光盘的发展简史 (120)
- 5.1.2 光盘的特点 (122)
- 5.1.3 光盘的分类 (122)
- 5.1.4 光盘系统的主要参数 (123)

### 5.2 光盘的标准 (124)
- 5.2.1 红皮书——CD-DA (124)
- 5.2.2 黄皮书——CD-ROM (126)
- 5.2.3 ISO 9660 (128)
- 5.2.4 绿皮书——CD-I (129)
- 5.2.5 橙皮书——CD-R (130)
- 5.2.6 白皮书——Video CD (131)

### 5.3 CD-ROM 系统 (133)
- 5.3.1 CD-ROM 光盘结构 (133)
- 5.3.2 CD-ROM 扇区的数据结构 (136)
- 5.3.3 CD-ROM 光驱 (137)

### 5.4 CD-R 和 CD-R/W 光盘 (139)
- 5.4.1 CD-R 光盘 (139)
- 5.4.2 CD-R/W 光盘 (140)

### 5.5 VCD 与 DVD (143)
- 5.5.1 VCD (143)
- 5.5.2 DVD 的分类 (144)
- 5.5.3 DVD 的特点 (148)
- 5.5.4 DVD 为增大存储容量采取的措施 (149)
- 5.5.5 DVD 播放机 (151)
- 5.5.6 DVCD 光盘技术 (152)

## 6 多媒体计算机系统及常见硬件设备 (154)

### 6.1 多媒体计算机系统 (154)
- 6.1.1 多媒体个人计算机 (155)
- 6.1.2 专用多媒体系统 (156)
- 6.1.3 多媒体工作站系统 (156)

### 6.2 输入设备 (157)
- 6.2.1 键盘 (157)
- 6.2.2 鼠标 (158)
- 6.2.3 手写输入设备 (160)
- 6.2.4 触摸屏 (161)

6.2.5　条形码 …………………………………………………………………… (163)
6.2.6　读卡器、磁卡与 IC 卡 ………………………………………………… (165)
6.2.7　光学字符识别 …………………………………………………………… (166)
6.2.8　语音输入系统 …………………………………………………………… (167)
6.2.9　数字摄像头 ……………………………………………………………… (169)
6.2.10　其他输入设备 ………………………………………………………… (171)
6.3　输出设备 …………………………………………………………………………… (171)
6.3.1　显示器 …………………………………………………………………… (171)
6.3.2　投影机 …………………………………………………………………… (172)
6.3.3　打印设备 ………………………………………………………………… (174)
6.4　通信设备 …………………………………………………………………………… (176)
6.4.1　调制解调器 ……………………………………………………………… (176)
6.4.2　ISDN 和 DSL …………………………………………………………… (177)
6.4.3　PC 传真卡 ……………………………………………………………… (179)
6.5　多媒体 I/O 总线和接口标准 ……………………………………………………… (179)
6.5.1　计算机传输总线 ………………………………………………………… (179)
6.5.2　SCSI 接口标准 ………………………………………………………… (180)
6.5.3　USB 串行总线接口标准 ……………………………………………… (180)
6.5.4　IEEE1394 高速串行总线接口标准 ………………………………… (181)

# 7　多媒体应用系统开发技术 …………………………………………………………… (182)
7.1　多媒体应用系统的开发过程 ……………………………………………………… (182)
7.2　多媒体素材制作与加工 …………………………………………………………… (184)
7.2.1　文字素材的获取 ………………………………………………………… (185)
7.2.2　音频数据的获取与加工 ………………………………………………… (186)
7.2.3　图形与图像素材的获取与加工 ………………………………………… (190)
7.2.4　视频素材的获取与加工 ………………………………………………… (194)
7.2.5　动画的制作 ……………………………………………………………… (198)
7.3　多媒体编著工具 …………………………………………………………………… (202)
7.3.1　多媒体编著工具的功能 ………………………………………………… (202)
7.3.2　多媒体编著工具的创作模式 …………………………………………… (202)
7.3.3　多媒体编著工具的类型 ………………………………………………… (203)
7.3.4　基于编著工具的多媒体应用制作实例 ………………………………… (204)
7.4　Windows 多媒体程序设计 ………………………………………………………… (212)
7.4.1　Windows MCI 编程接口介绍 ………………………………………… (212)
7.4.2　基于多媒体组件的多媒体应用编程 …………………………………… (215)

## 8 多媒体通信技术 (227)

### 8.1 概述 (227)
- 8.1.1 多媒体网络应用 (227)
- 8.1.2 应用分类 (228)
- 8.1.3 应用开发面临的问题 (228)
- 8.1.4 改善服务质量 (229)
- 8.1.5 多媒体网络应用的发展 (229)

### 8.2 多媒体通信基础 (229)
- 8.2.1 多媒体通信的特点和对网络的要求 (229)
- 8.2.2 当前网络对多媒体通信的支持 (232)

### 8.3 多媒体应用的网络需求 (233)
- 8.3.1 音频信息的网络需求 (234)
- 8.3.2 视频信息的网络需求 (238)
- 8.3.3 音频和视频网络传送的需求 (242)
- 8.3.4 其他需求 (243)

### 8.4 网络多媒体应用系统和相关标准 (244)
- 8.4.1 概述 (244)
- 8.4.2 计算机支持的协同工作(CSCW) (245)
- 8.4.3 点播服务系统 (247)
- 8.4.4 相关标准 (249)

## 9 多媒体技术的应用 (253)

### 9.1 典型的网络多媒体应用系统 (253)
- 9.1.1 可视电话 (253)
- 9.1.2 视频会议系统 (255)
- 9.1.3 多媒体远程教学系统 (260)
- 9.1.4 多媒体远程医疗系统 (263)
- 9.1.5 视频点播系统 (265)
- 9.1.6 IP电话 (269)

### 9.2 超文本和超媒体 (272)
- 9.2.1 超文本的发展历史 (272)
- 9.2.2 超文本与超媒体的定义 (273)
- 9.2.3 超文本与超媒体的体系结构 (276)
- 9.2.4 超媒体的应用 (280)
- 9.2.5 超文本、超媒体发展前景 (281)

### 9.3 多媒体数据库系统 (282)
- 9.3.1 多媒体数据库的基本概念 (282)
- 9.3.2 多媒体数据库管理系统的基本功能与体系结构 (285)

9.3.3　多媒体数据库的基于内容的检索 ………………………………………… (288)

# 10　多媒体新技术展望 …………………………………………………………… (292)

## 10.1　数据压缩新技术 ……………………………………………………………… (292)
　　10.1.1　矢量量化编码 ………………………………………………………… (292)
　　10.1.2　结构编码 ……………………………………………………………… (292)
　　10.1.3　图像编码 ……………………………………………………………… (293)
　　10.1.4　小波变换编码 ………………………………………………………… (293)
　　10.1.5　基于模型的编码 ……………………………………………………… (294)
　　10.1.6　分形编码 ……………………………………………………………… (294)

## 10.2　虚拟现实技术 ………………………………………………………………… (295)
　　10.2.1　概述 …………………………………………………………………… (295)
　　10.2.2　虚拟现实系统的分类 ………………………………………………… (296)
　　10.2.3　虚拟现实技术的应用 ………………………………………………… (296)
　　10.2.4　未来的发展趋势 ……………………………………………………… (297)

## 10.3　智能交互技术 ………………………………………………………………… (298)
　　10.3.1　人机交互技术概述 …………………………………………………… (298)
　　10.3.2　智能交互技术的进展 ………………………………………………… (299)

## 10.4　MPEG-21标准现实技术 …………………………………………………… (302)

## 10.5　信息高速公路及其影响 ……………………………………………………… (305)
　　10.5.1　概述 …………………………………………………………………… (305)
　　10.5.2　信息高速公路对社会的影响 ………………………………………… (306)

**参考文献** ………………………………………………………………………………… (310)

# 1 多媒体技术概论

## 1.1 引言

多媒体技术(Multimedia Technology)是20世纪80年代末期兴起的一门新技术。简单地说,多媒体技术就是利用计算机综合处理多种媒体信息(数据、文本、图形、声音、图像和视频),使其建立逻辑连接,集成为一个系统并具有交互性。多媒体技术最先出现于计算机领域,随着信息技术、通信技术、超大规模集成电路(VLSI)技术、网络技术的发展以及多媒体技术应用领域的不断开拓,如今多媒体技术不仅是计算机领域的热点之一,而且也是通信技术、信息技术等领域的热门课题。多媒体技术必将渗透到与信息有关的各个领域,可以说90年代是以应用多媒体技术(多媒体信息、多媒体信息处理、多媒体信息系统)为特征的信息时代。多媒体技术不仅引起了计算机产业的第二次革命,而且把通信技术推向崭新的全方位的多媒体通信时代,并改变着人们的工作、学习和生活,改变着90年代人类社会面貌。当前人类正向"多媒体社会"迈进。

## 1.2 多媒体技术

### 1.2.1 多媒体信息

人类进行信息交流最常用的手段是通过视觉和听觉进行的。视觉信息和听觉信息约占人类获取信息总量的85%。视觉信息包括文字、图形、图像、视频、动画等,视觉信息是最直接最生动的信息。听觉信息包括语言、音乐等。我们把数据、文本、声音、图像等承载信息的载体称为媒体(Media)。信息都是依附于一定载体上才能够进行传播、存储、接收、处理和使用的。根据国际电报电话咨询委员会CCITT定义,媒体有以下五种:

1) 感觉媒体(Perception Medium)

感觉媒体是直接作用于人的感觉器官,能使人直接产生感觉的媒体。感觉媒体有语音、音乐、数据、文字、图形、图像、视频、动画、自然界的各种声响等。

2) 表示媒体(Representation Medium)

表示媒体是为了传输感觉媒体而人为研究出来的媒体,以便能更有效地将感觉媒体进行传输。表示媒体有各种语音编码、音乐编码、文本编码、图形编码、图像(静止图像、运动图像)编码等。

3) 表现媒体(Presentation Medium)

表现媒体指的是电信号和感觉媒体之间转换用的媒体。表现媒体有两种,一种是输入表现媒体,它将感觉媒体转换为电信号,如键盘、鼠标器、摄像机、扫描仪、光笔、话筒等;另一种是输出表现媒体,它将电信号转换为感觉媒体,如喇叭、打印机、显示器等。

4) 存储媒体(Storage Medium)

存储媒体用于存放表示媒体,以便随时调用。存储媒体有硬盘、软盘、光盘、磁带、存储器等。

5) 传输媒体(Transmission Medium)

传输媒体是用来将表示媒体从一处传送到另一处的物理实体,传输媒体有双绞线、电话线、同轴电缆、光纤、无线电链路等。

当信息载体不仅是数据、文字,还包括图形、图像和声音等多种感觉媒体时,我们就称为多媒体信息,或简称多媒体。因此,多媒体信息不仅包含了数据、文字,还包括各种视觉信息和听觉信息,是全方位信息。

多媒体信息具有以下属性:

(1) 模拟形式和数字形式兼有

真实世界的视觉信息和听觉信息是模拟形式的,作用于人眼睛和耳朵的信息也是模拟的,而计算机处理和集成、存储和传输的则是数字化的信息。

(2) 静止的和运动的属性

多媒体信息可以是静止的也可以是运动的。文字、图形、静止图像都属于静止信息形式,而视频、广播、动画、语音、音乐则属于运动信息。在人类的信息交互过程中,运动信息占有很大比重。运动信息能以一种带有过程的形式表达出特别的内容,除了信息本身是运动的外,运动的含义还包括过程本身,我们称包括过程的运动为活动。活动包括学习过程、表达和变换过程。学习过程是接受信息的过程,变换过程就是通过交互掌握和利用信息的过程。所以,多媒体信息本身的活动性就是重要的信息交互过程。

(3) 空间和时间属性

多媒体信息在空间和时间上都有意义,例如文本、静止图像需要一定的显示空间,声音则需要表现时间,而空间和时间属性又往往结合在一起。例如动画是图形加运动,视频是图像、声音加运动,它们既需要显示空间,在时间上也需要延续,活动和表达也是如此。

(4) 分散性和集成性属性

多媒体数据作为数字形式的多媒体信息具有分散性,这是指各种媒体之间没有特定的统一形式,很难找到一种能把所有不同媒体信息组合在一起的统一的数据结构。因为各种媒体的数据(字符数据、语音数据、图形数据、图像数据、视频数据、动画数据等)在形式上、数量上和处理方法上都有很大的区别。所以,对多媒体数据的处理(包括存、取)不能像对其他数据那样用单一的事先指定的方法,而必须根据不同的媒体采用不同的方法。

多媒体信息的集成性是指信息表现时往往需要将多种媒体信息相互配合集成在一起。例如将图形、文字和图像集成在同一画面上,将图像、动画与解说、音乐相配合。

(5) 同步和异步的属性

同步和异步是多媒体信息的两个重要属性。异步是指时间上不能预知何时发生的,需要特别协议的信息,例如电子邮件等。同步则是指同时的、多通道的、实时的。例如多媒体信息中,图像和声音的同时出现。然而,同步和异步既有差别又可以统一,例如在一个通道中只能异步传送声音和画面,但当数据到达目的地时,则可以由同步方式再现出来。

### 1.2.2 多媒体信息处理

对多媒体数据的处理除了有查找、检索、排序外,还有压缩、转换、识别、理解、合成、存储、传输和利用等特殊操作。

压缩是多媒体信息处理的关键,可以说没有实时压缩能力就没有多媒体信息,也不可能实现多媒体信息的存储和传输。

各种媒体信息间的转换是一个重要的处理能力。例如将文字变为语音或将语音识别为文字,都涉及到语音合成与识别问题;文字和图形、图像之间的转换则涉及到字符识别、图形理解等问题。目前有些媒体信息间可以互换,有的还不能互换。随着人工智能的发展,将会实现各种媒体信息间的随意互换,那时,多媒体技术就进入了一个新的智能化阶段。

合成和创作是多媒体信息处理的又一重要方面,它体现了多媒体信息的集成性和交互性。

多媒体信息的存储和传输也是多媒体信息处理不可缺少的方面。

此外,还涉及到各种媒体信息本身的处理技术,如语音处理技术,图形、图像处理技术,数据库技术等。

### 1.2.3 多媒体信息系统

多媒体信息系统就是将先进的计算机系统、通信系统和广播系统统一成一个综合化的多媒体信息服务系统。也就是说多媒体信息系统是集多媒体信息的多样性,计算机的交互性,通信的分布性和广播的真实性于一体的全方位信息服务系统。它的发展和完善对人类社会将产生重要影响。

### 1.2.4 多媒体技术的特点

多媒体信息技术就是利用多媒体信息系统处理和综合利用多媒体信息的技术。它具有以下几种特性:

(1) 多样性:包括媒体的多样性,数据格式的多样性,输入/输出设备的多样性,服务方式的多样性。

(2) 集成性:包括两种以上媒体信息的集成,数据种类的集成,表现方式和传播方式的集成,硬件系统和软件系统的集成。

(3) 交互性:是指用户能自主地控制和干预多媒体信息的处理、制作和利用的全过程。

## 1.3 多媒体系统的发展

人们对多媒体信息并不陌生,目前千家万户使用的电视就是接收由声、文、图等多种感觉媒体信息组成的系统。但是,这种家用电视是模拟的,只能被动地接收,不能实现交互式的收看,因而不能称之为多媒体系统。随着数字化技术、数据压缩技术、存储技术和计算机技术的发展,使具有交互功能的多媒体系统有了实现的基础。

1983年美国RCA公司的戴维·沙诺夫研究中心首先提出了数字化视频交互技术(Digital Video Interactive,DVI)的设想。第一代DVI产品Action media 750-I于1989年推出,第二代产品 Action media-Ⅱ于1991年问世。

世界上第一个多媒体系统 Amiga 是 Commodore 公司于1985年推出的,该系统具有音响、视频信号处理和动画显示功能。1986年 Philips 公司和 Sony 公司公布了基本的 CD-Ⅰ(Compact Disc-Interactive)系统,这是较早的交互式数字多媒体系统。但是直到1991年秋才出现商业产品。

Apple 公司的 Macintosh 具有良好的人机界面,使得它成为桌面印刷和演示系统的先驱。1991年推出的 Mac 操作系统 7.0 增加了多媒体功能,同时 Macintosh 拥有大批功能卓越的多媒体应用软件。

1988年10月第一种从设计上贯彻多媒体思想的 Next 计算机问世,它在硬件、软件设计上都考虑了如何适应多媒体的思想。

随着人们对音频、视频数据压缩编码技术的深入研究,相继建立了图像数据压缩编码的各种国际标准:JPEG 标准(静止图像压缩编码标准)、H.261(P×64)标准(可视电话、会议电视压缩编码标准)、MPEG 标准(活动图像压缩编码标准),使得多媒体技术中数据压缩这一关键问题的解决有了统一可行的国际标准。与此同时,许多 VLSI 制造公司推出了能实时实现这些标准算法的专用芯片和通用芯片,加上个人计算机性能价格比的不断提高,于是出现了许多多媒体板级产品,如多媒体信息采集卡、数据压缩编码卡,以及以 PC 机为平台配置的各种多媒体板级卡而形成的各种多媒体个人计算机(MPC)和多媒体系统等。目前形式多样的多媒体系统如雨后春笋般地涌现,根据功能不同大体上可以分为以下几类:

1) 开发系统

具有多媒体技术应用的开发功能,该系统配有功能强大的计算机,齐全的声、文、图信息的外部设备和多媒体演示的编著工具,典型的用户是多媒体技术应用的制作、电视编辑系统等。

2) 演示系统

是一个增强型的桌上系统,可完成各种多媒体的应用并与网络连接。典型的用户是专业技术工作者、大公司经理、高等教育工作者等。

3) 训练/教育系统

是一种用户多媒体信息播放系统,以计算机为基础配上 CD-ROM 驱动器、音响和图像接口控制卡连同相应的外部设备,通常用于家庭教育、小型商业销售点和教育培训等。

4) 家用系统

是一种家庭信息亭,通常配有 CD-ROM,采用家用电视机作为显示设备,可供5名以下观众使用。通常用于家庭学习、娱乐、一般信息的存储和处理。

## 1.4 多媒体技术研究的主要内容

多媒体技术是一门综合技术,它涉及到计算机技术、信号处理技术、通信技术、压缩编码技术、计算机平台和硬件支持芯片技术、实时多任务操作系统、窗口管理系统技术、高速信息网络技术、编著工具系统以及超媒体技术等。因此多媒体技术的研究涉及面非常广,在此我们只介绍主要的内容。

### 1.4.1 数字化技术

由于多媒体技术要利用计算机来综合处理文字、声音、图形、图像、视频等多种媒体信息，这些信息本身都是模拟量，只有数字化以后才能由计算机平台进行各种处理和综合。因此，数字化技术是多媒体技术的必要基础。对于不同媒体，信息数字化要求和实现方法均有所不同。

音频信号除 CD 音响和电子乐器已是数字信号外，现有的语音、广播（调幅、调频）和立体声音乐均是模拟信号，一般需经滤波器和模/数（A/D）转换器将上述各种模拟音频信号转换为数字信号。视频信号通常是由摄像机、录像机等视频图像输入设备获得模拟图像。这些信号大多数是标准的彩色全电视信号，必须经彩色解码电路将全电视信号分解为模拟彩色分量信号——R.G.B（或 Y.U.V）信号，再经 A/D 转换器转换为数字式信号。各种媒体信息的数字化通常是由各种多媒体信息的采集卡（图形卡、图像卡、音频卡、视频卡等）来实现的，它集中体现了多媒体信息的数字化技术，其主要指标是采样速度、精度和功能。

### 1.4.2 数据压缩编码技术

#### 1) 进行数据压缩的必要性

为了能在计算机上实现对多媒体信息的交互处理，就必须对各种媒体信息进行数字化。而数字化信息的数据量是十分庞大的，1 秒钟的 CD 质量的立体声数字化音频信息，其数据量为 1.411 Mbit（2×44.1 kHz×16 bit），40 MB 存储媒体仅能存放大约 4 分钟的立体声声音，一张 650 MB 的光盘也只能存放 1 小时的立体声音乐，如以 NTSC 制播放 720×480 全彩色数字视频，则数据的传输速率为 249 Mb/s（720×480×24 bit×30/s），一张 650 MB 光盘仅能存储 20 秒左右的数字视频。由此可见，数字音频和视频庞大的数据量不仅造成存储和传输的困难，而且计算机的总线也难以承受。尽管有各种不同方法在不同程度上提高计算机的传输能力，但都不能彻底解决问题。彻底解决问题的方法是对多媒体信息数据进行压缩。一幅 512×512×8 bit 的静止图片在电话线上以 2.4 Kb/s 速率传送约需 15 分钟，若将数据压缩 15 倍，则传送时间降为 1 分钟。又如未压缩的 NTSC 制数字电视信号码率为 220 Mb/s，若采用压缩比达 200 以上的数据压缩技术，则码率可降到 1 Mb/s 以下。可见数据压缩编码技术在多媒体技术中的重要作用。

在表 1.1 和表 1.2 中分别列出了 1 分钟数字声音信号和视频信号的有关参数：

表 1.1　1 分钟数字声音信号所需的存储空间

| 数字音频格式 | 频带(Hz) | 带宽(kHz) | 取样率(kHz) | 量化位数 | 存储容量(MB) |
|---|---|---|---|---|---|
| 电　话 | 200～3 400 | 3.2 | 8 | 8 | 0.48 |
| 会议电视伴音 | 50～7 000 | 7 | 16 | 14 | 1.68 |
| CD-DA | 20～20 000 | 20 | 44.1 | 16 | 5.292×2 |
| 数字音频广播 | 20～20 000 | 20 | 48 | 16 | 5.76×2 |

表 1.2　1 分钟数字视频信号所需的存储空间

| 数字电视格式 | 空间×时间分辨率(帧/s) | 取样率(MHz) | 量化位数 | 存储容量(MB) |
| --- | --- | --- | --- | --- |
| CIF | 352×288×30 | 亮度 4:1:1 | 12 | 270 |
| CCIR 601 建议 | NTSC 制 720×480×30 | 亮度 4:2:2 | 16 | 1 620 |
| | PAL 制 720×576×25 | | | 1 620 |
| HDTV | 1 280×720×60 | 60 | 8 | 3 600 |

2) 数据压缩的可能性

研究发现,图像数据表示中存在着大量的冗余。通过去除这些冗余数据可以使原始图像数据极大地减少,从而解决图像数据量巨大的问题。图像数据压缩技术就是研究如何利用图像数据的冗余性来减少图像数据量的方法。因此,进行图像压缩研究的起点是研究图像数据的冗余性。

下面我们介绍常见的一些图像数据冗余的情况。

(1) 空间冗余

这是静态图像存在的最主要的一种数据冗余。一幅图像记录了画面上可见景物的颜色。同一景物表面上各采样点的颜色之间往往存在着空间连贯性,但是基于离散像素采样来表示物体颜色的方式通常没有利用景物表面颜色的空间连贯性,从而产生了空间冗余。我们可以通过改变物体表面颜色的像素存储方式来利用空间连贯性,达到减少数据量的目的。例如,在静态图像中有一块表面颜色均匀的区域,在此区域中所有点的光强、色彩以及饱和度都是相同的,因此数据有很大的空间冗余。

(2) 时间冗余

这是序列图像(电视图像、运动图像)表示中经常包含的冗余。序列图像一般位于一个时间轴区间内的一组连续画面,其中的相邻帧往往包含相同的移动物体,只不过移动物体的空间位置略有不同,所以后一帧的数据与前一帧的数据有许多共同的地方,这种共同性是由于相邻帧记录了相邻时刻的同一场景画面,所以称为时间冗余。

(3) 结构冗余

在有些图像的纹理区,图像的像素值存在着明显的分布模式,例如方格状的地板图案等,我们称此为结构冗余。已知分布模式,可以通过某一过程生成图像。

(4) 知识冗余

有些图像的理解与某些知识有相当大的相关性。例如,人脸的图像有固定的结构,嘴的上方有鼻子,鼻子的上方有眼睛,鼻子位于正脸图像的中线上等等。这类规律性的结构可由经验知识和背景知识得到,我们称此类冗余为知识冗余。根据已有的知识,对某些图像中所包含的物体,我们可以构造其基本模型,并创建对应各种特征的图像库,进而图像的存储只需要保存一些参数,从而可以大大减少数据量。模型编码主要利用知识冗余的特性。

(5) 视觉冗余

事实表明,人类的视觉系统对图像场的敏感性是非均匀和非线性的。例如,在记录原始的图像数据时,通常规定视觉系统是线性和均匀的,对视觉敏感和不敏感的部分同等对待,从而产生了比理想编码(即把视觉敏感和不敏感的部分区分开来编码)更多的数据,这就是视觉冗余。通过对人类视觉进行的大量实验,发现了以下的视觉非均匀特性。

① 视觉系统对图像的亮度和色彩的敏感性相差很大。

当把 RGB 颜色空间转化成 NTSC 制的 YIQ 坐标体系后,经实验发现,视觉系统对亮度 Y 的敏感度远远高于对色彩度(I 和 Q)的敏感度。因此对色彩度(I 和 Q)允许的误差可大于对亮度 Y 所允许的误差。

② 随着亮度的增加,视觉系统对量化误差的敏感度降低。这是由于人眼的辨别能力与物体周围的背景亮度成反比。

由此说明:在高亮度区,灰度值的量化可以更粗糙些。

③ 人眼的视觉系统把图像的边缘和非边缘区域分开来处理。

这是将图像分成非边缘区域和边缘区域分别进行编码的主要依据。这里的边缘区域是指灰度值发生巨大变化的地方,而非边缘区域是指除边缘区域之外图形的其他任何部分。

④ 人类的视觉系统总是把视网膜上的图形分解成若干个有向空间的频率通道后再进一步处理。在编码时,如若把图形分解成符合这一视觉内在特性的频率通道,则可能获得较大的压缩比。

(6) 图像区域的相似性冗余

它是指在图像中的两个或多个区域所对应的所有像素值相同或相近,从而产生数据的重复性存储,这就是图像区域的相似性冗余。在以上的情况下,记录了一个区域中各像素的颜色值,与其相同或相近的其他区域就不需再记录其中各像素的值。

(7) 纹理的统计冗余

有些图像纹理尽管不严格服从某一分布规律,但是它在统计的意义上服从该规律。利用这种性质也可以减少表示图像的数据量,所以我们称之为纹理的统计冗余。

随着对人类视觉系统和图像模型的进一步研究,人们可能会发现更多的冗余性,使图像数据压缩编码的可能性越来越大,从而推动图像压缩技术的进一步发展。

3) 数据压缩编码技术

由于音频和视频信号本身具有大量的客观冗余度和主观冗余度,消除这些冗余度就可达到数据压缩的目的。利用音频和视频信号所固有的统计特性(相关性)可以消除客观冗余度,而利用人的听觉和视觉生理学、心理学特性在一定质量情况下可以消除主观冗余度,从而达到数据压缩的目的。

数据压缩编码方法一般可分为无损压缩编码(Loss Less Compression Coding)和有损压缩编码 (Loss Compression Coding)。无损压缩编码可以完全恢复原始信息(数据、文字、声音、图像)而不产生任何失真,是一种信息保持型编码。它是根据数据的统计特性进行压缩的,所以又称熵编码(Entropy Coding)。常用无损压缩编码算法有:霍夫曼(Huffman)编码、算术(Arithmetic)编码、游程编码和 LZW(Lempel-Zev-Welch)编码等。无损压缩编码的压缩比一般为 2~5 倍。

有损压缩编码算法利用数据空间和时间的相关性以及人的听觉和视觉特性来消除数据的客观和主观冗余度,从而进一步提高压缩比,它是信息压缩型编码又称熵压缩型编码。这种编码方法不能完全恢复原始数据,会产生一些失真,失真的程度与压缩比以及所使用的方法有关。

为适应多媒体信息数据的压缩编码,有关国际组织经过多年大量的工作已经制定了一系列有关音频数据压缩编码和图像数据压缩编码的国际标准。

### 1.4.3 计算机平台和硬件支持芯片

由于多媒体信息的数据量大,而且许多处理(包括数据压缩编解码)都必须实时完成。作为多媒体信息处理系统核心的计算机平台不仅应有高速 CPU 而且应有大容量的存储空间,还应配有光盘驱动器、音频和视频数据采集卡以及各种接口硬件。这类计算机平台可以是以微型计算机为基础的多媒体个人计算机(Multimedia Personal Computer,MPC),也可以是以工作站为基础的多媒体工作站、专用多媒体系统平台以及家用多媒体系统。

尽管如此,目前计算机平台(CPU 采用 RISC 芯片或 CISC 芯片)都不能实时实现视频图像数据的各种压缩编解码算法。因此,作为多媒体信息处理系统的计算机平台还应含有音频、视频数据压缩编解码子系统(实时数据压缩编解码卡)。由各种支持音频、视频数据压缩编解码标准算法的芯片实现实时编解码功能。

由于以微型计算机为基础的 MPC 应用最为广泛,为了使不同厂家生产的产品都能方便地组成多媒体个人计算机系统,这就要求能够解决产品标准化和兼容性的问题。为此,多媒体产品供应商和最终用户联合起来组织了一个交互式多媒体协会(Interactive Multimedia Association,IMA),这个组织的主要目的是解决兼容性的问题。IMA 的计划是放在最终用户的兼容性上。在 IMA 指导下,由 Philips、Microsoft、NEC 等多家著名厂商组成了多媒体市场协会,制定了两个多媒体个人计算机平台标准:第一个层次的 MPC 标准和第二个层次的 MPC 标准。MPC 平台标准的特点是兼容性、个性化。MPC 的任务是让每个 PC 机用户在软件和硬件上的投入和积累得到肯定和连续的支持。通过 MPC 的标准把 PC 机推广到家庭,使 PC 机连到每个家庭的电视、电话和立体声音响上,使 PC 机成为家庭管理和娱乐的中心,这样就会使 PC 机产业有一个突破性的发展。MPC 平台标准对计算机应用开发者来说,是开发先进的多媒体应用系统的标准;对用户来说,是建立能支持多媒体应用的 PC 机系统或者已有的 PC 机系统能升级为多媒体 PC 机系统的指南;对零售商来说,MPC 是一个组织的标志,这个组织的宗旨是尽可能使 PC 机的用户拥有多媒体功能。

### 1.4.4 实时多任务操作系统

多媒体技术的实时性、交互性和集成性,决定了多媒体信息处理需要的操作系统必须是实时多任务操作系统。它应对多个任务以及声音、图像同步进行实时控制和管理;应具有多媒体设备驱动程序和应用程序接口;支持数据压缩编码;支持在一个画面上集成文本、图形、声音、图像、视频的窗口管理能力。

具体地说,能够进行多媒体信息处理的操作系统应具备以下基本功能:

(1) 有把硬件虚拟化的应用编程界面(Application Programmable Interface,API)。有了 API 便能按照操作系统提供的界面开发程序,使应用程序同硬件不直接发生关系,这就比较容易实现兼容性。

(2) 具有声音文件格式。

(3) 具有视频文件格式。

(4) 具有利用硬件进行动画、视频数据压缩编解码功能。

(5) 具有利用软件进行动画、视频数据压缩编解码功能,以便能不使用专门硬件就能再现数字音频和视频。

(6) 具有声音、视频的同步控制能力,即能按时间轴对多媒体数据进行控制。

(7) 具有支持多媒体信息的窗口管理功能。窗口管理系统是控制位映射显示设备与输入设备的系统软件,它管理屏幕、窗口、像素映射、彩色查找表、字体、光标、图形以及输入/输出设备。窗口系统一般提供三种界面:

① 应用界面:这是最终用户和所显示窗口间的交互机制,它向用户提供灵活方便、功能丰富的多窗口机制,包括各种类型的窗口、菜单、图形、正文、对话框、滚动条、图符等对象以及对它们的操作和相互通信。

② 编辑界面:这是程序员构造应用程序的多窗口界面。窗口系统提供各类库函数、工具箱、对象等编程机制,有较强的图形功能、设备独立性及网络透明性。

③ 窗口管理界面:它实现对窗口的管理,包括控制应用程序各窗口的布局、重显、大小、边框、标题等。

为了支持上述这些要求,一般都是在现有的操作系统上进行扩充。如 Philips 公司和 Sony 公司基本的 CD-Ⅰ 系统中,采用了 MMC(Multimedia Controller)来处理音频和视频信号。Commodore 公司的 Amiga 系统中的多任务操作系统有下拉的菜单、多窗口、图标和表示管理等功能。IBM 公司的 OS/2 中提供了媒体设备管理程序(MDM)和多媒体输入/输出管理程序(MMIO),用户只需熟悉 MDM 和 MMIO 而无需关心底层情况。Apple 公司的一个多媒体协议和驱动程序标准集,叫做 Apple 公司媒体控制结构(Apple Media Control Architecture,AMCA)。AMCA 是系统级的结构,用来访问视频光盘、音频光盘以及录像带的信息,软件工作人员不用为多媒体外部设备写专门的驱动程序。IBM 和 Intel 公司开发的 DVI 系统中软件的核心部件是音频/视频子系统(Audio/Video Sub System,AVSS)和音频视频核心(Audio Video Kernel,AVK),它们的主要任务是为音频和视频数据流相关同步提供需要的实时任务调度、实时的数据压缩和解压缩、实时的拷贝、改变比例、建立位映射、管理控制并将其送至显示缓冲区等。

### 1.4.5 高速通信网络

多媒体信息的获取、交流和应用离不开通信设施。如果没有良好的能与多媒体信息特性相匹配的通信网络,多媒体的应用领域和范围将受到极大限制,更不要说能在全国乃至全球范围内传输和共享多媒体信息资源了,多媒体信息的质量也会受到很大影响。目前数据通信网按辖域可分为局域网(LAN)、城域网(MAN)和广域网(WAN)。这些网的结构和协议是为适应具有异步性、准确性、平等性以及强调互联等性质的文本通信业务而建立的。现有网络协议的特点是:

(1) 分层的体系结构:这种结构虽然有利于简化不同系统的数据通信的实现,但增加了信息传输延时。

(2) 基于数据包的信息传输:网络中信息交换方式有三种,即电路交换(Circuit Switch)、信报交换(Message Switch)和报文交换(Packet Switch)。除了电路交换方式由于通信双方建立独占的物理连接,可进行连续信息交换,另外两种方式都是基于数据包的信息交换,在信息传输时需要打包、拆包操作和路径选择,因此会在传输中产生一定延时。

(3) 无差错的信息校验:在数据传输产生差错时需重新传输相应数据,这样会增加网络延时并消耗网络带宽。

(4) 基于窗口的流量控制:是基于网络传输率及可用带宽的控制方式。它对传输速率有一定的要求,如音频、视频等连续媒体信息的传输有一定的影响,同时对在多媒体信息传输中突发的数据流量变化也有较大的影响。

(5) 超时重发:为保证文本数据的可靠传送,在信息发出一段时间后若仍未收到接收方应答帧,则认为该帧已丢失必需重发刚才数据帧。而多媒体信息具有实时性,如果多媒体数据一段时间内没有到达,则该数据已失去意义,不仅无需重发还要将迟到的帧丢弃。

由于多媒体信息中各种媒体自身及其组合有它的特殊性质,因而对传输多媒体信息的网络结构及协议有特殊要求:

① 多媒体信息数据量大,要求网络提供同步业务服务。多媒体信息与时间相关,如声音、活动图像等,这些信息的传送需要时间上的保证,在某一特定时间范围内必须传送完成相应的数据,这就要求网络为这些信息的传送分配相应的同步带宽。

② 多媒体信息往往对延时非常敏感,要求网络延时必须足够小。例如在实时传输NTSC制视频时,必须在33毫秒时间内完成一帧图像的采集、压缩、传输、解压缩、播放等操作。

③ 多媒体信息必须能有机地结合。这要求网络能保证各媒体本身及媒体之间时间和空间的同步。

因此,目前的数据通信网远不能适用于多媒体信息,特别是声音和视频的传输。只有高速网络和高速协议才能满足要求。基于光纤的高速通信网络具有不同于传统网络的特性,它们不仅提供了高速度、低差错的传输,还提供了新型的网络服务,为分布式事务处理和分布多媒体应用提供了保证。

适合于多媒体信息传输的高速网络协议是人们正在研究的课题。目前主要是针对开放式系统互联(OSI)七层协议进行一定扩展,使之适应于多媒体信息的特点。

a. 扩展物理层以适应多媒体信息传输的高速宽带要求。

主要采用新型传输媒体和光纤,以提高数据传输率。

b. 改进数据链路层和网络层以解决可用带宽和带宽分配间距。

主要是采用一些高速交换技术(如 ATM 等)以提高可用带宽,目前可用带宽可达几百Mb/s甚至几 Gb/s。另一方面采用动态带宽分配策略以满足不同媒体需要并提供同步带宽。

c. 扩展传输层以适应多媒体传输信息数据流的流量控制。

主要是采用前向差错纠正机制进行错误校验,并用基于速率的控制机制来进行流量控制,它是基于在传输前对传输速率的协商,这种方法非常适用于多媒体信息数据,尤其是通常需要有一个确定速率的连续媒体(语音、视频等)。

d. 扩展对话层以适应多媒体信息的时间同步。

主要采用缓冲、反馈和时间戳的方法来进行多媒体信息时间同步的控制。

e. 扩展表示层以适应多媒体信息的新数据类型。

对现有表示层的改进一般是对 ASNI(FDDI 的标准化)进行扩充,使其能处理诸如压缩的音频和视频等新的数据类型,同时还扩充其功能使之能够根据网络的可用带宽确定信息压缩的程度。

f. 扩展应用层以适应多媒体信息的复杂应用。

定义一些面向多媒体信息的应用服务和协议,以适应多媒体信息传输的特殊应用服务。

由于多媒体信息和常规信息有很大差异,其网络协议也应有显著区别,因此,作为传输多媒体信息的多媒体通信网络,应结合多媒体信息及应用的特点来制定网络协议体系结构,提出一些不同于 OSI(RM)的新型高速网络协议体系结构。

### 1.4.6 多媒体著作系统

多媒体著作系统是多媒体信息处理系统与用户的交流界面,它提供了对多媒体信息和设备的高层次的控制和管理,它支持许多硬件设备和许多文件格式,从而可以生成含有文本、图形、声音、动画和视频的复杂多媒体信息产品。同时还应具有流程控制能力,即具有对不同媒体信息、不同视听设备及不同软硬件进行综合、交互、同步的能力。在现有硬件设备基础上进行软件创作的能力,用户可以通过它进行多媒体应用的制作和演示。

1) 多媒体编著工具应具有的基本功能

(1) 应有提供将各种媒体元素集成为应用程序的编程环境。除一般编程工具所具备的信息流控制能力(如循环、条件分支、数值计算、布尔操作等)之外,还应具有字符串处理工具、调试工具、时序控制、动态文件输入/输出和对应用程序的编译能力等。

(2) 具有超文本(Hypertext)功能。即从一个静态元素(如文字、短语,图符等)跳转到另一个相关的数据图像(可以是静态元素,也可以是基于时间的数据类型,如音乐、动画、视频等)进行编程的能力,并允许用户指定某个位置,作为返回时的标记。

(3) 具有各种媒体的输入能力。处理静态和动态媒体数据的能力。能从剪辑板或磁盘输入 ASCII 文件;播放声音和光盘音乐;能适应多种数据库文件的输入;能输出具有播放 MIDI 和视频图像的能力;能支持在系统上剪辑活动图像。

(4) 具有制作和处理动画的能力。即具有通过程序控制图像块移动(以便用来制作简单动画)和能播放外部制作的动画的能力。高水平的编著工具还应具有能通过程序来控制动画中物体运动的方向和速度,控制其清晰度,能进行图形路径编辑、动画过渡特技(淡入、淡出、透视编辑)以实现电影创作的能力。

(5) 具有应用程序连接的能力。能把外界的应用控制程序与所著作的软件连接然后返回第一应用。较高水平的编著工具应能进行程序间通信的热链接(如动态数据交换 DDE)或另一对象的连接嵌入(OLE)。

2) 选择应用多媒体编著工具的注意事项

(1) 选择一套多媒体编著工具要考虑它的编程环境、超级连接、媒体/数据输入、动画、应用连接、文档处理。

(2) 易学习性、易使用性、支持策略及性能价格比。

(3) 要考虑到应用范围、编辑方法、处理多媒体数据的种类。

(4) 具有独立播放多媒体信息的程序。

(5) 多媒体数据文件管理。

(6) 实现可扩充性。

3) 多媒体应用软件的开发步骤

(1) 确定选题

确定多媒体应用软件要表现的主题宗旨、精神、经费和时间因素。

(2) 编写剧本

收集、整理、组织相关材料,拟出大纲,写出剧本,加上旁白说明。
（3）素材准备
① 写出情景脚本,并生成相应的文本文件。
② 用创作、转录、效果处理等方式产生音乐。
③ 旁白说明的录制及速度控制。
④ 把图片输入计算机。
⑤ 采集编辑视频片段。
（4）写作工具制作
用写作工具组织编排多媒体素材,最后形成产品。
（5）程序加工
若写作工具不能达到实际需要的程度,再进行专门程序设计、补充,满足要求。
（6）产品检验
专家鉴定、用户评议、收集意见、反复修改,直到满足要求为止。
4）多媒体编著系统的主流工具

多媒体的应用领域具有处理信息量大、应用面广的特点,开发这些应用程序的编著工具需要一个与设备无关的平台。Microsoft 的 Windows 多媒体扩展（MME）作为多任务窗口系统,尤其是其与设备无关这一性能正好符合要求,因此,基于 Windows 的多媒体编著系统就成为多媒体应用程序的主流工具,它们主要有:

（1）Authorware Professional

由美国 Authorware 公司开发的 Authorware Professional for Windows 是一种面向开发交互式教育培训多媒体应用系统的编著工具,具有良好的引导界面,能巧妙、有效地支持编著过程,功能强大。它同时也提供 Macintosh 版本。它有很强的综合编辑能力,可将文本、声音、图形、图像、动画和视频综合在一起生成一个用于学习、查询、仿真或娱乐的多媒体产品,具有方便的图符编辑手段和杰出的交互作用功能。

（2）Multimedia ToolBook

由美国 Asymetrix 公司推出的 Multimedia ToolBook 是一种采用非程序性的面向对象（Object Oriented）来组织应用程序,使用 Open Script 语言来完成特定功能的编著工具。其结构很像放在书架上的工具书。用鼠标可以选中其中某本书,一页一页地浏览,每一页就是一屏。ToolBook 提供了大量的工具,如工具条、调色板等。ToolBook 功能易于扩充,用 C 语言写出具有扩展名的动态连接库（DLL）或 EXE 文件,实现编著所需特定功能。Multimedia ToolBook 是一个灵活、通用的开发系统,面向那些懂一点编程但又不愿花时间用 C 语言那样完整的语言的人,它的价格较低。

（3）Icon Author

AmiTech 公司推出的 Icon Author 是另一种多媒体编著工具。它将文本、音频、高分辨率图形、动画、全运动视频组合在一起,生成交互式多媒体应用程序,用于计算机辅助训练、信息咨询的领域。Icon Author 具有直观的编著过程,采用一种形象化方法在 PC 机上制作多媒体产品。其过程是先建立结构（流程图）再在结构上增加内容,即用流程图定义多媒体元素的流动过程,在图符（Icon）上添加内容。Icon Author 有足够的工具用来开发交互式应用程序,在开发应用程序的过程中 Icon Author 的菜单选项还提供了很有帮助的工具。

(4) Multimedia Viewer

Microsoft 公司的 Multimedia Viewer 是基于面向文本应用而设计的。它包括一个多媒体应用软件创作环境 Multimedia Viewer。作为该应用的主框架是 Rich Text File。用户必须使用 Microsoft Word 处理数据。这对于含有大量文本的应用项目特别有利。其开发环境是基于应用的超级链接,不需要请求用户输入,也不需要使用数据输入或删除确认。它的有关超级链接多媒体格式的参考材料编写得很出色,并且提供自动的全文本检索目录。不过,值得一提的是,它目前提供的开发环境集成度不高,还有待改进。

这个产品最适用于建立含有大量文字描述信息的联机文档系统和教材。它没有实际的编程环境,使用它也不需过多的编程经验,因此可以为广大用户使用。然而它缺乏设计交互多媒体应用和动画工具,不能作为创作培训系统和娱乐系统应用的较好选择。

(5) Macromedia Director

Macromedia 公司通过模拟戏剧和电影的制作环境来构造 Director 的开发环境,事实证明,这个选择是正确的。舞台、剧本、脚本、演员和演员库都是多媒体应用的组成成分。这些从戏剧和电影的制作中借鉴来的术语正确地描述了多媒体制作的全部内容。

Macromedia 公司把 Director 的脚本语言 Lingo 设计成一个完全面向对象的编程语言。这种设计使得 Lingo 易于使用、功能强大并且有很强的扩充性。Lingo 是一种真正的多媒体开发语言。任何媒体对象(图像、视频、文本或形状)都被包装到一个指令集中,并在 Director 的上下文中使用 Lingo 定义不同对象之间的交互操作。而且 Lingo 现在已经和 Web 上出现的语言 Java、JavaScript 及 Vbscript 集成在一起。

Director 采用了开放的策略,使得第三方开发商可以直接参与 Director 的开发。Macromedia 公司开发出 Shockwave。Shockwave 使 Internet 网用户能够播放嵌在 HTML 页面里的 Director 电影,然后对它进行格式转换,生成 Shockwave 电影格式以便于在 Internet 网上传播,最后,把生成的 Shockwave 电影嵌到 HTML 页面里。

Director 8.0 包含了一整套新的 Lingo 命令和其他一些工具,这些命令和工具用于创建既要基于 CD-ROM,还要具有连接 Internet 网能力的应用。具有交互式学习和替身环境功能的多媒体应用软件,需要大量的数据,并且还要与网上其他站点通讯。对于这样的应用软件来说,将大量的、有价值的数据(例如视频、Quick Time Virtual Reality(QTVR)和动画元素)搭载在本地 CD-ROM 上,而在网上传输指令集和更新信息,将大大改善软件的性能。这种工作方式叫做混合式 CD-ROM 应用。Director 包含的新命令和工具就是为这种应用设计的。Macromedia 公司已经展示了对于 Internet 网上的多媒体应用的支持,而 Internet 网上的多媒体应用是多媒体产品的未来发展方向。

## 1.4.7 超文本和超媒体技术

无论是印在纸上还是存在计算机里的文本,都是一行接一行,一页接一页,有头有尾,顺序编排的。很多人也的确习惯于按顺序读书。那么,文本顺序编排、存放及顺序阅读是不是满足读者阅读需要的唯一或最好的方法呢?答案是否定的,因为人的思维和活动大多不是顺序的。比如读书,有时并不一定按编排顺序进行,特别是在搞研究时常会找一堆参考文献与主题书一起读,且为了省时和理解的需要,从一页"跳"到相关的另一页;从这本书"跳"到相关的另一本参考文献等等。同一个人,由于时间、环境、目的的变化,在不同时间阅读同一本书也会有不同的想法和不同的阅读方式。

如果用超文本技术组织一本书,那就大不相同了。所有正文(文章、段落、一句话、一个词)都按相互间的联系被组织成正文网。网中的信息不仅有该书籍的全部内容,还加入了许多相关参考资料,如作者简介、书中关键词汇的解释或定义、与书中某些内容相关的其他书籍的文章、段落等等。内容丰富而又全面。由于是信息网,而不是顺序存放的书,所以无所谓第一页和最后一页,由读者根据需要临时决定选择读什么、不读什么;先读什么、后读什么等。所以,超文本技术采用的组织和"阅读"方式更符合人的思维方式及工作习惯。

总之,超文本给人以更多的自由,计算机所做的只是按用户的"指令"(按一下鼠标或敲一两个键)存储和提取资料。它既利用了计算机强大的存储、管理能力,又充分发挥了人对信息的筛选能力,并将二者有机地结合在一起。因此,可以说超文本为计算机与人的交流提供了一种新的、更符合人习惯的方式。

超文本技术就是一种按信息之间关系非线性地存储、组织、管理和浏览信息的计算机技术。它是由信息结点和信息结点间相关性的链构成的一个具有一定逻辑结构和语义的网络。结点是文本按其内部固有的独立性和相关性划分出来的基本信息块,可以是卷、文件、帧或字符文本集合,甚至可以是屏幕上的某一个小的区域。结点之间按照它们的自然关联,用链连接成网,链的起始结点称为锚结点,终止结点称为目的结点。一个结点可以通过不同的链对应几个不同的目的结点,而一个目的结点也可以通过不同的链与几个不同的锚结点相连。图 1.1 表示了一个简单的超文本结构。

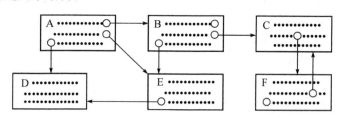

图 1.1 一个简单的超文本结构

当多媒体技术有了长足的发展时,将超文本技术用于多媒体信息管理,就有了所谓的超媒体。也就是说,超媒体就是超文本加多媒体。由于从概念意义上讲,超文本和超媒体指的是同一种技术,是等价的,所以基于超文本与超媒体信息管理技术的系统称为超文本或超媒体系统。

一个理想的超文本系统应具有以下几个特征:

(1) 系统结点多媒体化,具有支持文本、图形、图像、声音等多种媒体的能力,用户界面以多窗口方式表现相关媒体。

(2) 系统复杂信息链结构网状化。为使用户每一时刻均可得到当前结点的邻接环境,应提供用户显示结点和链结构动态的总情况图。

(3) 系统一般使用双向链,以支持局域网(LAN)和 Internet 网的计算机网络,使用户通过网络共享数据库,同时使用库内信息。

(4) 用户可根据自己的联想和需要动态地改变(修改、增加、删除)网络中的结点和链。通过窗口化管理,实现对网络中的信息进行快速、直观、灵活的访问(浏览、查询、标注等)。

(5) 强调用户界面的"视觉和感觉",提供丰富的交互式操作和应用程序接口。

超文本和超媒体的这些特征是区别于其他信息管理技术的主要标志。庞大的数据库是超文本及系统的基础。如何管理这个数据库并提供用户使用界面则是超文本系统的技术核心。超文本数据库与其他多媒体数据库的根本区别在于其信息块之间存在着关联。

① 超文本系统的系统结构及组成要素有:结点、链、宏结点。

② 结点是超文本与超媒体系统表达信息的基本单位。在创建超文本与超媒体系统时首先要根据信息间的自然关联,按需要把大块信息分成小的可管理的单元作为结点。

③ 链定义了超媒体的结构,引导用户在结点间移动,提供浏览和探索结点的能力。

宏结点是指连接在一起的结点群,它是超文本网络的一部分——子网。当超文本网络十分巨大或分散在各个物理地点上时,通过宏结点分层是简化网络结构最有效的方法。宏结点的引入虽然简化了网络结构,但增加了管理与检索的层次。

掌握超文本与超媒体的系统结构、基本原理和方法对于设计应用超媒体系统是非常必要的。

## 1.4.8 多媒体信息的组织和管理技术

随着多媒体应用的日益发展,多媒体应用项目的开发越来越频繁,其中如何对多媒体应用项目中的数据,包括文本数据、音频数据,图像数据、动画数据等多种类型的数据进行管理是一个关键的问题。在当前技术条件下获取、整理、转换、传输、存储和输出(显示和播放等)多媒体数据信息的硬件设备和软件产品费用都很高,从而导致了多媒体应用项目的开发费用昂贵。对多媒体数据资源进行有效管理的优点是:一是可以有效降低开发成本;二是可以实现资源的综合利用、数据共享,例如建立可供不同项目中使用的相同或类似的资源数据库;三是可以加快信息检索、替换等操作速度,从而提高多媒体应用程序的执行效率。

数据处理及数据管理是计算机的重要功能。直到今天,数据管理经历了由程序员管理数据到计算机管理数据的演变,这种演变是为了避免数据冗余,提高应用程序相对于数据的独立性及实现对数据完整性的集中检查。

第一阶段,程序员自行编制输入/输出程序,直接将数据存储在外存储器上。第二阶段,输入/输出及存储分配实现了标准化,由操作系统决定,从而使应用程序不需要考虑存储结构参数。这类程序存取方法有 SAM(顺序存取方法)、ISAM(索引顺序存取方法)等。第三阶段,出现了公用数据库系统。第四阶段,这个阶段的标志是关系型数据库的出现,关系型数据库具有良好的数学基础和简便的表达形式,因此直到目前为止,关系型数据库系统在市场上仍占据着绝对的统治地位。第五阶段,为了适应多媒体技术和信息高速公路的发展,出现了多媒体数据库。

从前面的讨论中,我们已经知道,多媒体数据具有以下一些特点:

(1) 数据量巨大。传统的数值、文本类数据一般都采用编码表示,数据量不大,但多媒体数据中的视频、音频等数据量却非常大,如动态视频传输速率达每秒几十兆字节,这给多媒体数据的存储检索等都带来了一定的困难。

(2) 数据类型繁多、差别大。有图形、图像、声音、动态视频、文本、音乐等多种形式,针对不同类型的数据,很难通过一种统一的方法来进行处理。此外,声音、动态视频等都属于时基类媒体,都存在着同步问题。

(3) 有些多媒体信息对处理时间要求高。多媒体信息中的音频和动态视频信息对时间特别敏感,在使用这些信息时,必须保证其时间上的要求,即传输、处理过程所产生的时延必须小于规定的限制,否则会使这些信息失真甚至变得毫无意义。

(4) 多媒体信息往往需要多种信息集成、共同描述。例如,某种多媒体信息既包括图像,又有声音,还有文字说明,这就改变了传统数据库的操作形式,尤其是数据库的建立和查询操作。

### 1) 多媒体数据的管理环境

由于多媒体数据类型多,数据量大,必须以一定的软件及硬件设备为基础对其进行有效的管理。这主要包括多媒体数据的存储介质、数据传输方式即多媒体数据库的类型和实施方法两个方面。

(1) 多媒体数据的存储介质

多媒体数据的存储介质有两种:第一种是可更换的硬盘。第二种是光盘,目前常用的有CD-ROM只读光盘、WROM、一次写入后可多次读出和可读写光盘等。

(2) 多媒体数据的传输方式

多媒体数据库及其应用项目的开发需要多台计算机共同协作完成,因此,不可避免地存在多媒体数据的传输问题,目前可供选择的数据传输方式有以下三种:

第一种方法使用可更换的介质进行人工传输。这是最简单,最传统的方法。可更换的介质可以是软盘、硬盘或光盘等。

第二种方法使用串行端口实行点对点的传输。这种方法成本低且容易实现,但只能完成两台计算机之间的数据传输。

第三种方法使用网络系统实现计算机之间的数据传输。利用网络系统,可以实现网络上的任意一台计算机与另一台计算机之间的数据传输。特别是分布式计算机技术的发展,使具有不同硬件结构、互不兼容操作系统的计算机之间的数据传输得以实现。在使用网络系统实现数据传输时,一方面应选择网络中适当的节点来存放相应的多媒体数据,以满足多媒体数据传输量大,速度高的要求;另一方面还应考虑数据安全保密,诸如备份、恢复、防窃、抗干扰和访问权限等问题。

### 2) 多媒体数据的管理方法

在对多媒体应用项目进行开发之前,首先要建立多媒体数据库资源。确定一种能对多媒体数据库进行有效管理的方法,可避免对数据资源的浪费,提高应用开发速度,降低成本。目前较为有效的数据库资源管理方法大致有五种:

(1) 文件管理系统

这种方法利用操作系统提供的文件管理系统对多媒体数据资源按不同媒体、不同使用方法或不同类别建立不同属性的数据文件,并对这些文件进行维护和管理,供各种多媒体应用开发程序使用。

(2) 建立特定的逻辑目录结构

这种方法实际上也是利用了操作系统提供的文件管理系统,所不同的是将各类源文件和数据库文件放在不同的目录下进行管理。在一些软件的演示程序中常采用这种目录结构形式,在上级目录中存放某应用项目创建和运行所必需的目录和文件,在下级目录中存放与该特定目录有关的目录和文件,在再下一级目录中分别包含多种多媒体数据的文件。

(3) 传统的字符、数值数据管理系统

这种方法是目前开发多媒体应用系统常用的方法,它实际上是把文件管理系统和传统的字符、数值数据库管理系统两者结合起来。对多媒体数据资源中的常规数据(字符、整型数、浮点数等)由传统数据库管理系统来管理,而对非常规的数据(音频、视频、图形、图像、动画等),则按操作系统提供的文件管理系统要求来建立和管理,并把数据库文件的完全文件名作为一个字符串数据纳入传统的数据库系统进行管理。

(4) 多媒体数据管理系统(Multimedia Database Management System,MDBMS)

我们知道,多媒体数据主要有文本、图形、图像和声音等多种数据类型,它们与传统的字符、数值数据有着很大的不同,因而其存储结构、存取方法、数据模型和数据结构也不同。如果有一种数据管理系统能够对多媒体数据和传统的字符数值数据采用统一的方法进行管理,将是最理想也是最有效的数据管理方法,这种数据管理系统就是多媒体数据库管理系统。该系统在实现对多媒体共享数据有效的组织、管理和存取的同时,还可以实现以下功能:①多媒体数据库对象的定义;②多媒体数据库运行的控制;③多媒体数据库的建立和维护;④多媒体数据库在网络上的通信功能。

虽然目前还没有能够真正像传统数据库管理系统管理字符、数值数据库那样来管理多媒体数据的多媒体数据库管理系统,但不少商品化数据库管理系统(如 ORACLE、SYBASE、INFORMIX 等),使用一种新的数据类型——大二进制对象 BLOB(Binary Large Object)来定义记录中的非格式化数据类型的字段。BLOB 有两种类型:一是文本 BLOB,由有效的文本字符组成;二是字节 BLOB,是二进制数据流,可以含有任意数字化数据,包括图像、视频、音频等多媒体数据。

(5) 超文本和超媒体(Hypertext and Hypermedia)

超文本与超媒体是多媒体信息管理的一种自然实用的新型技术。窗口系统为它提供了漂亮直观的用户界面。这种技术用计算机进行思考、传播信息,并符合人类的"联想"式思维习惯。

### 1.4.9 多媒体分布应用技术

1) 多媒体通信系统

分布式多媒体系统的基础是多媒体通信。它是多媒体计算机技术与通信技术相结合的产物,为人类提供更多样、更先进的通信手段。

多媒体通信系统从本质上讲,具有以下三个特性。

(1) 集成性:多媒体系统的集成性体现为多媒体信息媒体的集成,并处理这些媒体设备与设施的集成。多媒体通信系统的集成性体现为至少可以对两种以上的媒体(文本、声音、图像、视频等)进行处理,并且至少可以显示输出两种以上的媒体。同时从系统组成上讲,它是集多种编码器、解码器,支持多种显示方式,能够与多种显示媒体进行通信的多媒体通信系统。

(2) 交互性:用户由"被动"的接收转为"主动"的获取是交互性的典型特性。用户终端和系统具有交互能力。用户可以通过终端对通信的全过程进行交互控制。这是多媒体通信系统的一个重要特征。

(3) 同步性:多媒体通信终端要以同步方式输出图像、声音和文本。多媒体通信要将不同媒体信息从不同信息库中提取,经过不同的传输媒体,并将这些声、文、图信息同步,构成一个完整的资料,通过多媒体通信终端提供给用户。

因此，多媒体通信系统比一般的通信系统具有一些新的特点。首先，在传输速率上要求高。由于多媒体通信数据量大，所以通常要求传输速率高而且有时要求提供不变、可变或面向突发的传输速率。其次，要求信息的同步。在多媒体通信环境中，有时需要解决并行、串行和事件驱动的同步问题，如不同信息类型通信连接的交叉同步，信息检索和信息计算同步等。视频和音频信息的同步比不同数据通信流之间的同步更为严格。第三，多媒体通信系统对传输误码率的要求较低。多媒体通信中数据通信的实时性要求比一般视频和音频的低，但是误码率要求高。数据传输可接受误码率一般为 $10^{-10} \sim 10^{-12}$。而对于视频和动画可接受的误码率为 $10^{-7} \sim 10^{-8}$。第四，多媒体通信系统要求动态重构。在多媒体通信系统中一般要包括多种连接形式，有时系统要求与其他通信伙伴或服务器进行动态连接或断开，这就要求多媒体通信系统具有较强的拓扑适应性和动态重构能力。

2）分布式多媒体系统

多媒体通信系统可以提供一种满足应用需要的多媒体数据端到端交换和产生机制。但仅有通信网络还远远不够，只有把多媒体的集成性、交互性与通信结合起来才能发挥更大的作用。这就需要分布处理的能力。分布处理就是将所有介入到分布处理过程中的对象、处理及通信都统一地控制起来，对合作活动进行有效地协调，使所有任务都能正常完成。分布式多媒体系统是多媒体信息处理系统与多媒体通信系统的有机结合。把多媒体引入到分布处理领域后将有许多建立在通信传输之上的分布处理与应用问题需要研究。比如，如何使得各项多媒体应用能在分布环境下运行？如何提供远程多媒体信息服务？如何通过分布环境解决多点多人合作问题？为了解决这些问题，分布式多媒体系统增加了诸如全局名字空间、客户/服务器计算、全局时钟和分布对象管理等方面的能力，使得多媒体的资源能在更大的范围内共享。分布式系统的设计问题和多媒体系统的设计问题在很大程度上是互补的。例如，分布式调度研究集中在负载均衡和负载共享上，而多媒体系统则更多地考虑实时调度和服务质量的保证。所以，看待分布式多媒体系统不能只是把它看成是分布式系统增加了多媒体的数据，也不能看成是多媒体系统放在网络上运行。虽然在分布式多媒体系统中我们总能看见传统分布式系统的影子，但这两者所研究、考虑的问题和出发点是很不相同的。

根据信息传输方式，可以把分布式多媒体系统的典型应用系统分成以下两类。

（1）基于对称信息传输模式的分布式多媒体系统，又叫全双工的对称模式，它是分布式计算机支持的协同编辑系统、设计系统等。这类系统的特点是信息在结点之间的传输是对称的。例如，会议系统中结点 A 的会场视频数据需要传递到结点 B，同样也可能需要将结点 B 的会场视频数据传送到结点 A。又如，对多用户协同编辑系统，在异地的多个编辑小组成员共同编辑一本多媒体著作时也需要对称的信息传输模式。

（2）基于非对称信息传输模式的分布式多媒体系统。这是多媒体通信和分布式多媒体系统带来的一个较新的概念。典型的应用系统包括：交互式电视系统（Interactive TV，ITV）、视频点播系统（Video on Demand，VOD）、数字图书馆、远程教育系统、远程医疗系统等。交互式电视系统就是一种典型的信息传输不对称系统，数据发送量和接收量有较大的不对称性。

### 1.4.10 标准化

标准化是国际上重点研究和讨论的课题之一。目前在多媒体方面已经形成许多国际标准，在讨论和研究多媒体软件、硬件和系统结构时，都应遵循这些标准。随着多媒体技术的发展,也要制定新的标准。

本书将在后继章节中对一些重要的国际标准进行详细的讨论。

## 1.5 多媒体技术的应用领域

随着多媒体技术的蓬勃发展,计算机已成为许多人的良师益友。作为人类进行信息交流的一种新的载体,多媒体正在给人类日常的工作、学习和生活带来日益显著的变化。

目前,多媒体应用领域正在不断拓宽。在文化教育、技术培训、电子图书、观光旅游、商业及家庭应用等方面,已经出现了不少深受人们喜爱和欢迎的以多媒体技术为核心的多媒体电子出版物。它们以图片、动画、视频片断、音乐及解说等易于接受的媒体素材将所反映的内容生动地展现给广大读者。

下面就一些主要的应用领域做一些简单的介绍。

### 1.5.1 多媒体技术在教育中的应用

1) 幼儿启蒙教育

幼儿认识世界首先是从声音和外界变化多姿的"图片"开始的,带有声音、音乐和动画的多媒体软件,不仅更能吸引他们的注意力,也使他们有身临其境的感觉,像自己的亲身经历一样,在不知不觉的游戏中学到知识。

2) 计算机辅助教学

计算机辅助教学是深化教育改革的一种有效手段,作为一种新兴的教育技术,具有很强的生命力,尤其是多媒体技术的加入,使得多媒体计算机辅助教学系统更加生动形象,让学生在极大的兴趣当中学到所需的知识,并能够自行调整教学内容和学习方法,从而达到了因材施教的个性化教学。

目前计算机辅助教学市场火暴,前景较为乐观。主要用于以下几个方面:所学知识重点难点的指导;知识掌握程度的测试;素质教育的帮助;实验操作环境的提供。学习者可以根据自己的兴趣、爱好及实际需要,自由学习和自行提高。

计算机辅助教育软件通常称为课件,它是传统教学方式的一种补充,起到了扩大教学手段、扩充课堂教学内容和因材施教、帮助学生灵活运用知识的作用。然而在推广和应用多媒体课件时出现了一些困难,主要体现在:

① 课件是面向个体、非传统的群体教育,然而,教育的群体化效应是不能忽视的。

② 学生不能直接和老师进行实时交流,课件教学远不如课堂教育来得生动,很难吸引学生,也不符合学生的认识规律。

③ 学生的学习绝大多数仍然处于被动状态。课件程序往往已经设计了操作步骤,学生只能照葫芦画瓢。

要充分利用现代科学技术(不仅仅是多媒体技术)来改革传统的教育观念、技术和内容,以迎接 21 世纪对教育提出的挑战,适应学历教育、继续教育、职业教育、远程教育等各种教育类型。许多高校探索性地提出了许多解决方案,针对多媒体技术在教育中应用的热点已从单纯考虑如何准备教学资源,发展为有效地使用这些资源,提出了"综合采用现代化教育技术,构建现代化教育环境"的新多媒体教室方案。学校教学活动最终也是最有效的场所是教室,理想教室的教学资源应该从学校的闭路电视网和校园网上得到。因此,多媒体教室除进行课堂教学外,应该具备接收来自各个不同渠道教学信息的功能(包括 Internet 网上的信息)。多媒体教室应该是学校闭路电视网、校园网、Internet 网及电话网在教学活动上的总和。

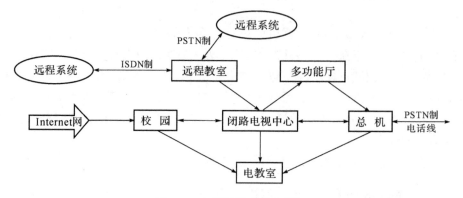

图 1.2　多媒体教室信息资源

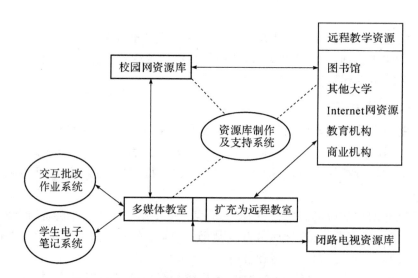

图 1.3　多媒体教室资源共享及支持系统

从图 1.2 和图 1.3 中可以看到,多媒体教室不仅具有计算机教室、语音教室的功能,同时还具备电视教学、实验室、会议室以及远距离教室的功能,是支持各类信息(不仅仅是多媒体技术)教学的中心。在这种环境下,校园网的功能将得到有效的应用,即除了常规的信息管理功能外,还需进一步通过多媒体技术,为教育服务,如网上备课、授课、辅导、教学资源共享、查询等。

3) 大众化教育

多媒体技术可以使传统的以校园教育为主的教育模式,变为更能适应现代社会发展的以家庭教育为主的教育模式,这使得现代人的继续教育完全走向家庭,实现无校舍和图书馆,也能在家或办公室看到图、文、声并茂的多媒体信息。以获得自己所需要的新知识,使得终身化教育更易于实现。随着网络技术的发展和因特网技术的不断完善,跨越时空的网络学校不断出现,学习者有了真正意义上的开放大学,不再为由于种种原因无学可上而烦恼,他们只需一台电脑和一条电话线就能足不出户上学读书。全民素质教育将会大幅度提高。

4) 技能训练

员工技能训练是商业活动中不可缺少的重要环节。传统的员工训练,是教师和员工在同一时间、同一教室实施。首先是教师示范操作、讲解,然后指导员工亲身体验,这种方法成本相当高,尤其是机械操作技能的训练,不仅需要消耗大量的产品原材料,同时操作失误还可能给员工造成身体上的伤害,而多媒体技能训练系统的出现,不仅可以省去这些费用和不必要的身体伤害,同时多媒体生动的教学内容和自由的交互方式使员工乐于学习,且学习时间更加自由,效率自然会无形地提高。

### 1.5.2 多媒体技术在商业中的应用

商业的竞争已从单纯的价格竞争,转移到服务的竞争。如何方便用户,如何更好地为用户服务,让用户满意,是众多商家需要解决的问题。

1) 商场导购系统

目前各大商场都在扩建、装修,新开业的商场不仅宽敞、明亮,而且货物齐全,给用户带来方便。随着面积的成倍增大、摊位的不断增多,同样给不常逛商场的人带来麻烦。为了解决这些用户面临的实际问题,多数商家提出了导购指南,由专门人员负责回答顾客提出的咨询,而聪明的商家则利用多媒体技术,开发了商场购物导购系统,如顾客有问题即可以用电子触摸屏向计算机咨询,不仅方便快捷,同时给顾客以新鲜感。

2) 电子商场、网上购物

随着网络技术的发展,因特网已走进千家万户,机智的商家也紧跟时代潮流,纷纷上网介绍自己的商品范畴、销售价格、服务方式等。不仅扩大了自家的知名度,同时使那些喜爱上网的顾客足不出户即可满足逛商场的需求,选到满意的商品,通过 E-mail 即可买到所需的商品。

3) 辅助设计

在建筑领域,多媒体将建筑师的设计方案变成完整的模型,让购房者提前看房;在装饰行业,客户可以将自己的要求告诉装饰公司,公司利用多媒体技术将其设计出来,让客户从各个角度欣赏,如不满意可重新设计,直到满意后再行施工,避免了不必要的劳动和浪费。

4) 多媒体售货亭

多媒体售货亭,可以看作是 ATM(自动取款机)和 POS(Point of Sale)的延伸和发展。和居家购物一样在购买某个商品时,可在现场通过多媒体技术展现商品的使用/应用效果,以决定是否购买。如购买家具前可根据自己的居室情况获得布置效果。

5) 多功能信息咨询和服务系统

多功能信息咨询和服务系统在国外常被称作 POI(Point of Information),旅游、邮电、交通、商业、气象等公共信息以及宾馆、百货大楼的服务指南都可以存放在多媒体数据库中,向公众提供"无人值守"的多媒体咨询服务、商务运作信息服务、旅游指南等。目前,POI 的应用越来越广泛。

### 1.5.3 多媒体技术在通信中的应用

多媒体技术的应用,离不开通信技术、网络技术的支持,在通信领域中融合进多媒体技术,其应用的范围越来越广,涉及面越来越宽。即使是前述的多媒体在教育以及在商业中的应用也离不开通信及网络技术的支持,随着 Internet 网的普及及相关技术的进一步发展,可以说多媒体技术、通信技术和网络技术将成为 21 世纪信息时代的重要技术和应用支柱。

#### 1) 远程医疗

"时间就是生命"这句话用在医疗上再恰当不过了。以多媒体为主体的综合医疗信息系统,可以使医生远在千里之外就可以为病人看病。病人不仅可以身临其境地接受医生的询问和诊断,还可以从计算机中及时得到处方。对于疑难病例,各路专家还可以联合会诊。这样不仅为危重病人赢得了宝贵的时间,同时也使专家们节约了大量的时间。

#### 2) 视听会议

多媒体视听会议使与会者不仅可以共享图像信息,还可共享已存储的数据、图形、图像、动画和声音文件。在网上的每一个会场,都可以通过窗口建立共享的工作空间,互相通报和传递各种信息,同时也可对接受的信息进行过滤,并可在会谈中动态地断开和恢复彼此的联系。

#### 3) MUD、MOO 与网络游戏

MUD 是多用户城堡(Multi-User Dungeon)、多用户域(Multi-User Domain)或多用户维(Multi-User Dimension)的缩写。不管它代表什么,MUD 都是一个联机环境,在这个环境中可以多人交互操作。它是最早的一种多人游戏。

MUD 有如下的几种优点:

(1) 允许许多人可以在跨地区的许多计算机上一起玩。

(2) 游戏被分成许多虚拟的空间,以便在一个空间的人或物不会影响到另一个空间的人或物。

(3) 所有的交互内容以文字出现,没有图片或声音。

(4) 大多数代码由学校里的学生来完成维护,并且可以公开地得到。

(5) 实物、空间和人物的组合可以由简单的命令来完成,而其他语言编写的 MUD 游戏允许有更复杂的命令和道具。

在一些 MUD 系统中,用户仅仅与其他已登录的使用者相互影响,类似于一个联机聊天系统;在另一些 MUD 系统中,用户能通过一个游戏世界相互影响,在这个游戏世界,用户可以独自或与已登录的其他玩家一起冒险、攻击敌人、聚集财富。另外,用户玩一种游戏的时间必须足够长,以便在新的区域加入到游戏中时能进入精灵级别。允许用户自己改变和增加 MUD 世界,这是 MUD 所具备的特别和有趣的特点之一。

MOO 是用面向对象技术构建的 MUD。例如,在这个环境中,玩家与玩家之间,或玩家与目标之间相互影响、相互作用。使用 MOO,许多现实世界中的交流动作仍然存在,如在该环境中与他人交谈或表达感情、在其他地方追随他人、悄悄传递消息、使用 CB 频道等。异步信息交流工具包括内部的电子邮件、新闻组、新闻报纸、家教空间、白色公告牌等。

今天,从 MUD/MOO 发展起来的网络游戏,使用动画、3D 图像、音频、虚拟现实等多媒体技术,以及人工智能等技术,其效果是 MUD 完全无法比拟的,并已经发展成为一种产业。

4) IP 电话

IP 电话是在 Internet 网上传输多媒体信息的一个特例——传送语音信息。IP 电话有多个英文同义词。常见的有 VOIP(Voice over IP)、Internet Telephone 和 VON(Voice on the Net)等。

IP 电话的含义有两种不同的解释。

狭义的 IP 电话是指在 IP 网络上打电话。所谓"IP 网络"就是"使用网际协议 IP 的网络"的简称。这里的网络可以是 Internet 网,也可以是包含有传统的电路交换网的 Internet 网,不过在 Internet 网中至少要有一个 IP 网络。

广义的 IP 电话则不仅仅是电话通信,而且还可以是在 IP 网络上进行的交互式多媒体的实时通信(包括话音、视像等),甚至还包括即时传信(Instant Messaging,IM)。即时传信是指在上网时就能从屏幕上得知有哪些朋友也正在上网。若有朋友正在上网,则彼此可在网上即时交换信息(文字的或声音的),也包括使用一点对多点的多播技术。因此,IP 电话可看成是一个正在演进的多媒体服务平台,是话音、视像、数据集成的基础结构。在某些条件下(例如使用宽带的局域网),IP 电话的话音质量甚至还优于普通电话。

### 1.5.4 电子出版物

随着计算机技术、多媒体技术的发展,电子出版物越来越普及,大量的图书资料已被存放在光盘上,通过多媒体终端进行阅读,图书馆的多媒体阅览室已相当普及。可以将电子出版物分成网络型电子出版物和单机型电子出版物两类。

### 1.5.5 家庭娱乐

1) 电子影集

人们可以自行在多媒体计算机上制作出工作和家庭生活的图片簿——电子影集。这种影集不仅记录了美好、难忘的瞬间,同时还可以将该照片的前后经历,甚至有意义的事件一一记录下来。

2) 娱乐游戏

家人在一起除了共同生活起居外,更应有娱乐教育的活动。在与家人共处时,能够有共同的乐趣与娱乐是件非常美好的事受到了大众的青睐。CD-ROM 版本的电子游戏,以其动听悦耳的声音、别开生面的场景。

3) 电子旅游

旅游是绝大多数人都乐于参与的一项社会性活动,因为旅游不仅可以领略美好的自然风光,了解各地的风土人情,同时还可以陶冶情操;另外旅游还可以增进友谊、广交朋友,尤其是一家人一起出游更是美不胜言,然而这一切都需要足够的时间和费用。多媒体光盘的出现可以使人们足不出户就可以"置身"于自己心中向往的旅游胜地,轻轻松松地"周游"世界。

### 1.5.6 办公自动化

办公自动化的主要内容是处理信息,办公系统也可以认为是一种信息系统。多媒体技术在办公自动化中的应用主要体现在声音和图像的信息处理上。

1) 声音信息

声音信息的应用一方面是自动语音识别或声音数据的输入,目前通过语音自动识别系统,即可将人的语言转换成相应的文字;另一方面是语音的合成,即给出一段文字后,计算机会自动将其翻译成语音,并将其读出来,这一技术被广泛用于文稿的校对上。

2) 图像识别

图像识别技术的应用,可以实现手写汉字的自动输入和图像扫描后的自动识别,即通过 OCR 系统,将扫描的图像分别以图形、表格、文字的格式存储,供用户使用。

3) 电子地图

到目前为止,已有许多 CD-ROM 版本的电子地图面世。在电子地图中既可介绍世界上各个国家的地理位置及相应的人口、国土面积,还可介绍该国的风土人情、当地方言、特产等。电子地图相比普通地图的优点是可以精确到每一个城镇中的每一个街道,这不仅为在当地旅游的游客提供了很大的方便,而且还能让坐在计算机旁的异国他乡的"游客",做到足不出户就可以同样领略到当地的民俗和风貌。

### 1.5.7 国防和军事领域

由于多媒体的技术特点,它将被广泛用于战场和军事的指挥、控制、通信、计算机和情报等 $C^4I$ 系统的应用过程和功能显示中。在实际的 $C^4I$ 系统中,多媒体可作为各功能模块间的接口。例如,在情报处理系统中,高空侦察机及侦察卫星拍摄的大量影像和军事照片不便于检索,利用多媒体技术可以完成对情报系统各种影像和照片的处理。美国情报部门已采用多媒体技术来处理卫星影像和照片。

此外,也可以利用多媒体技术将作战命令传达过程中指挥员的口述命令,以及口头答复下级的请示等语音信息记录下来并直接存入计算机,既真实地记录下作战指挥的全过程,又便于检索、查询、总结作战经验教训。在战场态势控制方面,多媒体技术也大有用武之地。如某一时期的战争景观可通过多媒体来形象直观地进行显示,并可方便地进行人机交互,以供指挥员实时掌握战场势态,分析敌情、我情和地形,迅速做出指挥决断,完成兵力部署和作战命令的下达,从而大大提高部队的作战效率和快速反应能力,为战争赢得宝贵的时间。

另外,计算机模拟培训(Computer Based Training,CBT)系统的出现和使用,也给飞机、舰艇、装甲车辆、导弹的操作和维护提供了一种更加直观、形象的训练手段,并可以节省大量的经费。

## 1.6 多媒体计算机的发展趋势

多媒体计算机技术进一步的发展趋势将有以下几个方面:

1) 进一步完善计算机支持的协同工作环境 CSCW(Computer Supported Collaborative Work)

目前,随着多媒体计算机硬件体系结构和视频音频接口软件的不断改进,尤其是采用了硬件体系结构设计和软件、算法相结合的方案,使多媒体计算机的性能指标进一步提高。在多媒体计算机的发展中,还有一些问题有待解决。例如,还需进一步的研究满足计算机支持的协同工作环境的要求；多媒体信息空间的组合方法，要解决多媒体信息交换、信息格式的转换以及组合策略；由于网络延迟，存储器的存储等待，传输中的不同步以及多媒体等时性的要求等，因此还需要解决多媒体信息的时空组合问题，系统对时间同步的描述方法以及在动态环境下实现同步的策略和方案。这些问题解决后，多媒体计算机将形成更完善的计算机支持的协同工作环境，消除了空间距离的障碍，也消除了时间距离的障碍（可以充分享用历史的设计的资料）为人类提供更完善的信息服务。

2) 智能多媒体技术

1993年12月，英国计算机学会在英国Leeds大学举行了多媒体系统和应用国际会议，Michael D. Vision在会上作了关于建立智能多媒体系统的报告，明确提出了研究智能多媒体技术问题。他认为：多媒体计算机要充分利用计算机的快速运算能力，综合处理声、文、图信息，要用交互式弥补计算机智能的不足，进一步的发展就应该增加计算机的智能。

目前，国内有的单位已经初步研制成功了智能多媒体数据库，它的核心技术是将具有推理功能的知识库与多媒体数据库结合起来，形成智能多媒体数据库。另一个重要的研究课题是将多媒体数据库应用到基于内容检索技术。如把人工智能领域中的高维空间搜索技术，视音频信息的特征抽取和识别技术，视音频信息的语义抽取问题，知识工程中的学习、挖掘及推理等问题应用到基于内容检索技术中。

总之，把人工智能领域某些研究课题和多媒体计算机技术很好地结合，是多媒体计算机长远的发展方向。

3) 把多媒体信息实时处理和压缩编码算法集成到CPU芯片中

过去，计算机结构设计中较多地考虑了计算机功能，主要用于数学运算及数值处理。最近几年，随着多媒体技术和网络通信技术的发展，要求计算机具有综合处理声、文、图信息及通信的功能。大量的实验分析表明，在多媒体信息的实时处理、压缩编码算法及通信中，大量运行的是8位和16位定点矩阵运算。把这些功能和算法集成到CPU芯片中要遵循下述几条原则：压缩算法采用国际标准，使多媒体功能的单独解决变成集中解决；体系结构设计和算法相结合。

为了使计算机能够实时处理多媒体信息，需要对多媒体数据进行压缩编码和解码，最早的解决办法是采用专用芯片，设计制造专用的接口卡。最佳的方案应该是把上述功能集成到CPU芯片中。从目前的发展趋势看，可以把这种芯片分成两类：一类是以多媒体和通信功能为主，融合CPU芯片原有的计算功能，其设计目标是用于多媒体专用设备、家电及宽带通信设备；另一类是以通用CPU计算功能为主，融合多媒体和通信功能，其设计目标是与现有的计算机系列兼容，同时具有多媒体和通信功能。

# 2 音频信号处理技术

随着多媒体技术的发展及计算机数据处理能力的增强,音频处理技术得到了越来越多的重视,并得到了广泛的应用。例如,视频图像的配音、配乐;静态图像的解说、背景音乐;可视电话、视频会议中的话音;游戏中的音响效果;电子读物的有声输出等等。

本章主要介绍了声音数字化的基本概念,然后阐述了声卡的功能、工作原理,音频压缩技术、标准及语音识别技术。

## 2.1 音频处理基础

### 2.1.1 声音的特性及分类

#### 1) 声音信号

声音是人耳所感知的空气振动,振动越强,声音就越大。声音信号通常用连续的随时间变化的波形来表示,是模拟信号,是关于时间的连续函数,又称模拟音频,如图 2.1 所示。

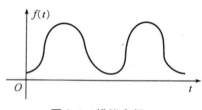

图 2.1 模拟音频

#### 2) 声音信号的基本参数

(1) 频率和带宽

信号每秒钟变化的次数,称为频率,单位是 Hz。频率高,则音调高;频率低,则音调低。人耳可感受到的声音信号频率范围为 20~20 000 Hz。这个范围内的声音信号称为音频(Audio)信号。一般来说,频率范围(带宽)越宽,声音质量越高。

CD 质量(Super HiFi)音频带宽为 10~20 000 Hz;

FM 无线电广播的带宽为 20~15 000 Hz;

AM 无线电广播的带宽为 50~7 000 Hz;

数字电话话音带宽为 200~3 000Hz。

(2) 周期

相邻声波波峰间的时间间隔。

(3) 幅度

表示信号强弱的程度。幅度决定信号的音量,幅度越大,其信号强度越大。

(4) 复合信号

音频信号由许多不同频率和幅度的信号组成。在复音中,最低频率为基音,其他频率为谐音,基音和谐音组合起来,决定了声音的音色。

3) 声音信号的特点

(1) 音调:音调与声音的频率有关,频率快则音调高,频率慢则音调低。如图 2.2 所示。

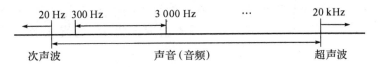

**图 2.2　300～3 000 Hz 人说话的频率范围**

次声波信号:频率小于 20 Hz 的信号,人耳不能听到。
音频信号:频率在 20 Hz～20 kHz 之间的信号,这个信号人耳可以听到。
超声波信号:频率高于 20 kHz 的信号。
语音信号:频率在 300～3 000 Hz。

(2) 音强(响度):用来描述声音的强弱,体现在声音振幅的大小。感知声音强弱的度量单位有如下两种,它们是完全不同的概念,但是它们之间又有一定的联系。

① 物理学:声压(Pa)或声强(W/cm$^2$)。
② 心理学:响度级[方(phon)或宋(song)]。

当声音弱到人的耳朵刚刚听见时,此时的声强,称之为听阈;另一种极端的情况是当声音强到人的耳朵感到疼痛,此时的声强称为痛阈。在听阈和痛阈之间的区域就是人耳的听觉范围。

(3) 音色:由混入基音的泛音所决定,每个基音有其固有频率和不同音强的泛音,从而使每种声音具有特殊的音色效果。

4) 声音的分类

从声音是振动波的角度来说,波形声音实际上已经包含了所有的声音形式,是声音的最一般形态。

(1) 语音:这是人类口头表达信息的手段。人的说话声不仅是一种波形声音,更重要的是它还包含丰富的语言内涵,是一种特殊的媒体。它可以经过抽象,提取其特定的成分,达到对其意思的理解。

(2) 音乐:音乐与语音相比,形式更为规范一些,音乐是符号化的声音,也就是乐曲。乐谱是乐曲的规范表达形式。

(3) 效果声:是指自然界发出的声音,含有特定的含义,如风声、雨声、雷声、狗叫声等。

衡量声音质量的标准:对语音来说,常用可懂度、清晰度、自然度来衡量;而对音乐来说,保真度、空间感、音响效果等都是重要的指标。

## 2.1.2　声音信息的数字化

在计算机内所有信息均以二进制数表示,如各种命令、各种幅度的物理量都是以不同的数字表示,声音信号同样是用一系列的数字表示。把模拟声音转换成由二进制数 1 和 0 组成的数字音频文件的过程就称为声音的数字化。声音信息的数字化转换过程如图 2.3 所示。

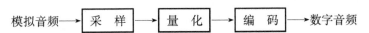

**图 2.3　声音信息的数字化转换过程**

1) 声音信号的描述

（1）声音信号时间域描述法：音频信号的频率范围是 20 Hz～20 kHz，声音信号可以表示为随时间变化的连续波形，即以时间为横轴，振幅为纵轴的连续变化的单值函数曲线。声音信号的强弱程度用分贝做单位，它是对声音信号取对数运算后得到的值，如图 2.4 所示。

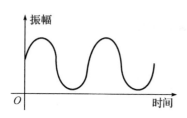

图 2.4　声音信号的幅度描述　　　　图 2.5　声音信号的频率描述

（2）声音信号频率域描述法：用声音信号的频率成分来描述声音信号。声音信号的频率是指声音信号每秒钟的变化次数，单位为 Hz，用 $f$ 表示，周期 $T=1/f$，$T$ 的意义是信号变化一个周期所需要的时间，或者说是信号的 2 个峰值点之间的时间，如图 2.5 所示。

2) 声音信号的数字化过程

首先用麦克风作为传感器把声能转换为电能。

（1）采样

作用：把连续的声音信号变成离散的声音信号。

模拟声音在时间上是连续的，数字音频是一个数据序列，在时间上只能是断续的，因此，当把模拟声音变成数字声音时，需要以固定的时间间隔（采样周期）抽取模拟信号的幅度值，这个过程称为采样。

① 采样频率 $f$ 的概念

采样后得到的是离散的声音振幅样本序列，称为采样值，或称为样本，仍是模拟量。单位时间内采样次数称为采样频率 $f$，采样频率越高，越接近模拟信号的精度，声音的保真度越好，但采样获得的数据量也越大。在 MPC 中，采样频率标准定为：11.025 kHz、22.05 kHz、44.1 kHz。

② 采样定理

对时间连续的函数 $X(t)$，按一定的时间间隔 $T$ 取值，得到离散信号 $X(nT)$。$n$ 为整数，$T$ 为采样周期，$1/T$ 为采样频率。对于一般波形而言，当满足 $f>2f_c$ 时，采样不失真。$f_c$ 是信号的高端截止频率。

根据采样定理，采样频率 $f$ 必须高于该信号所含的最高 $f$ 的两倍，才可保证原模拟信号的质量。如 11.025 kHz 的采样频率仅能捕获低于 22.05 kHz 的音频；又如对于完全的声波，频率在 20～20 000 Hz 之间，则采样 $f>2\times 20\,000=40\,000$ Hz 时，才可获得较佳的听觉效果。

③ 常用的采样频率 $f$ 有三种，如表 2.1 所示：

表 2.1 常用采样频率

| $f$ | 44.1 kHz | 22.05 kHz | 11.025 kHz |
|---|---|---|---|
| 每秒采样次数 | 44 100 | 22 050 | 11 025 |
| 音 质 | 高 | 中 | 低 |

(2) 量化

作用:把采样得到的信号幅度的样本值从模拟量转换成数字量。

采样后的信号,在时间上是离散的,但其幅值仍是连续的模拟信号。量化是将采样所得到的幅值序列 $X(nT)$,量化成有限个幅度值的集合 $X$,即用二进制数进行编码,用 B 位二进制码可以表示 $2^B$ 个不同的量化电平。

数字量的二进制位数是量化精度。在 MPC 中,量化精度标准定为 8 位或 16 位。量化精度越高,所得到的数字化波形与原来的模拟波形越接近,量化误差越小。采样和量化的过程称为模/数(A/D)转换。

(3) 编码

作用:把数字化声音信息按一定数据格式表示。

量化以后会丢失某些信息。量化的精度越高,丢失的信息就越少,但量化的精度过高,会产生较多的位数,从而占用较多的存储空间和耗费大量的处理时间。

声音数字化后,常以波形声音的文件格式 WAV 存储,称为数字化波形声音。如图 2.6 所示。

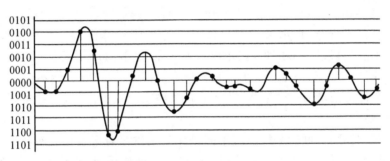

图 2.6 WAV 格式数字化波形图

### 2.1.3 数字音频的文件格式

1) WAV 文件

WAV 是 Microsoft 公司的音频文件格式。来源于对模拟信号的直接采样,各采样点的值以 8 位或 16 位量化位数表示,其文件大小为:

WAV 文件字节数=采样频率(Hz/s)×量化位数×声道数/8

当采样频率为 44.1(kHz),量化位数为 16,含左右声道时,1 秒钟立体声 WAV 文件的大小是:44 100×16×2/8=176 400 字节

WAV 文件还原而成的声音音质取决于声音卡采样频率的大小,采样频率越高,音质越好,但形成的 WAV 文件就越大,因此减小 WAV 文件的主要途径是降低采样频率。声卡采样、编码的有关参数,如表 2.2 所示。

表 2.2  采样、量化与数据量

| 采样位数 | 采样频率(kHz) | 单声道所需字节数(MB/min) | 立体声所需字节数(MB/min) |
| --- | --- | --- | --- |
| 8 位 | 11.025 | 0.66 | 1.32 |
| 8 位 | 22.05 | 1.32 | 2.64 |
| 16 位 | 44.1 | 5.292 | 10.58 |

波形音频一般适用于以下几种场合：
（1）播放的声音是讲话语音，音乐效果对声音的质量要求不太高的场合。
（2）需要从 CD-ROM 光驱同时加载声音和其他数据，声音数据的传送不独占处理时间的场合。
（3）需要在 PC 机、硬盘中存储的声音数据在 1 分钟以下，以及可用存储空间足够大的时候。它是 Windows 所使用的标准数字音频。

2）VOC 文件

VOC 文件是 Creative 公司波形音频文件格式。

利用声霸卡提供的软件可实现 VOC 和 WAV 文件的转换：程序 VOC2WAV 转换 Creative 的 VOC 文件到 Microsoft 的 WAV 文件；程序 WAV2VOC 转换 Microsoft 的 WAV 文件到 Creative 的 VOC 文件。

3）MIDI 文件

MIDI 文件是(Musical Instrument Digital Interface)乐器数字化接口的缩写。

MIDI 是一种技术规范，它定义了把乐器设备连接到计算机端口的标准以及控制 PC 机 MIDI 设备之间信息交换的一套规则，它是数字式音乐的国际标准。把 MIDI 信息作为文件存储起来，这个文件就成为 MIDI 文件，其扩展名为 MID。它与波形文件不同，记录的不是声音本身，而是将每个音符记录为一个数字，实际上就是数字形式的乐谱，因此可以节省空间，适合长时间音乐的需要。

MIDI 文件和 WAV 文件的采样方法不同，MIDI 文件没有记录任何声音信息，只是发给音频合成器一系列指令，指令说明了音高、音长、通道号等音乐信息，具体发出声音的硬件是合成器。编写 MIDI 音乐有专门的软件，播放音乐时，首先由 MIDI 合成器根据 MIDI 文件中的指令产生声音，然后将该声音信号送到声卡模拟信号混合芯片中进行混合，最后从扬声器中发出声音。MIDI 文件比 WAV 文件小得多。一个 30 分钟的立体声音乐，以 MIDI 文件格式存储需要 200 KB，而同样音质的波形文件需 30 MB 的空间，但 MIDI 标准对语音的处理能力差。

4）MP3 文件

MP3 全称是 MPEG Layer 3，狭义上讲就是以 MPEG Layer 3 标准压缩编码的一种音频文件格式。ISO/MPEG 音频压缩标准里包括了三个使用高性能音频数据压缩方法的感知编码方案(Perceptual Coding Schemes)。按照压缩质量(每 bit 的声音效果)和编码方案的复杂程度分别是 Layer 1、Layer 2、Layer 3。所有这三层的编码采用的基本结构是相同的。

MPEG 语音编码具有很高的压缩率，我们通过计算可以知道 1 分钟 CD 音质(44 100 Hz× 16 bit×60 s×2 声道)的 WAV 文件如果未经压缩需要 10 MB 左右的存储空间。而 MPEG Layer 1 和 Layer 2 这两层的压缩率分别可达 1:4 和 1:6～1:8，MPEG Layer 3 的压缩率更是高达 1:10～

1∶12,也就是说一般1分钟的CD音质的音乐经过MPEG Layer 3压缩编码可以压缩到1 M左右而基本保持不失真,这也就是我们所说的MP3音乐文件。一张650 MB的光盘原来只能存储大约十几首CD歌曲,现在却可以存储上百首MP3歌曲。因此,市场上先后出现了许多MP3软件播放器和MP3播放机,备受广大年轻人的喜欢,但MP3至今没有版权保护。

5) WMA文件

WMA(Windows Media Audio)是微软开发的Windows媒体格式之一,这是一种可以与MP3格式叫板的音频格式。它压缩比高、音质好,同样音质的WMA文件的体积只是MP3文件的1/2,甚至更小,更加有利于网络传输。在48 Kb/s的码率下可获得接近CD的品质,在64 Kb/s的码率下则可以获得与CD相同的品质。

6) RA文件

随着流媒体技术的发展,人们可以实现在网上边下载边收听歌曲,边下载边欣赏视频节目的愿望。RealAudio就是RealNetworks公司开发的新型流式音频文件,其文件后缀为.RA(RealAudio)。这是为了解决网络传输带宽资源而设计的,主要用于在低速率的广域网上实时传输音频信息。RealPlayer、Winmap就是用来播放流式音频文件的两种著名的播放器。

除了RA外,Real格式的文件扩展名还有AU、RM、RAM、RMI等,AU格式的文件是音频的;RA、RM格式的文件既有音频,也有视频;RAM、RMI文件通常应用在网页中,是一种文本文件,其中包含RA或RM文件的路径,点击其链接后会启动RealPlayer来播放RA或RM文件。

上述介绍的几种音频文件格式,各自有各自的特点及应用环境,在必要的时候,可以利用转换工具实现不同文件格式的转换。

## 2.2 声卡

### 2.2.1 声卡的发展历史

音频卡是处理各种类型数字化声音信息的硬件,多以插件的形式安装在微机的扩展槽上,也有的与主板集成在一起。音频卡又称声音卡,简称声卡。

作为多媒体电脑的象征,声卡的历史远不如其他PC硬件来得长久。不过回顾一下声卡的技术发展历程是非常有意义的,更有利于全面认识声卡的技术特点和发展趋势。

1) 从PC喇叭到ADLIB音乐卡

在声卡还没有被发明的时候,PC游戏是没有任何声音效果的。即使有,那也是从PC机小喇叭里发出的那种"滴里嗒啦"的刺耳声。虽然效果差,但在那个时代这已经令人非常满意了。直到ADLIB声卡的诞生,才使人们享受到了真正悦耳的电脑音效。

ADLIB声卡是由英国的ADLIB AUDIO公司研发的,最早的产品于1984年推出,它的诞生开创了电脑音频技术的先河,所以它是名副其实的"声卡之父"。由于是早期产品,它在技术和性能上存在着许多不足之处。虽然我们称之为"声卡",但其功能却仅局限于提供音乐,而没有音效,这是非常遗憾的缺陷。在相当一段时间里,ADLIB声卡曾是多媒体领域的一个重要标准,直到CREATIVE崛起后,ADLIB才逐渐退出历史舞台。如今已经很难在市场上看到它们的产品,但 Windows 的驱动程序信息库中却依然保留着 ADLIB 的位置。

2) Sound Blaster 系列——CREATIVE 时代的开始

CREATIVE 公司,国内又称"创新"公司。Blaster 声卡(声霸卡)是 CREATIVE 在 20 世纪 80 年代后期推出的第一代声卡产品,但是在功能上已经比早期的 ADLIB 卡强出不少,其最明显的特点在于兼顾了音乐与音效的双重处理能力,这是 CREATIVE 引以为豪的,所以在声卡发展的历程中,Sound Blaster 具有划时代的意义。虽然它仅拥有 8 位单声道的采样率,在声音的回放效果上精度较低,但它却使人们第一次在 PC 上得到了音乐与音效的双重听觉享受,在当时红极一时。

此后,CREATIVE 又推出了后续产品——Sound Blaster PRO(SB PRO),它增加了立体声功能,进一步加强了 PC 机的音频处理能力。因此 SB PRO 声卡在当时被编入了 MPC1 标准(第一代多媒体标准),成为发烧友们追逐的对象。

在取得了音乐与音效的完美组合之后,CREATIVE 并没有满足现状,他们在技术上继续寻求新的突破。Sound Blaster 与 Sound Blaster PRO 都只有 8 位的信号采样率,音质比较粗糙;SB PRO 虽然拥有立体声处理能力,但依然不能弥补采样损失所带来的缺憾。Sound Blaster 16 的推出彻底改变了这一状况,它是第一款拥有 16 位采样精度的声卡,通过它实现了 CD 音质的信号录制和回放,使声卡的音频品质达到了一个前所未有的高度。在此后相当长的时间内 Sound Blaster 16 成为了多媒体音频部分的新一代标准。

从 Sound Blaster 到 SB PRO,再到 SB 16,CREATIVE 逐渐确立了自己声卡霸主的地位。随着技术的发展和成本的降低,也使得声卡从一个高不可攀的奢侈品高度(早期的声卡非常昂贵),渐渐成为了普通多媒体电脑的标准配置。

3) SB AWE 系列声卡——MIDI 冲击波

Sound Blaster 系列声卡发展到 SB 16 这一款,已经是非常成熟的产品体系了。但是 SB 16 与 SB、SB PRO 一样,在 MIDI(电子合成器)方面采用的都是 FM 合成技术,对于乐曲的合成效果比较单调乏味。到了 20 世纪 90 年代中期,一种名为"波表合成"的技术开始趋于流行,在试听效果上远远超越了 FM 合成。于是,CREATIVE 在 1995 年适时地推出了具有波表合成功能的 Sound Blaster Awe 32 声卡。SB Awe 32 具有一个 32 复音的波表引擎,并集成了 1 MB 容量的音色库,使其 MIDI 合成效果大大超越了以前所有的产品。

虽然 Awe 32 的效果比 FM 高出不少,但还远远不能体现出 MIDI 的真正神韵,其中音色库容量小是主要原因。因此,CREATIVE 又在 1997 年推出了 Sound Blaster Awe 64 系列,其中的"重磅炸弹"——SB Awe 64 GOLD 更是拥有了 4 MB 的波表容量和 64 复音的支持,使 MIDI 效果达到了一个空前的高度。Awe 32 和 Awe 64 作为与 SB 16 系列共存的产品系列,在 MIDI 合成能力上下了不小的功夫,但是由于这种性能提升需要以增加产品成本为代价,真正的市场反应并不好。

4) PCI 声卡——新时代的开始

从 Sound Blaster 一直到 SB Awe 64 GOLD,声卡始终是采用 ISA 接口形式的。不过随着技术的进一步发展,ISA 接口过小的数据传输能力成为了声卡发展的瓶颈。把接口形式从 ISA 转移到 PCI 成为了声卡发展的大势所趋。PCI 声卡从理论上具有加大传输通道(ISA 为 8 MB/s,PCI 可达 133 MB/s),提升数据宽带的功能。从而在声卡上实现了三维音效和 DLS

技术,使得声卡的性能得到多方面提升,但总体成本却能大幅度下降,可谓两全其美。目前,CREATIVE 的主力产品——Sound Blaster Live! 系列就是最为典型的高档 PCI 声卡产品,代表了当今较高的技术水平。

近年来又涌现出了不少新兴的声卡芯片开发设计厂商,客观上起到了进一步加剧市场竞争的作用。而随着技术的迅速发展,厂家们已经不再局限于在性能上兼容 CREATIVE 的产品,而是力求取得属于自己的特色和发展空间。可以预见,今后声卡将向功能多样化、声音信号数字化的方向发展,CREATIVE 一家独霸天下的历史将一去不复返。

### 2.2.2 声卡的声道

(1) 单声道:当通过两个扬声器回放单声道信息的时候,人们可以明显感觉到声音是从两个音箱中间传递到耳朵里的。

(2) 立体声:声音在录制过程中被分配到两个独立的声道,从而达到了很好的声音定位效果。在音乐欣赏中,听众可以清晰地分辨出各种乐器来自的方向,从而使音乐更富想像力,更加接近于临场感受。

(3) 四声道环绕:四声道环绕规定了 4 个发音点:前左、前右、后左、后右,听众则被包围在这中间。同时还可以增加一个低音音箱,以加强对低频信号的回放处理。核心是三维音效。

(4) 5.1 声道:5.1 声道即 Dolby Digital 5.1 和 DTS 5.1 两种数字多声道环绕声音频格式。它具左右两路主声道、中置声道、左右两路环绕声道和一个重低音声道。前面 5 个声道都是全频域声道,重低音声道是一个不完全声道,只发 120 Hz 以下的低音,称之为 0.1 声道,这样便构成了 5.1 声道格式,如图 2.7 所示。

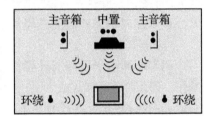

图 2.7 5.1 声道

(5) 6.1 声道:6.1 声道指 Dolby Digital EX 和 DTS ES 两种数字多声道环绕声音频格式。它们都是一种扩展型环绕声音频格式,即分别在 Dolby Digital 5.1 和 DTS 5.1 的基础上,为了让左右环绕声衔接得更好而增加后中间一路环绕声道,这便形成了 6.1 声道格式。

(6) 7.1 声道:7.1 声道指 THX Surround EX 系统。THX 是 Lucas 公司对电影院的一种认证标准,不是音频格式。它严格地制订了电影院相关影音器材与环境的标准,只要符合 THX 标准且经过认证,就能有相当的水准。这样只要消费者选择具有 THX 认证的影院,就会有绝佳的影音享受。后来 THX 移植到家庭影院,认证高品质的视听器材,并针对家庭环境的不同有着独特的要求。例如在 5.1 声道系统中,它要求的环绕声是双向发声的侧声道,而非单向发声的后声道,以达到电影院那种多只扬声器阵列排列的效果。可见 THX 并非 Dolby Digital 和 DTS 那样为一种音频格式,而是一种音频后处理模式,目的是获得更佳的视听享受。当 6.1 声道的 Dolby Digital EX 和 DTS ES 出来后,THX 将其进一步演化成 THX Surround EX 系统,为了兼容原双向发声的侧声道和再度加强环绕声效包围感,于是在原侧音道的基础上又增加了两只后声道,这就构成了 7.1 声道。值得注意的是,THX Surround EX 是将 Dolby Digital EX 和 DTS ES 的 6.1 声道扩展成 7.1 声道,并不是一种音频录音格式,它将其环绕声效表现得更佳而已。

(7) 8.2 声道:8.2 声道首次出现在 YAMAHA 的 DSP-AX1 AV 扩大机中,称之为 10 声

道扩大机。它是为了加强环绕声场的效果,在 Dolby Digital EX 和 DTS ES 的 6.1 声道的基础上,增加了 YAMAHA 独家的前置环绕声道(喇叭箱放置在主声道的后上方),再增加一只重低音输出,后中间环绕声也由单路扩展成双路,这就构成了 YAMAHA 独家的 8.2 环绕声。

### 2.2.3 声卡的功能和分类

#### 1) 声卡的功能

声卡的功能主要有以下几个方面:音频录放、编辑与合成、MIDI 接口、文语转换和语音识别以及 CD-ROM 接口和游戏棒接口等。

(1) 音频录放

通过声卡,人们可将外部的声音信号录入计算机,并以文件形式保存,需要时只需调出相应的声音播放即可。使用不同声卡和软件录制的声音文件格式可能不同,但它们之间可以相互转换。

录音声源有:麦克风、立体声线路输入、CD。

(2) 编辑与合成

编辑与合成就像一部数字音频编辑器,它可以对声音文件进行各种特殊的处理,如倒播、增加回音效果、静噪音、往返放音、交换声道等。

音乐合成功能和性能主要是依赖于合成芯片。

(3) MIDI 接口

用于外部电子乐器与计算机之间的通信,实现对多台带有 MIDI 接口的电子乐器的控制和操作。MIDI 音乐存放成 MID 文件比以 WAV 格式存放的文件更节省空间。MID 文件也能被编辑和播放,甚至可在计算机上作曲,通过喇叭播放或控制电子乐器。

(4) 文语转换和语音识别

文语转换指把计算机内的文本转换成声音,如可以通过语音合成技术使计算机朗读文本;通过采用语音识别功能,让用户通过说话指挥计算机等。

一般的声卡只能合成英文语音,但国内清华大学和中国科学院等单位开发的汉语文语转换软件能将计算机内的文本文件或字符串转换成汉语语音,并具有语音信箱的功能,大大扩展了语音合成技术的应用范围。

(5) 声卡的其他接口

① CD-ROM 接口:声卡提供了 CD-ROM 接口,使其可与 CD-ROM 驱动器相连,实现对 CD 唱片的播放,如果再加上一对较好的功放音箱,计算机将具有组合音响的功能。

② 游戏棒接口:标准的 PC 游戏棒接口,可接一个或两个游戏棒。

#### 2) 声卡的分类

声卡的分类主要根据数据采样量化的位数来分,通常分为 8 位、16 位、32 位等几类,位数越高,量化精度越高,音质就越好。

### 2.2.4 声卡的工作原理

声卡的工作原理其实很简单,麦克风和喇叭所用的都是模拟信号,而电脑所能处理的都是数字信号,两者不能混用,声卡的作用就是实现两者的转换。在结构上,声卡可分为模/数

(A/D)转换电路和数/模(D/A)模转换电路两部分。模/数转换电路负责将麦克风等声音输入设备采集到的模拟声音信号转换为电脑能处理的数字信号;而数/模转换电路负责将电脑使用的数字声音信号转换为喇叭等设备能使用的模拟信号。

声卡的工作原理框图主要由以下几个部分组成:

(1) 声音的合成与处理

这是音频卡的核心部分,它由数字声音处理器、调频(FM)音乐合成器及乐音数字接口(MIDI)控制器组成。这部分的主要任务是完成声波信号的 A/D 和 D/A 转换,利用调频技术控制声音的音调、音色和幅度等。

(2) 混合信号处理器

混合信号处理器内置数字/模拟混音器,混音器的声源由 MIDI 信号、CD 音频、线路输入、麦克风等组成。可以选择一个声源或几个不同的声源进行混合录音。

(3) 功率放大器

由于混合信号处理器输出的信号功率还不够大,不能推动扬声器或音箱,所以一般都有一个功率放大器把功率放大,使得输出的音频信号有足够的功率,如图 2.8 所示。

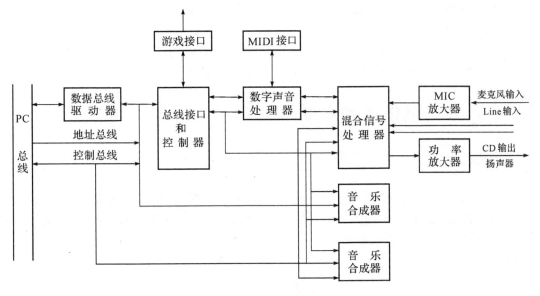

图 2.8 声卡结构图

(4) 总线接口和控制器

总线接口有多种,早期的音频卡为 ISA 总线接口,现在的音频卡一般是 PCI 总线接口。

总线接口和控制器是由数据总线双向驱动器、总线接口控制逻辑、总线中断逻辑及直接存储器访问(DMA)控制逻辑组成。

## 2.2.5 声卡的外接插口

声卡通过一些外部接口实现声音信号的采集和播放。不同厂商的声卡其功能不一样,提供的外部接口也有所不同,但通常都应该有下面所列出的一些接口,如图 2.9 所示。

(1) 声音信号输入接口(Line In)

通过该插孔可以把其他声音设备,如收录机等设备的音频输出信号连接到声卡,以便通过声卡播放或者记录下来存入计算机中。

(2) 麦克风输入接口(Mic In)

该插孔与话筒连接,以便接收从话筒来的音频输入信号。

(3) 声音信号输出接口(Line Out)

用于与外部的功率放大器连接,输出音频信号。有源音箱应该与此插孔连接。

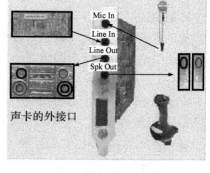

图 2.9 声卡的外部接口

(4) 喇叭输出接口(Spk Out)

用于与耳机、无源音箱或者喇叭连接,一般有 2~4 W 的输出功率。

(5) 游戏杆和 MIDI 插孔

用于与操纵杆或 MIDI 设备连接。

(6) CD 输入连接器

与 CD-ROM 的音频信号线相连接,这样就可以播放 CD 唱盘的音乐了。

(7) CD-ROM 驱动器接口

可用于与 CD-ROM 驱动器连接。有的声卡没有这个连接器,采用 IDE 接口的 CD-ROM 可以直接插入主板上的 IDE 接口,不必使用这个连接器。

## 2.3 音频压缩技术和标准

### 2.3.1 概述

数字化的音频信号必须经过编码处理,以适应存储和传输的要求,并且在音频信号再生时,得到最好音质的声音。音频压缩技术涉及到三个方面:压缩和解压缩后音频信号的还原性和高质量;压缩比;压缩和解压缩算法计算的复杂性。

音频信号的压缩方法有:

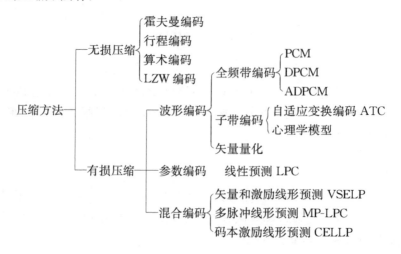

## 2.3.2 声音压缩标准

### 1) ITU-T G 系列声音压缩标准

国际上主要有国际电信联盟(ITU)和国际电工委员会(IEC)两个国际标准组织研究制订电信方面的标准。IEC 着重制订与产品有关的标准,而 ITU 则着重制订与应用有关的标准,ITU 的全称是 International Telecommunication Union。国际电联电信标准化部门(ITU-T)主要制订全球电信领域中有关技术和应用方面的标准。国际上,对于语音信号压缩编码的审议在 CCITT 下设的第十五研究组进行,相应的建议为 G 系列。ITU-T 在 G 系列建议中对语音编码技术进行了标准化,已经公布了一系列语音编码协议,采用波形基编码方式的主要有 G.711、G.721、G.722、G.723、G.726、G.727,采用参数基编码方式的主要有 G.728、G.729、G.729A、G.723.1。

(1) G.711

1972 年,CCITT 为电话质量和语音压缩制定了 PCM 标准 G.711,其速率为 64 Kb/s,使用 $\mu$ 律或 A 率的非线性量化技术,主要用于公共电话网中。

(2) G.722

1988 年,CCITT 为调幅广播质量的音频信号压缩制定了 G.722 标准,它使用子带编码方案(SBC),其滤波器组将输入信号分成高低两个子带信号,然后使用 ADPCM 进行编码。G.722 能将 224 Kb/s 的调幅广播质量的音频信号压缩为 64 Kb/s,主要用于视听多媒体和会议电视等。

G.722 标准把音频信号采样频率由 8 kHz 提高到 16 kHz,是 G.711 PCM 采样率的 2 倍,使得要被编码的信号频率由原来的 3.4 kHz 扩展到 7 kHz,从而使音频信号的质量明显高于 G.711 的质量。

(3) G.723

1996 年,ITU-T 通过了用于多媒体传输的 5.3 Kb/s 或 6.3 Kb/s 双速率话音编码的 G.723 标准,可应用于可视电话及 IP 电话等系统中。

(4) G.728

1992 年,CCITT 为进一步降低压缩的速率制定了 G.728 标准,其速率为 16 Kb/s,主要用于公共电话网中。

(5) G.729

1996 年 3 月,ITU-T 通过了 G.729 标准,它使用 8 Kb/s 的共轭结构代数码激励线性预测算法,应用于无线移动网、数字多路复用系统和计算机通信等系统中。

### 2) MPEG 音频编码标准

MPEG 代表的是 MPEG 活动影音压缩标准,MPEG 音频文件指的是 MPEG 标准中的声音部分即 MPEG 音频层。MPEG 音频文件根据压缩质量和编码复杂程度的不同可分为三层(MPEG AUDIO Layer 1/2/3),分别与 MP1、MP2 和 MP3 这三种声音文件相对应。MPEG 音频编码具有很高的压缩率,MP1 和 MP2 的压缩率分别为 4:1 和 6:1~8:1,而 MP3 的压缩率则高达 10:1~12:1,也就是说 1 分钟 CD 音质的音乐未经压缩需要 10MB 存储空间,而经过 MP3 压缩编码后只有 1MB 左右,同时其音质基本保持不失真。因此,目前 Internet 网上的音乐格式以 MP3 最为常见。

　　Layer 3 算法与 Layer 1 和 Layer 2 算法框架基本相同,区别在于完成 32 位均匀子带样点分割后,对每个子带作改进的离散余弦变换(MDCT),将其映射到频域的 18 个样点上(共 576 个样点)。在心理学模型计算中也采用不同于 Layer 1 和 Layer 2 的算法。量化器采用噪声造型(Noise Shaping),而不是 Layer-1 和 Layer-2 的线形量化,样点编码采用霍夫曼编码,而不是 PCM 编码(Pulse Code Modulation)。另外在多声道扩展中,Layer 3 在 Layer 1 和 Layer 2 的基础上增加了 MS 矩阵编码。Layer 3 是对 Layer 1、Layer 2 向下兼容的一种算法,在低码率时比 Layer 1 和 Layer 2 有明显的优势。但 Layer 3 也有不足之处,在纯语音的编码上的性能不是很好。在最新的 MPEG-4 标准中,音频编码将包含语音编码和感知编码。如表 2.3 所示。

表 2.3　MPEG-1 Audio 三个压缩层次

| Layer | 压缩比 | 输出数据率 | 用　途 |
|---|---|---|---|
| Layer1 | 4:1 | 384 Kb/s | 小型数字盒式磁带 |
| Layer2 | 6:1～8:1 | 256～192 Kb/s | 数字广播声音、数字音乐、CD、VCD |
| Layer3 | 10:1～12:1 | 64 Kb/s | ISDN 上的声音传输 |

　　MP3 格式开始于 20 世纪 80 年代中期(1987 年),1998 年,当 Winamp 作为免费的音乐播放器在网络上传播的时候,开始了 MP3 的狂潮。

　　MP3 是一个让音乐界产生巨大震动的一个声音格式,MP3 格式可以使音乐文件在音乐质量做很小牺牲的情况下将文件大小缩小很多。MP3 文件能以不同的比率压缩,但是压缩得越多,声音质量下降得也越多。标准的 MP3 压缩比是 10:1,一个 3 分钟长的音乐文件压缩后大约是 4 MB。

　　音乐信号中有许多冗余成分,其中包括间隔和一些人耳分辨不出的信息(如混杂在较强背景中的弱信号)。CD 声音不经压缩,采用 44.1 kHz 的固定速率采样,可以保证最大动态音乐的良好再现,当然,信息量较少处的数据量也是相同的,因而存在压缩的可能性。频宽为 20～20 kHz(顶级 CD Player 可向下延伸至 2 Hz)的音响已成为目前的音乐标准。MP3 为降低声音失真采取了名为"感官编码技术"的编码算法:编码时先对音频文件进行频谱分析,然后用过滤器滤掉噪音电平,接着通过量化的方式将剩下的每一位打散排列,最后形成具有较高压缩比的 MP3 文件,并使压缩后的文件在回放时能够达到比较接近原音源的声音效果。虽然它是一种有损压缩,但是它的最大优势是以极小的声音失真换取较高的压缩比。

　　MP3 采用与杜比 AC-3 相似的变压缩比率(VBR)压缩技术,采样的压缩比率依照音乐中信息的多寡,并利用人耳的掩蔽效应来减少冗余数据。经过 MP3 编解码后,尽管还原的信号与原信号不完全一致,仪器实测的指标也不高,但主观听音效果却基本未受影响,而数据量却大大减少,只有原来的 1/10～1/12,约 1 MB/min。也就是说,一张 650 MB 的 CD 盘可容纳超过 10 小时的近似 CD 音质的音乐(44.1 kHz,16 bit)。换句话说,采用 44.1 kHz 的取样率,MP3 的压缩比例能够达到 1:10～1:12,而且基本上拥有近似 CD 的音质。

　　MP3 作为高质量的音乐压缩标准,已成为 Internet 网上最常见的音乐格式,正影响着越来越多的人的生活。目前,在 Internet 网上,有众多可供下载 MP3 音乐文件的站点,并出现了很多 MP3 编、解码软件和硬件设备。

3) MP4

MP3问世不久,就凭借较高的压缩比和较好的音质创造了一个全新的音乐领域,但MP3的开放性不可避免地导致了版权之争,在这样的背景下,文件更小、音质更好、并能有效保护版权的MP4应运而生了。

MP3是一个音频压缩的国际标准,而MP4却是一个商标的名称,它采用美国电话电报公司(AT&T)开发的以"知觉编码"为关键技术的a2b音乐压缩技术,能将压缩比成功地提高到15∶1而不影响音乐的实际听感。MP4的特点如下:

(1) 每首MP4乐曲就是一个.exe的可执行文件,使用方便。

(2) 体积更小和音质更好。采用a2b音频压缩技术,使MP4文件大小仅为MP3的3/4左右,更适合在Internet网上传播。

(3) 采用了独特的"Solana"数字水印技术,方便追踪和发现盗版发行行为。针对MP4的非法解压,可能导致MP4原文件的损毁。

(4) 支持版权保护。MP4乐曲中内置了作者、版权持有者等版权说明,既可声明版权,又表示了对作者和演唱者的尊重。

(5) 比较完善的功能。能独立调节左右声道音量控制,内置波形/分频动态音频显示和音乐管理器,支持多种彩色图像,网站链接及无限制的滚动显示文本等。

4) AC-3编码和解码

AC-3音频编码标准的起源是DOLBY AC-1。AC-1应用的编码技术是自适应增量调制(ADM),它把20 kHz的宽带立体声音频信号编码成512 Kb/s的数据流。AC-1曾在卫星电视和调频广播上得到广泛应用。1990年DOLBY实验室推出了立体声编码标准AC-2,它采用类似MDCT的重叠窗口的快速傅里叶变换(FFT)编码技术,其数据率在256 Kb/s以下。AC-2被应用在PC声卡和综合业务数字网等方面。

AC-3是在AC-1和AC-2基础上发展出来的多通道编码技术,因此保留了AC-2的许多特点,如窗处理、变换编码、自适应比特分配;AC-3还利用了多通道立体声信号间的大量冗余性,对它们进行"联合编码",从而获得了很高的编码效率。AC-3采用基于改良离散余弦变换(MDCT)的自适应变换编码(ATC)算法。ATC算法的一个重要考虑是基于人耳听觉掩蔽效应的临界频带理论,即在临界频带内一个声音对另一个声音信号的掩蔽效应最明显。因此,划分频带的滤波器组要有足够锐利的频率响应,以保证临界频带外的噪声衰减足够大,使时域和频域内的噪声限定在掩蔽门限以下。

在AC-3编码器的比特分配技术中,采用了已广泛应用的前向和后向自适应比特分配原则。前向自适应方法是编码器计算比特分配,并把比特分配信息明确地编入数据比特流中。它的特点是在编码器中使用听觉模型,因此修改模型对解码器没有影响;其缺点是要占用一部分有效比特,用来传送比特分配信息。后向自适应方法没有从编码器得到明确的比特分配信息,而是从数码流中产生比特分配信息,优点是不占用有效比特,因此有更高的传输效率;缺点是从接受的数据中计算比特分配,计算不能太复杂,否则解码器的成本升高,另外编码器中的听觉模型更新后,解码器的算法随之也要做相应改变。AC-3采用的是混合前向/后向自适应比特分配,因此克服了后向自适应方法的大部分缺点。

AC-3的开发起源于HDTV,但首先是在电影中使用,这使人们真正享受到5.1通道立体声效果。美国已选定 AC-3 为 HDTV 的声音编码标准,并在 1996 年亚特兰大奥运会上试验播出。在美国,AC-3 已用于数字有线电视,以取得与 HDTV 相容,初期仍以两声道节目为主,随着 AC-3 多声道节目丰富后,将会以多声道节目为主。AC-3 还可应用于高密度多功能光盘 DVD 的声音标准。

## 2.4 MIDI

MIDI 是音乐与计算机结合的产物。MIDI 泛指数字音乐的国际标准,初始建于 1982 年。多媒体 Windows 支持在多媒体节目中使用 MIDI 文件。标准的多媒体 PC 平台能够通过内部合成器或连到计算机 MIDI 端口的外部合成器播放 MIDI 文件。利用 MIDI 文件演奏音乐,所需的存储量最少,如演奏 2 分钟乐曲的 MIDI 文件只需不到 8 KB 的存储空间。

### 2.4.1 MIDI 标准的内容

(1) 规定了电子乐器与微型机之间连接的电缆和接口标准(用两端带有 5 针 D 型插头的电缆线)。

(2) 规定了电子乐器之间或电子乐器与微型机之间传送数据的通信协议。

(3) 定义了如何对音乐进行编码。编码表相当于乐谱,通过发送编码互相通信。

### 2.4.2 MIDI 标准的优点

(1) 生成的文件比较小,无需压缩

MIDI 是乐器和计算机使用的标准语言,是一套指令(即命令的约定),它指示乐器即 MIDI 设备要做什么,怎么做,如演奏音符、加大音量、生成音响效果等。

MIDI 不是声音信号,在 MIDI 电缆上传送的不是声音,而是发给 MIDI 设备或其他装置让它产生声音或执行某个动作的指令,因此 MIDI 文件记录的是发出声音的命令,而不是声音波形。

MIDI 文件结构紧凑,很适合在网上传播,若记录 1 分钟音乐只需 10 KB,而采用波形文件(.WAV)则需 10 MB,相差 1 000 倍,所以不需要压缩。

(2) 便于编辑

编辑命令比编辑声音波形要容易得多,可以对每个细节进行处理,如曲子的音调和速度都可随意修改。

(3) 可以作背景音乐

MIDI 音乐可以和其他的媒体,如数字电视、图形、动画、话音等一起播放,作为配音或伴音,可以加强演示效果。

### 2.4.3 产生 MIDI 音乐的方法

1) 频率调制合成法(Frequency Modulation,FM)

FM 合成器算法要解决的问题就是如何用 13 个参数的组合产生不同的乐音,例如,用什么样的波形作为数字载波波形? 用什么样的波形作为调制波形? 用什么样的波形参数去组合?

声音包络发生器用来调制声音的电平,这个过程也称为幅度调制,并且作为数字式音量控制旋钮。

2) 乐音样本合成法,也称为波形表(Wavetable)合成法

方法:把真实乐器发出的声音以数字的形式记录下来,播放时改变播放速度,从而改变音调周期,生成各种音阶的音符。

优势:可以合成 FM 不能产生的乐音,声音更加逼真。

## 2.4.4 MIDI 系统

MIDI 数据流:是单向异步的数据位流,速率 31.25 Kb/s,每单位 10 位(1 位开始位,8 位数据位和 1 位停止位)。

MIDI 乐器上的 MIDI 接口通常包含 IN(输入)、OUT(输出)和 THRU(转发)三种 MIDI 连接器。

MIDI 数据流来源:MIDI 控制器(MIDI controller)。

MIDI 控制器是当作乐器使用的一种设备,在播放时把演奏转换成实时的 MIDI 数据流。常用的是乐器键盘(musical instrument keyboard)和 MIDI 音序器(MIDI sequencer)

MIDI 音序器是一种装置,允许 MIDI 数据被捕获、存储、编辑、组合和重奏。来自 MIDI 控制器或者音序器的 MIDI 数据输出通过该装置的 MIDI OUT 连接器传输。

MIDI 数据流的接收设备:MIDI 声音发生器(MIDI sound generator)或者 MIDI 声音模块(MIDI sound module)。它们在 MIDI IN 端口接收 MIDI 信息,然后播放声音。

1) 一个简单的 MIDI 系统

由一个 MIDI 键盘控制器和一个 MIDI 声音模块组成。

许多 MIDI 键盘乐器在其内部既包含键盘控制器,又包含 MIDI 声音模块功能。在这些单元中,键盘控制器和声音模块之间已经有内部链接,但可以通过该设备中的控制功能(local control)打开(ON)或者关闭(OFF)该链接。

2) 复杂的 MIDI 系统

单个物理 MIDI 通道(MIDI channel)分成 16 个逻辑通道,每个逻辑通道可指定一种乐器。在 MIDI 信息中,用 4 个二进制位来表示这 16 个逻辑通道。

音乐键盘可设置在这 16 个通道之中的任何一个,而 MIDI 声源或者声音模块可被设置在指定的 MIDI 通道上接收。

在一个 MIDI 设备上的 MIDI IN 连接器接收到的信息可通过 MIDI THRU 连接器输出到另一个 MIDI 设备,并可以菊花链的方式连接多个 MIDI 设备,这样就组成了一个复杂的 MIDI 系统

3) 用 PC 机构造的 MIDI 系统

在这个系统中,PC 机使用内置的 MIDI 接口卡,用来把 MIDI 数据发送到外部的多音色MIDI 合成器模块。

应用软件通过 PC 总线把信息发送到 MIDI 接口卡,MIDI 接口卡把信息转换成 MIDI 消息,然后送到多音色声音模块,同时播放出许多不同的乐音。

使用安装在 PC 机上的高级 MIDI 音序器软件,用户可把 MIDI 键盘控制器连接到 MIDI 接口卡的 MIDI IN 端口,也可以有相同的音乐创作功能。

多媒体个人计算机(MPC)规范要求声卡必须有 MIDI 接口和 MIDI 声音模块,称为合成器。合成器分为 FM 合成器和波表合成器两种。

## 2.5 语音识别技术

让机器听懂人类的语音,这是人们长期以来梦寐以求的事情。语音识别是一门交叉学科,关系到多学科的研究领域,不同领域上的研究成果都对语音识别的发展作了贡献。

### 2.5.1 语音识别的发展历史

语音识别的研究工作大约开始于 20 世纪 50 年代,当时 AT&T Bell 实验室实现了第一个可识别 10 个英文数字的语音识别系统——Audry 系统。

60 年代,计算机的应用推动了语音识别技术的发展。这时期的重要成果是提出了动态规划(DP)和线性预测分析技术(LP),其中后者较好地解决了语音信号产生模型的问题,对语音识别的发展产生了深远影响。

70 年代,语音识别领域取得了突破。在理论上,LP 技术得到进一步发展,动态时间归正技术(DTW)基本成熟,特别是提出了矢量量化(VQ)和隐马尔科夫模型算法(HMM)理论。在实践上,实现了基于线性预测频谱和 DTW 技术的特定人孤立语音识别系统。

80 年代,语音识别研究进一步走向深入,其显著特征是 HMM 模型和人工神经元网络(ANN)在语音识别中的成功应用。HMM 模型的广泛应用应归功于 AT&T Bell 实验室 Rabiner 等科学家的努力,他们把原本艰涩的 HMM 纯数学模型工程化,从而为更多研究者了解和认识。ANN 与 HMM 模型建立的语音识别系统性能相当。

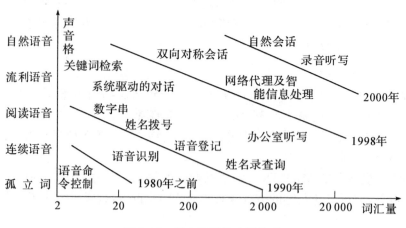

图 2.10 语音识别技术的发展

进入 90 年代,随着多媒体时代的来临,迫切要求语音识别系统从实验室走向实用。许多发达国家如美国、日本、韩国以及 IBM、Apple、AT&T、NTT 等著名公司都为语音识别系统的实用化开发研究投以巨资。

我国语音识别研究工作起步于 50 年代,但近年来发展很快。研究水平也从实验室逐步走向实用。从 1987 年开始执行国家 863 计划后,国家 863 智能计算机专家组为语音识别技术研究专门立项,每两年滚动一次。我国语音识别技术的研究水平已经基本上与国外同步,在汉语语音识别技术上还有自己的特点与优势,并达到国际先进水平。其中具有代表性的研究单位为清华大学电子工程系与中国科学院自动化研究所模式识别国家重点实验室。

清华大学电子工程系语音技术与专用芯片设计课题组研发的非特定人汉语数码串连续语音识别系统的识别精度,达到94.8%(不定长数字串)和96.8%(定长数字串)。在有5%的拒识率情况下,系统识别率可以达到96.9%(不定长数字串)和98.7%(定长数字串),这是目前国际上最好的识别结果之一,其性能已经接近实用水平。研发的5 000词邮包校核非特定人连续语音识别系统的识别率达到98.73%,前三个选项识别率达99.96%,并且可以识别普通话与四川话两种语言,达到了实用要求。

### 2.5.2 语音识别的分类

通常语音识别系统有以下几种分类方式:

1) 按可识别的词汇量分类

根据词汇量大小,可以分为小词汇量、中等词汇量、大词汇量识别系统。

(1) 小词汇量语音识别系统。通常包括几十个词的语音识别系统。

(2) 中等词汇量的语音识别系统。通常包括几百至上千个词的识别系统。

(3) 大词汇量语音识别系统。通常包括几千至几万个词的语音识别系统。这些不同的限制也确定了语音识别系统的困难度,词表越大,困难越多。

2) 按语音的输入方式分类

根据对说话人说话方式的要求,可以分为孤立字(词)语音识别系统、连接字语音识别系统以及连续语音识别系统。

(1) 孤立词识别系统。一次只提供一个单一词的识别,用户必须把输入的每个词用暂停分开,如识别0~9十个数字、人名、地名、控制命令、英语单词、汉语音节或短语。

(2) 连接词识别系统。连接词的语音由所说的短语组成,而短语又是由词序列组成。对连接词识别时需要用到词与词之间的连接信息,如连呼数字串的识别。

(3) 连续语音识别系统。连续语音由完整句子组成,它需要更大的词汇表比较,因此,连续语音的识别比孤立词、连接词语音识别要复杂得多。连续语音识别系统可以分成三部分:

第一部分包括数字化、幅度归一化、时间归一化和参数表示;第二部分包括分割并把语音段标记成在基于知识或基于规则系统上的符号串;最后一部分是设计用于识别词序列而进行语音段匹配。

3) 按发音人分类

根据对说话人的依赖程度可以分为特定人和非特定人语音识别系统。

(1) 特定人语音识别系统。对于特定人进行语音识别的系统,使用前需由特定人对系统进行训练,具体方法是由特定人口述待识词或指定字表,系统建立相应的特征库,之后,特定人即可口述待识词由系统识别。特定人系统的优点是它是可训练的,系统很灵活,可以训练它来识别新词;缺点是由一个用户训练的系统不能被另一个用户使用,如果训练系统的用户得了常见的感冒或声音有些变化,系统就会识别不出用户或犯错误。在支持大量用户的系统中,存储要求是很高的,因为必须为每个用户存储语音识别数据。

(2) 非特定人语音识别系统。非特定人语音识别系统可识别任何用户的语音,它不需要任何来自用户的训练,因为它不依赖于个人的语音签名。不管是男声还是女声,也不管讲的是普通话还是方言,都没有关系。为生成非特定人语音识别系统,大量用户训练了大词汇表的识别器,在训练系统时,男声和女声,不同的口音和方言,以及带有背景噪音的环境都计入了考虑范围之内,以生成参考模板。系统并不是为每种情况下的每个用户建立模板,而是为每种声音生成一批模板,并在此基础上建立词汇表。

### 2.5.3 语音识别的工作原理

语音识别技术就是让机器通过识别和理解过程把语音信号转变为相应的文本或命令的高技术。让机器识别语音的困难在某种程度上就像一个外语不好的人听外国人讲话一样,它和不同的说话人、不同的说话速度、不同的说话内容以及不同的环境条件有关。语音信号本身的特点造成了语音识别的困难。这些特点包括多变性、动态性、瞬时性和连续性等。计算机语音识别过程与人对语音识别处理过程基本上是一致的。目前主流的语音识别技术是基于统计模式识别的基本理论。

不同的语音识别系统,虽然具体实现细节有所不同,但所采用的基本技术相似,一个典型语音识别系统的实现过程如图 2.11 所示。

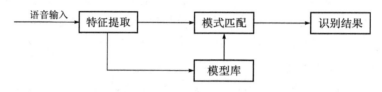

**图 2.11 语音识别的实现过程**

语音识别技术主要包括特征提取技术、模式匹配准则及模型训练技术三个方面。此外,还涉及到语音识别单元的选取。

**1) 语音识别单元的选取**

选择识别单元是语音识别研究的第一步。语音识别单元有单词(句)、音节和音素三种,具体选择哪一种,由具体的研究任务决定。

单词(句)单元广泛应用于中小词汇语音识别系统,但不适合大词汇系统,原因在于模型库太庞大,训练模型任务繁重,模型匹配算法复杂,难以满足实时性要求。

音节单元多见于汉语语音识别,主要因为汉语是单音节结构的语言,而英语是多音节结构,并且汉语虽然有大约1 300个音节,但若不考虑声调,约有 408 个无调音节,数量相对较少。因此,对于中、大词汇量汉语语音识别系统来说,以音节为识别单元基本是可行的。

音素单元以前多见于英语语音识别的研究中,但目前中、大词汇量汉语语音识别系统也在越来越多地采用。原因在于汉语音节仅由声母(包括零声母有 22 个)和韵母(共有 28 个)构成,且声韵母声学特性相差很大。实际应用中常把声母依后续韵母的不同而构成细化声母,这样虽然增加了模型数目,但提高了易混淆音节的区分能力。由于协同发音的影响,音素单元不稳定,所以如何获得稳定的音素单元,还有待研究。

**2) 特征参数提取技术**

语音信号中含有丰富的信息,但如何从中提取出对语音识别有用的信息呢?特征参数提取就是完成这项工作的技术。它对语音信号进行分析处理,去除对语音识别无关紧要的冗余信息,获得影响语音识别的重要信息。对于非特定人语音识别来讲,希望特征参数尽可能多的反映语义信息,尽量减少说话人的个人信息(对特定人语音识别来讲,则相反)。从信息论角度讲,这是信息压缩的过程。

线性预测(LP)分析技术是目前应用广泛的特征参数提取技术,许多成功的应用系统都采用基于 LP 技术提取的倒谱参数。但线性预测模型是纯数学模型,没有考虑人类听觉系统对语音的处理特点。

Mel 参数和基于感知线性预测(PLP)分析提取的感知线性预测倒谱,在一定程度上模拟了人耳对语音的处理特点,应用了人耳听觉、感知方面的一些研究成果。实验证明,采用这种技术对语音识别系统的性能有一定提高。

也有研究者尝试把小波分析技术应用于特征提取,但性能难以与上述技术相比,有待进一步研究。

3) 模式匹配及模型训练技术

模型训练是指按照一定的准则,从大量已知模式中获取表征该模式本质特征的模型参数。而模式匹配则是根据一定准则,使未知模式与模型库中的某一个模型获得最佳匹配。

语音识别所应用的模式匹配和模型训练技术主要有动态时间归正技术(DTW)、隐马尔科夫模型(HMM)和人工神经元网络(ANN)。

DTW 是较早的一种模式匹配和模型训练技术,它应用动态规划方法成功解决了语音信号特征参数序列比较时时长不等的难题,在孤立词语音识别中获得了良好性能。但因其不适合连续语音和大词汇量语音识别系统,目前已被 HMM 模型和 ANN 替代。

HMM 模型是语音信号时变特征的有参表示法。它由相互关联的两个随机过程共同描述信号的统计特性,其中一个是隐蔽的(不可观测的)具有有限状态的 Markor 链,另一个是与 Markor 链的每一状态相关联的观察矢量的随机过程(可观测的)。隐蔽 Markor 链的特征要靠可观测到的信号特征揭示。这样,语音等时变信号某一段的特征就由对应状态观察符号的随机过程描述,而信号随时间的变化由隐蔽 Markor 链的转移概率描述。模型参数包括 HMM 拓扑结构、状态转移概率及描述观察符号统计特性的一组随机函数。按照随机函数的特点,HMM 模型可分为离散隐马尔科夫模型(采用离散概率密度函数,简称 DHMM)和连续隐马尔科夫模型(采用连续概率密度函数,简称 CHMM)以及半连续隐马尔科夫模型(SCHMM,集 DHMM 和 CHMM 特点)。一般来讲,在训练数据足够的情况下,CHMM 优于 DHMM 和 SCHMM。

HMM 模型的训练和识别都已研究出有效的算法,并不断完善,以增强 HMM 模型的鲁棒性。

人工神经元网络在语音识别中的应用是现在研究的又一热点。ANN 本质上是一个自适应非线性动力学系统,模拟了人类神经元活动的原理,具有自学、联想、对比、推理和概括能力。这些能力是 HMM 模型不具备的,但 ANN 又不具有 HMM 模型的动态时间归正性能。因此,现在已有人研究如何把二者的优点有机结合起来,从而提高整个模型的鲁棒性。

### 2.5.4 语音识别的困难与对策

语音识别过程实际上是一种认识过程。就像人们听语音时,并不把语音和语言的语法结构、语义结构分开来,因为当语音发音模糊时人们可以用这些知识来指导对语言的理解,但是对机器来说,识别系统利用这些方面的知识有效地描述这些语法和语义还有困难。另外,目前研究工作进展缓慢,主要表现在理论上一直没有突破。虽然各种新的修正方法不断涌现,但其普遍适用性都值得商榷。

具体来讲,困难主要表现在以下几方面:

(1) 语音识别系统的适应性差。主要体现在对环境依赖性强,即在某种环境下采集到的语音训练系统只能在这种环境下应用,否则系统性能将急剧下降;另外一个问题是对用户的错误输入不能正确响应,使用不方便。

(2) 高噪声环境下语音识别进展困难。因为此时人的发音变化很大,像声音变高、语速变慢、音调及共振峰变化等等,这就是所谓 Lombard 效应,必须寻找新的信号分析处理方法。

(3) 语言学、生理学、心理学方面的研究成果已有不少,但如何把这些知识量化、建模并用于语音识别,还需研究。而语言模型、语法及词法模型在中、大词汇量连续语音识别中是非常重要的。

(4) 我们对人类的听觉理解、知识积累、学习机制以及大脑神经系统的控制机理等方面的认识还很不清楚;其次,把这方面的现有成果用于语音识别,还有一个艰难的过程。

(5) 语音识别系统从实验室演示系统到商品的转化过程中还有许多具体问题需要解决。如识别速度、拒识问题以及关键词(句)检测技术(即从连续语音中去除诸如"啊"、"唉"等语音,获得真正待识别的语音部分)等等技术细节需要解决。

为了解决这些问题,研究人员提出了各种各样的方法,如自适应训练,基于最大交互信息准则(MMI)和最小区别信息准则(MDI)的区别训练和"矫正"训练;应用人耳对语音信号的处理特点,分析提取特征参数,应用人工神经元网络等等所有这些努力都取得了一定成绩。

不过,如果要使语音识别系统性能有较大的提高,就要综合应用语言学、心理学、生理学以及信号处理等各门学科有关知识,只用其中一种是不行的。

### 2.5.5 语音识别的前景和应用

目前世界各国都加快了语音识别应用系统的研究开发,并已有一些实用的语音识别系统投入商业运营。在美国语音识别系统的销售额逐年上升,由于使用了语音识别系统,使企业赢得了巨额收入。

在电话与通信系统中,智能语音接口正在把电话机从一个单纯的服务工具变成为一个服务的"提供者"和生活"伙伴";使用电话与通信网络,人们可以通过语音命令方便地从远端的数据库系统中查询与提取有关的信息;随着计算机的小型化,键盘已经成为移动平台的一个很大障碍,想像一下如果手机仅仅只有一个手表那么大,再用键盘进行拨号操作似乎是不可能的了。语音识别正逐步成为信息技术中人机接口的关键技术,语音识别技术与语音合成技术相结合使人们能够脱离键盘,通过语音命令进行操作。语音技术的应用已经成为一个具有竞争性的新兴高技术产业。

语音识别技术发展到今天,特别是中小词汇量对非特定人语音识别系统识别精度已经大于 98%,而对特定人语音识别系统的识别精度就更高。这些技术已经能够满足通常应用的要求。由于大规模集成电路技术的发展,这些复杂的语音识别系统也已经完全可以制成专用芯片,大量生产。在西方经济发达国家,大量的语音识别产品已经进入市场和服务领域。一些用户交换机、电话机、手机已经包含了语音识别拨号功能,还有语音记事本、语音智能玩具等产品也包括语音识别与语音合成功能。人们可以通过电话网络用语音识别口语对话系统查询有关的机票、旅游、银行信息,并已取得很好的效果。此外,已经应用的系统还有 AT&T 800 语音识别服务系统、NTT ANSER 语音识别银行服务系统、Northen Telecom 股票价格行情系统,使得原本手工操作的工作改用语音就可方便地完成。调查统计表明多达 85% 以上的人对语音识别的信息查询服务系统的性能表示满意。

从语音识别技术的发展可以看出,科学技术推动了社会发展,满足了人们的需求,社会需求也反过来推动科学技术发展。多媒体时代迫切需解决自动语音识别的难题,以推动语音识别理论和应用研究的发展。

可以预测在近十年内,语音识别系统的应用将更加广泛。各种各样的语音识别系统产品将出现在市场上,人们也将调整自己的说话方式以适应各种各样的识别系统。在短期内还不可能造出具有和人相比拟的语音识别系统,要建成这样一个系统仍然是人类所面临的一大挑战。

# 3 图像信号处理技术

## 3.1 数字图像基础

图像是多媒体中携带信息的极其重要的媒体,有人曾发表过统计资料,认为人们获取的信息 70%来自视觉系统,实际就是图像和电视。但是,图像数字化之后的数据量非常大,在因特网上传输时很费时间,在盘上存储时需要消耗大量的存储资源,因此就必须要对图像数据进行压缩。压缩的目的就是要满足存储容量和传输带宽的要求,而付出的代价是大量的计算。几十年来,许多科技工作者一直在孜孜不倦地寻找更有效的方法,用比较少的数据量表达原始的图像。

图像数据压缩主要根据下面两个基本事实来实现。一个是图像数据中有许多重复的数据,使用数学方法来表示这些重复数据就可以减少数据量;另一个是由于人的眼睛对图像细节和颜色的辨认有一个极限,把超过极限的部分去掉,这也就达到压缩数据的目的。利用前一个事实的压缩技术就是无损压缩技术,利用后一个事实的压缩技术就是有损压缩技术。实际的图像压缩是综合使用各种有损和无损压缩技术来实现的。

### 3.1.1 视觉系统对颜色的感知

颜色是视觉系统对可见光的感知结果。可见光是波长在 380~780 nm 之间的电磁波,我们看到的大多数光不是一种波长的光,而是由许多不同波长的光组合成的。研究表明,人的视网膜有对红、绿、蓝颜色敏感程度不同的三种锥体细胞,另外还有一种在光功率极低的条件下才起作用的杆状体细胞,因此颜色只存在于眼睛和大脑。在计算机图像处理中,对锥体细胞作用的处理要远比杆状细胞的作用重要。人的视觉系统对颜色的感知可归纳出如下几个特性:

(1) 眼睛本质上是一个照相机。人的视网膜通过神经元来感知外部世界的颜色,每个神经元或者是一个对颜色敏感的锥体,或者是一个对颜色不敏感的杆状体(Rod)。

(2) 红(Red)、绿(Green)、蓝(Blue)三种锥体细胞对不同频率的光的感知程度不同,对不同亮度的感知程度也不同,如图 3.1 所示。这就意味着,人们可以使用数字图像处理技术来降低数据率而不使人感到图像质量明显下降。

自然界中的任何一种颜色都可以由红(R)、绿(G)、蓝(B)这三种颜色值之和来确定,它们构成一个三维的 RGB 矢量空间。这就是说,R,G,B 的数值不同混合得到的颜色就不同,也就是光波的波长不同。如图 3.2 所示,使用基色波长为 700 nm(红色)、546.1 nm(绿色)和 435.8 nm(蓝色)时,在可见光范围里,相加混色产生某一波长的光波所需要的三种基色的数值。图中的纵坐标表示单位光强度,横坐标表示波长,负值表示某些波长(即颜色)不能精确地通过相加混色得到。使用等量的三基色可匹配等能量的白光。

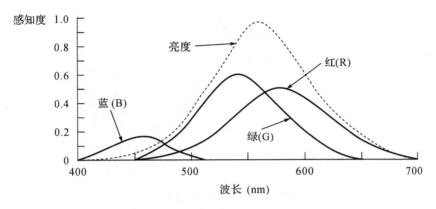

**图 3.1 视觉系统对颜色和亮度的响应特性**

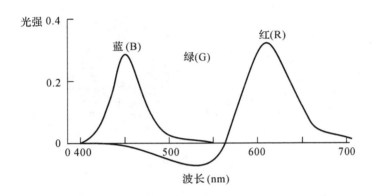

**图 3.2 产生波长不同的光所需要的三基色值**

### 3.1.2 图像的颜色模型

一个能发出光波的物体称为有源物体,它的颜色由该物体发出的光波决定,使用 RGB 相加混色模型;一个不发光波的物体称为无源物体,它的颜色由该物体吸收或者反射的那些光波决定,用 CMY 相减混色模型。

电视机和计算机显示器使用的阴极射线管(Cathode Ray Tube,CRT)是一个有源物体。CRT 使用三个电子枪分别产生红(R)、绿(G)和蓝(B)三种波长的光,并以各种不同的相对强度综合起来产生颜色,如图 3.3 所示。组合这三种光波以产生特定颜色称为相加混色,称为 RGB 相加模型。相加混色是计算机应用中定义颜色的基本方法。

从理论上讲,任何一种颜色都可用三种基本颜色按不同的比例混合得到。三种颜色的光强越强,到达我们眼睛的光就越多,它们的比例不同,我们看到的颜色也就不同,没有光到达眼睛,就是一片漆黑。当三基色按不同强度相加时,总的光强增强,并可得到任何一种颜色。某一种颜色和这三种颜色之间的关系可用下面的式子来描述:

$$颜色 = R(红色的百分比) + G(绿色的百分比) + B(蓝色的百分比)$$

当三基色等量相加时,得到白色;等量的红绿相加而蓝为 0 值时得到黄色;等量的红蓝相加而绿为 0 时得到品红色;等量的绿蓝相加而红为 0 时得到青色。这些三基色相加的结果如图 3.4 所示。

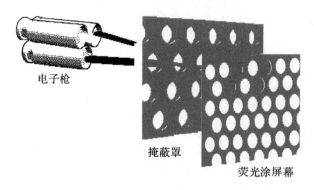

图 3.3　彩色显像管产生颜色的原理

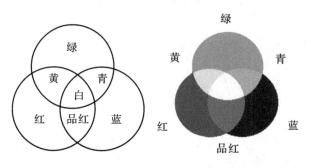

图 3.4　相加混色

一幅彩色图像可以看成是由许多的点组成的。图像中的单个点称为像素(Pixel)，每个像素都有一个值，称为像素值，它表示特定颜色的强度。一个像素值往往用 R、G、B 三个分量表示。如果每个像素的每个颜色分量用一位二进制数来表示，那么每个颜色的分量只有"1"和"0"这两个值。也就是说，每种颜色的强度是 100%，或者是 0%。在这种情况下，每个像素所显示的颜色是 8 种可能出现的颜色之一，如表 3.1 所示。

表 3.1　相加色

| RGB | 颜　色 |
| --- | --- |
| 000 | 黑 |
| 001 | 蓝 |
| 010 | 绿 |
| 011 | 青 |
| 100 | 红 |
| 101 | 品红 |
| 110 | 黄 |
| 111 | 白 |

对于标准的电视图形阵列(Video Graphics Array, VGA)适配卡的 16 种标准颜色，其对应的 R、G、B 值如表 3.2 所示。在 Microsoft 公司的 Windows 中，用代码 0～15 表示。在表中，代码 1～6 表示的颜色比较暗，它们是用最大光强值的一半产生的颜色；9～15 是用最大光强值

产生的。

表 3.2  16 色 VGA 调色板的值

| 代码 | R | G | B | H | S | L | 颜色 |
|---|---|---|---|---|---|---|---|
| 0 | 0 | 0 | 0 | 160 | 0 | 0 | 黑(Black) |
| 1 | 0 | 0 | 128 | 160 | 240 | 60 | 蓝(Blue) |
| 2 | 0 | 128 | 0 | 80 | 240 | 60 | 绿(Green) |
| 3 | 0 | 128 | 128 | 120 | 240 | 60 | 青(Cyan) |
| 4 | 128 | 0 | 0 | 0 | 240 | 60 | 红(Red) |
| 5 | 128 | 0 | 128 | 200 | 240 | 60 | 品红(Magenta) |
| 6 | 128 | 128 | 0 | 40 | 240 | 60 | 褐色(Dark Yellow) |
| 7 | 192 | 192 | 192 | 160 | 0 | 180 | 白(Light Gray) |
| 8 | 128 | 128 | 128 | 160 | 0 | 120 | 深灰(Dark Gray) |
| 9 | 0 | 0 | 255 | 160 | 240 | 120 | 淡蓝(Light Blue) |
| 10 | 0 | 255 | 0 | 80 | 240 | 120 | 淡绿(Light Green) |
| 11 | 0 | 255 | 255 | 120 | 240 | 120 | 淡青(Light Cyan) |
| 12 | 255 | 0 | 0 | 0 | 240 | 120 | 淡红(Light Red) |
| 13 | 255 | 0 | 255 | 200 | 240 | 120 | 淡品红(Light Magenta) |
| 14 | 255 | 255 | 0 | 40 | 240 | 120 | 黄(Yellow) |
| 15 | 255 | 255 | 255 | 160 | 0 | 240 | 高亮白(Bright White) |

在表 3.2 中,每种基色的强度是用 8 位表示的,因此可产生 $2^{24}$ 种颜色。但实际上要用一千六百多万种颜色的场合是很少的。在多媒体计算机中,除用 RGB 来表示图像之外,还用色调-饱和度-亮度(Hue - Saturation - Lightness,HSL)颜色模型。在 HSL 模型中,H 定义颜色的波长,称为色调;S 定义颜色的强度,表示颜色的深浅程度,称为饱和度;L 定义掺入的白光量,称为亮度。用 HSL 表示颜色的重要性,是因为它比较容易为画家所理解。若把 S 和 L 的值设置为 1,当改变 H 时就是选择不同的纯颜色;减小饱和度 S 时,就可体现掺入白光的效果;降低亮度时,颜色就暗,相当于掺入黑色。因此在 Windows 中也用了 HSL 表示法,16 色 VGA 调色板的值也表示在表 3.2 中。

用彩色墨水或颜料进行混合,这样得到的颜色称为相减色。在理论上说,任何一种颜色都可以用三种基本色按一定比例混合得到。这三种颜色是青色(Cyan)、品红(Magenta)和黄色(Yellow),通常写成 CMY,称为 CMY 模型。用这种方法产生的颜色之所以称为相减色,是因为它减少了视觉系统识别颜色所需要的反射光。

在相减混色中,当三基色等量相减时得到黑色;等量黄色(Y)和品红(M)相减而青色(C)为 0 时,得到红色(R);等量青色(C)和品红(M)相减而黄色(Y)为 0 时,得到蓝色(B);等量黄色(Y)和青色(C)相减而品红(M)为 0 时,得到绿色(G)。这些三基色相减结果如图 3.5 所示。

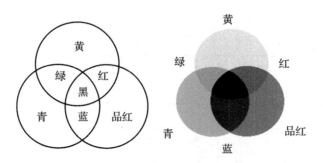

图 3.5 相减混色

彩色打印机和印刷彩色图片都是采用这种原理。按每个像素每种颜色用 1 位表示,相减法产生的 8 种颜色如表 3.3 所示。由于彩色墨水和颜料的化学特性,用等量的三基色得到的黑色不是真正的黑色,因此在印刷术中常加一种真正的黑色(Blacking),所以 CMY 又写成 CMYK。

表 3.3 相减色

| 青 色 | 品 红 | 黄 色 | 相减色 |
| --- | --- | --- | --- |
| 0 | 0 | 0 | 白 |
| 0 | 0 | 1 | 黄 |
| 0 | 1 | 0 | 品红 |
| 0 | 1 | 1 | 红 |
| 1 | 0 | 0 | 青 |
| 1 | 0 | 1 | 绿 |
| 1 | 1 | 0 | 蓝 |
| 1 | 1 | 1 | 黑 |

RGB 彩色空间和 CMY 彩色空间也可以使用图 3.6 所示的立方体来表示。

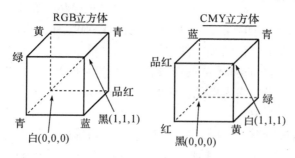

图 3.6 RGB 彩色空间和 CMY 彩色空间的表示法

### 3.1.3 彩色空间的线性变换标准

为了利用人的视角特性降低数据量,通常把 RGB 空间表示的彩色图像变换到其他彩色空间。目前采用的彩色空间变换有 YIQ、YUV 和 $YC_rC_b$ 三种。每一种彩色空间都产生一种亮度分量信号和两种色度分量信号,而每一种变换使用的参数都是为了适应某种类型的显示设备。其中,YIQ 适用于 NTSC 彩色电视制式,YUV 适用于 PAL 和 SECAM 彩色电视制式,

$YC_rC_b$ 适用于计算机用的显示器。

(1) YUV 与 YIQ 模型

在彩色电视制式中,使用 YUV 和 YIQ 模型来表示彩色图像。在 PAL 彩色电视制式中使用 YUV 模型,其中,Y 表示亮度,UV 用来表示色差,U、V 是构成彩色的两个分量;在 NTSC 彩色电视制式中使用 YIQ 模型,其中的 Y 表示亮度,I,Q 是两个彩色分量。

YUV 表示法的重要性是它的亮度信号(Y)和色度信号(U,V)是相互独立的,也就是 Y 信号分量构成的黑白灰度图与用 U、V 信号构成的另外两幅单色图是相互独立的。由于 Y、U、V 是独立的,所以可以对这些单色图分别进行编码。此外,黑白电视能接收彩色电视信号也就是利用了 YUV 分量之间的独立性。

YUV 表示法的另一个优点是可以利用人眼的特性来降低数字彩色图像所需要的存储容量。人眼对彩色细节的分辨能力远比对亮度细节的分辨能力低。若把人眼正好能分辨出的黑白相间的条纹换成不同颜色的彩色条纹,那么眼睛就不再能分辨出条纹来。由于这个原因,就可以把彩色分量的分辨率降低而并不明显影响图像的质量,因而就可以把几个相邻像素不同的彩色值当作相同的彩色值来处理,从而减少所需的存储容量。

例如,要存储 RGB 8:8:8 的彩色图像,即 R、G 和 B 分量都用 8 位二进制数表示,图像的大小为 640×480 像素,那么所需要的存储容量为 921 600 字节。如果用 YUV 来表示同一幅彩色图像,Y 分量仍然为 640×480,并且 Y 分量仍然用 8 位表示,而对每四个相邻像素(2×2)的 U、V 值分别用相同的一个值表示,那么存储同样的一幅图像所需的存储空间就减少到 460 800 字节。这实际上也是图像压缩技术的一种方法。

无论是用 YIQ、YUV、$YC_rC_b$ 还是用 HSL 模型来表示彩色图像,由于现在所有的显示器都采用 RGB 值来驱动,这就要求在显示每个像素之前,需要把彩色分量值转换成 RGB 值。这种转换需要花费大量的计算时间。这是一个要在软硬件设计中需要综合考虑的因素。

(2) YUV 与 RGB 彩色空间变换

在考虑人的视觉系统和阴极射线管(CRT)的非线性特性之后,RGB 和 YUV 的对应关系可以近似地用下面的方程式表示:

$$Y = 0.299R + 0.587G + 0.114B$$
$$U = -0.147R - 0.289G + 0.436B$$
$$V = 0.615R - 0.515G - 0.100B$$

或者写成矩阵的形式,

$$\begin{bmatrix} Y \\ U \\ V \end{bmatrix} = \begin{bmatrix} 0.299 & 0.587 & 0.114 \\ -0.147 & -0.289 & 0.436 \\ 0.615 & -0.515 & -0.100 \end{bmatrix} \begin{bmatrix} R \\ G \\ B \end{bmatrix}$$

(3) YIQ 与 RGB 彩色空间变换

RGB 和 YIQ 的对应关系用下面的方程式表示:

$$Y = 0.299R + 0.587G + 0.114B$$
$$I = 0.596R - 0.275G - 0.321B$$
$$Q = 0.212R - 0.523G + 0.311B$$

或者写成矩阵的形式,

$$\begin{bmatrix} Y \\ I \\ Q \end{bmatrix} = \begin{bmatrix} 0.299 & 0.587 & 0.114 \\ 0.596 & -0.275 & -0.321 \\ 0.212 & -0.523 & 0.311 \end{bmatrix} \begin{bmatrix} R \\ G \\ B \end{bmatrix}$$

(4) $YC_rC_b$ 与 RGB 彩色空间变换

数字域的彩色空间变换与模拟域的彩色空间变换不同。它们的分量使用 Y、$C_r$ 和 $C_b$ 来表示,与 RGB 空间的转换关系如下:

$$Y = 0.299R + 0.578G + 0.114B$$
$$C_r = (0.500R - 0.418\,7G - 0.081\,3B) + 128$$
$$C_b = (-0.168\,7R - 0.331\,3G + 0.500B) + 128$$

或者写成矩阵的形式,

$$\begin{bmatrix} Y \\ C_r \\ C_b \end{bmatrix} = \begin{bmatrix} 0.299 & 0.578 & 0.114 \\ 0.500 & -0.418\,7 & -0.081\,3 \\ -0.168\,7 & -0.313 & 0.500 \end{bmatrix} \begin{bmatrix} R \\ G \\ B \end{bmatrix} + \begin{bmatrix} 0 \\ 128 \\ 128 \end{bmatrix}$$

RGB 与 $YC_rC_b$ 之间的变换关系可写成如下的形式,

$$\begin{bmatrix} R \\ G \\ B \end{bmatrix} = \begin{bmatrix} 1 & 1.402\,0 & 0 \\ 1 & -0.714\,1 & -0.344\,1 \\ 1 & 0 & 1.722\,0 \end{bmatrix} \begin{bmatrix} Y & 0 \\ C_r - 128 \\ C_b - 128 \end{bmatrix}$$

### 3.1.4 图像的基本属性

描述一幅图像需要使用图像的属性。图像的属性包含分辨率、像素深度、真/伪彩色、图像的表示法和种类等。

1) 分辨率

我们经常遇到的分辨率有显示分辨率和图像分辨率两种。

(1) 显示分辨率

显示分辨率是指显示屏上能够显示出的像素数目。例如,显示分辨率为 640×480,表示显示屏分成 480 行,每行显示 640 个像素,整个显示屏就含有 307 200 个显像点。屏幕能够显示的像素越多,说明显示设备的分辨率越高,显示的图像质量也就越好。除像手提式那样的计算机用液晶显示 LCD(Liquid Crystal Display)外,一般都采用 CRT 显示,它类似于彩色电视机中的 CRT。显示屏上的每个彩色像点由代表 R、G、B 三种模拟信号的相对强度决定,这些彩色像点就构成一幅彩色图像。

计算机用的 CRT 和家用电视机用的 CRT 之间的主要差别是,显像管玻璃面上的孔眼掩模和所涂的荧光物不同。孔眼之间的距离称为点距。因此常用点距来衡量一个显示屏的分辨率。电视机用的 CRT 的平均分辨率为 0.76 mm,而标准 SVGA 显示器的分辨率为 0.28 mm。孔眼越小,分辨率就越高,这就需要更小更精细的荧光点。这也就是为什么同样尺寸的计算机显示器比电视机的价格贵得多的原因。

早期用的计算机显示器的分辨率是 0.41 mm,随着技术的进步,分辨率由 0.41mm 一直降到 0.26 mm 以下。显示器的价格主要集中体现在分辨率上,因此在购买显示器时应在价格和性能上综合考虑。

(2) 图像分辨率

图像分辨率是指组成一幅图像的像素密度的度量方法。对同样大小的一幅图,如果组成该图的图像像素数目越多,则说明图像的分辨率越高,看起来就越逼真;相反,图像显得越粗糙。

在用扫描仪扫描彩色图像时,通常要指定图像的分辨率,用每英寸(1 英寸=2.54 厘米)多少点(dots per inch,dpi)表示。如果用 300 dpi 来扫描一幅 8 in×10 in 的彩色图像,就得到一幅 2 400×3 000 个像素的图像。分辨率越高,像素就越多。

图像分辨率与显示分辨率是两个不同的概念。图像分辨率是确定组成一幅图像的像素数目,而显示分辨率是确定显示图像的区域大小。如果显示屏的分辨率为 640×480,那么一幅 320×240 的图像只占显示屏的 1/4;相反,2 400×3 000 的图像在这个显示屏上就不能显示一个完整的画面。

有时在显示一幅图像时,有可能会出现图像的宽高比与显示屏上显示出的图像的宽高比不一致的现象。这是由于显示设备中定义的宽高比与图像的宽高比不一致造成的。例如一幅 200×200 像素的方形图,有可能在显示设备上显示的图不再是方形图,而变成了矩形图。这种现象在 20 世纪 80 年代的显示设备上经常遇到。

2) 像素深度

像素深度是指存储每个像素所用的位数,它也是用来度量图像分辨率的。像素深度决定彩色图像的每个像素可能有的颜色数,或者确定灰度图像的每个像素可能有的灰度级数。例如,一幅彩色图像的每个像素用 R、G、B 三个分量表示,若每个分量用 8 位,那么一个像素共用 24 位表示,就是说像素的深度为 24,每个像素可以是 $2^{24}$ 种颜色中的一种。在这个意义上,往往把像素深度说成是图像深度。表示一个像素的位数越多,它能表达的颜色数目就越多,因而它的深度就越深。

虽然像素深度或图像深度可以很深,但各种 VGA 的颜色深度却受到限制。例如,标准 VGA 支持 4 位 16 种颜色的彩色图像,多媒体应用中推荐至少用 8 位 256 种颜色。由于设备的限制,加上人眼分辨率的限制,一般情况下,不一定要追求特别深的像素深度。此外,像素深度越深,所占用的存储空间越大。相反,如果像素深度太浅,那也会影响图像的质量。

在用二进制数表示彩色图像的像素时,除 R、G、B 分量用固定位数表示外,往往还增加 1 位或几位作为属性位。例如,RGB 5:5:5 表示一个像素时,用 2 个字节共 16 位表示,其中 R、G、B 各占 5 位,剩下 1 位作为属性位。在这种情况下,像素深度为 16 位,而图像深度为 15 位。

属性位用来指定该像素应具有的性质。例如在 CD-I 系统中,用 RGB 5:5:5 表示的像素共 16 位,其最高位(b15)用作属性位,并把它称为透明位,记为 T。T 的含义可以这样来理解:假如显示屏上已经有另一幅图存在,当这幅图或者这幅图的一部分要重叠在上面时,T 位就用来控制原图是否能看得见。例如定义 T=1,原图完全看不见;T=0,原图能完全看见。

在用 32 位表示一个像素时,若 R、G、B 分别用 8 位表示,剩下的 8 位常称为 α 通道(alpha channel)位,或称为覆盖位、中断位、属性位。它的用法可用一个预乘 α 通道(premultiplied alpha)的例子说明。假如一个像素(A,R,G,B)的四个分量都用规一化的数值表示,(A,R,G,B)为(1,1,0,0)时显示红色。当像素为(0.5,1,0,0)时,预乘的结果就变成(0.5,0.5,0,0),这表示原来该像素显示红色的强度为 1,而现在显示红色的强度降了一半。

用这种办法定义一个像素的属性在实际中很有用。例如在一幅彩色图像上叠加文字说明,而又不想让文字把图覆盖掉,就可以用这种办法来定义像素,而该像素显示的颜色又有人把它称为混合色。在图像产品生产中,也往往把数字电视图像和计算机生产的图像混合在一起,这种技术称为视图混合(Video Keying)技术,它也采用α通道。

3) 真彩色、伪彩色与直接色

搞清真彩色、伪彩色与直接色的含义,对于编写图像显示程序、理解图像文件的存储格式有直接的指导意义,也不会在出现诸如这样的现象时感到困惑,如本来是用真彩色表示的图像,但在 VGA 显示器上显示的图像颜色却不是原来图像的颜色。

(1) 真彩色

真彩色是指在组成一幅彩色图像的每个像素值中,有 R、G、B 三个基色分量,每个基色分量直接决定显示设备的基色强度,这样产生的彩色称为真彩色。例如用 RGB 5:5:5 表示的彩色图像,R、G、B 各用 5 位,用 R、G、B 分量大小的值直接确定三个基色的强度,这样得到的彩色是真实的原图彩色。

如果用 RGB 8:8:8 方式表示一幅彩色图像,就是 R、G、B 都用 8 位来表示,每个基色分量占一个字节,共 3 个字节,每个像素的颜色就是由这 3 个字节中的数值直接决定,可生成的颜色数就是 $2^{24}$。用 3 个字节表示的真彩色图像所需要的存储空间很大,而人的眼睛是很难分辨出这么多种颜色的,因此在许多场合往往用 RGB 5:5:5 来表示,每个彩色分量占 5 个位,再加 1 位显示属性控制位共 2 个字节,生成的真颜色数目为 $2^{15}=32$ KB。

在许多场合,真彩色图像通常是指 RGB 8:8:8,即图像的颜色数等于 $2^{24}$,也常称为全彩色(full color)图像。但在显示器上显示的颜色就不一定是真彩色,要得到真彩色图像需要有真彩色显示适配器才行。

(2) 伪彩色

伪彩色图像的含义是,每个像素的颜色不是由每个基色分量的数值直接决定,而是把像素值当作彩色查找表(Color Look-Up Table,CLUT)的表项入口地址,去查找一个显示图像时使用的 R、G、B 强度值,查找到的 R、G、B 强度值产生的彩色称为伪彩色。

彩色查找表 CLUT 是一个事先做好的表,表项入口地址也称为索引号。例如 16 种颜色的查找表,0 号索引对应黑色……15 号索引对应白色。彩色图像本身的像素数值和彩色查找表的索引号有一个变换关系,这个关系可以使用 Windows 95/98 定义的变换关系,也可以使用你自己定义的变换关系。使用查找得到的数值显示的彩色是真的,但不是图像本身真正的颜色,它没有完全反映原图的颜色。

(3) 直接色

每个像素值分成 R、G、B 分量,每个分量作为单独的索引值对它做变换。也就是通过相应的彩色变换表找出基色强度,用变换后得到的 R、G、B 强度值产生的彩色称为直接色。它的特点是对每个基色进行变换。

采用这种系统产生的颜色与真彩色系统相比,相同之处是都采用 R、G、B 分量决定基色强度,不同之处是前者的基色强度直接用 R、G、B 决定,而后者的基色强度由 R、G、B 经变换后决定。因而这两种系统产生的颜色就有差别。试验结果表明,使用直接色在显示器上显示的彩色图像看起来更真实自然。

这种系统与伪彩色系统相比,相同之处是都采用查找表,不同之处是前者对 R、G、B 分量分别进行变换,后者是把整个像素当作查找表的索引值进行彩色变换。

## 3.2 图像的分类和格式

### 3.2.1 图像的分类

1) 矢量图与点位图

在计算机中,表达图像和计算机生成的图形图像有两种常用的方法:一种叫矢量图法,另一种叫点位图法。虽然这两种生成图的方法不同,但在显示器上显示的结果几乎没有什么差别。

矢量图是用一系列计算机指令来表示一幅图,如画点、画线、画曲线、画圆、画矩形等。这种方法实际上是用数学方法来描述一幅图,然后变成许多的数学表达式,再编程,用语言来表达。在计算显示图时,也往往能看到画图的过程。绘制和显示这种图的软件通常称为绘图程序。

矢量图有许多优点。例如,当需要管理每一小块图像时,矢量图法非常有效;目标图像的移动、缩小、放大、旋转、拷贝、属性的改变(如线条变宽变细、颜色的改变)也很容易做到;相同的或类似的图可以把它们当作图的构造块,并把它们存到图库中,这样不仅可以加速画的生成,而且可以减小矢量图文件的大小。

然而,当图变得很复杂时,计算机就要花费很长的时间去执行绘图指令。此外,对于一幅复杂的彩色照片(例如一幅真实世界的彩照),恐怕就很难用数学方法来描述,因此就不能用矢量法表示,而是采用点位图法表示。

点位图法是把一幅彩色图分成许多的像素,每个像素用若干个二进制位来指定该像素的颜色、亮度和属性。因此一幅图由许多描述每个像素的数据组成,这些数据通常称为图像数据,而这些数据作为一个文件来存储,这种文件又称为图像文件。如要画点位图,或者编辑点位图,可用类似于绘制矢量图的软件工具,这种软件称为画图程序。

点位图的获取通常用扫描仪、摄像机、录像机、激光视盘以及视频信号数字化卡一类的设备,通过这些设备把模拟图像信号变成数字图像数据。

点位图文件占据存储器的空间比较大。影响点位图文件大小的因素主要有两个,即图像分辨率和像素深度。分辨率越高,组成一幅图的像素越多,则图像文件越大;像素深度越深,就是表示单个像素的颜色和亮度的位数越多,图像文件就越大。而矢量图文件的大小则主要取决于图的复杂程度。

矢量图与点位图相比,显示点位图文件比显示矢量图文件要快,矢量图侧重于"绘制"、"创造",而点位图偏重于"获取"、"复制"。矢量图和点位图之间可以用软件进行转换,由矢量图转换成点位图采用光栅化(Rasterizing)技术,这种转换也相对容易;由点位图转换成矢量图用跟踪(Tracing)技术,这种转换在实际中很难实现,尤其是对复杂的彩色图像。

2) 灰度图与彩色图

灰度图按照灰度等级的数目来划分。只有黑白两种颜色的图像称为单色图像,如图 3.7 所示的标准图像。图中的每个像素的像素值用 1 位存储,它的值只有"0"或者"1",一幅 640×480 的单色图像需要占据 37.5 KB 的存储空间。

图 3.8 是一幅标准灰度图像。如果每个像素的像素值用 1 个字节表示,灰度值级数就等于 256 级,每个像素可以是 0~255 之间的任何一个值,一幅 640×480 的灰度图像就需要占据 300 KB 的存储空间。

图 3.7　标准单色图　　　　　　　　　图 3.8　标准灰度图

彩色图像可按照颜色的数目来划分,例如 256 色图像和真彩色($2^{24}$=16 777 216 种颜色)等。图 3.9 是一幅用 256 色标准图像转换成的 256 级灰度图像,彩色图像的每个像素的 R、G 和 B 值用一个字节来表示,一幅 640×480 的 8 位彩色图像需要 307.2 KB 的存储空间;图 3.10 是一幅真彩色图像转换成的 256 级灰度图像,每个像素的 R、G、B 分量分别用 1 个字节表示,一幅 640×480 的真彩色图像需要 921.6 KB 的存储空间。

图 3.9　256 色标准图像转换成的灰度图

图 3.10　24 位标准图像转换成的灰度图

许多 24 位彩色图像是用 32 位存储的,这个附加的 8 位叫做 alpha 通道,它的值叫做 alpha 值,它用来表示该像素如何产生特技效果。

使用真彩色表示的图像需要很大的存储空间,在网络上传输也很费时间。由于人的视觉系统的颜色分辨率不高,因此在没有必要使用真彩色的情况下尽可能不用。

### 3.2.2 常用图像文件格式

#### 1) BMP 位图文件

位图文件(Bitmap-File,BMP)格式是 Windows 采用的图像文件存储格式,在 Windows 环境下运行的所有图像处理软件都支持这种格式。Windows 3.0 以前的 BMP 位图文件格式与显示设备有关,因此把它称为设备相关位图(Device-Dependent Bitmap,DDB)文件格式。Windows 3.0 以后的 BMP 位图文件格式与显示设备无关,因此把这种 BMP 位图文件格式称为设备无关位图(Device-Independent Bitmap,DIB)格式,目的是为了让 Windows 能够在任何类型的显示设备上显示 BMP 位图文件。BMP 位图文件默认的文件扩展名是 BMP 或者 bmp。

BMP 图像文件格式共分为三个域:第一个域是文件头,它又分为 BMP 文件头和 BMP 信息头两个字段。在文件头中主要说明文件类型、实际图像数据长度、图像数据的起始位置,同时还说明图像分辨率,长、宽及调色板中用到的颜色数。第二个域是彩色映射。第三个域是图像数据。BMP 文件存储数据时,图像的扫描方式从左向右,从下而上。

#### 2) GIF 文件格式

GIF(Graphics Interchange Format)是 CompuServe 公司开发的图像文件存储格式。它支持 64 000 像素的图像,256 到 16M 颜色的调色板,单个文件中的多重图像,按行扫描的迅速解码,有效地压缩以及与硬件无关。

GIF 图像文件以数据块(Block)为单位来存储图像的相关信息。一个 GIF 文件由表示图形/图像的数据块、数据子块以及显示图形/图像的控制信息块组成,称为 GIF 数据流(Data Stream)。数据流中所有控制信息块和数据块都必须在文件头(Header)和文件结束块(Trailer)之间。

GIF 文件格式采用了 LZW(Lempel-Ziv-Welch)压缩算法来存储图像数据,定义了允许用户为图像设置背景的透明属性。此外,GIF 文件格式可在一个文件中存放多幅彩色图形/图像。如果在 GIF 文件中存放有多幅图,那么它们可以像幻灯片那样显示或者像动画那样演示。

#### 3) JPEG 文件格式

JPEG(Joint Photographic Experts Group)是由 ISO 和 IEC 两个组织机构联合组成的专家组,负责制定的静态的数字图像数据压缩编码标准。这个专家组开发的算法称为 JPEG 算法,并且成为国际上通用的标准,因此又称为 JPEG 标准。JPEG 是一个适用范围很广的静态图像数据压缩标准,既可用于灰度图像又可用于彩色图像。

JPEG 专家组开发了两种基本的压缩算法,一种是采用以离散余弦变换(Discrete Cosine Transform,DCT)为基础的有损压缩算法;另一种是采用以预测技术为基础的无损压缩算法。使用有损压缩算法时,在压缩比为 25:1 的情况下,压缩后还原得到的图像与原始图像相比较,非图像专家难以找出它们之间的区别,因此得到了广泛的应用。例如,在 V-CD 和 DVD-Video 电视图像压缩技术中,就使用了 JPEG 的有损压缩算法来取消空间方向上的冗余数据。

有关 JPEG 标准我们将在后续章节中作详细介绍。

### 4) TIFF 文件格式

标记图像文件格式(Tag Image File Format,TIFF)是由 Aldus 和 Microsoft 公司为扫描仪和桌上出版系统研制开发的一种通用图像文件格式。它全部都是基于标志域的概念,是一种极其灵活易变的格式,它支持多种压缩编码方法,如 RLE 编码数据、LZE 编码数据、CCITT 格式数据以及 RGB 的数据。

### 5) PNG 文件格式

PNG 是 20 世纪 90 年代中期开始开发的图像文件存储格式,其目的是用来替代 GIF 和 TIFF 文件格式,同时增加一些 GIF 文件格式所不具备的特性。流式网络图形格式(Portable Network Graphic Format,PNG)名称来源于非官方的"PNG's Not GIF",是一种位图文件(Bitmap File)存储格式,读成"ping"。PNG 用来存储灰度图像时,灰度图像的深度可达到 16 位;存储彩色图像时,彩色图像的深度可达到 48 位,并且还可存储多达 16 位的 α 通道数据。PNG 使用从 LZW 派生的无损数据压缩算法。

PNG 文件格式保留 GIF 文件格式的下列特性:

使用彩色查找表(或者叫做调色板),可支持 256 种颜色的彩色图像。

①连续式读/写性能:图像文件格式允许连续读出和写入图像数据,这个特性很适合于在通信过程中生成和显示图像;②逐次逼近显示:这种特性可使在通信链路上传输图像文件的同时在终端上显示图像,把整个轮廓显示出来之后逐步显示图像的细节,也就是先用低分辨率显示图像,然后逐步提高它的分辨率;③透明性:这个性能可使图像中某些部分不显示出来,用来创建一些有特色的图像;④辅助信息:这个特性可用来在图像文件中存储一些文本注释信息;独立于计算机软硬件环境。

PNG 文件格式中增加了下列 GIF 文件格式所没有的特性:

每个像素为 48 位的真彩色图像;每个像素为 16 位的灰度图像;可为灰度图和真彩色图添加 α 通道;添加图像的 γ 信息;使用循环冗余码(Cyclic Redundancy Code,CRC)检测损害的文件;加快图像显示的逐次逼近显示方式;标准的读/写工具包;可在一个文件中存储多幅图像。

### 6) 其他常用图像文件的后缀

如表 3.4 所示。

表 3.4 常用图像文件名称及后缀

(位映像图格式/光栅图光栅(bitmapped formats / raster graphics))

| 后缀 | 文件名称 | 后缀 | 文件名称 |
| --- | --- | --- | --- |
| AG4 | Access G4 document imaging | JFF | JPEG (JFIF) |
| ATT | AT&T Group Ⅳ | JPG | JPEG |
| BMP | Windows & OS/2 | KFX | Kofax Group Ⅳ |
| CAL | CALS Group Ⅳ | AC | Mac Paint |
| CIT | Intergraph scanned images | MIL | Same as GP4 extension |
| CLP | Windows Clipboard | MSP | Microsoft Paint |
| CMP | Photo matrix G3/G4 scanner format | NIF | Navy Image File |
| CMP | LEAD Technologies | PBM | Portable bitmap |

(续表 3.4)

| 后缀 | 文件名称 | 后缀 | 文件名称 |
|---|---|---|---|
| CPR | Knowledge Access | PCD | Photo CD |
| CT | Scitex Continuous Tone | PCX | PC Paintbrush |
| CUT | Dr. Halo | PIX | Inset Systems (HiJaak) |
| DBX | DATABEAM | PNG | Portable Network Graphics |
| DX | Autotrol document imaging | PSD | Photoshop native format |
| ED6 | EDMICS (U.S. DOD) | RAS | Sun |
| EPS | Encapsulated PostScript | RGB | SGI |
| FAX | Fax | RIA | Alpharel Group IV document imaging |
| FMV | Frame Maker | RLC | Image Systems |
| GED | Arts & Letters | RLE | Various RLE-compressed formats |
| GDF | IBM GDDM format | RNL | GTX Run length |
| GIF | CompuServe | SBP | IBM Story Board |
| GP4 | CALS Group IV-ITU Group IV | SGI | Silicon Graphics RGB |
| GX1 | Show Partner | SUN | Sun |
| GX2 | Show Partner | TGA | Targa |
| ICA | IBM IOCA (see MO:DCA) | TIF | TIFF |
| ICO | Windows icon | WPG | WordPerfect image |
| IFF | Amiga ILBM | XBM | X Window bitmap |
| IGF | Inset Systems (HiJaak) | XPM | X Window pixelmap |
| IMG | GEM Paint | XWD | X Window dump |

矢量图格式(vector graphics formats)

| 后缀 | 文件名称 | 后缀 | 文件名称 |
|---|---|---|---|
| 3DS | 3D Studio | GEM | GEM proprietary |
| 906 | Calcomp plotter | G4 | GTX RasterCAD - scanned imagesinto vectors for AutoCAD |
| AI | Adobe Illustrator | IGF | Inset Systems (HiJaak) |
| CAL | CALS subset of CGM | IGS | IGES |
| CDR | CorelDRAW | MCS | MathCAD |
| CGM | Computer Graphics Metafile | MET | OS/2 metafile |
| CH3 | Harvard Graphics chart | MRK | Informative Graphics markup file |
| CLP | Windows clipboard | P10 | Tektronix plotter (PLOT10) |
| CMX | Corel Metafile Exchange | PCL | HP LaserJet |
| DG | Autotrol | PCT | Macintosh PICT drawings |
| DGN | Intergraph drawing format | PDW | HiJaak |

(续表 3.4)

| 后缀 | 文件名称 | 后缀 | 文件名称 |
|---|---|---|---|
| DRW | Micrografx Designer 2.x, 3.x | PGL | HP plotter |
| DS4 | Micrografx Designer 4.x | PIC | Variety of picture formats |
| DSF | Micrografx Designer 6.x | PIX | Inset Systems（HiJaak） |
| DXF | AutoCAD | PLT | HPGL Plot File (HPGL2 has raster format) |
| DWG | AutoCAD | PS | PostScript Level 2 |
| EMF | Enhanced metafile | RLC | Image Systems "CAD Overlay ESP" vector files overlaid onto raster images |
| EPS | Encapsulated PostScript | SSK | Smart Sketch |
| ESI | Esri plot file (GIS mapping) | WMF | Windows Metafile |
| FMV | Frame Maker | WPG | WordPerfect graphics |
| GCA | IBM GOCA | WRL | VRML |

### 3.2.3 图像处理中的常用名词

（1）亮度：是指颜色所引起的人眼对明亮程度的感觉。

（2）饱和度：是指颜色的深浅程度，如淡红、深红等。

（3）色调：是指光呈现的颜色，如红、黄、蓝等。

（4）颜色：颜色可以用亮度、色调和饱和度这三个特征来表示。

（5）色度：是色调和饱和度的总称，表示光颜色的类别与深浅程度。

（6）对比度：是指图像的明暗变化或光度大小的差别。

（7）模糊：是指通过减少相邻像素的对比度以平滑图像。

（8）锐化：是指通过增加像素之间的对比度以突出图像。

（9）色道：一个图像可以分解成多个单色图像，每一个图像的灰度代表一个特定的色道。

## 3.3 图像输入/输出设备

### 3.3.1 笔输入

说到笔输入系统，手写板和手写笔必不可少，所以我们从手写板及手写笔两方面进行介绍。

1）手写板

从技术发展的角度说，更为重要的是手写板的性能。手写板主要分为三类：电阻式压力板、电磁式感应板和电容式触控板。

（1）电阻式压力板

电阻式压力板是由一层可变形的电阻薄膜和一层固定的电阻薄膜构成，中间由空气相隔离。其工作原理是：当用笔或手指接触手写板时，对上层电阻加压使之变形并与下层电阻接触，下层电阻薄膜就能感应出笔或手指的位置。优点：原理简单、工艺不复杂、成本较低、价格也比较便宜。缺点：①由于它是通过感应材料的变形才能判断位置，所以，材料容易疲劳，使用寿命较短。②感触不是很灵敏。使用时压力不够则没有感应，压力太大时又易损伤感应板，而且用力过大或长时间使用会很疲劳。

(2) 电磁式感应板

电磁式感应板是通过手写板下方的布线电路通电后，在一定空间范围内形成电磁场，来感应带有线圈的笔尖的位置进行工作。使用者可以用它进行流畅的书写，手感也很好。电磁式感应板分为"有压感"和"无压感"两种，其中有压感的输入板可以感应到手写笔在手写板上的力度，这样的手写板对于一些从事美术的人员来说是个很好的工具，可以直接用手写板来进行绘画，很方便。不过电磁式感应板也有缺点：①对电压要求高，如果使用的电压达不到规定的要求，就会出现工作不稳定或不能使用的情况，而且相对耗电量大，不适宜在笔记本电脑上使用。②电磁式感应板抗电磁干扰较差，在使用手机时电磁式感应板不能正常工作。③手写笔笔尖是活动部件，使用寿命短（一般为一年左右）。电磁式感应板虽然对手的压力感应有较强的辨别力，但必须用手写笔才能工作，不能用手指直接操作。

(3) 电容式触控板

电容式触控板的工作原理是通过人体的电容来感知手指的位置，即当使用者的手指接触到触控板的瞬间，就在板的表面产生了一个电容。在触控板表面附着一种传感矩阵，这种传感矩阵与一块特殊芯片一起，持续不断地跟踪着使用者手指电容的"轨迹"，经过内部一系列的处理，从而能够每时每刻精确定位手指的位置（X、Y 坐标），同时测量由于手指与板间距离（压力大小）形成的电容值的变化，确定 Z 坐标，最终完成 X、Y、Z 坐标值的确定。因为电容式触控板所用的手写笔无需电源供给，所以特别适合于便携式产品。这种触控板是在图形板方式下工作的，其 X、Y 坐标的精度可高达每毫米 40 点（即每英寸 1 000 点）。

与电阻式压力板和电磁式感应板相比，电容式触控板表现出了更加良好的性能。由于它轻触即能感应，用手指和笔都能操作，使用方便。而且手指和笔与触控板的接触几乎没有磨损，性能稳定，经机械测试使用寿命长达 30 年。另外，整个产品主要由一块只有一个高集成度芯片的 PCB(Print Circuit Board)印刷电路板组成，元件少，同时产品一致性好、成品率高，这两方面使得电容式触控板大量生产时成本较低。而且电容触控技术在笔记本电脑中已经采用多年，实践证明了其性能极其稳定。从压感上来说，采用电容式触控技术的手写板也同样具有 512 级压感，达到了目前压感的最高水平。无论是从技术角度还是从厂商的倾向方面都可以看出，电容式触控手写板是手写板发展的趋势。

除了手写板工作机理的不同所导致的性能上的差异，手写板还有一些通用的评测指标，如压感级数及精度等等。精度又称分辨率，指的是单位长度上所分布的感应点数。精度越高，对手写的反映越灵敏，对手写板的要求也越高。面积则是手写板一个很直观的指标，手写板区域越大，书写的回旋余地就越大，运笔也就更加灵活方便，输入速度往往会更快，当然其价格也相应更高。

2) 手写笔

手写笔也是手写系统中一个很重要的部分。早期的输入笔要从手写板上输入电源，因此笔的尾部均有一根电缆与手写板相连，这种输入笔也称为有线笔。较先进的输入笔在笔壳内安装有电池,有的则借助于一些特殊技术而不需要任何电源,因此无须用电缆连接手写笔,这种笔也称为无线笔。无线笔的优点是携带和使用起来非常方便,同时也较少出现故障。输入笔一般还带有两个或三个按键,其功能相当于鼠标按键,这样在操作时就不用在手写笔和鼠标之间来回切换了。

早期的手写笔只有一级压感功能,只能感应到单一的笔迹,而现在不少产品都具有压力感应功能,即除了能检测出用户是否划过了某点外,还能检测出用户划过该点时的压力有多大,以及倾斜角度是多少。有了压感能力之后,用户就可以把手写笔当作画笔、水彩笔、钢笔或喷墨笔来进行书法书写、绘画或签名,远远超出了一般的写字功能。

除了硬件外,手写笔的另一项核心技术是手写汉字识别软件,目前各类手写笔的识别技术都已相当成熟,识别率和识别速度也完全能够满足实际应用的要求。

### 3.3.2 触摸屏

现在较为常见的触摸屏产品有四种:红外线触摸屏、电容式触摸屏、电阻触摸屏和表面声波触摸屏。

#### 1) 红外线触摸屏

红外线触摸屏原理很简单,只是在显示器上加上光点距架框,无需在屏幕表面加上涂层或接连控制器。光点距架框的四边排列了红外线发射管及接收管,在屏幕表面形成一个红外线网。用户以手指触摸屏幕某一点,便会挡住经过该位置的横竖两条红外线,计算机便可即时算出触摸点位置。红外触摸屏不受电流、电压和静电干扰,适合恶劣的环境使用。其主要优点是价格低廉、安装方便、不需要卡或其他任何控制器,可以用在各档次的计算机上。不过,由于只是在普通屏幕上增加了框架,因此,在使用过程中架框四周的红外线发射管及接收管很容易损坏,且分辨率较低。

#### 2) 电容式触摸屏

电容式触摸屏的构造主要是在玻璃屏幕上镀一层透明的薄膜体层,再在导体层外加上一块保护玻璃,双玻璃设计能彻底保护导体层及感应器。

电容式触摸屏在触摸屏四边均镀上狭长的电极,在导电体内形成一个低电压交流电场。用户触摸屏幕时,由于人体电场,手指与导体层间会形成一个耦合电容,四边电极发出的电流会流向触点,而电流强弱与手指到电极的距离成正比,位于触摸屏幕后的控制器会计算电流的比例及强弱,准确算出触摸点的位置。电容触摸屏的双玻璃不但能保护导体及感应器,更有效地防止外在环境因素对触摸屏造成影响,如果屏幕沾有污物、尘埃或油渍,电容式触摸屏依然能准确算出触摸位置。

#### 3) 电阻触摸屏

电阻触摸屏的屏体部分是一块与显示器表面非常吻合的多层复合薄膜,由一层玻璃或有机玻璃作为基层,表面涂有一层透明的导电层(OTI,氧化铟),上面再盖有一层外表面硬化处理、光滑防刮的塑料层,它的内表面也涂有一层OTI,在两层导电层之间有许多细小(小于千分之一英寸)的透明隔离点把它们隔开绝缘。当手指接触屏幕,两层OTI导电层出现一个接触点,因其中一面导电层接通Y轴方向的5V均匀电压场,使得侦测层的电压由零变为非零,控制器侦测到这个接通后,进行A/D转换,并将得到的电压值与5V相比,即可得到触摸点的Y

轴坐标,同理得出 X 轴的坐标。电阻屏根据引出线数多少,分为四线、五线等多线电阻触摸屏。五线电阻触摸屏的 A 面是导电玻璃而不是导电涂覆层,导电玻璃的工艺使其的寿命得到极大的提高,并且可以提高透光率。电阻式触摸屏的 OTI 涂层比较薄容易脆断,涂得太厚会降低透光并形成内反射,降低清晰度。OTI 外虽多加了一层薄塑料保护层,但依然容易被锐利物件所破坏,且由于经常被触动,表层 OTI 使用一定时间后会出现细小裂纹,甚至变型,如其中一点的外层 OTI 受破坏而断裂,便失去作为导电体的作用,触摸屏的寿命便不能长久。但电阻式触摸屏不受尘埃、水、污物影响。

4) **表面声波触摸屏**

表面声波触摸屏的触摸屏部分可以是一块平面、球面或是柱面的玻璃平板,安装在 CRT、LED、LCD 或是等离子显示器屏幕的前面。这块玻璃平板只是一块纯粹的强化玻璃,和其他触摸屏技术的区别是没有任何贴膜和覆盖层。玻璃屏的左上角和右下角各固定了竖直和水平方向的超声波发射换能器,右上角则固定了两个相应的超声波接收换能器。玻璃屏的四个周边则刻有由疏到密间隔非常精密的 45°角反射条纹。发射换能器把控制器通过触摸屏电缆送来的电信号转化为声波能量向左方表面传递,然后由玻璃板下边的一组精密反射条纹把声波能量反射成向上的均匀面传递,声波能量经过屏体表面,再由上边的反射条纹聚成向右的线传播给 X 轴的接收换能器,接收换能器将返回的表面声波能量变为电信号。发射信号与接收信号波形在没有触摸的时候,接收信号的波形与参照波形完全一样。当手指或其他能够吸收或阻挡声波能量的物体触摸屏幕时,X 轴途经手指部位向上走的声波能量被部分吸收,反应在接收波形上,即某一时刻位置上波形有一个衰减缺口。接收波形对应手指挡住部位信号衰减了一个缺口,计算缺口位置即得触摸坐标,控制器分析到接收信号的衰减并由缺口的位置判定 X 坐标。之后,Y 轴以同样的过程判定出触摸点的 Y 坐标。除了一般触摸屏都能响应的 X、Y 坐标外,表面声波触摸屏还响应第三轴——Z 轴坐标,也就是能感知用户触摸压力大小值。三轴一旦确定,控制器就把它们传给主机。

表面声波触摸屏不受温度、湿度等环境因素影响,分辨率极高,有极好的防刮性,寿命长(5 000 万次无故障),透光率高(92%),能保持清晰透亮的图像质量,没有漂移,最适合公共场所使用。但表面感应系统的感应转换器在长时间运作下,会因声能所产生的压力而受到损坏。一般羊毛或皮革手套都会接收部分声波,对感应的准确度也受一定的影响。屏幕表面或接触屏幕的手指如沾有水渍、油渍、污物或尘埃,也会影响其性能,甚至令系统停止运作。

另外触摸屏的三个基本特征也非常重要。它们分别是:

(1) 透明性能:触摸屏是由多层的复合薄膜构成,透明性能的好坏直接影响到触摸屏的视觉效果。衡量触摸屏透明性能不仅要从它的视觉效果来衡量,还应该包括透明度、色彩失真度、反光性和清晰度这四个特性。

(2) 绝对坐标系统:我们传统的鼠标是一种相对定位系统,只和前一次鼠标的位置坐标有关。而触摸屏则是一种绝对坐标系统,要选哪就直接点哪,与相对定位系统有着本质的区别。绝对坐标系统的特点是每一次定位坐标,与上一次定位坐标没有关系,每次触摸的数据通过校准转为屏幕上的坐标,不管在什么情况下,触摸屏这套坐标在同一点的输出数据是稳定的。不过由于技术原理的原因,并不能保证同一触摸点每一次采样的数据相同,不能保证绝对坐标定位。

(3) 检测与定位:各种触摸屏技术都是依靠传感器来工作的,甚至有的触摸屏本身就是一套传感器。各自的定位原理和各自所用的传感器决定了触摸屏的反应速度、可靠性、稳定性和寿命。

### 3.3.3 扫描仪

扫描仪是一种被广泛应用于计算机的输入设备。作为光电、机械一体化的产品,自问世以来以其独特的数字化图像采集能力,低廉的价格以及优良的性能,得到了迅速的发展和广泛的普及。

1) 扫描仪的组成

主要由上盖、原稿台、光学成像部分、光电转换部分、机械传动部分组成。

上盖主要是将要扫描的原稿压紧,以防止扫描灯光线泄露。原稿台主要是用来放置扫描原稿的地方。光学成像部分俗称扫描头,即图像信息读取部分,它是扫描仪的核心部件,其精度直接影响扫描图像的还原逼真程度。它包括以下主要部件:灯管、反光镜、镜头以及电荷耦合器件(Charge Couple Device,CCD)。扫描精度即是指扫描仪的光学分辨率,主要是由镜头的质量和CCD的数量决定。由于受制造工艺的限制,目前普通扫描头的最高分辨率为20 000像素,应用在A4幅面的扫描仪上,可实现2 400dpi的扫描精度,这样的精度能够满足多数领域的需求。光电转换部分是指扫描仪内部的主板,它是一块安置有各种电子元件的印刷电路板,它是扫描仪的"心脏",同时它也是扫描仪的控制系统。在扫描仪扫描过程中,它主要完成CCD信号的输入处理,以及对步进电机的控制,并将读取的图像以任意的解析度进行处理或变换成所需的解析度。机械传动部分主要包括步进电机、驱动皮带、滑动导轨和齿轮组。

2) 扫描仪的工作原理

一般来讲,扫描仪扫描图像的方式大致有三种:以光电耦合器(CCD)为光电转换元件的扫描、以接触式图CIS(或LIDE)为光电转换元件的扫描和以光电倍增管(PMT)为光电转换元件的扫描。

(1) 以光电耦合器(CCD)为光电转换元件的扫描仪工作原理

多数平板式扫描仪使用CCD为光电转换元件,它在图像扫描设备中最具代表性。与数字相机类似,在图像扫描仪中,也使用CCD作图像传感器。但不同的是,数字相机使用的是二维平面传感器,成像时将光图像转换成电信号,而图像扫描仪的CCD是一种线性CCD,即一维图像传感器。

扫描仪对图像画面进行扫描时,线性CCD将扫描图像分割成线状,每条线的宽度大约为10 μm。光源将光线照射到待扫描的图像原稿上,产生反射光(反射稿所产生的)或透射光(透射稿所产生的),然后经反光镜组反射到线性CCD中。CCD图像传感器根据反射光线强弱的不同转换成不同大小的电流,经A/D转换处理,将电信号转换成数字信号,即产生一行图像数据。同时,机械传动机构在控制电路的控制下,步进电机旋转带动驱动皮带,从而驱动光学系统和CCD扫描装置在传动导轨上与待扫原稿做相对平行移动,将待扫图像原稿一条线一条线的扫入,最终完成全部原稿图像的扫描。

通常,用线性CCD对原稿进行的"一条线"扫描输入被称为"主扫描",而将线性CCD平行移动的扫描输入被称为"副扫描"。

普通的CCD扫描仪在扫描时,须在被扫描物体表面形成一条细长的白色光带,光线通过一系列镜面和一组透镜,最后由CCD元件接收光学信号。但是,在这种条件下,光学分辨率被CCD像素数量所限制。

(2) 接触式图像传感器(Contact Image Sensor,CIS)

CIS是近年来才出现的名词,其实这种技术与CCD技术几乎是同时诞生的。绝大多数手持式扫描仪采用CIS技术。CIS感光器件一般使用制造光敏电阻的硫化镉作感光材料,硫化镉光敏电阻本身漏电大,各感光单元之间干扰大,严重影响清晰度,这是该类产品扫描精度不高的主要原因。它不能使用冷阴极灯管而只能使用LED发光二极管阵列作为光源,这种光源无论在光色还是在光线的均匀度上都比较差,导致扫描仪的色彩还原能力较低。LED阵列由数百个发光二极管组成,一旦有一个损坏就意味着整个阵列报废,因此这种类型产品的寿命比较短。CIS无法使用镜头成像,只能依靠贴近目标来识别,没有景深,不能扫描实物,只适用于扫描文稿。CIS对周围环境温度的变化也比较敏感,环境温度的变化对扫描结果有明显的影响,因此对工作环境的温度有一定的要求。

LIDE(Lifestyle Design)型扫描仪由三部分组成:光导、柱状透镜和线性光学传感器。光导的主要作用是增强红、绿、蓝三种色彩通道的光照强度;柱状透镜则可以确保反射光更好地向传感器聚焦(这是提高扫描精度的关键措施);线性传感器则最大限度地避免了边缘变形的问题。由于省略了一系列反射镜,LIDE型扫描仪避免了因此带来的各种像差和色差,较好地重现原稿的细节和色彩。

(3) 光电倍增管(PMT)工作原理

与采用线性CCD为图像传感器的平板式扫描仪不同,光电倍增管(Photo Multiplier Tube,PMT)为滚筒式扫描仪采用的光电转换元件。

在各种感光器件中,PMT是性能最好的一种,无论在灵敏度、噪声系数还是动态范围上都遥遥领先于其他感光器件,而且它的输出信号在相当大范围内保持着高度的线性输出,使输出信号几乎不需要做任何修正就可以获得准确的色彩还原。

PMT实际是一种电子管,其感光材料主要是由金属铯的氧化物及其他一些活性金属(一般是镧系金属)的氧化物共同构成。这些感光材料在光线的照射下能够发射电子,经栅极加速后冲击阳电极,最后形成电流,再经过扫描仪的控制芯片进行转换,就生成了物体的图像。在目前所有的扫描技术中,PMT是性能最好的一种,其灵敏度、噪声系数、动态密度范围等关键性指标远远超过了CCD及CIS等感光器件。同样,这种感光材料几乎不受温度的影响,可以在任何环境中工作。但是这种PMT的成本极高,一般只用在专业的滚筒式扫描仪上。

所以说,扫描仪的简单工作原理就是利用光电元件将检测到的光信号转换成电信号,再将电信号通过模/数转换器转化为数字信号传输到计算机中。无论何种类型的扫描仪,它们的工作过程都是将光信号转变为电信号。所以,光电转换是它们的核心工作原理。扫描仪的性能取决于它把任意变化的模拟电平转换成数值的能力。

### 3.3.4 数码相机

数码相机是由镜头、CCD、A/D转换器、MPU(Microprocessor Unit,微处理器)、内置存储器、LCD(液晶显示器)、PC卡(可移动存储器)和接口(计算机接口、电视机接口)等部分组成,通常它们都安装在数码相机的内部,当然也有一些数码相机的液晶显示器与相机机身分离。

数码相机的工作原理如下:当按下快门时,镜头将光线汇聚到感光器件CCD上,CCD是半导体器件,它代替了普通相机中胶卷的位置,它的功能是把光信号转变为电信号。这样,我们就得到了对应于拍摄景物的电子图像,但是它还不能马上被计算机处理,还需要按照计算机的要求进行从模拟信号到数字信号的转换,A/D 转换器器件用来执行这项工作。接下来 MPU 对数字信号进行压缩并转化为特定的图像格式,例如 JPEG 格式。最后,图像文件被存储在内置存储器中。

1) 镜头

几乎所有的数码相机镜头的焦距都比较短,当你观察数码相机镜头上的标识时也许会发现类似"$f=6mm$"的字样,表示它的焦距仅为 6mm。其实,这个焦距和传统相机还是有所区别的。$f=6mm$ 相当于普通相机的 50mm 镜头(因相机不同而不同)。因为标准镜头、广角镜头、长焦镜头以及鱼眼镜头都是针对 35mm 普通相机而言的,它们分别用于一般摄影、风景摄影、人物摄影和特殊摄影。各种镜头的焦距不同使得拍摄的视角不同,而视角不同产生的拍摄效果也不相同。但是焦距决定视角的一个条件是成像的尺寸,35mm 普通相机成像尺寸是 24mm×36mm(胶卷),而数码相机中 CCD 的成像尺寸小于这个值两倍甚至十倍,在成像尺寸变小焦距也变小的情况下,就有可能得到相同的视角。

2) CCD

数码相机使用 CCD 代替传统相机的胶卷,因此 CCD 技术成为数码相机的关键技术,CCD 的分辨率被作为评价数码相机档次的重要依据。摄像机中使用的是点阵 CCD,扫描仪中使用的是线阵 CCD,而数码相机中既有使用点阵 CCD 的又有使用线阵 CCD 的。一般数码相机都使用点阵 CCD,专门拍摄静态物体的扫描式数码相机使用线阵 CCD,它牺牲了时间换取可与传统胶卷相媲美的极高分辨率(可高达 8 400×6 000)。CCD 器件上有许多光敏单元,它们可以将光线转换成电荷,从而形成对应于景物的电子图像,每一个光敏单元对应图像中的一个像素,像素越多图像越清晰,如果我们想增加图像的清晰度,就必须增加 CCD 的光敏单元的数量。数码相机的指标中常常同时给出多个分辨率,例如 640×480 和 1 024×768,其中,最高分辨率的乘积为 786 432(1 024×768),它是 CCD 光敏单元 85 万像素的近似数,因此当我们看到"85 万像素 CCD"的字样,就可以估算该数码相机的最大分辨率。

许多早期的数码相机都采用上述的分辨率,它们可为计算机显示的图片提供足够多的像素,因为大多数计算机显卡的分辨率是 640×480、800×600、1 024×768、1 152×864 等。CCD 本身不能分辨色彩,它仅仅是光电转换器。实现彩色摄影的方法有多种,包括给 CCD 器件表面加以彩色滤镜阵列(Color Filter Array, CFA),或者使用分光系统将光线分为红、绿、蓝三色,分别用三片 CCD 接收。

3) A/D 转换器

它是将模拟电信号转换为数字电信号的器件。A/D 转换器的主要指标是转换速度和量化精度。转换速度是指将模拟信号转换为数字信号所用的时间,由于高分辨率图像的像素数量庞大,因此对转换速度要求很高,当然高速芯片的价格也相应较高。量化精度是指可以将模拟信号分成多少个等级。如果说 CCD 是将实际景物在 X 和 Y 的方向上量化为若干像素,那么 A/D 转换器则是将每一个像素的亮度或色彩值量化为若干个等级,这个等级在数码相机中叫做色彩深度。数码相机的技术指标中均给出了色彩深度值,其实色彩深度就是色彩位数,它以二进制的位(bit)为单位,用位的多少表示色彩数的多少,常见的有 24 位、30 位和 36 位。具体来说，一般中低档数码相机中每种基色采用8位或10位表示，高档相机采用12位。三种基色红、绿、蓝总的色彩深度为基色位数乘以3，即$8\times3=24$位、$10\times3=30$位或$12\times3=36$位。数码相机色彩深度反映了数码相机能正确表示色彩的多少，以24位为例，三基色（红、绿、蓝）各占8位二进制数，也就是说红色可以分为$2^8=256$个不同的等级，绿色和蓝色也是一样，那么它们的组合为$256\times256\times256=16\ 777\ 216$，即1 600多万种颜色，而30位可以表示10亿多种、36位可以表示680亿多种颜色。色彩深度值越高，就越能真实地还原色彩。

4) MPU

数码相机要实现测光、运算、曝光、闪光控制、拍摄逻辑控制以及图像的压缩处理等操作就必须有一套完整的控制体系。数码相机通过MPU实现对各个操作的统一协调和控制。和传统相机一样，数码相机的曝光控制可以分为手动和自动。手动曝光就是由摄影者调节光圈大小、快门速度；自动曝光方式又可以分为程序式自动曝光、光圈优先式曝光和快门优先式曝光。MPU通过对CCD感光强弱程度的分析，调节光圈和快门，又通过机械或电子控制调节曝光。

5) **存储设备**

数码相机中存储器的作用是保存数字图像数据，这如同胶卷记录光信号一样，不同的是存储器中的图像数据可以反复记录和删除，而胶卷只能记录一次。存储器可以分为内置存储器和可移动存储器。内置存储器为半导体存储器，安装在相机内部，用于临时存储图像，当向计算机传送图像时须通过串行接口等接口传送。它的缺点是装满之后要及时向计算机转移图像文件，否则就无法再往里面存入图像数据。早期的数码相机多采用内置存储器，而新近开发的数码相机更多地使用可移动存储器。这些可移动存储器可以是3.5英寸软盘、PC(PCMCIA)卡、Compact Flash卡、Smart Media卡等。这些存储器使用方便，拍摄完毕后可以取出更换，这样可以降低数码相机的制造成本，增加应用的灵活性，并提高连续拍摄的性能。存储器保存图像的多少取决于存储器的容量，以及图像质量和图像文件的大小。图像的质量越高，图像文件就越大，需要的存储空间就越多。显然，存储器的容量越大，能保存的图像就越多。一般情况下，数码相机能保存10~200幅图像。下面给大家介绍一些常用的存储方案：

(1) Smart Media卡：是最常见的数码相机存储卡，由于没有内置控制部分，成本最低。目前大部分的数码相机采用了SM卡，速度和其他存储方式差不多，其实内核都是Flash Memory。

(2) Compact Flash卡：分别有CF1和CF2格式，它和SM卡的区别是自带控制模块，体积大。同时除了Flash Memory外还支持其他存储模式。当存储量大于128 MB的时候必须使用CF2的格式。

(3) IBM的Micro Drive卡：它是IBM专门为数码相机准备的优秀存储方案。采用CF2接口，兼容CF2存储卡，只要能插入CF2存储卡的数码相机都能使用它。同时有PC卡的接口，在支持PC卡接口的专业数码相机中也能使用它。它比用Flash Memory作为存储体的卡的速度快得多。

(4) Click：是生产移动存储设备的著名公司Iomega推出的独特的磁盘。这种体积并不比CF卡大多少的小小磁盘可以存储40 MB的数据，但成本远远低于使用闪存技术的产品。而且，Click可以被计算机存取。

(5) Memory Stick：由Sony公司推出的存储设备，体积大概相当于半块口香糖的大小，容量也达到了 64 MB。

6）LCD

LCD 为液晶显示屏，数码相机使用的 LCD 与笔记本电脑的液晶显示屏工作原理相同，只是尺寸较小。从种类上讲，LCD 大致可以分为两类，即 DSTN-LCD（双扫扭曲向列液晶显示器）和 TFT-LCD（薄膜晶体管液晶显示器）。与 DSTN 相比，TFT 的特点是亮度高，从各个角度观看都可以得到清晰的画面，因此数码相机中大多采用 TFT-LCD。LCD 的作用有三个：一是取景，二是显示，三是显示功能菜单。

7）输出接口

数码相机的输出接口主要有计算机通信接口、连接电视机的视频接口和连接打印机的接口。常用的计算机通信接口有串行接口、并行接口、USB 接口和 SCSI 接口。若使用红外线接口，则要为计算机安装相应的红外接收器及其驱动程序。如果你的数码相机带有 PCMCIA 存储卡，那么可以将存储卡直接插入笔记本电脑的 PC 卡插槽中。

### 3.3.5 虚拟现实的三维交互工具

虚拟现实（Virtual Reality）技术是通过计算机图形构造的虚拟环境，借助相应硬件手段的帮助，如数据手套、头盔和立体眼镜等设备，使用户产生身临其境的感觉，以达到虚拟设计与装配、机器人遥控操作和模拟驾驶训练等方面的目的。

下面简单介绍一些在 VR 系统有代表性的设备。

（1）BOOM 可移动式显示器：它是一种半投入式视觉显示设备。使用时，用户可以把显示器方便地置于眼前，不用时可以很快移开。BOOM 使用小型的阴极射线管，产生的像素数远远小于液晶显示屏，图像比较柔和，分辨率为 1 280×1 024 像素的彩色图像。

（2）数据手套：数据手套是一种输入装置，它可以把人手的动作转化为计算机的输入信号。它由很轻的弹性材料构成。该弹性材料紧贴在手上，同时附着许多位置、方向传感器和光纤导线，以检测手的运动。光纤可以测量每个手指的弯曲和伸展，而通过光电转换，手指的动作信息可以被计算机识别。

（3）TELETACT 手套：它是一种用于触觉和力觉反馈的装置，利用小气袋向手提供触觉和力觉的刺激。这些小气袋能被迅速地加压和减压。当虚拟手接触一件虚拟物体时，存储在计算机里的该物体的力模式被调用，压缩机迅速对气袋充气或放气，使手部有一种非常精确的触觉。

（4）数据衣：是为了让 VR 系统识别全身运动而设计的输入装置。数据衣对人体 50 多个不同的关节进行测量，包括膝盖、手臂、躯干和脚。通过光电转换，身体的运动信息被计算机识别。通过 BOOM 显示器和数据手套与虚拟现实数据交互。

（5）头盔显示器（Head Mounted Display，HMD）：头盔显示器的光学技术设计和制造技术日趋完善，不仅作为个人应用显示器，它还是紧凑型大屏幕投影系统设计的基础，可将小型 LCD 显示器件的影像透过光学系统做成全像大屏幕。除了在现代先进军事电子技术中得到普遍应用成为单兵作战系统的必备装备外，还拓展到民用电子技术中。

## 3.4 动态图像输入设备

动态图像输入设备就是将模拟摄像机、录像机、LD视盘机、电视机等输出的视频数据或者视频音频的混合数据输入电脑,并转换成电脑可辨别的数字数据,存储在电脑中,成为可编辑处理的视频数据文件。

### 3.4.1 图像捕捉卡

按照图像捕捉卡用途可分为广播级视频采集卡、专业级视频采集卡、民用级视频采集卡,它们档次的高低主要是采集图像的质量不同。

广播级视频采集卡特点是采集的图像分辨率高,视频信噪比高;缺点是视频文件所需硬盘空间大,每分钟数据量至少要消耗200 MB。一般连接专业摄/录像机,所以它多用于录制电视台所制作的节目。

专业级视频采集卡的档次比广播级的性能稍微低一些,分辨率两者是相同的,但压缩比稍微大一些,其最小的压缩比一般在6:1以内,输入输出接口为AV复合端子与S端子,此类产品适用于广告公司和多媒体公司制作节目及多媒体软件应用。民用级视频采集卡的动态分辨率一般较低,绝大多数不具有视频输出功能。

图像捕捉卡有以下一些特点:

在电脑上通过视频采集卡可以接收来自视频输入端的模拟视频信号,对该信号进行采集、量化成数字信号,然后压缩编码成数字视频。大多数视频采集卡都具备硬件压缩的功能,在采集视频信号时,首先在卡上对视频信号进行压缩,然后再通过PCI接口把压缩的视频数据传送到主机上。一般的PC视频采集卡采用帧内压缩的算法把数字化的视频存储成AVI文件,高档一些的视频采集卡还能直接把采集到的数字视频数据实时压缩成MPEG-1格式的文件。

由于模拟视频输入端可以提供不间断的信息源,视频采集卡要采集模拟视频序列中的每帧图像,并在采集下一帧图像之前把这些数据传入PC系统。因此,实现实时采集的关键是每一帧所需的处理时间。如果每帧视频图像的处理时间超过相邻两帧之间的相隔时间,则要出现数据的丢失。采集卡都是把获取的视频序列先进行压缩处理,然后再存入硬盘,也就是说视频序列的获取和压缩是在一起完成的,免除了再次进行压缩处理的不便。不同档次的采集卡具有不同质量的采集压缩性能。

图像捕捉卡由以下几部分组成:

(1) A/D变换和数字解码:从彩色摄像机、录像机或其他视频信号源得到的彩色全电视信号,首先送到具有钳位电路和自动增益功能的运算放大器,最后经过A/D变换器将彩色全电视信号转换成8位数字信号,送给彩色多制式数字解码器。

(2) 窗口控制器:①PC总线接口部分;②视频输入裁剪、变比例部分;③VRAM读/写、刷新控制部分;④输出窗口VGA同步、色键控制部分。

通过对控制状态寄存器编程可以提供下述功能:①在计算机图形监视器上,能够显示全屏幕的活动图像;②为显示运动图像,PC Video能够改变扫描速度,实现窗口控制;③通过独立的X、Y坐标和彩色键联信号可实现窗口位置控制;④真彩色图像的获取和显示;⑤用广播质量的视频带宽,输入分辨率可达1 024×512;⑥支持工业标准视频输入格式,如NTSC、PAL、

SECAM、S-VHS、RGB；⑦支持标准 4:1:1 和 4:2:2 YUV，及 16 位 RGB 格式；⑧输出放大因子可为 2、4 和 8。

（3）帧存储器系统：帧存储器的主要作用有三个：①从摄像机来的视频信号，经过 A/D 变换，数字解码，在视频窗口控制器的控制下，将它们实时地存到帧存储器，大约 74ns 存一个像素数据；②彩色监视器每隔 74ns 要从帧存储器取一个像素数据，经 D/A 转换，变成模拟的 RGB 信号，供彩色监视器显示帧存储器中真彩色全屏幕运动图像使用；③计算机可以通过视频窗口控制器，对阵存储器的内容进行读/写操作。

（4）数模转换和矩阵变换。

（5）视频信号和 VGA 信号的叠加：由于两路信号均为模拟信号，因此使用了模拟开关电路实现两信号的叠加。

（6）数字式多制式视频信号编码部分：是以数字方式进行视频信号编码的编码器，支持 PAL 和 NTSC 两种制式。

### 3.4.2 摄像头和摄像机

**1）摄像头**

摄像头是将摄像单元和视频捕捉单元集成在一起，只能实时连续捕获数字化的图像和视频信号，但没有存储能力，它可以通过 USB 接口与计算机相连接，计算机通过软件可以实时获取图像和视频信号。根据所用元件的不同，摄像头可分为 CCD 摄像头和 CMOS 摄像头。衡量摄像头的指标主要有灵敏度、分辨率和视频捕获速度等。

目前摄像头的连接方式有接口卡、并口和 USB 口三种。

**2）摄像机**

与摄像头不同的是，摄像机（又称为视频摄像机或电视摄像机）能够实时连续捕获并存储数字化的图像和视频信号。

最早的摄像机以电真空摄像管作为摄像器件。现在，除了非常专业或特定的一些摄像机外，绝大多数采用 CCD 等为摄像器件，且是数字化的。

数字摄像机具有高质量的图像、高稳定性、易于调整且精确、简单的操作及丰富的功能。通过调整图像参数，达到各种效果，可以对高亮度、细节、肤色和其他重要参数提供新的调整方法而获得更大的灵活性。因此越来越多的使用者开始采用数字摄像机。

灵敏度、分解力、信噪比是摄像机的三个最重要的指标。

（1）灵敏度

摄像机灵敏度是在标准摄像状态下摄像机光圈的数值。即在灵敏度开关设置在 0dB（分贝）位置，反射率为 89.9% 的白纸，2 000 lx（勒[克司]）的照度，标准白光（碘钨灯）的照明条件下，图像信号达到标准输出幅度时，光圈的数值称为摄像机的灵敏度。通常灵敏度可达到 F8.0，新型优良的摄像机灵敏度可达到 F11，相当于高灵敏度 ISO-400 胶卷的灵敏度水平。

（2）分解力

分解力又称为清晰度。其含义是：在水平宽度为图像屏幕高度的范围内，可以分辨垂直黑白线条的数目。

现在，最高分辨分别为 850 线、900 线和 1 200 线。有的摄像机采用像素错位的技术，号称分解力达到850线。实际上,片面追求很高的分解力是没有意义的。由于电视台中的信号处理系统,以及电视接收机中信号处理电路的频带范围有限,特别是录像机的带宽范围的限制,使摄像机的分解力很高,在信号处理过程中也要遭受损失,最终的图像不可能显示出这么高的分解力。摄像机的垂直分解力主要取决于扫描格式,即扫描的行数。因此,对于摄像机的垂直清晰度不必加以考虑。

(3) 信噪比

表示在图像信号中包含噪声成分的指标。在显示的图像中,表现为不规则的闪烁细点。噪声颗粒越小越好。信噪比的数值以 dB 表示。目前摄像机的加权信噪比可以做到65 dB。用肉眼观察,已经不会感觉到噪声颗粒存在的影响了。

除上述主要指标外,还有一些其他的指标,如灰度特性、动态范围和拐点特性、量化比特数等。

数字摄像机可以通过 USB 等接口直接与计算机相连接。

# 4 图像和视频信号压缩编码技术与相关国际标准

## 4.1 引言

　　数字图像和数字视频信息是多媒体信息的重要组成部分,其数据量居多媒体信息量的首位。因此数字图像和视频信息的压缩编码技术就成为多媒体技术的关键之一。大量的数据对于计算机的存储、访问、处理以及在通信线路上的传输都带来巨大的负担,人们可以利用该信息存在的大量冗余信息,采用各种方法进行压缩。由此多媒体技术中产生了各种各样的压缩编码技术和相关国际标准。本章将介绍重要的和常用的压缩编码技术。

### 4.1.1 压缩的重要性和可行性

#### 1) 媒体数据压缩的必要性

　　多媒体数据数字化后的海量性。一幅大小为512×512(像素)的黑白图像,每像素用8 bit表示,其大小为多少呢? 首先理解一下题目的含义:"512×512(像素)"的意思是图像的横向有512个像素点,纵向有512个像素点,如图4.1所示。

　　"每像素用8 bit表示"的意思是每一个像素点的值,对于黑白图像来说就是每一个像素点的灰度值,在计算机存储器中用8位表示。那么,已知的图像就有512×512个点,有一个点就要存储一个8位,所以,该图像的存储空间大小为:512×512×8＝262 144 bit＝256 KB。

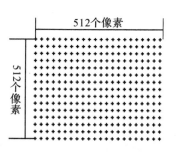

图 4.1　512×512(像素)的黑白图像示意图

　　像素:能独立地赋予颜色和亮度的最小单位。

　　每像素用8 bit表示,也可以写成8 bit/pel,pel是"pixel:picture＋element"的简写。

　　在此顺便强调一下表示存储空间大小的单位:

　　大写字母"B"表示字节(Byte);小写字母"b"表示二进制位(bit)。

　　1 KB＝1 024 B;1 MB＝1 024×1 024 KB;1 GB＝1 024×1 024 MB;1 TB＝1 024×1 024 GB。

　　同样一幅大小为512×512的彩色图像,每一像素用8 bit表示,其大小应为黑白图像的3倍(彩色图像的像素不仅有亮度值Y,而且有两个色差值)。

　　也就是512×512×8×3＝6 291 456 bit≈6.3 Mb。

　　上述彩色图像按NTSC制,每秒钟传送30帧,其每秒的数据量为:

　　6.3 Mb×30帧/s＝189 Mb/s≈23.6 MB/s

　　那么,一个650MB的硬盘可以存储的图像为:650 MB÷23.6 MB/s≈27.5s

可见视频、图像所需的存储空间之大。

再来看一下数字音频,双通道立体声激光唱盘(CD-DA),采样频率为 44.1 kHz,采样精度为 16 位/样本,其 1 秒钟的音频数据量为:

$44.1 \times 16 \times 2 \approx 1.41$ Mb/s。

一个 650 MB 的硬盘可以存储约 1 小时的音乐。

由此可见,如此大的数据量单靠扩大存储容量和增加通信干线的传输速率是不现实的。因此数据压缩是必要的。

总之,多媒体信息包括文本、声音、动画、图形、图像以及视频等多种媒体信息。经过数字化处理后其数据量是非常大的,如果不进行数据压缩处理,计算机系统就无法对它进行存储、处理和交换。

2) 多媒体数据压缩的可行性

多媒体数据压缩是必要的,那么能否对多媒体数据进行压缩呢?我们一起来探讨一下多媒体数据压缩的可能性。

多媒体数据能不能被压缩,关键是多媒体数据中存在不存在"数据冗余"。答案是肯定的。

我们先来明确一下"信息量"与"数据量"之间的关系:信息量=数据量-冗余量,通常用"I"表示信息量;"D"表示数据量;"du"表示冗余量。

信息量与数据量的关系为:I=D-du

中文广播员 1 分钟读 180 个汉字,1 个汉字存储 2 个字节,共需 360 个字节。

采样频率为 8 kHz(人类语言带宽为 4 kHz)。

采样 1 分钟,其数据量为:8 Kb/s×60 s=480 Kb/min

一分钟的数据冗余为:480 KB/360 B≈1 000(倍)的冗余

下面我们来看一下图像数据。图像数据也存在着大量的空间冗余和时间冗余。

例如:图 4.2 中的图像"A"是一个规则物体。光的亮度、饱和度及颜色都一样,因此,数据 A 有很大的冗余。这样可以用图像"A"的某一像素点的值(亮度、饱和度及颜色),代表其他的像素点,实现压缩。

这是语音数据和序列图像(电视图像和运动图像)中所经常包含的冗余。在一个图像序列的两幅相邻图像中,后一幅图像与前一幅图像之间有着较大的关联,这反映为时间冗余。

图 4.2 时域冗余

除了上面讲述的时间冗余和空间冗余外,还存在着结构冗余、知识冗余、视觉冗余、图像区域的相同性冗余、纹理的统计冗余等。相关内容请参看第 1.4.2 节内容。

数据压缩的典型操作包括准备、处理、量化和编码,数据可以是静止图像、视频和音频数据等。下面以图像处理为例对压缩过程作简要说明。首先进行预处理,包括 D/A 转换和生成适当的数据表达信息。例如,一幅图像切分成 8×8 像素的块,每一像素以固定的数据位表达。第二步进行数据处理,是使用复杂算法压缩处理数据。从时域到频域的变换可以用离散余弦变换。在运动图像压缩中,对帧间每个 8×8 块采用运动向量编码。第三步进行量化,量化过程定义了从实数到整数映射的方法。这一处理过程会导致精度的降低。被量化对象视它们的重要性而区别处理。例如,可以采用不同的数据位来进行量化。第四步进行熵编码,它对数据流进行无损压缩。例如,数据流中一个零值序列可以通过定义零值本身和后面的重复个数来进行压缩。

"处理"和"量化"可以在反馈环中交互地重复多次。压缩后的视频构成数据流,其中图像起点和压缩技术的标识说明成为数据流的一部分,纠错码也可以加在数据流中。

解压缩是压缩的逆过程,特定的编码器和解码器以不同的方法构成。在对称应用中,编码和解码代价应基本相同。在非对称应用中,解码过程比编码过程耗费的代价要小,这种技术用于以下情形:压缩的过程仅一次,采样的时间不限;解压缩经常使用并需要迅速完成。如一个音视频电子教材仅需要生成一次,但它可以被许多学生使用,因此它需要多次被解码。在这种情况下,实时解码成为基本要求,而编码则不需要实时完成。

### 4.1.2 数据压缩技术的分类

多媒体数据压缩方法根据不同的依据可产生不同的分类。通常根据压缩前后有无质量损失分为有失真(损)压缩编码和无失真(损)压缩编码。有失真压缩是不可逆编码方法,经有失真压缩编码的图像不能完全恢复,但视觉效果一般可被接受;无失真压缩是可逆的编码方法,经无失真压缩编码的图像能完全恢复,没有任何偏差和失真。

1) 按压缩方法分

有失真压缩编码、无失真压缩编码。

2) 按多媒体数据编码分

(1) PCM:a. 固定;b. 自适应。

(2) 预测编码:a. 固定:DPCM、ΔM;b. 自适应:DPCM、ΔM。

(3) 变换编码:a. 傅立叶;b. 离散余弦(DCT);c. 离散正弦(DST);d. 沃尔仕-哈达马;e. 哈尔;f. 斜变换;g. 卡胡南-劳夫(K-L);h. 小波。

(4) 统计编码(熵编码):a. 霍夫曼;b. 算术编码;c. 费诺;d. 香农;e. 游程(RLC);f. LZW。

(5) 静态图像编码:a. 方块;b. 逐渐浮现;c. 逐层内插;d. 比特平面;e. 抖动。

(6) 电视编码:a. 帧内预测;b. 帧间编码:运动估计、运动补偿、条件补充、内插、帧间预测。

(7) 其他编码:a. 矢量量化;b. 子带编码;c. 轮廓编码;d. 二值图像。

3) 按编码算法原理分

(1) 预测编码;(2) 变换编码;(3) 量化与向量量化编码;(4) 信息熵编码;(5) 子带编码;(6) 结构编码;(7) 基于知识的编码。

### 4.1.3 常用编码方法介绍

1) 统计编码

数据压缩的理论基础是信息论,数据压缩的理论极限是信息熵。

那么,我们首先要明确信息熵的概念,这个概念很重要,它是学习数据压缩编码技术的一个最基本的概念,在讲信息熵之前要讲两个基本概念,这两个基本概念就是信息、信息量。

第一个概念"信息"。信息是用不确定的量度定义的。也就是说信息被假设为由一系列的随机变量所代表,它们往往用随机出现的符号来表示。我们称输出这些符号的源为"信源",也就是要进行研究与压缩的对象。

比如:你在考试过后,没收到考试成绩(考试成绩通知为消息)之前,你不知道你的考试成绩是否及格,那么你就处于一个不确定的状态;当你收到成绩通知(消息)是"及格",此时,你就去除了"不及格"(不确定状态,占50%),你得到了消息——"及格"。一个消息的可能性愈小,其信息含量愈大;反之,消息的可能性愈大,其信息含量愈小。

第二个概念是信息量。

指从 $N$ 个相等的可能事件中选出一个事件所需要的信息度量和含量。也可以说是辨别 $N$ 个事件中特定事件所需提问"是"或"否"的最小次数。

例如:从 64 个数(1~64 的整数)中选定某一个数(采用折半查找算法),提问:"是否大于 32?",则不论回答是与否,都消去半数的可能事件,如此下去,只要问 6 次这类问题,就可以从 64 个数中选定一个数,则所需的信息量是 6。

我们现在可以换一种方式定义信息量,也就是信息论中信息量的定义。

设从 $N$ 中选定任一个数 $X$ 的概率为 $P(x)$,假定任选一个数的概率都相等,即 $P(x)=1/N$,则信息量 $I(x)$ 可定义为:$I(X)=\text{Log}_2 N=-\text{Log}_2 1/N=-\text{Log}_2 P(x)$。

上式可随对数所用"底"的不同而取不同的值,因而其单位也就不同。设底取大于 1 的整数 $\alpha$,考虑一般物理器件的二态性,通常 $\alpha$ 取 2,相应的信息量单位为比特(bit);当 $\alpha=e$,相应的信息量单位为奈特(Nat);当 $\alpha=10$,相应的信息量单位为哈特(Hart);

显然,当随机事件 $x$ 发生的先验概率 $P(x)$ 大时,算出的 $I(x)$ 小,那么这个事件发生的可能性大,不确定性小,事件一旦发生后提供的信息量也少。必然事件的 $P(x)$ 等于 1,$I(x)$ 等于 0,所以必然事件的消息报道,不含任何信息量;但是一件人们都没有估计到的事件($P(x)$ 极小),一旦发生后,$I(x)$ 大,包含的信息量很大。所以随机事件的先验概率与事件发生后所产生的信息量有密切关系。$I(x)$ 为 $x$ 发生后的自信息量,它也是一个随机变量。

$P(x)$ 大时,算出的 $I(x)$ 小 必然事件的 $P(x)$ 等于 1,$I(x)$ 等于 0。

$P(x)$ 小时,算出的 $I(x)$ 大 必然事件的 $P(x)$ 等于 0,$I(x)$ 等于 1。

$I(x)$ 为 $x$ 发生后的自信息量,它也是一个随机变量。

现在可以给"熵"下个定义了。信息量计算的是一个信源的某一个事件($X$)的自信息量,而一个信源若由 $n$ 个随机事件组成,$n$ 个随机事件的平均信息量就定义为熵。

熵的准确定义是:信源 $X$ 发出的 $x_j(j=1,2,\cdots,n)$,共 $n$ 个随机事件的自信息统计平均(求数学期望),即 $H(x)=E\{I(x_j)\}=\sum_{j=1}^{n}P(x_j)I(x_j)=-\sum_{j=1}^{n}P(x_j)I(x_j)=-\sum_{j=1}^{n}P(x_j)\log_\alpha P(x_j)$。

$H(x)$ 在信息论中称为信源 $X$ 的"熵",它的含义是信源 $X$ 发出任意一个随机变量的平均信息量。

解释和理解信息熵有以下四种含义:

(1) 当处于事件发生之前,$H(X)$ 是不确定性的度量;

(2) 当处于事件发生之时,是一种惊奇性的度量;

(3) 当处于事件发生之后,是获得信息的度量;

(4) 还可以理解为是事件随机性的度量。

在明确了信息熵的含义后,我们下一个要思考的问题就是最需要解决的理论基础问题,统计编码的理论基础是什么?

香农信息论认为:信源所含有的平均信息量(熵),就是进行无失真编码的理论极限。信息中或多或少的含有自然冗余。

例如上例当 $P(x_1)=1$ 时，必然 $P(x_2)=P(x_3)=P(x_4)=P(x_5)=P(x_6)=P(x_7)=P(x_8)=0$，这时熵 $H(X)=-P(x_1)\log_2 P(x_1)=0$。

**最大离散熵定理**：所有概率分布 $P(X_j)$ 所构成的熵，以等概率时为最大。

此最大值与熵之间的差值，就是信源 $X$ 所含的冗余度（Redundancy）。

只要信源不是等概率分布，就存在着数据压缩的可能性。这就是统计编码的理论基础。

如果要求在编码过程中不丢失信息量，即要求保存信息熵，这种信息保持编码又叫做熵保存编码，或者叫熵编码。

**熵编码的特性**：熵编码是无失真数据压缩，用这种编码结果经解码后可无失真地恢复出原图像。

(1) 霍夫曼编码：霍夫曼编码方法于 1952 年问世，迄今为止，仍经久不衰，广泛应用于各种数据压缩技术中，且仍不失为熵编码中的最佳编码方法。

霍夫曼编码就是依据可变字长最佳编码定理。

该定理的内容是：在变长码中，对于概率大的符号，编以短字长的码；对于概率小的符号，编以长字长的码；如果码制长度严格按照符号概率的大小的相反顺序排列，则平均码字长一定小于按其他任何符号顺序排列方式得到的码字长。

霍夫曼编码的具体实现步骤如下：

① 概率统计（如对一幅图像，或 $m$ 幅同种类型图像作灰度信号统计），得到 $n$ 个不同概率的信息符号。

② 将 $n$ 个信源信息符号的 $n$ 个概率，按概率大小排序。

③ 将 $n$ 个概率中最后两个小概率相加，这时概率个数减为 $n-1$ 个。

④ 将 $n-1$ 个概率，按大小重新排序。

⑤ 重复第③步，将新排序后的最后两个小概率再相加，相加和与其余概率再排序。

⑥ 如此反复重复 $n-2$ 次，得到只剩两个概率序列。

⑦ 以二进制码元(0、1)赋值，构成霍夫曼码字。编码结束。

(2) 算术编码

与霍夫曼编码不同，算术编码（Arithmetic Coding）跳出了分组编码的范畴，从全序列出发，采用递推形式的连续编码。它不是将单个的信源符号映射成一个码字，而是将整个输入符号序列映射为实数轴上[0,1]区间内的一个小区间，其长度等于该序列的概率；再在该小区间内选择一个代表性的二进制小数，作为实际的编码输出，从而达到了高效编码的目的。不论是否是二元信源，也不论数据的概率分布如何，其平均码长均能逼近信源的熵。

算术编码方法比霍夫曼编码等熵编码方法要复杂，但是它不需要传送像霍夫曼编码的霍夫曼码表，同时算术编码还有自适应能力的优点，所以算术编码是实现高效压缩数据中很有前途的编码方法。

**算术编码基本原理**：算术编码方法是将被编码的信息表示成实数 0 和 1 之间的一个间隔。信息越长的编码表示它的间隙就越小，表示这一间隙所需二进位就越多，大概率符号出现的概率越大，对应于区间愈宽，可用长度较短的码字表示；小概率符号出现概率越小，层间愈窄，需要较长码字表示。

信息源中连续的符号根据某一模式生成概率的大小来减少间隔。可能出现的符号要比不太可能出现的符号范围少,因此只增加了较少的比特位。

当信源概率比较接近时,建议使用算术编码,因为此时霍夫曼编码的结果趋于定长码,效率不高。根据对主要的统计编码方法的比较,算术编码具有最高的压缩效率。

但实现上,算术编码比霍夫曼编码复杂,特别是硬件。

算术编码也是变长编码,因此,算术编码也使用于分段信息。在误差扩散方面,比分组码要严重,因为它是从全序列出发来编码的,一旦有误码,就会一直延续下去。因而算术编码的传输要求有高质量的信道,或采用检错反馈重发的方式。

值得指出的是,实际上并不存在某种唯一的"算术码",而是有一大类算术编码的方法。仅IBM公司便拥有数十项关于算术编码的专利。

(3) 行程编码

行程编码(Run Length Code),也称行程长度编码。行程编码是无失真压缩编码方法。计算机多媒体静止图像数据压缩标准算法中就采用了行程编码方法。

行程编码的基本原理是建立在图像的统计特性基础上的。对于黑、白二值图像,由于图像的相关性,每一行扫描线总是由若干段连续的黑像素点和连续出现的白像素点构成。黑(白)像素点连续出现的像素点数称行程长度,简称长度。黑像素点的长度和白像素点的长度总是在交替发生,交替发生变化的频度与图的复杂度有关。现在我们把灰度1(黑)和1的行程长度,或0(白)和0的行程长度组合,构成编码输入码元而进行编码,并按其出现的概率,分配以不同码长的码字。大概率以短码;小概率以长码。

设像素的一个扫描行是由整数序列 $x_1, x_2, \cdots, x_N$($x$ 表示像素)构成,其对应灰度为 $g_1, g_2, \cdots, g_N$,在一维行程编码中,将 $x$ 序列映射成整数对($g_k \cdot L_k$)的序列,其中 $g_k$ 表示像素 $x_k$ 的灰度,$L_k$ 表示具有 $g_k$ 灰度像素点的连续像素点数,即行程长度。

行程编码一般分为:一维行程编码和二维行程编码。

2) 预测编码

预测编码(Predictive Coding)是统计冗余数据压缩理论的三个重要分支之一,它的理论基础是现代统计学和控制论。预测编码主要是减少了数据在时间和空间上的相关性,因而对于时间序列数据有着广泛的应用价值。

它的基本思想是:建立一个模型,这个模型利用以往的样本数据,对下一个新的样本值进行预测,将预测所得的值与实际值相减得到一个差值,再对该差值进行编码。由于差值很小,可以减少编码的码位,实现压缩。

(1) 预测编码原理

模型→利用以往的样本数据→对下一个新的样本值进行预测→将预测所得的值与实际值的差值进行编码→由于差值很小,可以减少编码的码位。

也就是说先建立一个模型,在编码端(发送端)按此模型计算预测值并求出预测值和实际值之差,再将"差"编码,通过信道将"差"的编码传送给接收端,接受端也有一个与发送端一致的模型,按此模型解码。

以图像数据压缩为例,预测编码方法是从相邻像素之间有很强的相关性特点考虑的。比如当前像素的灰度或颜色信号,数值上与其相邻像素总是比较接近,除非处于边界状态。那么,当前像素的灰度或颜色信号的数值,可用前面已出现的像素的值进行预测(估计),得到一个预测值(估计值),将实际值与预测值求差,对这个差值信号进行编码、传送。

(2) 预测编码方法

线性预测编码方法分为线性预测和非线性预测编码,也称差值脉冲编码调制法(Difference Pulse Code Modulation,DPCM)。下面对差值脉冲编码调制法的基本原理作一简单介绍。

DPCM 的基本原理:一幅二维静止图像,设空间坐标$(i,j)$像素点的实际灰度为$f(i,j)$,$F(i,j)$是根据以前已出现的像素点的灰度对该点的预测灰度,也称预测值或估计值。

$f(i,j)$——空间坐标　像素点的实际灰度值。

$F(i,j)$——空间坐标　像素点的预测灰度值。

实际值和预测值之间的差值:$e(i,j)=f(i,j)-F(i,j)$。

将差值定义为预测误差,由于图像像素之间有极强的相关性,所以这个预测误差是很小的。编码时,不是对像素点的实际灰度$f(i,j)$进行编码,而是对预测误差信号$e(i,j)$进行量化、编码、发送,由此而得名为差值脉冲编码调制法。

DPCM 编码、解码系统包括发送、接收和信道传送三部分。

第一部分发送端由编码器、量化器组成;第二部分接收端包括解码器和预测器等;第三部分是信道传送(若发送端不带量化器——可逆的无失真的 DPCM 编码,是信息保持编码;若发送端带量化器——有失真的 DPCM 编码)。

由此可见,DPCM 系统具有结构简单,容易用硬件实现(接收端的预测器和发送端的预测器完全相同)的优点。

可见引入量化器会引起一定程度的信息损失,使图像质量受损。但是,为了压缩比特数,利用人眼的视觉特性,对图像信息丢失不易觉察的特点,带有量化器有失真的 DPCM 编码系统还是普遍被采用。

前述的 DPCM 系统是预测系数和量化器参数一次设计好后,不再改变。但是在图像平坦区和边缘处要求量化器的输出差别很大,否则会导致图像出现令人讨厌的噪声。

自适应技术的概念是预测器的预测系数和量化器的量化参数,能够根据图像的局部区域分布特点而自动调整。实践证明 ADPCM 编码、解码系统与 DPCM 编码、解码系统相比,不仅能改善恢复图像的评测质量和视觉效果,同时还能进一步压缩数据。

ADPCM 系统包括自适应预测(即预测系数的自适应调整)和自适应量化(即量化器参数的自适应调整)两部分内容。

自适应预测:我们在预测值计算公式中增加一个可变参数$m$,$m$的取值根据量化误差的大小自适应调整。$m$自动增大,预测误差减小,使斜率过载尽快收敛;$m$自动减小,预测误差加大,使量化器输出不致正负跳变,减轻颗粒噪声。

自适应量化:自适应量化的概念是,根据图像局部区域的特点,自适应地修改和调整量化器的参数,包括量化器输出的动态范围、量化器判决电平(量化器步长)等。实际上是在量化器分层确定后,当预测误差值小时,将量化器的输出动态范围减小,量化器步长减小;当预测误差大时,将量化器的输出范围扩大,量化器步长扩大。参数改变的原则是量化误差低于该误差下的视觉阈值,将误差掩盖。

预测编码方法在运动图像压缩和传输中有大量的应用,如电视信号的预测编码。

电视信号的预测编码包括电视信号的帧内 DPCM 编码和帧间 DPCM 编码两部分。当今世界上彩色电视有三种制式:NTSC 制、PAL 制与 SECAM 制。这三种制式的行频、场频、帧频不同,略有差别,但是它们共同点是频率高、周期短。要保证画面质量,须在一行内或一帧时间内完成实时编码操作。

国际无线电咨询委员会(CCIR)制定的演播室质量数字电视编码标准,即 CCIR 601 标准,推荐彩色电视的采样格式有:$Y:C_r:C_b$ 为 4:2:2 格式和 $Y:C_r:C_b$ 为 4:4:4 格式。在 4:2:2 格式中,亮度信号 Y 的采样频率为 13.5 MHz,两个彩色信号 $C_r$、$C_b$ 采样频率都用 6.75 MHz。在 4:4:4 格式中,亮度信号 Y 和两个彩色信号 $C_r$、$C_b$ 采样频率都用 13.5 MHz。以 4:4:4 采样格式为例,当每像素量化成 8 bit,那么其数据速率为 13.5 MHz×8 bit×3=324 Mb/s。如此高的数据速率,无论在通信线路上传输或者存储都是难以实现的,所以电视信号的压缩编码是十分重要的问题。

帧间编码技术处理的对象是序列图像(也称为运动图像)。随着大规模集成电路的迅速发展,已有可能把几帧的图像存储起来作实时处理,利用帧间的时间相关性进一步消除图像信号的冗余度,提高压缩比。帧间编码的技术基础是预测技术。帧间编码除了上述讲的条件补充法外,还有一个比较重要的技术就是运动补偿。运动补偿技术得到特别的重视,在标准化视频编码方案 MPEG 中,运动补偿技术是其使用的主要技术之一。使用运动补偿技术对提高编码压缩比很有好处,尤其对于运动部分只占整个画面较小的会议电视和可视电话,引入运动补偿技术后,压缩比可以提高很多。用这一技术计算图像中运动部分位移的两个分量,可使预测效果大大提高。运动补偿方法是跟踪画面内的运动情况对其加以补偿之后再进行帧间预测。这项技术的关键是运动向量的计算。

3) 变换编码

利用预测编码可以去除图像数据的时间和空间的冗余,直观、简捷和容易实现,特别适用于硬件实现。对于传输速率高的地方,大多采用这种方法。但是由于预测编码的压缩能力有限,DPCM 一般压缩到 2~4 倍。变换编码是进行一种函数变换,不是直接对空域图像信号编码,而是首先将空域图像信号映射变换到另一个正交矢量空间(变换域或频域),产生一批变换系数,然后对这些变换系数进行编码处理。

变换编码的理论基础是"联合信息熵必不大于各分量信息熵之和。"也就是说,对于联合信源$(x,y)$,其冗余度也隐含在信源间的相关性之中,通常不易直接对各分量进行编码,应尽量去除各分量间的相关性。

变换编码技术已有近 30 年的历史,技术上比较成熟,理论上也比较完备,广泛应用于各种图像数据压缩,诸如单色图像、彩色图像、静止图像、运动图像,以及多媒体计算机技术中的电视帧内图像压缩和帧间图像压缩等。

正交变换的种类很多,如傅里叶变换、沃尔什变换、哈尔变换、斜变换、余弦变换、正弦变换、$K$-$L$ 变换等。

余弦变换是傅里叶变换的一种特殊情况。在傅里叶级数展开式中,如果被展开的函数是实偶函数,那么,其傅里叶级数中只包含余弦项,再将其离散化,由此可导出余弦变换,或称之为离散余弦变换(DCT)。

离散余弦变换,在数字图像数据压缩编码技术中,可与最佳变换 $K$-$L$ 变换媲美,因为 DCT 与 $K$-$L$ 变换压缩性能和误差很接近,而 DCT 计算复杂度适中,又具有可分离特性,还有快速算法等特点,所以近年来在图像数据压缩中,采用离散余弦变换编码的方案很多,特别是 20 世纪 90 年代迅速崛起的计算机多媒体技术中,JPEG、MPEG、H.261 等压缩标准,都用到离散余弦变换编码进行数据压缩。

(1) 一维离散余弦变换

设一维离散函数 $f(x)$, $x=0,1,\cdots,N-1$, 把 $f(x)$ 扩展成为偶函数的方法有两种, 以 $N=4$ 为例, 可得出如图 4.3 和图 4.4 所示的两种情况。图 4.3 称偶对称, 图 4.4 称奇对称, 从而有偶离散余弦变换(EDCT)和奇离散余弦变换(ODCT)。

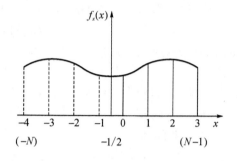

图 4.3 偶对称　　　　　　　　图 4.4 奇对称

由图 4.3 和 4.4 看出, 对于偶对称扩展, 对称轴在 $x=-1/2$ 处。

$$f_s(x)=\begin{cases}f(x) & \text{当 } 0\leqslant x\leqslant N-1\\ f(-x-1) & \text{当 } -N\leqslant x\leqslant -1\end{cases} \quad (4.1)$$

采样点数增到 $2N$。

奇对称扩展, 对称轴在 $x=0$ 处。

$$f_s(x)=\begin{cases}f(x) & \text{当 } 0\leqslant x\leqslant N-1\\ f(-x) & \text{当 } -N+1\leqslant x\leqslant -1\end{cases} \quad (4.2)$$

采样点数增到 $2N-1$。

由离散傅里叶变换定义出发, 对公式(4.1)作傅里叶变换, 以 $F_s(u)$ 表示, 则得

$$F_s(u)=\frac{1}{2N}\sum_{x=-N}^{N-1}f_s(x)e^{-\frac{j2\pi}{2N}u(x+\frac{1}{2})}=\frac{1}{N}\sum_{x=0}^{N-1}f(x)\cos(\frac{2x+1}{2N}u\pi) \quad (4.3)$$

式中: $u=-N,-N+1,\cdots,N-1$。

当 $u=0$ 时, $F_s(0)=\frac{1}{N}\sum_{x=0}^{N-1}f(x)$;

当 $u=-N$ 时, $F_s(-N)=\frac{1}{N}\sum_{x=0}^{N-1}f(x)\cos(-x\pi-\frac{\pi}{2})=0$;

当 $u=\pm 1,\pm 2,\cdots,\pm(N-1)$ 时, $F_s(u)=F_s(-u)$; 且

$$F_s(u)+F_s(-u)=2[\frac{1}{N}\sum_{x=0}^{N-1}f(x)\cos(\frac{2x+1}{2N}u\pi)]_\circ$$

考虑正变换公式与逆变换公式的对称性, 令

当 $u=0$, $C(0)=\sqrt{\frac{1}{N}}\sum_{x=0}^{N-1}f(x)$; $\quad (4.4)$

当 $u=1,2,\cdots,N-1$, $C(u)=\sqrt{\frac{2}{N}}\sum_{x=0}^{N-1}f(x)\cos(\frac{2x+1}{2N}u\pi)_\circ$ $\quad (4.5)$

式中：$u=0$, $g(0,x)=\sqrt{1/N}$； (4.6)
$u=1,2,\cdots,N-1$；

$$g(u,x)=\sqrt{\frac{2}{N}}\cos(\frac{2x+1}{2N}u\pi)。 \quad (4.7)$$

定义式(4.4)和式(4.5)为离散偶余弦正变换公式；式(4.6)和式(4.7)为离散偶余弦变换公式。

离散偶余弦逆变换公式为：

$$f(x)=\sqrt{\frac{1}{N}}C(0)+\sqrt{\frac{2}{N}}\sum_{x=1}^{N-1}C(u)\cos(\frac{2x+1}{2N}u\pi) \quad (x=0,1,\cdots,N-1)$$

将式(4.4)和式(4.5)合并、化简，可得到一维离散偶余弦正变换公式，即

$$C(u)=E(u)\sqrt{\frac{2}{N}}\sum_{x=0}^{N-1}f(x)\cos(\frac{2x+1}{2N}u\pi)$$

式中：$u=0,1,\cdots,N-1$；

当 $u=0$ 时，$E(u)=1/\sqrt{2}$；
当 $u=1,2,\cdots,N-1$ 时，$E(u)=1$。

(2) 二维离散偶余弦变换

设空域变量取值范围为：
$x=0,1,\cdots,N-1$；
$y=0,1,\cdots N-1$。

频域变量取值范围为：
$u=0,1,\cdots,N-1$；
$v=0,1,\cdots,N-1$，那么，

二维离散偶余弦正变换公式为：

$$C(u,v)=E(u)E(v)\frac{2}{N}\sum_{x=0}^{N-1}\sum_{y=0}^{N-1}f(x,y)\cdot\cos\left(\frac{2x+1}{2N}u\pi\right)\cdot\cos\left(\frac{2y+1}{2N}v\pi\right)$$

式中：$u=0,1,\cdots,N-1$；
$v=0,1,\cdots,N-1$。

$E(u)=E(v)=1/\sqrt{2}$，当 $u=0,v=0$
$E(u)=E(v)=1$，当 $u=1,2,\cdots,N-1;v=1,2,\cdots,N-1$

二维离散偶余弦逆变换公式为：

$$f(x,y)=\frac{2}{N}\sum_{u=0}^{N-1}\sum_{v=0}^{N-1}E(u)E(v)C(u,v)\cdot\cos(\frac{2x+1}{2N}u\pi)\cdot\cos(\frac{2y+1}{2N}v\pi)$$

式中：$x,y=0,1,\cdots,N-1$。

$E(u)=E(v)=1/\sqrt{2}$，当 $u=0,v=0$；
$E(u)=E(v)=1$，当 $u=1,2,\cdots,N-1;v=1,2,\cdots,N-1$。

二维离散余弦变换核具有可分离特性,所以,其正变换和逆变换均可将二维变换分解成一系列一维变换(行、列)进行计算。

(3) 借助 FFT 实现离散余弦变换

由公式(4.4)和公式(4.5)一维离散偶余弦正变换公式,略加变换,即

当 $u = 0$ 时,$C(u) = \sqrt{\dfrac{1}{N}} \sum\limits_{x=0}^{N-1} f(x)$;

当 $u = 1, 2, \cdots N-1$ 时,

$$C(u) = \sqrt{\dfrac{2}{N}} \sum_{x=0}^{N-1} f(x)\cos(\dfrac{2X+1}{2n}u\pi) = \sqrt{\dfrac{2}{N}} R_e \{[e^{-j\frac{u\pi}{2N}}] \cdot [\sum_{x=0}^{2N-1} f(x) e^{-j\frac{2\pi}{2N}ux}]\}.$$

式中,$[\sum\limits_{x=0}^{2N-1} f(x) e^{-j\frac{2\pi}{2N}ux}]$ 可用 FFT 算法计算,其结果乘以 $e^{-j\frac{u\pi}{2N}}$,取实部即可得到离散余弦变换结果。计算 FFT 时,$x = 0, 1, \cdots, 2N-1$ 求和。但实际上,在 $x = N, N+1, \cdots, 2N+1$ 范围内,$f(x)$ 均得零,故仍然计算 $N$ 个点。

(4) 二维快速离散余弦变换

二维快速离散余弦变换算法,是直接对二维图像数据 $M \times N = 2^\gamma \times 2^\beta$ 逐层对半分块,并重新排列数据,直至被分割的子块尺寸为 $1 \times 1$ 为止。这种算法既不是将二维分离成行、列,再进行一系列的一维变换算法,也不是借助于 FFT,再取实部的算法。二维快速余弦变换,只需做实数乘法和加法,对于 $x$ 方向取样点数为 $M$,$y$ 方向采样点数为 $N$ 的 $f(x,y)$ 图像数据块,其快速余弦变换的实数乘法次数为 $3/8MN\log_2(MN)$。为了公式推导简化,把采样点数 $M$、$N$ 和常数 4 都放在正变换式中。即

① 正变换(DCT)

$$C(u,v) = \dfrac{4}{MN} E(u)E(v) \sum_{x=0}^{M-1} \sum_{y=0}^{N-1} f(x,y) \cos(\dfrac{2x+1}{2M}u\pi)\cos(\dfrac{2y+1}{2N}v\pi)$$

式中:$u = 0, 1, \cdots, M-1$;

$v = 0, 1, \cdots, N-1$。

$$\left\{其中, E(u) = E(v) = \begin{cases} 1/\sqrt{2}, & 当 u = v = 0 时 \\ 1, & 其余 \end{cases}\right\}$$

② 逆变换(IDCT)

$$f(x,y) = \sum_{u=0}^{M-1} \sum_{v=0}^{N-1} E(u)E(v) C(u,v) \cos(\dfrac{2x+1}{2M}u\pi)\cos(\dfrac{2y+1}{2N}v\pi)$$

式中:$x = 0, 1, \cdots, M-1$;

$y = 0, 1, \cdots, N-1$。

$$\left\{其中, E(u) = E(v) = \begin{cases} 1/\sqrt{2}, & 当 u = v = 0 时 \\ 1, & 其余 \end{cases}\right.$$

## 4.2 静止图像压缩编码标准

1986年成立的联合图片专家组 JPEG(Joint Photographic Experts Group),主要任务是制定静态图像帧内压缩编码 ISO/IEC 10918。1992年1月2日提出草案,1994年2月15日正式第一次编辑出版。JPEG是一个适用范围很广的静态图像数据压缩标准,既可用于灰度图像又可用于彩色图像。

JPEG专家组开发了两种基本的压缩算法:一种是采用以离散余弦变换(DCT)为基础的有损压缩算法;另一种是采用以预测技术为基础的无损压缩算法。使用有损压缩算法时,在压缩比为25:1的情况下,压缩后还原得到的图像与原始图像相比较,非图像专家难以找出它们之间的区别,因此得到了广泛的应用。例如,在V-CD和DVD-Video电视图像压缩技术中,就使用JPEG的有损压缩算法来取消空间方向上的冗余数据。为了在保证图像质量的前提下进一步提高压缩比,近年来JPEG专家组正在制定JPEG 2000(简称JP 2000)标准,这个标准中将采用小波变换(Wavelet)算法。

我们将重点介绍基于DCT变换有失真的压缩算法。

### 4.2.1 基于DCT的编码器框图

JPEG压缩是有损压缩,它利用了人的视角系统的特性,使用量化和无损压缩编码相结合来去掉视角的冗余信息和数据本身的冗余信息。JPEG系统框图如图4.5所示,压缩编码大致分成以下三个步骤:

(1) 使用正向离散余弦变换(Forward Discrete Cosine Transform,FDCT)把空间域表示变换成频率域表示。

(2) 使用加权函数对DCT系数进行量化,这个加权函数对于人的视觉系统是最佳的。

(3) 使用霍夫曼可变字长编码器对量化系数进行编码。

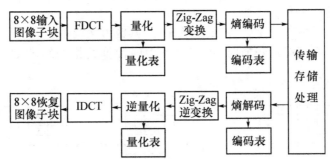

**图 4.5 JPEG 压缩编码框图**

解压缩的过程与压缩编码过程正好相反。

JPEG算法与彩色空间无关,因此"RGB到YUV变换"和"YUV到RGB变换"不包含在JPEG算法中。JPEG算法处理的彩色图像是单独的彩色分量图像,因此它可以压缩来自不同彩色空间的数据,如RGB、$YC_bC_r$和CMYK。

### 4.2.2 JPEG编码算法和实现

JPEG压缩编码算法的主要计算步骤如下:
(1) 正向离散余弦变换(FDCT)。

(2) 量化(Quantization)。

(3) Z字形编码(Zigzag Scan)。

(4) 使用差值脉冲编码调制(DPCM)对直流系数(DC)进行编码。

(5) 使用行程长度编码(Run-Length Encoding,RLE)对交流系数(AC)进行编码。

(6) 熵编码(Entropy Coding)。

1) 正向离散余弦变换

下面对正向离散余弦变换(FDCT)变换作几点说明。

(1) 对每个单独的彩色图像分量,把整个分量图像分成8×8的图像块。

分块方法:从左到右,从上到下。黑白图像:64个灰度值。彩色图像:64个亮度分量,64个色差分量。例如:分辨率为576行×720列的彩色图像,有亮度子块:576÷8×720÷8＝6 480个,有色差子块:576÷8×360÷8＝3 240个。

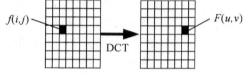

如图4.6所示,并作为两维离散余弦变换DCT的输入。通过DCT变换,把能量集中在少数几个系数上。

图 4.6 离散余弦变换

(2) DCT变换使用下式计算,

$$F(u,v) = \frac{1}{4}C(u)C(v)\left[\sum_{i=0}^{7}\sum_{j=0}^{7}f(i,j)\cos\frac{(2i+1)u\pi}{16}\cos\frac{(2j+1)v\pi}{16}\right]$$

它的逆变换使用下式计算,

$$f(i,j) = \frac{1}{4}C(u)C(v)\left[\sum_{u=0}^{7}\sum_{v=0}^{7}F(u,v)\cos\frac{(2i+1)u\pi}{16}\cos\frac{(2j+1)v\pi}{16}\right]$$

上面两式中,$C(u)=C(v)=1/\sqrt{2}$,当 $u,v=0$;

$C(u)=C(v)=1$,其他。

$f(i,j)$ 经DCT变换之后,$F(0,0)$ 是直流系数,其他为交流系数。

(3) 在计算两维的DCT变换时,可使用下面的计算式把两维的DCT变换变成一维的DCT变换,如图4.7所示。

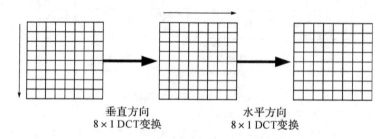

垂直方向
8×1 DCT变换

水平方向
8×1 DCT变换

图 4.7 两维DCT变换方法

$$F(u,v) = \frac{1}{2}C(u)\left[\sum_{i=0}^{7}G(i,v)\cos\frac{(2i+1)u\pi}{16}\right]$$

$$G(i,v) = \frac{1}{2}C(v)\left[\sum_{j=0}^{7}f(i,j)\cos\frac{(2j+1)v\pi}{16}\right]$$

## 2) 量化

量化是对经过 FDCT 变换后的频率系数进行量化。量化的目的是减小非"0"值系数的幅度以及增加"0"值系数的数目。量化是图像质量下降的最主要原因。

对于有损压缩算法,JPEG 算法使用如图 4.8 所示的均匀量化器进行量化,量化步距是按照系数所在的位置和每种颜色分量的色调值来确定的。因为人眼对亮度信号比对色差信号更敏感,因此使用了两种量化表:如图 4.9 所示的亮度量化值和如图 4.10 所示的色差量化值。从这两张图可以看出,一个对亮度的量化步长划分的"细"一些,一个对色度的量化步长划分的"粗"一些;两张表都是在低频部分(左上角)步长小一些,在高频部分(右下角)步长大许多。

因为 DCT 变换后能量大部分集中在左上角,所以对其细一些。这样量化就是用 DCT 系数除以量化表。那么量化后高频部分会出现一些"0",就实现了压缩,而且失真也就是在此发生的。JPEG 标准的具体做法是用 64 个 DCT 系数除以(一一对应)量化表中的 64 个数。

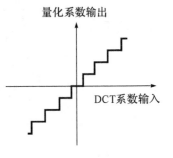

图 4.8 均匀量化器

此外,由于人眼对低频分量的图像比对高频分量的图像更敏感,因此图中的左上角的量化步距要比右下角的量化步距小。图 4.9 和图 4.10 中的数值对 CCIR 601 标准电视图像已经是最佳的。如果不使用这两种表,也可以用自己的量化表替换它们。

| 17 | 18 | 24 | 47 | 99 | 99 | 99 | 99 |
|---|---|---|---|---|---|---|---|
| 18 | 21 | 26 | 66 | 99 | 99 | 99 | 99 |
| 24 | 26 | 56 | 99 | 99 | 99 | 99 | 99 |
| 47 | 66 | 99 | 99 | 99 | 99 | 99 | 99 |
| 99 | 99 | 99 | 99 | 99 | 99 | 99 | 99 |
| 99 | 99 | 99 | 99 | 99 | 99 | 99 | 99 |
| 99 | 99 | 99 | 99 | 99 | 99 | 99 | 99 |
| 99 | 99 | 99 | 99 | 99 | 99 | 99 | 99 |

图 4.9 亮度量化值表

| 16 | 11 | 10 | 16 | 24 | 40 | 51 | 61 |
|---|---|---|---|---|---|---|---|
| 12 | 12 | 14 | 19 | 26 | 58 | 60 | 55 |
| 14 | 13 | 16 | 24 | 40 | 57 | 69 | 56 |
| 14 | 17 | 22 | 29 | 51 | 87 | 80 | 62 |
| 18 | 22 | 37 | 56 | 68 | 109 | 103 | 77 |
| 24 | 35 | 55 | 64 | 81 | 104 | 113 | 92 |
| 49 | 64 | 78 | 87 | 103 | 121 | 120 | 101 |
| 72 | 92 | 95 | 98 | 112 | 100 | 103 | 99 |

图 4.10 色度量化值表

## 3) Z 字形编排

量化后的系数要重新编排,目的是为了增加连续的"0"系数的个数,就是"0"的游程长度,方法是按照 Z 字形的式样编排,如图 4.11 所示。这样就把一个 8×8 的矩阵变成一个 1×64 的矢量,频率较低的系数放在矢量的顶部。

## 4) 直流系数的编码

8×8 图像块经过 DCT 变换之后得到的 DC 直流系数有两个特点,一是系数的数值比较大,二是相邻 8×8 图像块的 DC 系数值变化不大。根据这个特点,JPEG 算法使用了差分脉冲调制编码(DPCM)技术,对相邻图像块之间量化 DC 系数的差值(DIFF)进行编码,

$$DIFF = DC(0,0)_k - DC(0,0)_{k-1}$$

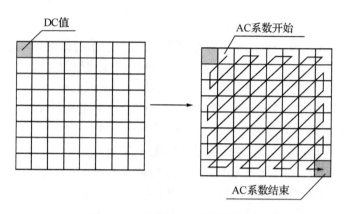

图 4.11 量化 DCT 系数的编排

5) 交流系数的编码

量化 AC 系数的特点是 1×64 矢量中包含有许多"0"系数,并且许多"0"是连续的,因此使用非常简单和直观的游程长度编码(RLE)对它们进行编码。

JPEG 使用了 1 个字节的高 4 位来表示连续"0"的个数,而使用它的低 4 位来表示编码下一个非"0"系数所需要的位数,跟在它后面的是量化 AC 系数的数值。

6) 熵编码

使用熵编码还可以对 DPCM 编码后的直流 DC 系数和 RLE 编码后的交流 AC 系数作进一步的压缩,需对量化后的 DC 系数和行程编码后的 AC 系数进行基于统计特性的熵编码。JPEG 建议使用两种熵编码方法:霍夫曼编码和自适应二进制算术编码(Adaptive Binary Arithmetic Coding)。

熵编码可分成两步进行,首先把 DC 和 AC 系数转换成一个中间格式的符号序列,第二步是给这些符号赋以变长码字。

第一步:中间格式符号表示。对交流系数 AC 的中间格式,由两个符号组成。

符号 1(行程,尺寸)

符号 2(幅值)

在这里需说明的是:关于符号 1,当两个非零 AC 系数之间连续零的个数超过 15 时,用增加扩展符号 1"(15,0)"的个数来扩充。对于 8×8 块的 63 个 AC 系数最多增加三个"(15,0)"扩展符号 1。块结束(EOB)以(0,0)表示。

关于符号 2,直接用二进制数编码表示,若幅值为负数用反码表示。

第二步:可变长度熵编码就是对符号 1、符号 2 序列的统计编码。

对 DC 系数和 AC 系数中的符号 1,查"霍夫曼码表"进行编码。

"霍夫曼变长码表"和"霍夫曼变长整数表"是 JPEG 标准制定的,必须作为 JPEG 编码器的一部分输入。

7) 组成位数据流

JPEG 编码的最后一个步骤是把各种标记代码和编码后的图像数据组成一帧一帧的数据,这样做的目的是为了便于传输、存储和译码器进行译码,这样组织的数据通常称为 JPEG 位数据流(JPEG bit stream)。

## 4.3 H.261 标准

数字视频技术广泛应用于通信、计算机、广播电视等领域,带来了会议电视、可视电话、数字电视、媒体存储等一系列应用,促使了许多视频编码标准的产生。ITU-T 与 ISO/IEC 是制定视频编码标准的两大组织,ITU-T 的标准包括 H.261、H.263、H.264,主要应用于实时视频通信领域,如会议电视。MPEG 系列标准是由 ISO/IEC 制定的,主要应用于视频存储(DVD)、广播电视、因特网或无线网上的流媒体等。两个组织也共同制定了一些标准,H.262 标准等同于 MPEG-2 的视频编码标准,而最新的 H.264 标准则被纳入 MPEG-4 的第 10 部分。

### 4.3.1 概述

H.261 又称为 P×64,其中 P 为 64 Kb/s 的取值范围,是 1~30 的可变参数,它最初是针对在 ISDN 上实现电信会议应用,特别是面对面的可视电话和视频会议而设计的。实际的编码算法类似于 MPEG 算法,但不能与后者兼容。H.261 在实时编码时比 MPEG 所占用的 CPU 运算量少得多,此算法为了优化带宽占用量,引进了在图像质量与运动幅度之间的平衡折中机制,也就是说,剧烈运动的图像比相对静止的图像质量要差。因此这种方法是属于恒定码流可变质量编码,而非恒定质量可变码流编码。

当 P=1,2 时,码率最高为 128 Kb/s,仅适合于可视电话;当 P≥6 时,码率较高,可传送清晰度较好的图像,适合于会议电视。本节主要讨论 H.261 视频编码标准。

### 4.3.2 图像格式

为了使现有各种电视制式的电视图像在会议电视中相互转换,H.261 建议采用了公用中间格式(Common Intermediate Format),即 CIF 格式,对于低码率传输则采用图像尺寸为 1/4 CIF 的 QCIF(Quarter CIF)格式。表 4.1 列出了彩色电视国际标准及相关参数。

CIF 格式具有如下特性:

(1) 电视图像的空间分辨率为家用录像系统(Video Home System,VHS)的分辨率,即 352×288。
(2) 使用非隔行扫描(Non-Interlaced Scan)。
(3) 使用 NTSC 帧速率,电视图像的最大帧速率为 29.97 帧/s。
(4) 使用 1/2 的 PAL 水平分辨率,即 288 线。
(5) 对亮度和两个色差信号($Y$、$C_b$ 和 $C_r$)分量分别进行编码。

表 4.1 彩色电视国际标准

| 参 数 | | 标 准 | | | |
|---|---|---|---|---|---|
| | | CCIR601 | | H.261 | |
| | | PAL | NTSC | CIF | QCIF |
| 每秒帧数 | | 25 | 30 | 29.97 | |
| 每帧行数 | Y | 576 | 480 | 288 | 144 |
| | $C_b,C_r$ | 288 | 240 | 144 | 72 |
| 每行像素数 | Y | 720 | | 352 | 176 |
| | $C_b,C_r$ | 360 | | 176 | 88 |

### 4.3.3 H.261 编码器框图

图 4.12 给出可视电视会议电视系统的图像压缩编码标准 H.261 的编码器框图。图中各框图功能说明如下：

（1）输入信号：根据应用场合，输入信号可以是 CIF 或 QCIF 格式数字图像。

（2）信源编码器：对输入的 CIF/QCIF 数字图像进行压缩。

（3）图像复接编码器：将每帧图像数据编排成四个层次的数据结构，以便在各层次中插入必要的信息数据，同时对量化后的直流 DCT 系数进行固定字长编码（FLC）；对量化后的交流 DCT 系数进行可变字长编码（VLC）。

（4）传输缓冲器：其容量按使用码率 $P\times 64$ Kb/s 加上固定富余量后确定。由于图像内容变化使输出码率变化，此信息反馈给编码控制器 CC。CC 控制信源编码器中量化器的量化步长，同时将步长辅助信息数据送到复接编码器中相应层次供解码用，由此实现自动控制码率高低（量化步长决定码率高低），以便适应图像内容的变化，充分发挥既定码率 $P\times 64$ Kb/s 的传输能力，尽可能保持码率满负载。

（5）信道编码器：插入 BCH(511,493)纠错码，该纠错码对于 511 比特串中的两个任意位置上的随机错误可以纠错，而最多可对 6 个随机错误纠错。

（6）编码控制器 CC：控制量化步长，控制帧内、帧间编码模式。

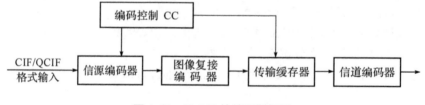

图 4.12 H.261 的编码器框图

### 4.3.4 信源编码

信源编码器实际上是以宏块 MB(Macro Block)为单位的。对 $Y:C_b:C_r=4:1:1$ 格式，一个 MB 包含亮度分量 Y 的 4 个子块，色度分量 $C_b$、$C_r$ 的各一个子块，共 6 个子块，如图 4.13 所示。

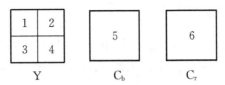

**图 4.13 宏块内各子块的排列**

信源编码器中各功能块介绍如下：

1) 帧内、帧间编码模式

帧内、帧间编码模式由编码控制器控制。

(1) 帧内编码模式：其功能和 JPEG 相似。

(2) 帧间编码模式：由于可视电话帧频为 30 Hz，相邻帧间有较强的相关性，所以允许每两帧传送图像之间可以有 3 帧不传(第 2，第 3，第 4 帧)。每次场景更换后的第 1 帧要传，所以第 1 帧进行帧内编码用 I 表示(Intra Frame)又称为 I 帧，第 5 帧为预测帧用 P 表示(Predicted Frame)又称为 P 帧。它是由 I 帧和信源第 5 帧经预测编码而得，P 帧本身也可作为下一个 P 帧预测编码的基础。图中 B 帧由内插帧间编码获得，称为双向预测帧，用 B 表示(Bidirectional Predicted Frame)简称 B 帧。在 H.261 中不进行双向预测，即不使用 B 帧。I，P、B 帧的关系图如图 4.14 所示。在进行帧间预测编码时是以运动估计、运动补偿为基础的，即不是传送 P 帧图像，而是传送运动矢量和预测误差。

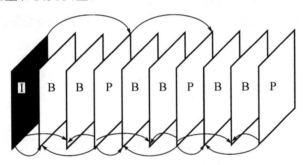

**图 4.14 I、P、B 帧三种图像关系**

2) DCT

对每个宏块中的 6 个 8×8 子块图像 $x(n_1,n_2)$ 作 2DDCT 运算，产生 6 个 8×8 子块 DCT 系数 $X(k_1,k_2)$。

3) 量化

对 DCT 系数 $X(k_1,k_2)$ 进行量化，量化公式为

$$X^q(k_1,k_2)=取数\left[\frac{X(k_1,k_2)}{2q}\right]S$$

式中用 $S$ 表示正负，$S=0$ 为正，$S=1$ 为负。$q$ 为量化步长 $q=1,2,\cdots,31$。对每一宏块中的 6 个子块量化步长取相同值，$q$ 的选择由传输缓存器存储余量决定，余量大，$q$ 取得小，使 $X^q(k_1,k_2)$ 值高，输出码率高。解码时，若 $S=0$，$X(k_1,k_2)=2qX^q(k_1,k_2)$，若 $S=1$ 则 $X(k_1,k_2)=-2qX^q(k_1,k_2)$。

### 4) 运动估计和运动矢量

帧间预测编码的任务是寻找运动矢量和预测误差,在前一帧内对应于当前帧宏块位置的附近区域搜索最匹配的宏块,也就是寻找最相似的宏块(根据不同的匹配准则)。从而获得运动矢量 $MV(H,V)$：

$$MV(H,V) = \min \sum_{n_1=1}^{16} \sum_{n_2=1}^{16} [C(n_1,n_2) - P(n_1 + n_2 + v)]$$

式中 $C(n_1,n_2)$ 是当前帧图像数据,$P(n_1,n_2)$ 是前一帧编码重建图像数据,$H,V$ 表示水平和垂直方搜索像素数,最大搜索范围为 $-15$ 像素到 $+15$ 像素。有些只搜索到 $-8$ 像素到 $+7$ 像素。这是在前帧亮度信号中进行搜索。

运动估计实际上是要找到运动矢量 $H$、$V$,$H$ 和 $V$ 表示前一帧中匹配宏块的位置,即相对于当前帧宏块水平方向向右移动 $H$ 个像素,垂直方向向下移动 $V$ 个像素,若为负值,则向相反方向移动。

在前一帧中找到最匹配的宏块后,可由下式求得预测误差。

$$\Delta MB(n_1,n_2) = C(n_1,n_2) - P(n_1+H, n_2+V)$$

上式中的 $n_1$ 指水平方向向右 16 个像素差值,$n_2$ 指垂直方向向下 16 个像素差值,共有 $16 \times 16 = 256$ 个像素差值。同理,在色度信号 $C_b$、$C_r$ 中搜索还各有 $8 \times 8 = 64$ 个像素差值,所以对一个宏块共有 384 个差值。这些差值,称为预测误差,每个 MB 的预测误差再经过 DCT 量化等编码过程后传送。

### 5) 帧内、帧间编码全过程

图 4.15 给出帧内、帧间编码全过程。

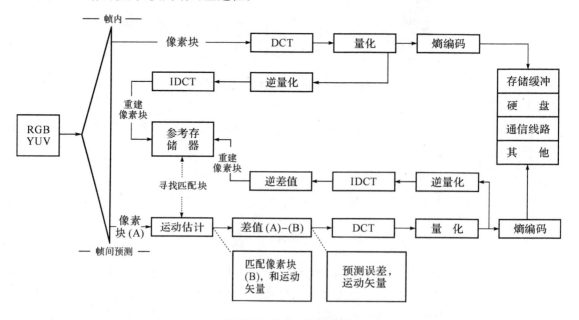

图 4.15 帧内、帧间编码

(1) 帧内编码

此时对输入宏块 MB 的每个子块作 2 DDCT,经过量化,一个 MB 对应一个量化步长 $q$,量化步长由传输缓存根据存储器余量决定编码控制器控制。量化后的宏块数据分为两路:一路输出到复接编码器,另一路经逆量化($Q^{-1}$),IDCT 作为重建图像进入参考存储器,直到全帧图像处理完毕。

(2) 帧间编码

此时参考存储器中已存有前一帧的重建图像完整数据,当后继帧中的宏块 MB 到来时,作以下操作:首先进行运动估计,根据运动估计公式在后继帧宏块 $MB[C(n_1,n_2)]$ 所对应的前一帧 $MB$ 的 ±15 个像素范围内搜索最匹配的亮度块(即 4 个 8×8 亮度子块),得到运动矢量的两个分量 $H$、$V$,运动矢量 $H$、$V$ 即可从参考存储器中逐块取出匹配宏块 $P(n_1+H, n_2+V)$(4 个亮度子块,2 个色度子块),再通过环路滤波器滤波后得 $PF(n_1+H, n_2+V)$,然后与后继宏块 $C(n_1,n_2)$ 相减得预测误差 $\Delta MB(n_1,n_2)$。

$$\Delta MB(n_1, n_2) = C(n_1, n_2) - PF(n_1+H, n_2+V)$$

所得预测误差和运动矢量($H,V$)经 DCT 量化($Q$)后分两路。一路到复接编码器,另一路经逆量化($Q^{-1}$),IDCT 在逆差值中与 $P(n_1+H, n_2+V)$ 相加得后继帧重建空间图像 $CP(n_1, n_2)$,存在参考存储器中,直到后继帧全部处理完毕,帧间信源编码完成,参考存储器内容更新。

### 4.3.5 视频图像复接编码器

H.261 建议的视频图像复接的结构是一种分层结构,由顶层至底层依次为图像层(Picture)、宏块组(GOB)层、宏块(MB)层、块(Block)层,共分四层。

宏块 MB 含 4 个亮度子块 Y 和 2 个色度子块 $C_b$、$C_r$。MB 的 6 个子块排列方式如图 4.16 所示。

块组层 GOB 含 33 个 MB,其排列方式如图 4.17 所示。

一帧 CIF(或 QCIF)图像由 12(或 3)个 GOB 构成。其排列方式如图 4.18 所示。

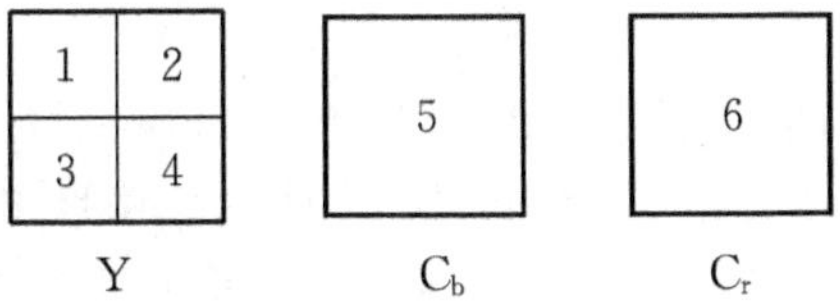

图 4.16 MB 中子块的排列

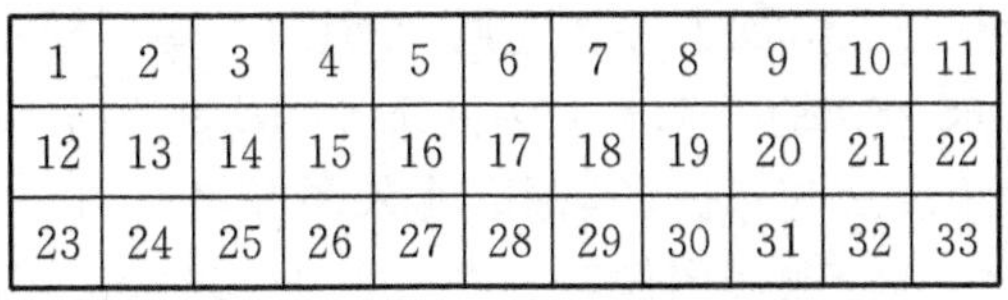

图 4.17 GOB 中 MB 的排列

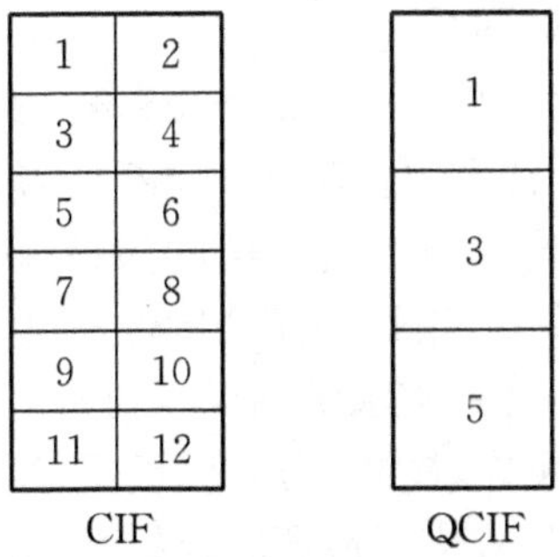

图 4.18 一幅图像中 GOB 的排列

图像子块 B 含 8×8 像素。

视频图像数据按上述层次安排有利于数据交换和设备兼容。

### 4.3.6 信道编码器

为了能检测和纠正信道传输时出现的误码,需进行信道编码——纠错编码。H.261 采用二进制 BCH 码,BCH 码是循环冗余校验码,是线性码的一个子集。H.261 采用的是 BCH(511,493)码,即码长 $n=511$ 位,其中信息码元 $k=493$ 位,检验码元 $n-k=18$ 位。

当传输缓存送来每帧图像数据时,则把这一连串数据分为 492 位为一组,加上一个 F1 码成为 493 位,把这组数据送入 BCH 编码器,经编码后输出 511 位,加上一个同步位成为 512 位即构成一同步帧。

BCH 编码器加入的 18 位校验码是根据下列公式生成多项式 $g(x)$ 和数据多项式 $f(x)$ 按 BCH 编码规则形成的。

$$g(x)=(x_9+x_4+1)(x_9+x_6+x_4+x_3+1)$$
$$f(x)=V_0+V_1x+V_2x_2+\cdots+V_{492}x_{492} \qquad v_i=0 \text{ 或 } 1, I=0,1,\cdots,492$$

BCH 码的码长 $n$,信息码元 $k$ 和纠错能力 $t$ 之间有如下关系:
$$n=2m-1, n-k \leqslant mt$$

式中,$m$ 为大于 3 的正整数,所以纠错能力为 $t \geqslant \dfrac{n-k}{m}$。

对 BCH(511,493)码有 $n=511=2^9-1, m=9, n-k=18 \leqslant 9t$。所以当 $t=2$ 时,即可纠正 2 位误码,当每一同步为正的 512 到达解码器后,由 BCH 解码器解出信息码元 493 位,如果发现 2 位或 2 位以下的误码,则可自动纠正。

### 4.3.7 其他 H 系列的视频标准

1) H.263 视频编码标准

H.263 是最早用于低码率视频编码的 ITU-T 标准,随后出现的第二版(H.263+)及 H.263++增加了许多选项,使其具有更广泛的适用性。

H.263 是 ITU-T 为低于 64 Kb/s 的窄带通信信道制定的视频编码标准。它是在 H.261 基础上发展起来的,其标准输入图像格式可以是 S-QCIF、QCIF、CIF、4CIF 或者 16CIF 的彩色 4:2:0 亚取样图像。H.263 与 H.261 相比采用了半像素的运动补偿,并增加了 4 种有效的压缩编码模式。

2) H.263 视频压缩标准版本 II

ITU-T 在 H.263 发布后又修订发布了 H.263 标准的版本 II,非正式地命名为 H.263+标准。它在保证原 H.263 标准核心句法和语义不变的基础上,增加了若干选项以提高压缩效率或改善某方面的功能。原 H.263 标准限制了其应用的图像输入格式,仅允许 5 种视频源格式。H.263+标准允许更大范围的图像输入格式,自定义图像的尺寸,从而拓宽了标准使用的范围,使之可以处理基于视窗的计算机图像、更高帧频的图像序列及宽屏图像。

为提高压缩效率,H.263+采用先进的帧内编码模式,增强的 PB 帧模式,改进了 H.263 的不足,增强了帧间预测的效果。去块效应滤波器不仅提高了压缩效率,而且提供重建图像的主观质量。

为适应网络传输，H.263+增加了时间分级、信噪比和空间分级，对在噪声信道和存在大量包丢失的网络中传送视频信号很有意义。另外，片结构模式、参考帧选择模式增强了视频传输的抗误码能力。

3) H.263++视频压缩标准

H.263++在H.263+的基础上增加了三个选项，主要是为了增强码流在恶劣信道上的抗误码性能，同时为了提高增强编码效率。这三个选项为：

(1) 选项U：称为增强型参考帧选择，它能够提供增强的编码效率和信道错误再生能力(特别是在包丢失的情形下)，需要设计多缓冲区用于存储多参考帧图像。

(2) 选项V：称为数据分片，它能够提供增强型的抗误码能力(特别是在传输过程中本地数据被破坏的情况下)，通过分离视频码流中DCT的系数头和运动矢量数据，采用可逆编码方式保护运动矢量。

(3) 选项W：在H.263+的码流中增加补充信息，保证增强型的反向兼容性，附加信息包括指示采用的定点IDCT，图像信息和信息类型，任意的二进制数据、文本，重复的图像头，交替的场指示，稀疏的参考帧识别。

4) H.264视频编码标准

H.264是由ISO/IEC与ITU-T组成的联合视频组(JVT)制定的新一代视频压缩编码标准，它也称为MPEG-4AVC。1996年制定H.263标准后，ITU-T的视频编码专家组(VCEG)开始了两个方面的研究：一个是短期研究计划，在H.263基础上增加选项(之后产生了H.263+与H.263++)；另一个是长期研究计划，制定一种新标准以支持低码率的视频通信。长期研究计划产生了H.26L标准草案，在压缩效率方面与先期的ITU-T视频压缩标准相比，具有明显的优越性。2001年，ISO的MPEG组织认识到H.26L潜在的优势，随后ISO与ITU开始组建包括来自ISO/IEC MPEG与ITU-T VCEG的联合视频组(JVT)，JVT的主要任务就是将H.26L草案发展为一个国际性标准。于是，在ISO/IEC中该标准命名为AVC(Advanced Video Coding)，作为MPEG-4标准的第10个选项；在ITU-T中正式命名为H.264标准。H.264的主要优点如下：

(1) 在相同的重建图像质量下，H.264比H.263+和MPEG-4(SP)减小50%的码率。

(2) 对信道时延的适应性较强，既可工作于低时延模式以满足实时业务，如会议电视等；又可工作于无时延限制的场合，如视频存储等。

(3) 提高网络适应性，采用"网络友好"的结构和语法，加强对误码和丢包的处理，提高解码器的差错恢复能力。

(4) 在编/解码器中采用复杂度可分级设计，在图像质量和编码处理之间可分级，以适应不同复杂度的应用。

相对于先期的视频压缩标准，H.264引入了很多先进的技术，包括4×4整数变换、空域内的帧内预测、1/4像素精度的运动估计、多参考帧与多种大小块的帧间预测技术等。新技术带来了较高的压缩比，同时大大提高了算法的复杂度。

① 4×4整数变换。以前的标准，如H.263是采用8×8的DCT变换。H.26L中建议的整数变换实际上接近于4×4的DCT变换，整数的引入降低了算法的复杂度，也避免了反变换的失配问题，4×4的块可以减小块效应。而H.264的4×4整数变换进一步降低了算法的复

杂度,相比 H.26L 中建议的整数变换,对于 9 b 输入残差数据,由以前的 32 b 降为现在的 16 b 运算,而且整个变换无乘法,只需加法和一些移位运算。新的变换对编码的性能几乎没有影响,而且实际编码略好一些。

② 基于空域的帧内预测技术。视频编码是通过去除图像的空间与时间相关性来达到压缩的目的。空间相关性通过有效的变换来去除,如 DCT 变换、H.264 的整数变换;时间相关性则通过帧间预测来去除。这里所说的变换去除空间相关性,仅仅局限在所变换的块内,如 8×8 或者 4×4,并没有块与块之间的处理。H.263+引入了帧内预测技术,在变换域中根据相邻块对当前块的某些系数做预测。H.264 则是在空域中,利用当前块的相邻像素直接对每个系数做预测,更有效地去除相邻块之间的相关性,极大地提高了帧内编码的效率。

H.264 基本部分的帧内预测包括 9 种 4×4 亮度块的预测、4 种 16×16 亮度块的预测和 4 种色度块的预测。

③ 运动估计。H.264 的运动估计具有三个新的特点:1/4 像素精度的运动估计;7 种大小不同的块进行匹配;前向与后向多参考帧。

H.264 在帧间编码中,一个宏块(16×16)可以被分为 16×8、8×16、8×8 的块,而 8×8 的块被称为子宏块;又可以分为 8×4、4×8、4×4 的块。总体而言,共有 7 种大小不同的块做运动估计,以找出最匹配的类型。与以往标准的 P 帧、B 帧不同,H.264 采用了前向与后向多个参考帧的预测。半像素精度的运动估计比整像素运动估计有效地提高了压缩比,而 1/4 像素精度的运动估计可带来更好的压缩效果。

编码器中运用多种大小不同的块进行运动估计,可节省 15% 以上的比特率(相对于 16×16 的块)。运用 1/4 像素精度的运动估计,可以节省 20% 的码率(相对于整像素预测)。多参考帧预测方面,假设为 5 个参考帧预测,相对于一个参考帧,可降低 5%～10% 的码率。以上百分比都是统计数据,不同视频因其细节特征与运动情况而有所差异。

④ 熵编码。H.264 标准采用的熵编码有两种:一种是基于内容的自适应变长编码(CAVLC)与统一的变长编码(UVLC)结合;另一种是基于内容的自适应二进制算术编码(CABAC)。CAVLC 与 CABAC 根据相邻块的情况进行当前块的编码,以达到更好的编码效率。CABAC 比 CAVLC 压缩效率高,但要复杂一些。

⑤ 去块效应滤波器。H.264 标准引入了去块效应滤波器,对块的边界进行滤波,滤波强度与块的编码模式、运动矢量及块的系数有关。去块效应滤波器在提高压缩效率的同时,改善了图像的主观效果。

## 4.4 MPEG-1 标准

### 4.4.1 MPEG 简介

MPEG 标准一直是许多科研机构和大学的科研热点,也是工业界产品开发的热点。MPEG 标准阐明了声音和电视图像的编码和解码过程,严格规定了声音和图像数据编码后组成比特数据流的句法,提供了解码器的测试方法等,但没有对所有内容都作严格规定,例如压缩和解压缩的算法。这样既保证了解码器能对符合 MPEG 标准的声音数据和电视图像数据进行正确解码,又给 MPEG 标准的具体实现留有很大余地。人们可以不断改进编码和解码算法,提高声音和电视图像的质量以及编码效率。

MPEG(Moving Picture Expert Group)是在 1988 年由国际标准化组织(International Organization for Standardization,ISO)和国际电工委员会(International Electro technical Commission,IEC)联合成立的专家组,负责开发电视图像数据和声音数据的编码、解码和它们的同步等标准。这个专家组开发的标准称为 MPEG 标准,表 4.2 是 MPEG-1 和 MPEG-2 的典型编码参数。

表 4.2 MPEG-1 和 MPEG-2 的典型编码参数

| 参 数 | MPEG-1 | MPEG-2(基本型) |
| --- | --- | --- |
| 标准化时间 | 1992 年 | 1994 年(DIS) |
| 主要应用 | CD-ROM 上的数字电视,V-CD | 数字 TV,DVD |
| 空间分辨率 | CIF 格式(1/4TV),288×360 像素 | TV,576×720 像素 |
| 时间分辨率 | 25~30 帧/s | 50~60 帧/s |
| 位速率 | 1.5 Mb/s | 15 Mb/s |
| 质 量 | 相当于 VHS | 相当于 NTSC/PAL 制电视 |
| 压缩率 | 20~30 | 30~40 |

### 4.4.2 MPEG-1 视频编/解码器

MPEG-1 处理的是标准图像交换格式(Standard Interchange Format,SIF)或者称为源输入格式(Source Input Format,SIF)的电视,即 NTSC 制为 352 像素×240 行/帧×30 帧/s,PAL 制为 352 像素×288 行/帧×25 帧/s,压缩的输出速率定义在 1.5 Mb/s 以下。这个标准主要是针对当时具有这种数据传输率的 CD-ROM 和网络而开发的,用在 CD-ROM 上存储数字影视和在网络上传输数字影视。

MPEG-1 的标准号为 ISO/IEC 11172,标准名称为"信息技术——用于数据速率高达 1.5 Mb/s 的数字存储媒体的电视图像和伴音编码"(Information technology - Coding of moving pictures and associated audio for digital storage media at up to about 1.5 Mb/s)。它已于 1991 年底被 ISO/IEC 采纳,由以下五个部分组成:

(1) MPEG-1 系统,写成 MPEG-1 Systems,规定电视图像数据、声音数据及其他相关数据的同步,标准名是 ISO/IEC 11172-1:1993 Information technology - Coding of moving pictures and associated audio for digital storage media at up to about 1.5 Mb/s - Part 1:Systems。

(2) MPEG-1 电视图像,写成 MPEG-1Video,规定电视数据的编码和解码,标准名是 ISO/IEC 11172-2:1993 Information technology - Coding of moving pictures and associated audio for digital storage media at up to about 1.5 Mb/s - Part 2:Video。

(3) MPEG-1 声音,写成 MPEG-1 Audio,规定声音数据的编码和解码,标准名是 ISO/IEC 11172-3:1993 Information technology - Coding of moving pictures and associated audio for digital storage media at up to about 1.5 Mb/s - Part 3:Audio。

由于 MPEG 对视频信号作随机存取的重要要求,和通过帧间运动补偿可有效地压缩资料比特数，MPEG采用了三种类型的图像：帧内图(Intrapictures I)、预测图(Predicted Pictures P)和插补图。插补图即双向预测图(Bidirectional Prediction B)。

I图像(I帧)，就是静态图像，用JPEG帧内压缩的方法得到，压缩比适度，压缩后变成1～2bit/像素。P图像(P帧)由最近的I帧或P帧经过预测编码得到，称为前向预测，而且可以作为下一个B帧或P帧的照图像。B图像(B帧)可以使用前一个和后一个图像作参考图像，也叫双向预测；也可以使用前后两个参考图像，因此B帧用到了前项预测、后项预测还有帧内编码。帧内图(I)和预测图(P)及双向预测图(B)沿时间轴上的顺序排列如图4.19所示。在沿时间轴方向的排列中，每8帧图像内，有1幅帧内图(I)，1幅预测图(P)，6幅插补图(B)。(B)图处于(I)图和(P)图之间，(I)、(P)和(P)、(I)之间各包括3个(B)图。MPEG-1标准规定，B帧传输的信息可以是以下三种：①B帧与前面I帧或P帧之间的预测误差；②B帧与后面的P帧或I帧之间的预测误差；③B帧与前、后I帧、P帧或P、P帧平均值之间的预测误差，但只传输其中最小的一种。

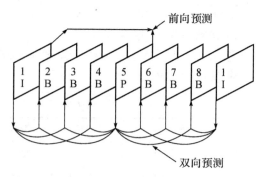

图4.19 帧间编码

MPEG-1的信源输入格式是SIF。CCIR601格式的信源要转换成SIF后进入MPEG-1编码器，解码器输出也是SIF格式，显示时要经内插，扩充为CCIR601格式。PAL/NTSC都作如此处理。SIF格式如表4.3所示。

表4.3 IF(525/625)格式

| 信号分量 | 行数/帧 | 像素数/行 |
| --- | --- | --- |
| 亮度(Y) | 240/288 | 352 |
| 色度($C_b$) | 120/144 | 176 |
| 色度($C_r$) | 120/144 | 176 |

MPEG中这些帧序列图的组织结构是十分灵活的，它们的组合可由应用规定的参数决定，如随机存取和编码延迟等。因为它增加了H.261中没有的双向预测内插帧——B帧，所以提高了图像质量和编码效率，但也增加了编码的复杂性。

在MPEG中为了便于编码，需要对帧进行重排。设输入被编码图像序列为1,2,3,4,5,6,7,8,9,10，其编码后形成的图像帧为IBBPBBPBBP，因为B帧是以I帧、P帧为基础进行双向预测内插编码的，所以实际编码的顺序应为IPBBPBBPBB。因此，帧重排就是将输入序列为1,2,3,4,5,6,7,8,9,10重排为1,4,2,3,7,5,6,10,8,9，以便于实现MPEG的帧内和帧间编码。一般最多经过15帧后应该再次进行帧内编码(即出现I帧)。

以上讲的是帧间预测，那么如何实现两帧之间的预测呢？也就是说如何实现从I帧到P帧的预测？又如何实现从I、P两帧到B帧的双向预测？MPEG中采用的是运动补偿技术。

为了提高效率，运动补偿技术是在宏块一级运算的，即拿当前帧的一个宏块，到另外一帧里去找。找的方法用的是匹配算法；如何匹配用的是搜索算法。如果找到了得到的是运动向量，这就是运动补偿。运动补偿技术主要用于消除P、B图像在时间上的冗余，提高压缩效率是在宏块一级。如何进行运动补偿，先来明确一些基本概念。一宏块类型的定义，有四种类型的宏块：I块（帧内宏块）、F块（前向预测宏块）、B块（后向预测宏块）、A块（平均宏块〈内插宏块、双向预测宏块〉）。

我们知道有三种类型的图像I、P、B，这三种类型的图像里所有的宏块是不一样的。

P图像有I、F两种宏块。因为P图像只能前向预测，所以有F块。

I图像只有I宏块。因为I图像没有预测，所以只有一种。

无论是P图像、B图像和I图像块处理技术都一样，都采用基于预测的运动补偿技术。

基于块的运动补偿就是要在参照帧中找出一个最佳匹配块，对于F块和B块找出一个，对于A块前后各找一个。F块预测参照前一个I图像和P图像，B块预测参照后一个I图像或P图像，A块参照前一个I图像或P图像和后一个I图像或P图像。

如何找出最佳匹配块呢？采用最佳匹配块算法和搜索算法。

匹配块算法有：①归一化相关函数NCCF；②均方误差MSE；③帧间绝对误差MAD。

搜索算法有：①穷尽搜索法MAD；②二维对数法；③三步搜索法。

MPEG的编码过程和H.261比较相似，不过它需要两个参考存储器分别用来存储I帧和P帧，供B帧作双向预测时使用。

图4.20所示为MPEG-1视频编码器。图中和H.261不同的部分是有二组运动补偿和存储器，并有相应的转换开关。这是因为MPEG-1有B图像要处理。开关有4种状态："0"是针对帧内编码；"2"或"3"是用上一帧图像（经S2的虚线a/c）或用下一帧图像（经S2的实线d/b）；"4"是用了上一帧和下一帧两幅图像（经S2的实线b和实线c），这时候要相应产生2个运动矢量。

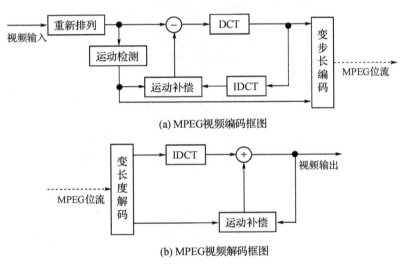

图4.20 MPEG-1视频编码器

MPEG的解码过程基本是编码过程的逆过程。由于解码过程中不需要运动估计，因此其解码过程比较简单。MPEG-1是非对称编码算法。

### 4.4.3 MPEG-1图像复接编码器

MPEG-1视频图像数据流是一个分层结构，目的是把比特流中逻辑上独立的实体分开，防止语意模糊，并减轻译码过程的负担。对分层的要求是支持通用性、灵活性和有效性。

MPEG 标准的通用性可以用 MPEG 位流来更好地说明。通用性的含义是使 MPEG 标准的语法规定可满足不同的应用要求。图 4.21 所示的是 MPEG 视频比特流分层结构,共包括六层,每一层支持一个确定的函数,或者是一个信号处理函数(DCT,运动补偿),或者是一个逻辑函数(同步,随机存取点)等。

| 图像序列层(随机存取单元:上下文) |
| 图像组层(随机存取单元:视频编码) |
| 图像层(基本编码单元) |
| 宏块片层(重同步单元) |
| 宏块层(运动补偿单元) |
| 子块层(DCT 单元) |

图 4.21 MPEG 视频比特流语法的六个层次

为了更好地理解这个 MPEG 视频比特流分层结构,我们将其画成形象的结构图,如图 4.22 所示。

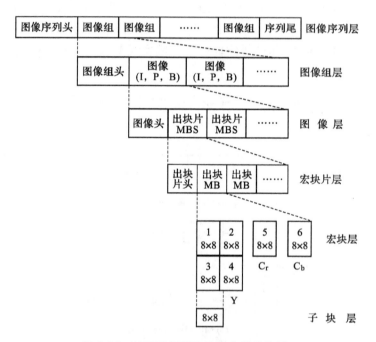

图 4.22 MPEG 视频比特流分层结构图

1) 图像序列层

序列层由一个序列头开始,其后跟一个或多个图像帧组,最后由序列结束码结束,序列头包含以下基本参数:图像尺寸、像素纵横比、帧频、码率、帧组数及编号法、传输缓存器容量、色度格式以及其他参数。

2) 图像组层

图像组层是一个或多个连续图像(IPBBPB…)序列,它是随机访问图像序的基本单元,用于快速前向/后向搜索和正反向编辑。所以,帧组层是编辑 MPEG-1 码流的基本单元,又称最小编辑单元。图像组层第 1 帧应为 I 帧,随机进出点和快速搜索点就是 I 帧起始点。除第 1 帧应为 I 帧外,MPEG-1 对图像组层的帧的排列顺序无限制,对图像组层内含的帧数也无限制,一般考虑以 0.2 s 为宜,即对 525 行/30 帧制式为 6 帧,对 625 行/25 帧制式为 5 帧。帧组首应包含以下基本参数:帧组内的帧数、各帧的顺序。

3) 图像层

图像层是基本编码单元,帧首的基本参数为:帧类型(I,P 或 B)、帧编号、帧内片层数和编号法等。帧首后为依次排列的各片层。

4) 宏块片层

宏块片层内包含数目不等的宏块,宏块片层用作再生同步单元。当解码一帧图像时,如果内部发生误码,则宏块片层能及时同步。片首的基本参数为:同步信号、片层编号、片层内宏块数等。片首后依次排列各宏块。

5) 宏块层

宏块层是基本操作单元,宏块首的基本内容为:宏块编号;运动矢量 $MV_1$、$MV_2$、a、b 等;量化表或量化步长等。宏块首后顺序排列 4 个亮度子块和 2 个色度子块。

6) 子块层

子块层是 8×8 像素块,是 DCT、量化操作的基本单元。子块首基本参数是:子块编号;子块首后是 8×8 量化 DCT 系数经 ZZ 扫描熵编码后所得的码流。

## 4.5 通用活动图像编码标准 MPEG-2

### 4.5.1 概述

MPEG-2 标准从 1990 年开始研究,1994 发布 DIS。它是一个直接与数字电视广播有关的高质量图像和声音编码标准。MPEG-2 可以说是 MPEG-1 的扩充,因为它们的基本编码算法都相同。但 MPEG-2 增加了许多 MPEG-1 所没有的功能,例如增加了隔行扫描电视的编码,提供了位速率的可变性能(Scalability)功能。MPEG-2 要达到的最基本目标是:位速率为 4~9 Mb/s,最高达 15 Mb/s。

### 4.5.2 系统部分

MPEG-2 的标准号为 ISO/IEC 13818,标准名称为"信息技术——电视图像和伴音信息的通用编码"(Information technology - Generic coding of moving pictures and associated audio information)。MPEG-2 包含以下九个部分:

(1) MPEG-2 系统,写成 MPEG-2 Systems,规定电视图像数据、声音数据及其他相关数据的同步,标准名是 ISO/IEC 13818-1:1996 Information technology - Generic coding of moving pictures and associated audio information :Systems。

MPEG-2 的系统模型如图 4.23 所示。这个标准主要是用来定义电视图像数据、声音数据和其他数据的组合,把这些数据组合成一个或者多个适合于存储或者传输的基本数据流。数据流有两种形式,一种称为程序数据流(Program Stream, PS);另一种称为传输数据流

(Transport Stream,TS)。程序数据流是组合一个或者多个规格化的即包化基本数据流(Packetised Elementary Streams,PES)而生成的一种数据流,用在出现错误相对比较少的环境下,适合使用软件处理的应用;传输数据流也是组合一个或者多个PES而生成的一种数据流,它用在出现错误相对比较多的环境下,例如在有损失或者有噪声的传输系统中。

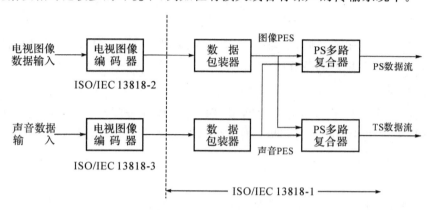

图 4.23  MPEG-2 的系统模型

(2) MPEG-2 电视图像,写成 MPEG-2 Video,规定电视数据的编码和解码,标准名是 ISO/IEC 13818-2:1996 Information technology - Generic coding of moving pictures and associated audio information:Video。

为了适应各种应用,这个标准定义了电视图像的各种规格,称为配置(Profile),如表 4.4 所示。表中的"★"符号表示 MPEG-2 支持的配置。

表 4.4  MPEG-2 电视图像配置

| 等级(Level) | 配置(Profile) | | | | |
|---|---|---|---|---|---|
| | Simple<br>(简化型) | Main<br>(基本型) | SNR scalable<br>(信噪比可变型) | Spatial scalable<br>(空间分辨率可变型) | High<br>(高级型) |
| High level<br>(高级) | | ★<br>MP@HL | | | ★<br>HP@HL |
| High-1 440 level<br>(高级 1 440) | | ★<br>MP@ML 1 440 L | | ★<br>SSP@ML 1 440 L | ★<br>HP@H 1 440 L |
| Main level<br>(基本级) | ★<br>SP@ML | ★<br>MP@ML | ★<br>SNRP@ML | | ★<br>HP@ML |
| Low level<br>(低级) | | ★<br>MP@LL | ★<br>SNRP@LL | | |
| 子采样格式 | YUV:4:2:0 | | | | |

如:MP@ML 是指主类和主级,目前普通数字电视、卫星、电缆、广播的 DVB 标准就是用这一格式。表 4.5 为 MPEG-2 的等级规格。

(3) MPEG-2 声音,写成 MPEG-2 Audio,规定声音数据的编码和解码,是 MPEG-1 Audio 的扩充,支持多个声道,标准名是 ISO/IEC 13818-3:1998 Information technology - Generic coding of moving pictures and associated audio information - Part 3:Audio。

(4) MPEG-2 一致性测试,写成 MPEG-2 Conformance testing,标准名是 ISO/IEC DIS

13818 – 4 Information technology – Generic coding of moving pictures and associated audio information – Part 4:Conformance testing。

表 4.5　MPEG – 2 的等级规格

| 等　级(Level) | 参　数(Parameters) |
|---|---|
| High level<br>（高级） | 1 920 samples/line(样本/行) |
|  | 1 152 lines/frame(行/帧) |
|  | 60 frames/s(帧/s) |
|  | 80 Mb/s(兆比特/s) |
| High – 1 440 level<br>（高级 1 440） | 1 440 samples/line(样本/行) |
|  | 1 152 lines/frame(行/帧) |
|  | 60 frames/s(帧/s) |
|  | 60 Mb/s(兆比特/s) |
| Main level<br>（基本级） | 720 samples/line(样本/行) |
|  | 576 lines/frame(行/帧) |
|  | 30 frames/s(帧/s) |
|  | 15 Mb/s(兆比特/s) |
| Low level<br>（低级） | 352 samples/line(样本/行) |
|  | 288 lines/frame(行/帧) |
|  | 30 frames/s(帧/s) |
|  | 4 Mb/s(兆比特/s) |

（5）MPEG – 2 软件模拟，写成 MPEG – 2 Software simulation，标准名是 ISO/IEC TR 13818 – 5:1997 Information technology – Generic coding of moving pictures and associated audio information – Part 5:Software simulation。

（6）MPEG – 2 数字存储媒体命令和控制扩展协议，写成 MPEG – 2 Extensions for DSM – CC，标准名是 ISO/IEC DIS 13818 – 6 Information technology – Generic coding of moving pictures and associated audio information – Part 6:Extensions for DSM – CC。

这是一个数字存储媒体命令和控制(Digital Storage Media Command and Control, DSM – CC)扩展协议，用于管理 MPEG – 1 和 MPEG – 2 的数据流，使数据流既可在单机上运行，又可在异构网络(即用类似设备构造但运行不同协议的网络)环境下运行。在 DSM – CC 模型中，服务器(Server)和客户器(Client)都被认为是 DSM – CC 网络的用户(User)。DSM – CC 定义了一个称为会话和资源管理(Session and Resource Manager, SRM)的实体，用来集中管理网络中的会话和资源，如图 4.24 所示。

（7）MPEG – 2 先进声音编码，写成 MPEG – 2 AAC，是多声道声音编码算法标准。这个标准除后向兼容 MPEG – 1 Audio 标准之外，还有非后向兼容的声音标准。标准名是 ISO/IEC 13818 – 7:1997 Information technology – Generic coding of moving pictures and associated audio information – Part 7:Advanced Audio Coding（AAC）。

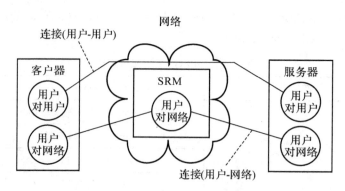

图 4.24 DSM-CC 参考模型

(8) MPEG-2 系统解码器实时接口扩展标准,标准名是 ISO/IEC 13818-9:1996 Information technology-Generic coding of moving pictures and associated audio information-Part 9:Extension for real time interface for systems decoders。

这是与传输数据流(Transport Stream)的实时接口(Real-Time Interface,RTI)标准,它可以用来适应来自网络的传输数据流,如图 4.25 所示。

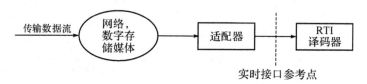

图 4.25 实时接口参考模型

(9) MPEG-2 DSM-CC 一致性扩展测试,标准名是 ISO/IEC DIS 13818-10 Information technology-Generic coding of moving pictures and associated audio information-Part 10:Conformance extensions for Digital Storage Media Command and Control (DSM-CC)。

MPEG-2 先进声音编码标准修正版,标准名是 Amendment 1 to ISO/IEC TR 13818-5:1997 Amendment 1 to ISO/IEC TR 13818-5:1997 Advanced Audio Coding (AAA)。

### 4.5.3 MPEG-2 的编解码器

#### 1) MPEG-2 的编解码器和 MPEG-1 的异同

(1) MPEG-1 只处理逐行扫描的电视图像,而 MPEG-2 既处理逐行扫描也处理隔行扫描,因此编码器中要有场/帧决策的功能。

(2) DCT 有帧 DCT 或场 DCT。

(3) 运动估计有场预测、帧预测、双场预测和 16×8 的运动补偿四种。

(4) 压缩编码方式均采用运动检测补偿、DCT、量化、霍夫曼编码、游程编码和 VLC 等。

#### 2) MPEG-2 系统

MPEG-2 系统的作用如图 4.26 所示。它有以下几个任务:

(1) 对音频、视频、数据、控制等基本比特流起系统复用的作用。

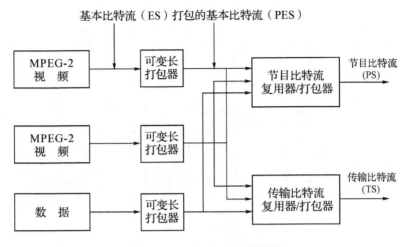

图 4.26 MPEG-2 系统框图

(2) 提供用于恢复时间基准的时间标志,缓冲器初始化和管理,音频和视频的解码时间,显示时间。

(3) 给解码器提供一种信息(PSI),使之更容易和更迅速地找到所需节目。

(4) 给误差恢复,有条件接入,随机接入,数字存储控制提供支持。

视频或音频编码器的输出被打包成 PES,然后在 PS 复用器中被组合成 PS(Program Stream)或在 TS 复用器中被组合成 TS(Transport Stream),前者用于相对无误差的环境,后者用于有噪声媒质。

## 4.6 MPEG-4 视频

### 4.6.1 概述

MPEG-4 从 1994 年开始工作,它是视听数据的编码和交互播放开发算法和工具,是一个数据速率很低的多媒体通信标准。MPEG-4 的目标是要在异构网络环境下能够高度可靠地工作,并且具有很强的交互功能。

为了达到这个目标,MPEG-4 引入了对象基表达(Object-Based Representation)的概念,用来表达视听对象(Audio/Visual Objects,AVO);MPEG-4 扩充了编码的数据类型,由自然数据对象扩展到计算机生成的合成数据对象,采用合成对象/自然对象混合编码(Synthetic/Natural Hybrid Coding,SNHC)算法;在实现交互功能和重用对象中引入了组合、合成和编排等重要概念。MPEG-4 系统构造如图 4.27 所示,接收端的构造部件如图 4.28 所示。

MPEG-4 中制定了一个称为传输多媒体集成框架(Delivery Multimedia Integration Framework,DMIF)的会话协议,它用来管理多媒体数据流。该协议在原则上与文件传输协议 FTP(File Transfer Protocol)类似,其差别是:FTP 返回的是数据,而 DMIF 返回的是指向到何处获取数据流的指针。DMIF 覆盖了广播技术、交互网络技术和光盘技术三种主要技术,如图 4.29 所示。

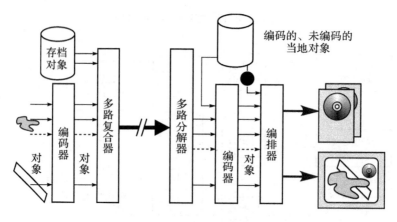

图 4.27 MPEG-4 系统示意图

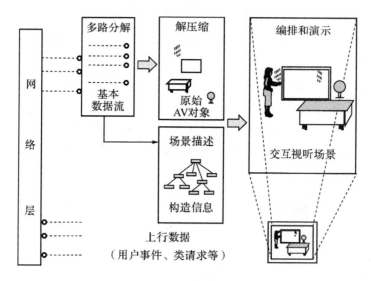

图 4.28 MPEG-4 接收端的主要部件

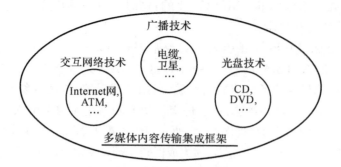

图 4.29 DMIF 覆盖的三种主要技术

MPEG-4 将应用在移动通信和公用电话交换网(Public Switched Telephone Network, PSTN)上,并支持可视电话(Videophone)、电视邮件(Video Mail)、电子报纸(Electronic Newspapers)和其他低数据传输速率场合下的应用。

MPEG-4 的标准名是 Very-low bitrate audio-visual coding（甚低速率视听编码）。作为国际标准草案(Draft International Standard,DIS)的 MPEG-4 文件有六个部分,它们是：

（1）MPEG-4 系统标准：标准名是 ISO/IEC DIS 14496-1 Very-low bitrate audio-visual coding-Part 1：Systems。

（2）MPEG-4 电视图像标准：标准名是 ISO/IEC DIS 14496-2 Very low bitrate audio-visual coding-Part 2：Video。

（3）MPEG-4 声音标准：标准名是 ISO/IEC DIS 14496-3 Very low bitrate audio-visual coding-Part 3：Audio。

（4）MPEG-4 一致性测试标准：标准名是 ISO/IEC DIS 14496-4 Very-low bitrate audio-visual coding-Part 4：Conformance Testing。

（5）MPEG-4 参考软件：标准名是 ISO/IEC DIS 14496-5 Very-low bitrate audio-visual coding-Part 5：Reference software。

（6）MPEG-4 传输多媒体集成框架：标准名是 ISO/IEC DIS 14496-6 Very-low bitrate audio-visual coding-Part 6：Delivery Multimedia Integration Framework (DMIF)。

## 4.6.2 视频编码

MPEG-4 中的场景采用层次化的树型结构,基本的组成单位是各个视频对象(VO)和音频对象(AO),多个音视频对象(AVO)组成复合 AVO,多个复合 AVO 按照场景描述中的时空关系组合成场景。AVO 在发送端编码后生成码流,码流经同步和复用后通过传输网络传送到接收端。在接收端对 AVO 数据去复用,再经过相应解码器解码后得到各个 AVO,最后按照场景描述中的时空关系在接收端加以显示。用户的交互信息通过类似的过程由上行通道传送到发送端。

VS(Video Session)：是视频码流中最高层次的句法结构,与完整的 MPEG-4 可视场景相对应,可以包含一个或多个 VO。

VO(Video Object)：视频对象,与场景中一个特定的对象相对应,可以是矩形帧,也可以是任意形状,例如一辆汽车。每个 VO 可包括一个或多个 VOL。

VOL(Video Object Layer)：可以采用多个 VOL。实现可分级编码。

GOV(Group Of Video Object Planes)：是多个 Video Object Plane 的组合,每个 GOV 独立编码,从而提供随机访问点,可用于快进、快退和搜索,在 MPEG-4 中 GOV 是可选的。

VOP(Video Object Plane)：它和某个时刻的 VO 相对应,与 MPEG-1 和 MPEG-2 类似,MPEG-4 中包括三种 VOP：Intra VOP(I-VOP)、Predicted VOP(P-VOP)和 Bidirectional Interpolated VOP(B-VOP)。

MPEG-4 是一种高效率的编码标准,其最低码率可达到 5～64 Kb/s,注重视频对象的交互性和可操作性,并且和多媒体应用领域的各种编码兼容。MPEG-4 对音视频对象(AVO)独立编码,在进行数据传输时必须同时传送编码对象的组成结构和信息场景描述。而解码端在解码时可改变选定的 AVO 场景描述参数,对图像和声音的有关内容进行编辑和操作,例如,增删某个对象、改变某个音视频对象的音调、激活分级编码信息等,在编码端无需任何改变。

为了支持基于内容的功能,编码器可对图像序列中任意形状的 VOP 进行编码。由于编码器内的机制都是基于16×16宏块来设计的,出于与现有标准兼容以及便于对编码器进行更好扩展的目的,VOP被限定在一个矩形窗口内,窗口的长、宽均为16的整数倍,同时保证VOP窗口中非VOP的宏块数目最少。标准的矩形帧可认为是VOP的特例,在编码过程中其形状编码模块可以被屏蔽。系统依据不同的应用场合,对各种形状的VOP输入序列采用固定的或可变的帧频,可以编码矩形图像序列,也可编码任意形状的图像序列。

视频编码主要分为形状编码、运动编码和纹理编码三部分。其中运动编码、运动预测和运动补偿部分和原有的标准MPEG-2一致,但形状编码是第一次被引入图像编码标准。此外,在MPEG-4视频编码中,对特殊的VO,例如静止纹理、网格、人脸以及Sprite对象,采用的编码算法不同,而且还支持可分级编码。

1) 纹理编码

纹理编码的对象可以是帧内编码模式的I-VOP,也可以是帧间编码模式B-VOP或P-VOP运动补偿后的预测误差。编码方法基本上仍采用基于8×8像素块的DCT方法。

在帧内编码模式中,对于完全位于VOP内的像素块,采用经典的DCT方法;对于完全位于VOP之外的像素块则不进行编码;对于部分在VOP内、部分在VOP外的像素块则首先采用图像填充技术来获取VOP之外的像素值,然后再进行DCT编码。帧内编码模式中还将对DCT的DC及AC系数进行有效的预测。

在帧间编码模式中,为了对B-VOP和P-VOP运动补偿后的预测误差进行编码,可将那些位于VOP活跃区域之外的像素值设为128。此外,还可采用SA-DCT(Shape-Adaptive DCT,形状自适应DCT)方法对VOP内的像素进行编码。该方法可在相同码率下获得较高的编码质量,但运算的复杂程度稍高。变换之后的DCT系数还需经过量化(采用单一量化系数或量化矩阵)、扫描及变长编码,这些过程与现有标准基本相同。

VOP纹理编码的过程如图4.30所示。

**图4.30 VOP纹理编码过程**

MPEG-4支持4:2:0的色差格式,每个宏块包括四个亮度块Y、一个色差块V和一个色差块U。对于任意形状的VOP,首先确定它的包块(Bounding Box),所谓包块是指包围VOP的一个矩形区域,它在水平方向和垂直方向上的像素都是16的整数倍。包块的选择以总宏块数目最小为原则。为了提高编码的效率,在进行DCT之前对包块内不属于VOP的部分要进行填充,填充过程分为以下两步:

(1) 根据下面的方程计算出所有属于VOP的像素的均值,用该值填充包块中所有不属于VOP的像素(式中N表示属于VOP的像素的总数):

$$f_{r,c}\Big|_{(r,c)\notin \text{VOP}} = \frac{1}{N}\sum_{(x,y)\in \text{VOP}} f_{(x,y)}$$

(2) 从包块左上角开始,根据下式对不属于VOP的像素值进行修改(式中等号右边分子部分的各项必须是属于VOP的像素,否则去掉该项并对分母做相应的调整):

$$f_{r,c}\Big|_{(r,c)\notin \text{VOP}} = \frac{f_{r,c-1} + f_{r-1,c} + f_{r,c+1} + f_{r+1,c}}{4}$$

经过 DCT 后,对所得到的系数要进行量化以提高压缩比。MPEG-4 提供了两种量化方法:第一种量化方法对内部宏块和非内部宏块采用不同的量化矩阵修改量化步长;第二种量化方法对所有的系数采用相同的量化步长。对于 DC 系数,MPEG-4 也可以采用非线性量化方法。

量化后的系数还要进行预测,预测宏块可以用当前宏块正上方或者正前方的宏块,如何选择取决于水平梯度和垂直梯度的大小。

然后再经过扫描将二维的系数变为一维。MPEG-4 中有 Zig-Zag 扫描、交错式水平扫描、交错式垂直扫描三种扫描方法。如果宏块没有进行 DC 系数预测,则采用第一种扫描方法;如果 DC 系数的预测方向是垂直的,则采用第二种扫描方法;如果 DC 系数的预测方向是水平的,则采用第三种扫描方法。MPEG-4 提供了两个不同的 VLC 表格,根据量化步长选取其中一个。

2) 形状编码

MPEG-4 引入了形状信息的编码。尽管形状编码在计算机图形学、计算机视觉和图像压缩领域不是什么新技术,但这是第一次将形状编码纳入完整的视频编码标准内。

VO 的形状信息有二值形状信息和灰度形状信息两类。二值形状信息用 0 和 1 来表示 VOP 的形状,0 表示非 VOP 区域,1 表示 VOP 区域。灰度形状信息用 0~255 之间的数值来表示 VOP 的透明程度,其中 0 表示完全透明(相当于二值形状信息中的 0),255 表示完全不透明(相当于二值形状信息中的 1)。因此,形状编码也分为二值形状编码和灰度级形状编码两种编码。

(1) 二值形状编码

二值形状信息的编码采用基于运动补偿块的技术,既可以是无损编码,也可以是有损编码。二值形状编码以二维矩阵的形式用 255 和 0 表示各个像素是否属于某个 VOP,矩阵的大小与 VOP 的包块相同。将矩阵划分为 16×16 的二进制阿尔法块(Binary Alpha Blocks,BAB),每个 BAB 独立编码。如果某个 BAB 中所有的数值均为 255,则称为不透明块(Opaque Block);如果均为 0,则称为透明块(Transparent Block)。BAB 编码的基本工具是基于上下文的算术编码算法(CAE),如果用到运动补偿,则称为 InterCAE,否则称为 IntraCAE。

(2) 灰度级形状编码

灰度形状信息的编码采用基于块的运动补偿 DCT 方法(与纹理编码相似),属于有损编码。灰度级形状编码中与每个像素对应的数值可以是 0~255 之间的任意整数,分别代表不同的透明度(0 表示完全透明,而 255 表示完全不透明)。灰度级信息的编码由两部分组成,对具体的数值采用和纹理信息相似的编码过程,同时结合二值形状编码表示 VO 的形状。

采用灰度级形状编码的好处是前景 VO 可与背景很好地融合,不至于有明显的界线,还可以表示透明的 VO,实现特殊的视觉效果。

目前的标准中采用矩阵的形式来表示二值或灰度形状信息,称为位图(或阿尔法平面)。实验表明,位图表示法具有较高的编码效率和较低的运算复杂度。但为了能够进行更有效的操作和压缩,在最终的标准中可能出现另一种表示方法,即借用高层语义的描述,以轮廓 的几何参数进行表征。

3) 静止纹理编码

MPEG-4 中对静止纹理的编码不是用 DCT,而是采用离散小波变换(DWT)和算术编码方法。通过离散小波变换,将矩阵分为一个 DC 子带和三个 AC 子带,然后再对 DC 子带重复进行离散小波变换。变换后的各级系数之间根据空间位置上的对应关系构成父子关系。父节点和子节点在数值上有很大的相关性,如果某个节点系数为 0,那么它的所有后代节点的系数很可能都是 0,从而构成一棵零树。这样,只需对零树的根节点进行标注,对零树中的其他节点不用编码,从而获得很高的压缩比。

静止纹理的编码过程如图 4.31 所示。为了能够提供更大范围的可分级性,可以使用单队列、多队列、职级队列三种量化方法。DC 子带系数的编码方法和 AC 子带系数的编码方法不同。DC 子带的系数要进行水平预测或垂直预测,预测方向选择梯度较小者。AC 子带的系数采用离散编码方法,将节点分为 Zero Tree Root(ZTR,节点值为 0,后代节点全为 0)、Value Zero Tree Root(VZTR,节点值不为 0,后代节点全为 0)、Isolated Zero(IZ,节点值为 0,后代节点不全为 0)、Value(VAL,节点值不为 0,后代节点不全为 0)四类,其中前两类节点的后代节点都不用编码。

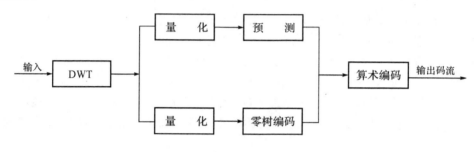

图 4.31 静止纹理的编码过程

4) 可分级编码

很多多媒体应用需要系统支持时域、空间及质量的伸缩性,分级编码就是为了实现这一目标。例如,在远程多媒体数据库检索及视频内容重放等应用中,分级编码的引入使接收机可依据具体的信道带宽、系统处理能力、显示能力及用户需求进行多分辨率的解码及回放。接收机可视具体情况对编码数据流进行部分解码,以获得较低的解码复杂度,同时,也意味着较低的重建图像质量、较低的空间分辨率、较低的时间分辨率。

MPEG-4 中通过视频对像层(VOL)的数据结构来实现分级编码。每一种分级编码至少有两层 VOL,低层称为基本层,高层称为增强层。空间伸缩性可通过增强层强化基本层的空间分辨率来实现,因此,在对增强层中的 VOP 进行编码之前,必须先对基本层中相应的 VOP 进行编码。同样,对于时域伸缩性,可通过增强层来增加视频序列中某个 VO(特别是运动的 VO)的帧率,使其与其余区域相比更为平滑。

可分级编解码如图 4.32 所示。实现空间可分级性时,由于基本层的空间分辨率比较低,用基本层的 VOP 对增强层的 VOP 进行运动补偿时,需要中间处理器通过插值提高基本层 VOP 的空间分辨率,使它们和增强层一致。实现时间可分级性时,在增强层可以只对运动快、变化大的 VOP 编码,其他的 VOP 可根据基本层的数据创建。信噪比可分级编码时,基本层采用比较粗略的量化参数,用增强层对基本层的参数进行修正。

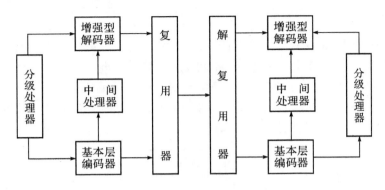

图 4.32 可分级编解码

### 5) 运动信息编码

和原有的视频编码标准类似,MPEG-4 采用运动预测和运动补偿技术来消除图像信息中的时间冗余,而这些运动信息的编码技术可视为现有标准向任意形状的 VOP 的延伸。该技术可以基于 16×16 像素宏块,也可以基于 8×8 像素块进行编码。为了能适应任意形状的 VOP,MPEG-4 引入了图像填充(Image Padding)技术和多边形匹配(Polygon Matching)技术。图像填充技术利用 VOP 内部的像素值来推出 VOP 外的像素值,以此获得运动预测的参照值。多边形匹配技术则将 VOP 的轮廓宏块的活跃部分包含在多边形之内,以此来增加运动估值的有效性。此外,MPEG-4 采用 8 参数仿射运动变换来进行全局运动补偿;支持静态或动态的 Sprite 全局运动预测。对于连续图像序列,可由 VOP 全景存储器预测得到描述摄像机运动的 8 个全局运动参数,利用这些参数来重建视频序列。

### 6) 人脸对象编码

人脸对象主要包括两类参数:人脸定义参数(Face Definition Parameters,FDP)和人脸动画参数(Face Animation Parameter,FAP)。FDP 参数包括特征点坐标、纹理坐标、网格的标度、面部纹理和动画定义表等人脸的特征参数。在解码端有默认的人脸模型,为了获得更好的效果,也可以下载特定人的 FDP 参数。FAP 参数分为 10 组,描述人面部的 68 种基本运动和 7 种基本表情,通过 FAP 可以用 2~3 Kb/s 的码率实现人脸动画效果。FAP 参数有基于帧的编码和基于 DCT 的编码两种编码方法。基于帧的编码是先进行量化,再进行算术编码。基于 DCT 的编码是采用 DCT 和变长编码相结合,如图 4.33 所示。后者压缩比较高,计算量也较大。

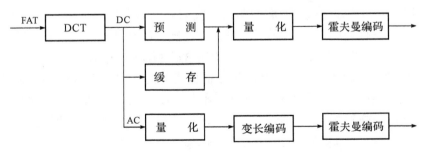

图 4.33 基于 DCT 的 FAP 编码

## 7) 网格对象编码

MPEG-4 中的网格对象由三角形构成，三角形完全填充整个网格区域，并且没有重叠。网格对象的编码过程如图 4.34 所示。网格对象面（Mesh Object Plane, MOP）分为两种：对 Intra-MOP 直接用几何编码；而对 Inter-MOP 则采用运动编码。MPEG-4 中的初始网格分为一致性网格（Uniform Mesh）和异质性网格（Delaunay Mesh）两种。两种网格都隐含了网格的拓扑结构，所以网格的拓扑结构不用编码。

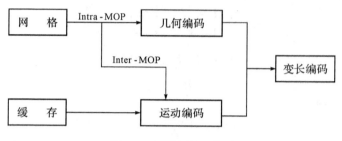

图 4.34 网格编码过程

Uniform Mesh 共有四种类型，由五个参数具体指定，前两个参数指定水平方向和垂直方向上的结点数目，接着用两个参数指定水平方向和垂直方向上结点之间的距离，最后一个参数指定 Uniform Mesh 的类型，用这些参数就可以唯一地确定网格的结构。对 Delaunay Mesh 的编码要复杂一些，包括如下参数：总的结点数 N 网格边缘的结点数 N 以及所有结点的坐标。结点坐标编码的具体过程为：首先对左上角的边缘结点编码，然后按逆时针方向对 Nb-1 个边缘结点进行编码，最后对 N-Nb 个内部结点编码。这些结点按照 Delaunay 算法唯一确定地构成三角形，而且这些三角形编号顺序也是唯一确定的，三角形的编号顺序也就确定了运动编码时各结点运动向量的编码顺序。在几何编码和运动编码时，除了第一个结点外，其余都是采用邻近结点的预测和变长编码。将网格对象和纹理相结合，可以用很低的码率实现动画效果。

## 8) Sprite 对象编码

许多图像序列中的背景实际上是静止的，由于摄像机的运动才造成了它们的改变，可以通过图像的镶嵌技术将整个序列的背景图像拼接成一个大的完整的背景，这就是 Sprite 图像。图 4.35 所示为一个使用灵巧的全景图像（Sprite Panorama Image）的视频序列编码的例子。一个灵巧的全景是一幅静止图像，它把在一个序列里所有帧的背景内容描述成一个静态的图像。图 4.35 左上角的图是背景全景图；右上角的图是一个没有背景的子图像全景图，可以把网球运动员当作是一个视频对象；下面的图是接收端合成的全景图。在编码之前这个子图像全景图从背景全景图序列中抽出来，然后分别对它们进行编码、传送和解码，最后再合成。

Sprite 也可以指图像序列中保持不变的比较小的 VO，例如电视台的台标。由于 Sprite 图像本身是不变的，所以只需传输一次，然后根据摄像机的运动参数在接收端重建背景，这样可以大大减少传输的数据量。由于 Sprite 对象的数据量往往很大，如果在传送的开始阶段就全部传送到接收端，可能造成很大的延迟。为了解决这个问题，Sprite 编码分为三种：Basic Sprite Coding、Low-latency Sprite Coding 和 Scalable Sprite Coding。

Sprite 的形状和纹理信息都按照 I-VOP 进行编码。在 Low-Latency Sprite Coding 模式下，整个 Sprite 分为不同的片，先将必要的片传送到接收端显示，其余的片在必须时或者带宽允许时再传送。而在 Scalable Sprite Coding 模式下,先传送低分辨率的图像,然后不断进行细化。

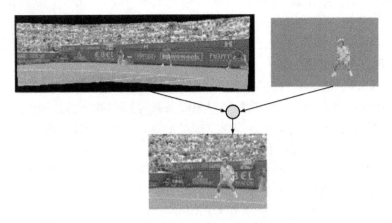

图 4.35　MPEG－4 电视序列编码举例

### 4.6.3　视频轮廓

MPEG－4 的视频标准提供了多种轮廓来编码自然的、合成的以及混合合成/自然的可视内容。

1) 用于自然视频内容的轮廓

用于自然视频内容的轮廓有以下八种,其中版本 1 支持前五种。

(1) 简单可视轮廓。它提供有效的、抗差错的矩形视频对象编码,适合移动网络上的应用。

(2) 简单可扩缩可视轮廓。它在简单可视轮廓上增加了对时间和空间可扩缩对象的支持,对于那些由于比特率或解码器资源有限(例如 Internet 网或软件解码)的情况下的应用很有用,可提供多种等级的服务。

(3) 核心可视轮廓。它将对任意形状和可临时扩缩对象的编码添加到简单可扩缩可视轮廓。它对那些提供相对简单的内容交互性的应用(Internet 网多媒体应用)很有用。

(4) 主可视轮廓。它将交织的、半透明的和灵活的对象编码添加到核心可视轮廓。它对交互的和娱乐质量的广播以及 DVD 应用很有用。

(5) N-比特可视轮廓。它将具有 4~12 bit 像素深度范围的视频对象编码增加到主可视轮廓。它适合在监视应用中使用。

(6) 高级的实时简单(Advanced Real－Time Simple,ARTS)轮廓。它使用一个后通道来提供高级的抗差错的矩形对象编码技术以及提高具有低缓冲延迟的时间分辨稳定度。它适合实时编码应用,如视频电话、远程会议和遥测。

(7) 核心可缩放轮廓。它将对时间和空间可扩缩的任意形状对象编码支持添加到核心可视轮廓。这个轮廓的主要功能度是感兴趣区域或对象的基于对象的 SNR 和空间/时间可扩缩性。

(8) 高级编码效能(Advanced Coding Efficiency,ACE)轮廓。它提高矩形及任意形状两种类型对象的编码效能。它适合诸如移动广播接收、图像序列获取(摄录像一体机)之类的应用,以及其他需要高效能编码和不是主要关心小接触面积的应用等。

2) 用于合成的以及混合合成/自然的可视内容的轮廓

用于合成的以及混合合成/自然的可视内容的轮廓有以下七个，其中版本1只支持前四个。

(1) 简单面部动画可视轮廓。它提供简单的方法来激励面部模型，适合诸如有聆听障碍时的音频/视频表现之类的应用。

(2) 可扩缩纹理可视轮廓。提供空间可扩缩的静止图像(纹理)对象编码，对需要可扩缩度等级的应用，如将纹理映射到一个游戏里的对象以及高分辨率数字静止图像照相机等有用。

(3) 基本动画2D纹理可视轮廓。提供空间扩缩性，SNR扩缩性，用于静止图像(纹理)对象的基于网格的动画以及简单的面部对象动画。

(4) 混合可视轮廓。它将解码任意形状和时间上可扩缩的自然视频对象(像核心可视轮廓那样)的能力与解码多种合成的和混合的对象的能力组合起来，其中合成的和混合的对象包括简单面部和动画的静止图像对象。它适合各种内容丰富的多媒体应用。

(5) 高级可扩缩纹理可视轮廓。支持任意形状纹理和静止图像，包括可扩缩形状编码，小波分片以及抗差错。

(6) 高级核心轮廓。它将解码任意形状的视频对象(像核心可视轮廓那样)的能力与解码任意形状的可扩缩静止图像对象(像高级可扩缩纹理轮廓那样)的能力组合起来，它适合各种内容丰富的多媒体应用，如Internet网上的交互式多媒体流。

(7) 简单面部和身体动画轮廓。它是简单面部动画轮廓的超集，增加了身体动画。

3) 增加的轮廓

在随后的几个版本中还增加了下列轮廓：

(1) 高级的简单轮廓。它与简单轮廓类似，只处理矩形对象，但有一些额外的工具使其更有效，如B帧、图素运动补偿、额外的量化表以及综合运动补偿。

(2) 细粒度扩缩性轮廓。它允许把任意比特位置的增强层比特流截断，从而交付质量能够容易适应传输和解码的情况。它可以与简单或高级简单轮廓一起作为一个基本层来用。

(3) 简单艺术室轮廓。这是一个具有很高质量的轮廓，适合艺术室编辑应用。它只有I帧，但支持任意形状以及事实上的多alpha通道。位流可以高达2 Gb/s。

(4) 核心艺术室轮廓。它增加P帧到简单艺术室轮廓，使其更有效，但要求更复杂的实现。

### 4.6.4　MPEG-4文件格式

MPEG-4文件被简写为MP4文件，这种文件格式被设计成以一种灵活的、可扩展的格式来包含一个MPEG-4表现的媒体信息，以便促进该媒体的交换、管理、编辑和表现。这种表现可以是在包含该表现的本地系统，或者可以是通过网络或其他的交流互机制(一种TransMux)。文件格式被设计为独立于任何特定的交付协议，同时又能有效地支持通用的交付。

图4.36所示的是一个简单交换文件示例，它包含三个流。

MP4文件格式由称为原子(Atoms)的面向对象结构组成。每一个原子用一个唯一的标签以及长度来标识。大多数原子描述一个元数据层次，给出诸如索引点、持续期以及指向该媒体数据的指针之类的信息。这个原子的汇集被包含在称为Movie Atom(电影原子)的原子里。

媒体数据本身则安置在别的地方,可以在该 MP4 文件里包含一个或多个 Mdat 或媒体数据原子,或者安置在该 MP4 文件之外并通过 URL 来引用。

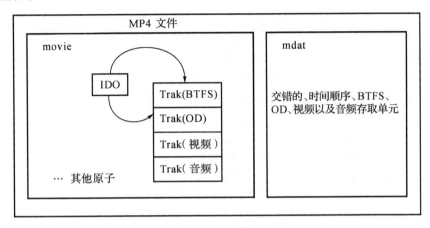

图 4.36 一个简单交换文件示例

一个表现可以包含在几个文件中。一个文件包含整个表现的元数据,此包含元数据的文件的格式必须遵循 MPEG-4 文件规范。此文件也可以包含全部的媒体数据,如果是这样,则该表现是自包含的。如果还使用其他文件,其他文件不必遵循 MPEG-4 文件格式规范;它们可以包含被用的和不用的媒体数据,或其他信息。MPEG-4 文件格式只考虑表现文件的格式。

MPEG-4 文件被构造成一系列对象,这样的一些对象可以包含其他对象。文件里的对象序列必须包含一个表现的元数据包裹器(Movieatom)。元数据包裹器通常在文件的开始或结束处,使它容易定位。在这一级里的其他对象可以是自由空间原子(Free Space Atoms)或媒体数据原子(Media Data Atoms)。

元数据被包含在元数据包裹器里;媒体数据或包含在同一文件中的媒体数据原子里,或在其他文件中。媒体数据由访问单元组成;媒体数据对象或媒体数据文件,可以包含其他的未被引用的信息。

MP4 文件里使用的媒体轨(Track)标识符在该文件中是唯一的。

在文件里的每一个基本流是作为一个媒体轨来存储的。

## 4.7 MPEG-7 多媒体内容描述接口

MPEG-7 的工作于 1996 年启动,1998 年 10 月提出,名称叫做多媒体内容描述接口(Multimedia Content Description Interface),目的是制定一套描述符标准,用来描述各种类型的多媒体信息及它们之间的关系,以便更快更有效地检索信息。这些媒体材料可包括静态图像、图形、3D 模型、声音、话音、电视以及在多媒体演示中它们之间的组合关系。在某些情况下,数据类型还可包括面部特性和个人特性的表达。

与其他的 MPEG 标准一样,MPEG-7 是为满足特定需求而制定的视听信息标准。MPEG-7 标准也是建筑在其他的标准之上的,例如,PCM、MPEG-1、MPEG-2 和 MPEG-4 等等。在 MPEG-7 中,MPEG-4 中使用的形状描述符、MPEG-1 和 MPEG-2 中使用的运动矢量(Motion Vector)等都可能在 MPEG-7 中用到。

图 4.37 表示了 MPEG-7 的处理链(Processing Chain)，这是高度抽象的方框图。在这个处理链中包含有三个方框：特征抽取(Feature Extraction)、标准描述(Standard Description)和检索工具(Search Engine)。特征的自动分析和抽取对 MPEG-7 是至关重要的，抽象程度越高，自动抽取也越困难，而且不是都能够自动抽取的，因此开发自动的和交互式半自动抽取的算法和工具都是很有用的。尽管如此，特征抽取和检索工具都不包含在 MPEG-7 标准中，而是留给大家去竞争，以便得到最好的算法和工具。

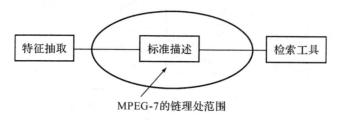

图 4.37　MPEG-7 的处理链范围

MPEG-7 的目标是支持多种音频和视觉的描述，包括自由文本、N 维时空结构、统计信息、客观属性、主观属性、生产属性和组合信息。对于视觉信息，描述将包括颜色、视觉对象、纹理、草图、形状、体积、空间关系、运动及变形等。

MPEG-7 的目标是根据信息的抽象层次，提供一种描述多媒体材料的方法，以便表示不同层次上的用户对信息的需求。以视觉内容为例，较低抽象层将包括形状、尺寸、纹理、颜色、运动(轨道)和位置的描述。对于音频的较低抽象层包括音调、调式、音速、音速变化、音响空间位置。最高层将给出语义信息：如"这是一个场景：一个鸭子正躲藏在树后并有一辆汽车正在幕后通过。"抽象层与提取特征的方式有关：许多低层特征能以完全自动的方式提取，而高层特征需要更多人的交互作用。MPEG-7 还允许依据视觉描述的查询去检索声音数据，反之也一样。

MPEG-7 的目标是支持数据管理的灵活性、数据资源的全球化和互操作性。

MPEG-7 标准化的范围包括：一系列的描述子(描述子是特征的表示法，一个描述子就是定义特征的语法和语义学)；一系列的描述结构(详细说明成员之间的结构和语义)；一种详细说明描述结构的语言——描述定义语言(DDL)；一种或多种编码描述方法。

在我们的日常生活中，日益庞大的可利用音视频数据需要有效的多媒体系统来存取、交互。这类需求与一些重要的社会和经济问题相关，并且在许多专业和消费应用方面都是急需的，尤其是在网络高度发展的今天；而 MPEG-7 的最终目的是把网上的多媒体内容变成像文本内容一样，具有可搜索性。这使得大众可以接触到大量的多媒体内容，MPEG-7 标准可以支持非常广泛的应用，具体内容如下：

(1) 音视频数据库的存储和检索。
(2) 广播媒体的选择(广播、电视节目)。
(3) 因特网上的个性化新闻服务。
(4) 智能多媒体、多媒体编辑。
(5) 教育领域的应用(如数字多媒体图书馆等)。
(6) 远程购物。

(7) 社会和文化服务(历史博物馆、艺术走廊等)。
(8) 调查服务(人的特征识别、辩论等)。
(9) 遥感。
(10) 监视(交通控制、地面交通等)。
(11) 生物医学应用。
(12) 建筑、不动产及内部设计。
(13) 多媒体目录服务(如黄页、旅游信息、地理信息系统等)。
(14) 家庭娱乐(个人的多媒体收集管理系统等)。

原则上,任何类型的 AV(Audio-Video)材料都可以通过任何类型的查询材料来检索,例如,AV 材料可以通过视频、音乐、语言等来查询,通过搜索引擎来匹配查询数据和 MPEG-7 的音视频描述。下面给出几个查询例子:

音乐:在键盘上弹几个音符就能得到包含(或近似)要求曲调的音乐作品列表,或以某种方式匹配音符的图像。例如从情感方面。

图形:在屏幕上画几条线就能得到类似图形、标识、表意文字(符号)等的一组图像。

运动:对一组给定的物体,描述物体之间的运动和关系,就会得到实现所描述的时空关系的动画列表。

电影拍摄剧本(剧情说明):对给定的内容,描述出动作,就会得到发生类似动作的电影拍摄剧本(剧情说明)列表。

MPEG 系列标准有一个原则:它将不对编码方法做出规定,就是说只规定最后的数据格式,而不管采用何种方法获得这些数据格式。这也正是制定国际标准的一个重要原则,一方面,它为以后出现新的编码技术留下余地;另一方面,它为各大公司和研究所的技术竞争留下了宽广的舞台。MPEG-7 明确表示将遵循这一原则,那就是只规定信息内容描述格式,而不规定如何从原始的多媒体资料中抽取内容描述的方法。实际上,这涉及到图像、语音的识别、理解问题,是当今人工智能、视觉、模式识别等领域的核心难题,解决方法虽有很多,但离一般意义上解决问题还相差甚远,在以后 MPEG-7 标准的制定过程中和发布实行后,各大公司和研究机构将一直在这些领域上进行技术竞争,以期获得标准的部分专利,从而占据有利地位,这将直接影响其商业利益。

## 4.8 其他压缩编码标准

### 4.8.1 M-JPEG

M-JPEG(Motion-Join Photographic Experts Group)技术即运动静止图像(或逐帧)压缩技术,广泛应用于非线性编辑领域,可精确到帧编辑和多层图像处理。把运动的视频序列作为连续的静止图像来处理,这种压缩方式单独完整地压缩每一帧,在编辑过程中可随机存储每一帧,可进行精确到帧的编辑。此外 M-JPEG 的压缩和解压缩是对称的,可由相同的硬件和软件实现;但 M-JPEG 只对帧内的空间冗余进行压缩,不对帧间的时间冗余进行压缩,故压缩效率不高。采用 M-JPEG 数字压缩格式,当压缩比为 7:1 时,可提供相当于 SP 质量图像的节目。

JPEG 标准所根据的算法是基于 DCT(离散余弦变换)和可变长编码。JPEG 的关键技术有变换编码、量化、差分编码、运动补偿、霍夫曼编码和游程编码等。

M－JPEG 的优点是:可以很容易做到精确到帧的编辑,设备比较成熟;缺点是:压缩效率不高。

此外,M－JPEG 这种压缩方式并不是一个完全统一的压缩标准,不同厂家的编解码器和存储方式并没有统一的规定格式。这也就是说,每个型号的视频服务器或编码板有自己的 M－JPEG 版本,所以在服务器之间的数据传输、非线性制作网络向服务器的数据传输都是不可能的。

### 4.8.2 MPEG－21 标准

Internet 网改变了物质商品交换的商业模式,这就是"电子商务"。新的市场必然带来新的问题:如何获取数字视频、音频以及合成图形等"数字商品";如何保护多媒体内容的知识产权;如何为用户提供透明的媒体信息服务;如何检索内容;如何保证服务质量等。此外,有许多数字媒体(图片、音乐等)是由用户个人生成、使用的。这些"内容供应者"同商业内容供应商一样关心相同的事情:内容的管理和重定位;各种权利的保护;非授权存取和修改的保护;商业机密与个人隐私的保护等。目前虽然建立了传输和数字媒体消费的基础结构,并确定了与此相关的诸多要素,但这些要素、规范之间还没有一个明确的关系描述方法,因此迫切需要一种结构或框架保证数字媒体消费的简单性,以便很好地处理"数字类消费"中诸要素之间的关系。MPEG－21 就是在这种情况下提出的。

制定 MPEG－21 标准的目的是:

(1) 将不同的协议、标准、技术等有机地融合在一起。

(2) 制定新的标准。

(3) 将这些不同的标准集成在一起。

MPEG－21 标准其实就是一些关键技术的集成,通过这种集成环境对全球数字媒体资源进行透明和增强管理,实现内容描述、创建、发布、使用、识别、收费管理、产权保护、用户隐私权保护、终端和网络资源抽取、事件报告等功能。

任何与 MPEG－21 多媒体框架标准环境交互或使用 MPEG－21 数字项实体的个人或团体都可以看作是用户。从纯技术角度来看,MPEG－21 对于"内容供应商"和"消费者"没有任何区别。MPEG－21 多媒体框架标准包括如下用户需求:

(1) 内容传送和价值交换的安全性。

(2) 数字项的理解。

(3) 内容的个性化。

(4) 价值链中的商业规则。

(5) 兼容实体的操作。

(6) 其他多媒体框架的引入。

(7) 对 MPEG 之外标准的兼容和支持。

(8) 一般规则的遵从。

(9) MPEG－21 标准功能及各个部分通信性能的测试。

(10) 价值链中媒体数据的增强使用。

(11) 用户隐私的保护。
(12) 数据项完整性的保证。
(13) 内容与交易的跟踪。
(14) 商业处理过程视图的提供。
(15) 通用商业内容处理库标准的提供。
(16) 长线投资时商业与技术独立发展的考虑。
(17) 用户权利的保护,包括服务的可靠性、债务与保险、损失与破坏、付费处理与风险防范等。
(18) 新商业模型的建立和使用。

### 4.8.3 其他压缩编码标准

#### 1) Real Video

Real Video 是 Real Networks 公司开发的在窄带(主要的 Internet 网)上进行多媒体传输的压缩技术。

#### 2) WMT

WMT 是微软公司开发的在 Internet 网上进行媒体传输的视频和音频编码压缩技术。该技术已与 WMT 服务器、客户机体系结构结合为一个整体,使用 MPEG-4 标准的一些原理。

#### 3) QuickTime

QuickTime 是一种存储、传输和播放多媒体文件的文件格式和传输体系结构,所存储和传输的多媒体通过多重压缩模式压缩而成,传输是通过 RTP 协议实现的。

# 5 光存储媒体技术

多媒体应用系统的一个突出特点是需处理巨大的信息量。传统的计算机存储设备在容量和存取速度上已无法满足多媒体信息处理的要求,当前迫切需要一种高密度、大容量的信息存储系统,这就是光存储媒体,俗称光盘。光盘存储技术利用光学方式进行信息的读/写,是采用磁盘以来最重要的新型数据存储技术,具有极大的存储容量和低廉的存储成本,现已成为多媒体系统中不可缺少的设备之一。

本章主要介绍光盘的发展历史、特点和分类,并阐述光盘的标准、CD-ROM、CD-R、CD-R/W 及 DVD。

## 5.1 概述

### 5.1.1 光盘的发展简史

光存储技术的主体是光盘和光盘驱动器。光盘是存储数据的介质,而光盘驱动器是进行数据读/写的设备。光盘驱动器的读/写头是由半导体激光器和光路系统组成的光学头。

光存储技术最早可追溯到 20 世纪 70 年代。70 年代初期,人类发明激光后,就开始了高密度光学存储技术的研究开发工作。激光的一个主要特点是可以聚焦成能量高度集中的极小的光点,直径可以在 1 $\mu m$ 以下,这样,光盘上每位信息所占的空间仅为 1 $\mu m$ 左右,从而使得光存储技术比其他存储技术具有更高的存储容量。光存储技术之所以能得到快速的发展,一方面是因为大容量存储的需求和应用前景,另一方面也是激光技术不断进步的结果。

70 年代初,荷兰 Philips 公司的研究人员开始研究利用聚焦成直径为 1 $\mu m$ 的激光束来记录信息,获得成功,并于 1972 年 9 月向全世界展示了长时间播放电视节目的光盘系统。1978年,以 LV(Laser Vision,激光视盘)为名称的光盘系统正式投放市场。LV 记录的是模拟信息,它对世界产生了深远的影响。

此后又经历 4 年的努力,人们终于把模拟声音信号变成用"0"和"1"表示的二进制的数字信号,并记录到以塑料为基片的金属圆盘上。1981 年,Philips 公司联合 Sony 等公司达成了数字激光唱盘标准的协议,将 Philips 公司开发的光盘技术和 Sony 公司开发的错误校正技术相结合,生产出用数字方式记录声音的光盘 CD-DA(Compact Disk-Digital Audio,数字激光唱盘),简称 CD 盘。由于 CD-DA 实现了模拟信号到数字信号的转变,使光盘技术又向前迈了一大步,从而为光盘成为计算机的存储设备提供了坚实的基础。

1985 年,Philips 公司和 Sony 公司开始将这种技术用于计算机的外部存储设备,于是出现了 CD-ROM(Compact Disk-Read Only Memory,只读光盘)。从 CD-DA 过渡到 CD-ROM 需要解决两个重要问题:一是寻址问题;二是大幅度降低误码率的问题。由于光盘的容量大,很快得到了广泛的应用。目前,CD-ROM 已成为多媒体计算机的标准配置之一。

随后,应用于各种领域的光盘相继问世,如 CD-Ⅰ(交互式光盘)、VCD(视频光盘)、DVD(数字视频光盘)等。进入 90 年代后,光盘的发展更为迅猛,不断有新光盘推出。今天,光盘已成为世界十大电子科技开发项目之一,在计算机工业、出版业、信息情报、多媒体项目等方面得到了广泛的应用和发展。

主要历史事件列举如下:

1972 年,Philips 公司开发出了长时间播放电视节目的光盘系统(模拟信号)。

1978 年,Philips 公司和 Sony 公司正式将 LV 投放市场。

1981 年,Philips 公司和 Sony 公司定义 CD-DA 标准(Compact Disk-Digital Audio)。

1982 年,Philips 公司和 Sony 公司推出记录数字声音的光盘。

1984 年,Sony 公司推出了世界上第一台汽车 CD 和便携式 CD 播放机。

1985 年,Sony 公司和 Philips 公司定义了 CD-ROM 标准。

1989 年,Sony 公司和 Philips 公司定义了交互式 CD-Ⅰ标准。

1994 年,随着多媒体技术的发展,CD-ROM 成为家用计算机的标准配置。

1995 年,Sony 公司和其他八家公司建立了 DVD 格式的统一标准。

图 5.1 所示为不同格式的光盘。

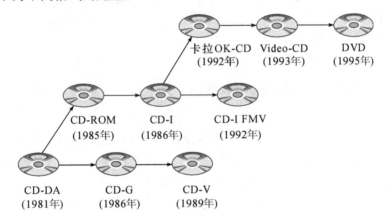

**图 5.1　CD 系列产品**

具体区别如下:

CD-DA:数字化的音乐节目。

CD-G:静止图像和音乐节目。

CD-V:模拟的电视图像和数字化的声音。

CD-ROM:数字化的文、图、声、像等。

CD-Ⅰ:数字化的文、图、声、像(静止的)、动画等。

CD-Ⅰ FMV:数字化的电影、电视等节目。

卡拉 OK-CD:数字化的卡拉 OK 节目。

Video-CD:数字化的电影、电视等节目。

DVD:数字多用光盘,以 MPEG-2 为标准,拥有 4.7 GB 的大容量,可储存 133 分钟的高分辨率全动态影视节目,图像和声音质量是 VCD 所不及的。

### 5.1.2 光盘的特点

光盘与传统的磁存储技术相比,有着不可比拟的优点,具体表现如下:

1) 存储密度高,存储容量大

由于利用激光作为能源,通过聚焦成直径为 $1~\mu m$ 的激光束来记录信息,因而存储 1 位信息所需的介质面积仅约为 $1~\mu m^2$,光盘的面密度可达 $10^7 \sim 10^8~bit/cm^2$。一张光盘的容量是同样大小的软磁盘容量的数百倍乃至上千倍。

2) 数据传输速率高

由于采用能量高度集中的高强度激光束,因而能以很高的数据速率写入信息,一般数据传输的速率可达几十兆字节每秒。光盘系统的传输速率与激光的输出功率有关,即输出的功率越高,传输速率越高。

3) 采用非接触方式读/写信息

这是光盘系统所具有的独特性能。由于激光头在读/写(R/W)光盘上的信息时不与盘面直接接触,因而就不会使盘面磨损、划伤,也不会损坏光头,可以大大提高记录光头和光盘的使用寿命。非接触方式带来的另一优点是能自由地更换光盘,给用户带来了方便,相当于无限制地扩大了可联机存储的信息容量。

4) 易于和计算机联机使用

光盘容量大,可用作计算机的外存储设备,扩大了光盘存储器的应用领域。

5) 可长期保存信息

光盘的记录介质封在两层保护膜中,且存取过程非接触式,无磨损,因而使用寿命很长,数据保存的时间也就很长。一般磁表面存储器的信息只能保持 2～3 年,而光盘上的信息存储时间可达 10 年以上,这一点对档案存储而言是非常重要的。

6) 价格便宜

光盘易于大量复制,存储每位信息的成本价格低廉。

### 5.1.3 光盘的分类

根据记录原理不同,可将光盘分为只读式光盘和可擦写光盘两大类。

1) 只读式光盘

只读式光盘的内容由光盘制造商完成,并在生产过程中一次性压制到光盘上。用户只能读取光盘上已记录下的各种信息,但不能修改或写入新的信息,这类光盘特别适用于廉价、大量地发行同一种信息,也是目前技术上最成熟、应用最广泛的一种存储介质。按技术规格的不同,又可分为 CD-DA、VCD、CD-ROM、DVD 等。

2) 可擦写光盘

根据不同的要求,由用户将信息直接写入光盘上,又分为只写一次式光盘和可擦写式光盘两类。

(1) 只写一次式光盘

只写一次式光盘,用户可以把数据写到光盘上,但只能写一次,一旦写入,就无法修改。

(2) 可擦写式光盘

可擦写式光盘,用户可以写入、擦除、改写数据,主要包括磁光型和相变型两种。

### 5.1.4 光盘系统的主要参数

1) 光盘类型

光盘的类型是指只读式、只写一次式以及可擦写式。

2) 光盘直径

光盘的直径反映了它的容量,如大容量光盘的直径为 14 in(356 mm),中容量光盘的直径为 8 in(203 mm)或 12 in(305 mm),小容量光盘的直径为 2.5 in(64 mm)至 5.25 in(133 mm)。例如常用的 CD-ROM 盘片,直径为 4.72 in(120 mm)。

3) 存储密度

存储密度分为线密度、面密度和道密度。线密度和面密度是指单位长度或单位面积内所能存储的二进制位数。光盘的线密度一般可达到 1 000 bit/mm,面密度可达 $10^7 \sim 10^8$ bit/cm$^2$。道密度则是指单位长度内光道的数目,一般可达到 600 道/mm。

4) 存储容量

存储容量是指存储在光盘中的数据总量。这是最常用、最重要的指标之一。例如,常用的 CD-ROM 光盘的存储容量为 650 MB。一般来说,采用的格式化标准不同,存储容量也不尽相同。

5) 数据传输率

数据传输率是指光学头单位时间内从盘片读出的二进制位数或字节数。当采用多路传输时,还可以大大提高数据的传输速率。例如,CD-ROM 中单速的数据传输率为 150 Kb/s,四倍速的数据传输率为 600 Kb/s。

6) 平均存取时间

平均存取时间是指把信息写入光盘或从光盘上读出信息所需的时间。由于光盘读/写头的重量较大,而半导体激光器的输出功率还不能做得很大等因素,使得光盘的存取时间较长,一般约为 100~500 ms。1995 年公布的 MP3 标准规定了 CD-ROM 的平均存取时间不得小于 0.25 s。

7) 信噪比

信噪比指信号幅度与噪声幅度之比,用 S/N 表示。从光盘上读出信息时,信噪比越大,则可靠性越高。

8) 误码率

从光盘上读出信息时,出现错误的位数与读出的总位数之比。光盘的原始误码率很高,一般为 $10^{-4} \sim 10^{-6}$。目前,通过各种错误校正措施,可将误码率降低到 $10^{-10} \sim 10^{-17}$。

9) 光盘的转速

光盘的转速有两种表示方法:等角速度 CAV(Constant Angular Velocity)和等线速度

CLV(Constant Linear Velocity)。

**10) 存储每位信息的价格**

它决定了光盘的性能价格比和经济效益。

## 5.2 光盘的标准

为了使光盘生产标准化、规范化,国际标准化组织 ISO 制定了一系列的标准,对光盘的物理尺寸、存储容量、数据格式等作了详细的规定。由于国际标准化组织在制定这些光盘标准时,使用了不同颜色的封面,人们也就习惯以标准文件的封面颜色来区分不同的光盘标准,又称彩书标准,比较重要的有以下几种:

### 5.2.1 红皮书——CD-DA

Red Book 是 1981 年由 Philips 公司和 Sony 公司为 CD-DA 定义的标准,也就是我们常说的激光唱盘标准。这个标准是第一个光盘国际标准,也是整个 CD 工业的最基本的标准,所有其他的 CD 标准都是在这个标准的基础上制定的。该标准是为了解决声音数据如何组织和存放的问题。

1) CD-DA 标准摘要(见表 5.1)

表 5.1  CD-DA 标准摘要

| 名 称 | 技术指标 | 名 称 | 技术指标 |
|---|---|---|---|
| 播放时间 | 74 min | 旋转方向 | 顺时针(从读出表面看) |
| 光道间距 | 1.6 $\mu m$ | 旋转速度 | 1.2～1.4 m/s(CLV) |
| 盘片直径 | 120 mm | 记录区 | 46～117 mm |
| 盘片厚度 | 1.2 mm | 数据信号区 | 50～116 mm |
| 中心孔直径 | 15 mm | 材 料 | 折射率为 1.55 的任何材料 |
| 凹坑深度 | -0.11 $\mu m$ | 最小凹坑长度 | 0.833～0.972 $\mu m$ |
| 凹坑宽度 | -0.5 $\mu m$ | 最大凹坑长度 | 3.05～3.56 $\mu m$ |
| 聚焦深度 | ±2 $\mu m$ | 激光波长 | 780 nm(7 800 埃) |
| 通道数 | 2个 | 量 化 | 16 位线性量化 |
| 采样频率 | 44 100 Hz | 通道位速率 | 4.321 8 Mb/s |
| 数据位速率 | 1.940 9 Mb/s | 数据:通道位 | 8:17 |
| 错误校正码 | CIRC | 调制方式 | EFM |

1 秒声音数据需要的存储空间为 1 s×44.1 K 样本/s×2B/样本×2(通道)=176.4 KB

2) CD-DA 帧与扇区格式

CD-DA 盘上只有一条螺旋形的物理通道(长 5 km),但根据数据存放的需要,可以划分成许多逻辑光道,每个逻辑光道可有若干个扇区,可长可短。通常,CD 中的一首歌构成一条逻辑光道(Track)。

扇区(Section)(也称节),将螺旋线光道等长分段,每段称为一个扇区,每扇区都有特定的地址标识。1 扇区由 98 帧构成,帧(Frame)是激光唱盘中存储数据的最基本单位。

其他单位:分、秒,1 物理光道=74 分,1 分=60 秒,1 秒=75 扇区

(1) 帧的结构(见图 5.2)

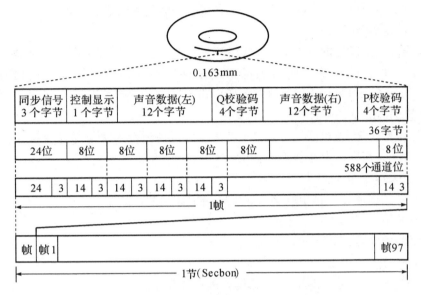

**图 5.2　帧的结构**

① 同步信号(SYNC):每帧 3 个字节。这 24 位同步位本身就是通道码,不需要进行 EFM 调制,任何数据经 EFM 调制后都不会出现与同步码字相同的码,具体的码字是:100000000001000000000010。

② 控制与显示字节:每帧 1 个字节,主要用来提供盘地址信息。每帧一个 8 位的控制字节,每扇区 98 帧组成 8 个 98 位的子通道,分别命名为 P、Q、R、S、T、U、V、W 子通道。一条光道上所有扇区的子通道组成 CD-DA 的 P、Q、…、W 通道。98 个控制字节(98×8 位)组成的 8 个子通道的结构如表 5.2 所示:

**表 5.2　8 个子通道的结构**

| 8 位 | | | | | | | |
| --- | --- | --- | --- | --- | --- | --- | --- |
| P 个通道(第 8 位) | Q 个通道(第 7 位) | R 个通道(第 6 位) | S 个通道(第 5 位) | T 个通道(第 4 位) | U 个通道(第 3 位) | V 个通道(第 2 位) | W 个通道(第 1 位) |

98 个字节的第 8 位组成 P 通道,第 7 位组成 Q 通道,以此类推。通道 P 含有一个标志,它用来告诉 CD 播放机光道上的声音数据从什么地方开始;通道 Q 包含有运行时间信息,CD 播放机使用这个通道中的时间信息来显示播放音乐节目的时间。Q 通道的 98 位的数据排列成如表 5.3 所示的形式。

**表 5.3　Q 通道的结构**

| 98 位 | | | | |
| --- | --- | --- | --- | --- |
| 2 位 | 4 位 | 4 位 | 72 位 | 16 位 |

2 位:控制字节的部分同步位。

4 位:控制标志,定义这条光道上的数据类型。

4 位:说明后面 72 位数据的标志。

72 位:Q 通道的数据(盘的内容表 TOC 或当前的播放时间)。

16 位:循环冗余码 CRC。

③ P,Q 错误校验码:每帧 4 个字节 Q 校验码,4 个字节 P 校验码,用来检测和校正读 CD 时出现的错误。由于 CD-DA 的每帧都采用了两层错误检测和错误校正(Error Detetion Code/Error Correction Code,EDC/ECC),所以声音数据的误码率可以降到 $10^{-9}$ 以下。

④ 声音数据(Audio Data)

由于采样位数为 16 位(2 B),立体声(双通道),每帧包含 6 次采样,故每帧的声音数据为:2 B×6×2=24 B。每扇区声音数据为:98×24 字节=2 352 字节。

另外,由于采样率为 44.1 kHz,则:

每秒的声音数据率:2×44 100 字节×2 Hz=176 400 字节/s

每秒需要的帧数:176 400÷24=7 350

每秒需要的扇区数:7 350÷98=75

(2)扇区数据格式

CD 盘上的 98 帧组成一个扇区,其结构如表 5.4 所示:

表 5.4 扇区数据格式

| 用户数据 | 第 1 层 | 第 2 层 | 控制字节 | 同步字节 |
| --- | --- | --- | --- | --- |
| | EDC/ECC | EDC/ECC | | |
| 98×(2×12) 字节 | 98×4 字节 | 98×4 字节 | 98×1 字节 | 98×3 字节 |
| 2 352 | 392 | 392 | 98 | 294 |

3) 红皮书的后续标准——CD-G

红皮书不仅定义了将声音数据存放在 CD 盘上,还定义了一种将静态图像数据存放到 CD 盘上的方法。若将图像信息存到通道 R~W 上,这种盘通常就称为 CD-G 盘(CD-Graphics)。CD-G 盘既可以存储声音,又可以存储静态图像数据。在当前的国内市场上,使用 R~W 通道的 CD 节目不多,能播放这种 CD 盘的播放机也不多。CD-G 节目在普通的 CD 播放机上播放时,可以欣赏音乐节目,但没有图像;若在能播放 CD-G 节目的 VCD 播放机上播放,要连接电视后才同时有音乐和图像。

## 5.2.2 黄皮书——CD-ROM

黄皮书(Yellow Book)是 Philips 公司和 Sony 公司为 CD-ROM 定义的标准。它在继承 CD-DA 的同时,又有重大突破,是 CD 工业进入第二阶段的标志,从此 CD 开始进入计算机行业。

黄皮书的突出贡献是,对 Red Book 中 2 352 字节的用户数据的重新定义,解决了 CD 作为计算机的存储器的两个问题:一是在计算机中的寻址问题;另一个是误码率问题。CD-ROM 标准使用了一部分用户数据作为错误校正码,称为第 3 层错误检测和错误校正,使 CD 盘的误码率降低到 $10^{-12}$ 以下。

黄皮书在红皮书的基础上增加了两种类型的光道,加上红皮书的 CD-DA 光道,CD-ROM 共有以下三种类型的光道:

CD-DA 光道:用于存储声音数据。

CD-ROM Mode 1:用于存储计算机数据。

CD-ROM Mode 2:用于存储压缩的声音数据、静态图像或电视图像数据。

1) CD-ROM Mode 1

CD-ROM Mode 1 对 Red Book 中 2 352 字节的用户数据作了重新定义,如表 5.5 所示。

表 5.5　CD-ROM Mode 1 的数据定义

| Red Book 中 2 352 字节的用户数据(用于存储计算机数据) | | | | | |
|---|---|---|---|---|---|
| 同步字节<br>12 字节 | 扇区地址<br>4 字节 | 用户数据<br>2 048 字节 | EDC<br>4 字节 | 未用<br>8 字节 | ECC<br>276 字节 |

EDC:4 字节,用于错误检测。如果无差错,则不执行错误校正。

ECC:276 字节,用于第 3 层错误检测和校正码。

磁盘的扇区地址是用 C-H-S(柱面号-磁头号-扇区号)地址系统表示,而 CD-ROM 是用计时系统中的分(min)、秒(s)及特别为 CD-ROM 规定的分数秒(1/75 s)来表示。扇区地址的格式,如表 5.6 所示。

表 5.6　扇区地址的格式

| 分(MIN) | 秒(SEC) | 分秒(FRAC) | 方式(MODE) |
|---|---|---|---|
| 1 字节<br>0~74 | 1 字节<br>0~59 | 1 字节<br>0~74 | 1 字节<br>01 |

2) CD-ROM Mode 2

CD-ROM Mode 2 对 Red Book 中 2 352 字节的用户数据作了重新定义,如表 5.7 所示。

表 5.7　CD-ROM Mode 2 的数据定义

| Red Book 中 2 352 字节的用户数据<br>(用于存储声音数据、静态图像或电视图像数据) | | |
|---|---|---|
| 同步字节<br>12 字节 | 扇区地址<br>4 字节 | 用户数据<br>2 336 字节 |

CD-ROM Mode 2 与 CD-ROM Mode 1 的区别在于:

(1) 用户数据大小不同。Mode 1 存储的用户数据为 2 048 个字节;Mode 2 存储的用户数据为 2 336 个字节,比 CD-ROM Mode 1 多 14%。

(2) 存储数据的类型不同。Mode 1 存放对错误极为敏感的数据,如计算机程序等;而 Mode 2 存放对错误不太敏感的数据,如声音、图像、图形等。

(3) 校验码长度不同。Mode 2 只用 4 个字节作为错误校验码(EDC),没有错误检测和校正码(ECC),因而其用户数据的误码率比 CD-ROM Mode 1 高。

(4) 扇区地址中的第 4 字节的方式值不同。在 Mode 2 的扇区地址中,第 4 字节的值设为:

Mode=02；而在 Mode 1 的扇区地址中，第 4 字节的值设为：Mode=01。

### 3) CD-ROM/XA

1988 年，Philips 公司、Microsoft 公司和 Sony 公司发布了 CD-ROM/XA 标准（CD-ROM Extended Architecture），它是 CD-ROM 的扩展结构，即对 CD-ROM Mode 2 作了扩充，定义了两种新的扇区方式，如表 5.8 所示。

CD-ROM/XA Mode 2：

Form1：用于存储计算机数据。

Form2：用于存储压缩的声音数据、静态图像或电视图像数据。

表 5.8  CD-ROM/XA 标准的数据定义

| CD-ROM/XA Mode 2 Form 1：2 352 字节（存放计算机数据） | | | | | |
|---|---|---|---|---|---|
| 同步字节 12 字节 | 扇区地址 4 字节 | Form 1 8 字节 | 用户数据 2 048 字节 | EDC 4 字节 | ECC 276 字节 |

| CD-ROM/XA Mode 2 Form 2：2 352 字节（存放压缩的多媒体数据） | | | | | |
|---|---|---|---|---|---|
| 同步字节 12 字节 | 扇区地址 4 字节 | Form 2 8 字节 | 用户数据 2 324 字节 | EDC 4 字节 | |

扇区地址（Header）的第 4 字节仍为 02。

8 字节的 Form 1、Form 2 中存放数据类型、格式形式、数据编码信息。

如 ADPCM 可以按格式和算法要求读出多媒体信息。

该标准的贡献在于：(1)允许把计算机数据、声音、静态图像或电视图像数据放在同一条光道上；(2)多媒体信息的压缩存储。

### 4) CD-ROM/XA 中的声音

压缩算法：ADPCM。

级别：Level B 和 Level C。

质量：较 CD-DA 差一些，放在 Form 2 中的声音数据必须进行压缩，才能空出空间来存放同步、扇区地址和数据类型信息。

与 CD-DA 的声音相比，如果用一片存放 74 分钟 CD 盘来存放 CD-ROM/XA 的声音，那么这两种声音最长的播放时间如表 5.9 所示。

表 5.9  CD-ROM/XA 中声音的播放时间

| 声音等级 | 播放时(h) | 样本大小(位) | 采样速率(kHz) |
|---|---|---|---|
| CD-DA | 1.25 | 16 | 44.1 |
| Level B | 5（立体声）<br>10（单声道） | 44 | 37.8<br>37.8 |
| Level C | 10（立体声）<br>20（单声道） | 44 | 18.9<br>18.9 |

## 5.2.3  ISO 9660

黄皮书解决了 CD-ROM 物理结构的标准化问题。CD-ROM 物理格式的标准化意味着所有CD-ROM生产厂家都应遵循这种标准化格式，也就意味着，CD-ROM上的信息可以在不同的信息处理系统之间交换；但只能在物理层上实现交换。由于CD-ROM面对用户的是文件，如文本文件、图像文件、声音文件、执行文件等等，这就需要一个文件系统来管理，这样就可使用户把CD-ROM当成一个文件集来看待，而不是让用户从物理层上去看待CD-ROM盘。因此，仅有物理格式标准化还不够，还需要有一个如何把文件和文件目录放到CD-ROM盘上的逻辑格式标准，也就是文件格式。

由于CD-ROM标准(Yellow Book)没有制定文件标准，所以计算机厂家不得不开发自己的CD-ROM逻辑格式。这些不统一的CD-ROM逻辑格式严重地影响了CD-ROM的推广应用。为了解决这个问题，计算机工业界的代表聚集在美国内华达州的Del Webb's High Sierra Hotel & Casino，起草了一个CD-ROM文件结构的提案，叫做High Sierra文件结构，并把这个提案提交给了国际标准化组织(ISO)，ISO作了少量修改后命名为ISO 9660。1988年正式公布了这个标准，标准的全称为：用于信息交换的CD-ROM的卷和文件结构。

IBM PC及其兼容机的文件结构叫做MS-DOS文件结构，而Apple Macintosh计算机的文件结构叫做分层结构文件系统(Hierarchical File System, HFS)。由于这两种文件结构不相同，因此MS-DOS文件不能在Macintosh计算机上运行，而HFS文件不能在IBM PC机上运行。ISO 9660标准既不是MS-DOS的文件结构的标准，也不是HFS的文件结构标准，它只是一个描述计算机用的CD-ROM文件结构的标准。因此，计算机要能够读ISO 9660文件结构的盘，它的操作系统就必须要有支持软件，这个软件通常是在现有操作系统上进行扩展(Extension)。Microsoft公司为读CD-ROM盘上的ISO 9660文件而开发的程序叫做MSCDEX(Microsoft CD-ROM Extension)，它需要和CD-ROM驱动器带的设备驱动程序相联合，MS-DOS操作系统才能读CD-ROM盘上的ISO 9660文件。MSCDEX.EXE程序的主要功能就是把ISO 9660文件结构转变成MS-DOS能识别的文件结构。

在MS-DOS和MS-Windows环境下，IBM PC机及IBM兼容机必须安装MSCDEX.EXE和CD-ROM驱动器带的设备驱动程序软件才能读CD-ROM盘上的文件。在MS-Windows 3.x环境下，设备驱动程序要安装在CONFIG.SYS文件中，而MSCDEX.EXE文件要安装在AUTOEXEC.BAT文件中。同样，其他的操作系统也需要开发类似于MSCDEX.EXE的软件，并且同样要与CD-ROM驱动器带的设备驱动程序联合工作，这样才能读ISO 9660盘上的文件。

在Windows 95/98环境下不需要另外配置CONFIG.SYS和AUTOEXEC.BAT文件，它本身带有MSCDEX.EXE和设备驱动程序，在安装过程中会自动安装，因此用户自己也就不需要另外安装MSCDEX.EXE和CD-ROM设备驱动程序。

### 5.2.4 绿皮书——CD-I

CD-I(Compact Disc Interactive)标准是从CD-DA和CD-ROM标准发展而来，又称为"绿皮书"(Green Book)。它将CD-ROM的领域扩展到了播放装置的交互性世界，其定义的扇区格式与CD-ROM XA相同。

CD-I盘包含导入区、节目区和导出区三个区，如图5.3所示：

(1) 导入区：若干空扇区，目的是为容易识别节目区。

(2) 节目区：可以有1～99条光道，每条光道长度为300～325 000扇区。第一条光道必须

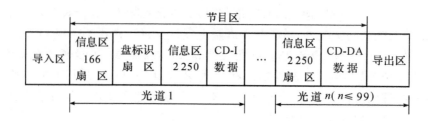

图 5.3 CD-I 标准格式

是 CD-I 光道;CD-DA 光道必须在 CD-I 光道之后(最多 98 条)。

(3) 导出区:空扇区(最后一个光道是 CD-I 光道时),或是无声的帧(最后一个光道是 CD-DA 光道时)。

### 5.2.5 橙皮书——CD-R

可录 CD 盘标准,CD-R(Compact Disk Recordable),又称为橙皮书标准(Orange Book),它允许用户把自己创作的影视节目或者多媒体文件写到盘上。

1) 分类

可录 CD 盘分为以下两类:

(1) CD-MO (Compact Disk-Magneto Optical)盘:磁光盘。采用磁记录原理,利用激光读/写数据的盘,可多次重写。

(2) CD-WO(Compact Disk-Write Once)盘:又写成 CD-R 盘,只能写入一次。

2) Orange Book Part 1:针对 CD-MO 盘的标准

Orange Book Part 1 标准描述 CD-MO 盘上的两个区:

(1) Optional Pre-Mastered Area(可选预刻录区),这个区域的信息是按照 Red Book、Yellow Book 或 Green Book 标准预先刻制在盘上的,是一个只读区域。

(2) Recordable User Area(用户可重写的记录区),普通的 CD 播放机或者 VCD 播放机不能读这个区域的数据,这是因为 CD 唱片和 VCD 盘与磁光盘采用的记录原理不同。

3) Orange Book Part 2:针对 CD-WO 盘的标准

Orange Book Part 2 标准定义为可写一次的 CD-WO 盘。这种盘在出厂时已有预刻槽,即物理光道的位置已经确定,是一盘空白盘。用户把多媒体文件写到盘上之后,就把内容表(Table Of Contents,TOC)写到盘上。在写入 TOC 之前,这种盘只能在专用的播放机上读;在 TOC 写入之后,这种盘就可以在普通的播放机上播放。

Orange Book Part 2 标准还定义了 Hybrid Disc(混合盘)。Hybrid Disc 含有两种类型的记录区域:

(1) Pre-recorded Area(预记录区):按照某标准预先记录在盘上的一个只读区域。

(2) Recordable Area(可记录区):把物理光道分成好几个记录段(Multi-Session)。每段由三个区域组成:导入区(Lead In)、信息区(Information)和导出区(Lead Out),每一段要在导入区写入 TOC。

## 5.2.6 白皮书——Video CD

白皮书标准(White Book)描述的是一个使用 CD 格式和 MPEG 标准的数字电视播放系统。Video CD 标准有完整的文件系统,其结构遵循 CD-Bridge 的规格和 ISO 9660 的文件结构,这样就使 Video CD 节目能够在 CD-ROM、CD-I 和 VCD 播放机上播放。

### 1) VCD 盘的组织

VCD 盘由导入区、节目区、导出区组成,VCD 盘的组织如表 5.10 所示。盘上的数据按光道来组织,光道数最多为 99 条。VCD 盘的导入区和导出区按 CD-ROM XA 数据光道的 Mode 2 Form 2 进行编码,是不含数据的空扇区。

表 5.10 VCD 盘的组织结构

| Lead-in Area (导入区) | | Lead-out Area (导出区) |
|---|---|---|
| Program Area (节目区) | Track 1 (光道 1) | Track 1:专用 VCD 数据光道 |
| | Track 2 (光道 2) | Track 2~99(Max.) |
| | Track 3 (光道 3) | |
| | ⋮ | ① Track 2~K:MPEG Audio/Video Track |
| | Track K (光道 K) | |
| | Track K+1 (光道 K+1) | |
| | ⋮ | ② Track K+1~N:CD-DA Track |
| | Track N (光道 N) | |

在节目区中的第一条光道(Track 1)是一条专用 VCD 数据光道(Special Video CD Track),其余的是 MPEG Audio/Video 光道。Video CD 2.0 规格只定义了 MPEG Audio/Video 光道和 CD-DA 光道这两种光道,而每一条 MPEG Audio/Video 光道只包含一个有 MPEG Video 和 MPEG Audio 数据的播放序列。

(1) 专用数据光道

专用 VCD 数据光道(Special Video CD Track)用来描述 VCD 盘上的信息,它的结构如图 5.4 所示。它的几个区域说明如下:

① 扇区号为 00:02:16 的扇区是基本卷号描述符 PVD(Primary Volume Descriptor)扇区,用来描述 VCD 盘的卷号。

② 从扇区 00:03:00 开始到 00:03:74 的区域是一个选择性的卡拉 OK 基本信息区(Karaoke Basic Information Area)。该区域中的数据用来产生卡拉 OK 音乐节目的快速参照表,它由基本信息头 BIH(Basic Information Header)文件(KARINFO.BIH)和最多 63 个卡拉 OK 文本文件(KARINFO.CC)组成。

③ 从扇区 00:04:00 开始的区域是 VCD 信息区

图 5.4 专用 VCD 数据光道的结构

(Video CD Information Area)，它包含有强制性的 VCD 盘信息文件 INFO. VCD（扇区 00：04：00）和入口表（Entry Table）文件 ENTRIES. VCD（扇区 00：04：01），以及可选的清单偏移量表（List ID Offset Table）文件 LOT. VCD（扇区 00：04：02）和播放顺序描述符（Play Sequence Descriptor）文件 PSD. VCD（扇区 00：04：34）文件。

④ 分段播放项目区（Segment Play Item Area）是一个选择性的区域，它可包含许多分段播放项目（Segment Play Item）。一个分段播放项目可以是 MPEG 电视、MPEG 声音和 MPEG 算法编码的静态图像，这些项目通过播放顺序描述符 PSD（Play Sequence Descriptor）的解释进行播放。这个区域的开始地址由 INFO. VCD 文件给出。

分段播放项目区被分成连续的段（Segment），并从♯1 开始连续编号直到♯1 980，每一段由 150 个扇区组成。这个区域的长度可以是 1～1 980 之间的任意整数。一个分段播放项目可以占据一个或者多个段。

⑤ 其他文件（Other Files）区可包含强制性的 CD-Ⅰ 应用节目（CD-Ⅰ Application Program）和选择性的扩展目录（EXT Directory）信息。

（2）MPEG-Audio/Video 光道

Track 2（光道 2）开始是 MPEG-Audio/Video 光道，用来存放 MPEG 编码的电视图像和声音数据。MPEG 编码的数据受到由大于 15 个扇区组成的前保护区 FM（Front Margin）和后保护区 RM（Rear Margin）的保护，如图 5.5 所示。FM 的推荐长度是 30 扇区，RM 的推荐长度是 45 个扇区。

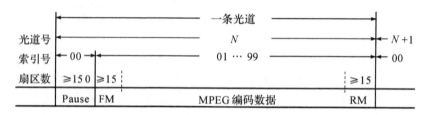

图 5.5　MPEG-Audio/Video 光道的布局

（3）CD-DA 光道

VCD 盘可包含 CD-DA 光道，但必须在 MPEG-Audio/Video 光道之后。如果 VCD 盘包含 CD-DA 光道，Video CD 规范要求在最后一条 MPEG-Audio/Video 光道的 RM 之后设置至少 150 个扇区的后间隔。

2）MPEG-Audio/Video 扇区的结构

Video CD 定义了 MPEG 光道的结构，它由 MPEG-Video 扇区和 MPEG-Audio 扇区组成。光道上的 Video（电视图像）和 Audio（声音）是按照 MPEG 标准 ISO 11172 的规定进行编码。MPEG-1 Video 扇区和 MPEG-1 Audio 扇区是交错存放在光道上的，如图 5.6 所示。

图 5.6　MPEG-1 Video 扇区和 MPEG-1 Audio 扇区结构

MPEG-Video 扇区的一般结构如表 5.11 所示。

表 5.11　MPEG-Video 扇区的结构

| 一个信息包:2 324 字节 | | | |
| --- | --- | --- | --- |
| 信息包开始码 | SCR(系统参考时钟) | MUX 速率 | 信息包数据 |
| 4 字节 | 5 字节 | 3 字节 | 2 312 字节 |

MPEG-Audio 扇区的一般结构如表 5.12 所示。

表 5.12　MPEG-Audio 扇区的结构

| 一个信息包:2 324 字节 | | | | |
| --- | --- | --- | --- | --- |
| 信息包开始码 | SCR(系统参考时钟) | MUX 速率 | 信息包数据 | 00 |
| 4 字节 | 5 字节 | 3 字节 | 2 292 字节 | 20 字节 |

## 5.3　CD-ROM 系统

CD-ROM 系统由 CD-ROM 光盘和 CD-ROM 驱动器两部分组成,CD-ROM 光盘的全称是紧凑式只读存储器。它是信息的载体,可以存储二进制的计算机数据、音频、视频等信息。CD-ROM 驱动器就是人们通常所说的光驱,主要完成对 CD-ROM 光盘的数据的读取。

### 5.3.1　CD-ROM 光盘结构

标准的 CD-ROM 光盘直径为 120 mm(4.72 in),中心定位孔直径为 15 mm,厚度 1.2 mm,重量约为 14~18 g。

1) CD-ROM 的物理结构

CD-ROM 光盘主要由透明衬底、铝反射层、保护层组成。如图 5.7 所示。

盘片的第一层是用聚碳酸酯压制成型的透明衬底,表示信息的凹坑就模压在衬底上;第二层是反射激光的铝反射层,当激光扫描光盖上凹坑时,铝反射层能提高激光的反射率;第三层(印有标签的一面)是一层涂漆的保护层,当把盘片放入 CD-ROM 驱动器时,这一面朝上。

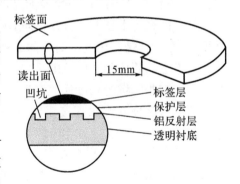

图 5.7　光盘物理结构图

标准的 CD-ROM 光盘是单面只读光盘,CD-ROM 光盘之所以制成单面盘,而不是双面盘,并不是技术的原因,主要是一片双面盘的制作成本远高于两张单面盘的制作成本,因此,CD-ROM 光盘一面专门用来印制标签,另一面用来存储数据。由于激光束必须穿过透明衬底才能达到凹坑,读出数据,因而盘片中存放数据的那一面上的污损会影响数据的读出性能。

2) CD-ROM 的光道结构

磁盘上的数据存放在磁道上,光盘上的数据存放在光道上,CD-ROM 光盘的光道结构与磁盘的磁道结构在形状上完全不同。如图 5.8 所示。

图 5.8 磁道结构和光道结构

磁盘上的磁道是由一系列的同心圆构成,一个磁道又由若干个扇区组成,数据信息就存放在扇区里。不同磁道上的扇区面积不同,但每个扇区所存放的数据量是相同的。由于内外扇区的面积不一样,内扇区面积小,外扇区面积大,导致内外扇区位密度不一致,外磁道的存储空间没有得到充分利用,浪费了大量的存储空间。

磁盘片转动时,转动的角速度是恒定的,用 CAV 表示,其特点是:

(1) 不同的磁道上,磁头相对磁道的线速度是不同的。

(2) 内磁道记录密度高,外磁道记录密度低,存储空间不能充分利用。

(3) 控制比较简单,便于随机存取。

CD-ROM 光盘采用螺旋型光道,全长 5km,光道上的扇区按等距划分,因而扇区具有相同的长度。内外光道的位密度相同,充分利用了外光道的存储空间,存储量大大提高。

光盘转动时,转动的角速度在光盘的内外区不同,但光头相当于盘片运动的线速度是恒定的,用 CLV 表示,其特点是:

(1) 由于采用恒线速,所以内外光道的记录密度(比特数/英寸)是一样的。

(2) 盘片的存储空间得到充分利用。

(3) 随机存储特性较差,控制也比较复杂。

3) 编码

为了在物理介质上存储数据,就必须把数据转换成适合于在介质上存储的物理表达形式。习惯上,把数据转换后得到的各种代码称为通道码。

光盘的光道上压制了许多凹坑,激光束在凹坑部分的反射光强度要比平坦部分反射的光强度弱,光盘就是利用这个简单的原理来区分"1"和"0"的。

光道上的凹坑和非凹坑的平坦部分本身并不代表"1"和"0",而是凹坑的前沿和后沿代表"1",凹坑和非凹坑的长度代表"0"的个数,因此,光盘上的数据只可能有连续的"0",不可能有连续的"1",这种方式比直接用凹坑和非凹坑代表"1"和"0"更有效,更能提高光盘的抗干扰能力。

为进一步提高读出数据的可靠性和降低误码率,CD-ROM 光盘在存储数据时采用了 EFM(Eight to Fourteen Modulatim)调制编码,即将 1 字节数据变成 14 位通道码,又称为 8-14 调制编码,规定光道上连续"0"的个数不少于 2 个,但不多于 10 个。

8 位数据有 256 种代码,而 14 位通道位有 $2^{14}=16\,384$ 种代码。通过分析计算,在这 14 位的 16 384 种代码中有 267 种代码能满足 0 行程长度要求;而其中有 10 种代码在合并通道码时限制行程长度仍有困难,再去掉一个代码,这样就得到了与 8 位数据相对应的 256 种通道码。

此外,当通道码合并时,为了满足行程长度的要求,在通道码之间再增加 3 位来确保读出信号的可靠性,于是把 8 位数据转换成 17 位的通道码,如图 5.9 所示。

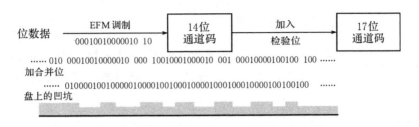

图 5.9 通道码

### 4) 数据结构

由于 CD-ROM 光盘产生的技术背景是 CD-DA，加上其螺旋形线型光道结构、以恒定线速度(CLV)转动、容量大等诸多因素，导致 CD-ROM 的数据结构比硬磁盘和软磁盘的数据结构复杂得多。

CD-ROM 光盘盘区划分为导入区(Lead-in Area)、用户数据区(User Data Area 和导出区(Lead-out Area)三个区。这三个区都含有物理光道。所谓物理光道是指 360°一圈的连续螺旋形光道。这三个区中的所有物理光道组成的区称为信息区(Information Area)。在信息区，有些光道含有信息，有些光道不含信息。含有信息的光道称为信息光道(Information Track)。每条信息光道可以是物理光道的一部分，或是一条完整的物理光道，也可以是由许多物理光道组成。

信息光道可以存放数字数据、音响信息、图像信息等。含有用户数字数据的信息光道称为数字光道，记为 DDT(Digital Date Track)；含有音响信息的光道称为音响光道，记为 ADT(Audio Track)。一盘 CD-ROM 光盘，既可以只有数字数据光道；也可以既有数字数据光道，又有音响光道。

在导入区、用户数据区和导出区这三个区中，又都含有信息光道。不过导入区只有一条信息光道，称为导入光道(Lead-in Track)；导出区也只有一条信息光道，称为导出光道(Lead-out Track)。

用户数据记录在用户数据区中的信息光道上。所有含有数字数据的信息光道都要用扇区来构造，而一些物理光道则可以用来把信息区中的信息光道连接起来。

### 5) 错误检测与纠正

激光盘同磁盘、磁带一类的数据记录媒体一样，受到盘的制作材料的性能、生产技术水平、驱动器以及使用人员水平等的限制，从盘上读出的数据很难完全正确。据有关研究机构测试和统计，一盘未使用过的只读光盘，其原始误码率约为 $3\times10^{-4}$；有伤痕的盘约为 $5\times10^{-3}$。针对这种情况，激光盘存储采用了功能强大的错误码检测和纠正措施，采用的具体对策归纳起来有以下三种：

(1) 错误检测码 EDC(Error Detection Code)。采用 CRC 码检测读出的数据是否有错。CRC 码有很强的检错功能，但没有开发它的纠错功能，因此只用它来检错。

(2) 纠错码 ECC(Error Correction Code)。采用里德·索洛蒙码，简称为 RS 码，进行纠错。RS 码被认为是性能很好的纠错码。

(3) CIRC 码 (Cross Interleaved Reed-Solomon Code)。这个码可以理解为在用 RS 编译码前后，对数据进行插值和交叉处理。

### 5.3.2 CD-ROM 扇区的数据结构

标准 CD-ROM 光盘采用黄皮书标准，所采用的技术与 CD-DA 相同，但寻址方式和误码率与 CD-DA 不同。CD-DA 误码率为 $10^{-9}$；而 CD-ROM 光盘的误码率在 $10^{-12}$ 以下。

#### 1) 寻址方法

CD-ROM 光盘中的最小寻址单位是扇区。数据沿光道存放，光道从内到外等距离分段，每一段就称为一个扇区。每个扇区所存放的数据量是相同的。为了能迅速找到相应扇区中的数据，每个扇区都规定了唯一的地址标识。

磁盘上的磁道由于是同心圆结构，地址的编址方式是盘面号、磁道号、扇区号，而 CD-ROM 则采用时间作为地址，即从分、秒、扇区号作为地址。光道总长为 74 分钟，1 分等于 60 秒、1 秒等于 75 个扇区(扇区号为 0～74，其单位为 1/75 秒)。例如，光道上第 20 000 个扇区的地址为 4 分 26 秒 50 区。

#### 2) 数据格式

CD-ROM 光盘根据存放的数据类型不同，有两种扇区格式定义，分别称为 Mode 1 和 Mode 2。由于 CD 系列光盘标准都来自于红书皮标准，因而 CD-ROM 的扇区格式与 CD-DA 非常相似，每个扇区存放的字节总数都为 2 352 字节。但是由于从 CD-DA 过渡到 CD-ROM 需解决寻址问题和大幅度降低误码率的问题，因而必须对红皮书标准中的 2 352 字节的用户数据作重新定义。扇区格式定义如图 5.10 所示。

Mode1：

| 同步码 | | | 扇区地址 | | | | 用户数据 | EDC 检错码 | 分隔码 | ECC 纠错码 |
|---|---|---|---|---|---|---|---|---|---|---|
| 00 | FF | 00 | MIN | SEC | FRAC | MODE | 2 048 字节 | 4 字节 | 8 字节 | 276 字节 |
| 1 字节 | 10 字节 | 1 字节 | 1 字节 | 1 字节 | 1 字节 | 1 字节 | | | | |

Mode2：

| 同步码 | 扇区地址 | 用户数据 |
|---|---|---|
| 12 字节 | 4 字节 | 2 336 字节 |

图 5.10 CD-ROM 扇区格式定义

Mode 1 主要用于存储对误码率要求较高的数据，如计算机程序或文本等，每个扇区有 2 352 个字节。同步码共 12 个字节，其中第一个和最后一个为 00H，中间 10 个字节为 FFH。扇区地址共 4 个字节，反映了扇区的地址段，分、秒、分数秒(1/75 s)各占 1 个字节，随后的方式控制字节指明该扇区是属于哪一种格式定义。扇区中所存储的用户数据共有 2 048 个字节。扇区的最后三部分主要用于检错、纠错，通过采用 EDC 检错码、ECC 纠错码，Mode1 的数据误码率从 CD-DA 的 $10^{-9}$ 提高到 $10^{-12}$，基本满足了存放计算机软件的要求。

Mode 2 主要用于存储对误码率要求不高的数据，如图形、音频或视频等，其扇区格式与 Mode 1 基本相同，只是去掉右边三项，使用户数据增加到 2 336 个字节。由于读出的数据只经过 CIRC 校正，没有使用 EDC 检错码和 ECC 纠错码，因而误码率小于 $10^{-9}$。

总结,Mode1 和 Mode2 的区别如下:
(1) 存储的数据类型不同。Mode 1 用于存储计算机程序或文本数据;Mode 2 用于存储图形、图像、动画、声音等数据。
(2) 存储的用户数据容量不同。Mode 1 的用户数据容量为 2 048 字节;Mode 2 的用户数据容量为 2 336 字节。
(3) 数据读出的误码率不同。Mode 1 的误码率小于 $10^{-12}$;Mode 2 的误码率小于 $10^{-9}$。

3) 盘片容量计算

要计算 CD-ROM 光盘的容量,首先算出盘上的扇区总数,即可算出盘片容量。由于光道总长 74 分钟,1 分钟 60 秒,1 秒钟寻址 75 个扇区,则:

扇区数=74×60×75=333 000(个)

假设光盘上存放的是计算机程序,则扇区格式为 Mode1,每个扇区中的用户数据为 2 048 字节,则:

容量=333 000×2 048=660 MB
数据速率=2 048×75=150 Kb/s
目前,40 倍速的光驱,其数据速率为:150 Kb/s×40=6 000 Kb/s

### 5.3.3 CD-ROM 光驱

1) 光驱的分类

(1) 按外型分类

可分为内置式和外置式。内置式光驱就像软驱一样直接安装在计算机内部;外置式光驱一般安装在计算机的机箱外部,需外接电源,外置式光驱价格比内置式高,但移动方便。目前的微机一般采用内置式光驱。

(2) 按速度分类

可分为单倍速机、双倍速机、4 倍速机、8 倍速机、40 倍速机、48 倍速机等。

(3) 按接口形式

可分为 SCSI 接口、IDE 接口、USB 接口。SCSI 接口光驱是指采用专门的 SCSI 接口卡与电脑主板相连接的光驱,速度快、数据传输效率高,但价格比较高,主要应用于工作站、服务器等高档次计算机。IDE 接口光驱是目前应用最广泛、最常见的光驱,它可与系统主板的 IDE 接口或多功能 IDE 接口卡相连,这种光驱不需要专门接口,价格便宜,但数据传输速率要比 IDE 接口和 SCSI 接口低。

2) 光驱的组成

(1) 外观

正面:光盘托盘、托盘开关、耳机孔、音量控制按钮。
背面:光驱电源、数据传输线、CD 音频线。

(2) 光驱的接口

SCSI 接口、IDE 接口、USB 接口等。

(3) CD-ROM 驱动器

CD-ROM 驱动器集光、电、机械于一体,内部结构非常复杂。主要由光头、读出通道、聚焦伺服、跟踪伺服、光盘转速控制和微处理等几部分组成,具体结构如图 5.11 所示。

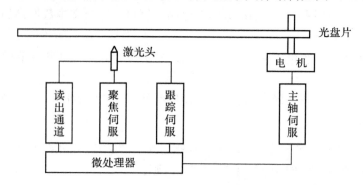

**图 5.11　CD-ROM 驱动器的结构图**

光头是光驱的核心部件由激光发射器、光盘检测器、光学部件等组成,它是光盘的读出系统,主要动能是把存储在 CD-ROM 光盘上的凹坑信号转换成电信号,再经处理后得到 EFM 码。

聚焦伺服系统的作用是通过光电检测器测出光头离光盘的距离,从而得到误差信号,供聚焦伺服系统校正,以便使激光束准确地定位在光盘的信息面上。

另外,由于光盘的光道很密,当光头激光束从一个光道移到另一个光道读取数据时,有可能使激光束移到光道间,因此,必须通过径向光道跟踪伺服系统控制激光的径向移动,保证激光束始终定位于光盘的光道上。

光盘转速控制系统的作用是控制光盘的转速始终保持恒定的线速度。由于光盘的各个光道存储密度是相同的,在读取光盘内圈时转速加快,而读取外圈时转速减慢,从而保证光驱在读取光盘内圈和外圈时所获取的数据量大体一致。

3)光驱的主要性能指标

(1)数据传输速率:光驱每秒从盘片中读出的数据量。CD-ROM 驱动器的基本传输速率为 150 Kb/s,简称单速光驱,以后又推出了 4 倍速(600 Kb/s)、8 倍速(1 200 Kb/s)等。光驱的更新速度很快,目前,已有 40 倍速(6 000 Kb/s)、48 倍速(7 200 Kb/s)的光驱出现。

(2)平均存取时间:指把信息写入光盘或从光盘上读出信息的时间,分以下三个时间段:

① 寻道时间:光头移到指定的数据轨道所花费的时间。寻址一般要花费较长的时间,它决定了 CD-ROM 驱动器的读取速度。

② 稳定时间:光头稳定在光道上的时间。

③ 旋转等待时间:盘片旋转到包含数据的扇区转到光头的上方所需的时间。三者之和即是光盘的平均存取时间。

(3)旋转方式

光驱在主轴电机的带动下高速旋转。由于 CD-ROM 内外光道的位密度相同,因而光头在读取内外光道时,所获取的数据量也不同。一般采用三种不同的旋转方式解决光盘内外光道数据量的差异问题。

① CLV 恒线速。CLV 是指读取光盘时采取恒定的线速度,在读取内光道时速度加快,从而保证光驱在读取内、外光道时所获取的数据量大体一致。这种方式需要光驱的主轴电机不断地改变旋转速度,以适应读取数据的需要。但频繁的变换主轴电机的转速势必要降低光驱

使用的寿命。因此，CLV 只适合于 12 倍速以下的光驱。

② CAV 恒角速。CAV 是指读取光盘时采取恒定的角速度，即在读取内外光道时，保持恒定的转速。这种方式容易控制，有利于延长光驱寿命，但是在读取内外光道数据时，实际的数据传输率将不同，读取内光道时，数据传输率将较低，因而，一般适合于 24 倍速以下的光驱。

③ CAV 和 CLV 相结合的方式。这种方式结合了 CAV 和 CLV 的优点，在读取内光道数据时采用 CAV 方式，在读取外光道数据时采用 CLV 方式，这样既延长了光驱的寿命，又提高了光驱的性能。目前，大部分高档光驱都采用这种旋转方式。

(4) CPU 占用率

指 CD-ROM 在读取数据时所占用的 CUP 带宽的百分比，反映了光驱制造商编写 CD-ROM 的 BIOS 的水平。

(5) 缓存大小

CD-ROM 在工作时，首先将读取的数据暂时存放到缓存中，然后一次性地进行传输和转换。缓存越大，光驱读取数据的速度越快。

(6) 纠错能力

纠错能力是光驱非常重要的性能。目前，不少产品都采用了很多方法来改进纠错能力，如采用全钢机芯来加强光驱运行时的稳定性；采用加大激光头的发射功率来提高光驱的纠错能力等。

(7) 传输模式

光驱的传输模式主要有 PIO(并行 I/O)和 Ultra DMA/33(UDMA33)两种。UDMA33 光驱使得 CUP 占有率更低，I/O 系统的速度更快。

## 5.4　CD-R 和 CD-R/W 光盘

信息时代的加速使得越来越多的数据需要保存和交换。用户只能读取 CD-ROM 光盘存储器上的数据，无法更改；而一次写入光盘(CD-R)和可重写光盘(CD-R/W)可利于光盘刻录机按照规定的数据格式进行写数据。CD-R 光盘只允许写入一次，写入的数据不能再修改；而 CD-R/W 光盘允许多次写入，写入的数据可以再次修改。

### 5.4.1　CD-R 光盘

CD-R 是 CD Recordable 的缩写，中文简称刻录机。CD-R 标准(橙皮书)是由 Philips 公司于 1990 年制定的，目前已成为业界广泛认可的标准。由于 CD-R 盘片只允许写入一次，写入后不允许擦除，但可以像 CD-ROM 光盘一样被反复读取多次，因此又称为 CD-WO(一次性写入光盘)。

1) CD-R 光盘的特点

(1) CD-R 一般与 CD-ROM 兼容，可在任何符合 ISO 9660 标准的 CD-ROM 驱动器上随机读取 CD-R 中存储的信息。

(2) CD-R 盘片的物理尺寸和 CD-ROM 盘片相同。

(3) CD-R 盘片的使用寿命较长，可用于长期保存数据，且成本较低。

(4) CD-R 中增加了一层有机染料作为记录层，根据有机染料层的颜色，CD-R 光盘有金盘、蓝盘和绿盘之分,其质量与价格一般按金盘、蓝盘、绿盘由高到低排列。

2) CD-R 与 CD-ROM 光盘的区别

(1) CD-ROM 光盘采用铝反射层,而 CD-R 光盘采用镀金反射层,反射率达到 70%。

(2) CD-R 光盘预先刻有 U 型槽,宽 0.6 $\mu m$,深度 0.1 $\mu m$,称为预刻槽,用于写入信息时的光道定位控制。而 CD-ROM 光盘没有预刻槽。

(3) CD-R 驱动器中使用的光头和 CD-ROM 中的光头类似,但由于 CD-R 光头要写入信息,因此比 CD-ROM 光头要复杂。

3) CD-R 光盘物理结构

为保证兼容性,CD-R 光盘的数据记录方式和 CD-ROM 光盘比较类似,数据由内向外刻录在螺旋轨道上。

在物理结构上,CD-R 光盘比 CD-ROM 光盘增加了一层染料层,染料层经高能量激光照射后被加热烧熔,形成一系列代表信息的凹坑。这些凹坑与 CD-ROM 光盘上的凹坑类似,但 CD-ROM 光盘上的凹坑是物理凹坑,是用金属压模压出的,而 CD-R 光盘采用光学方式模拟凹坑。

另外要注意,在 CD-R 光盘刻录数据的过程中工作不能中断。这是因为 CD-R 光盘在螺旋轨道上顺序刻录数据时,当由于某种原因使得刻录中断,此时,无法保存中断的位置,再次刻录时,无法对上一次中断位置进行定位,因而也就不能继续刻录数据。

### 5.4.2 CD-R/W 光盘

1995 年 4 月,Philips 公司提出了与 CD-ROM 和 CD-R 相兼容的相变型可擦写光盘驱动器 CD-E(CD Erasable)。1996 年 10 月,Philip、Suny、Hy、Mitsubishi 和 Ricoh 五家公司共同宣布了新的可擦写 CD 标准,并将 CD-E 更名为 CD-R/W。

CD-R/W 兼容 CD-ROM 和 CD-R,具有刻录和数据存储两大功能。CD-R/W 驱动器允许用户读取 CD-ROM、CD-R 和 CD-R/W 光盘;刻录 CD-R 光盘;擦除和重写 CD-R/W 光盘。

1) CD-R/W 光盘结构

CD-R/W 光盘与 CD-ROM 光盘具有相同的物理格式和逻辑格式,但是在盘片中增加了可改写的染色层。读/写数据是采用相变技术,在光盘内部镀上一层厚度为 400 埃的薄膜。通过激光照射,染色层材料在晶态、非晶态之间转换,从而表示 0 和 1。由于材料的因素,晶体状态改变的次数有限,因此 CD-R/W 光盘平均只能擦写 1 500 次。

2) CD-R/W 与 CD-R 光盘的区别

CD-ROM 与 CD-R 光盘有以下四个方面的不同之处:

(1) 可重写

CD-ROM 刻录的方式与 CD-R 光盘相同,主要区别就在于其可以擦除并多次重写,这样,CD-R/W 光盘可以视为软盘,可以进行文件的复制、删除等操作,灵活方便。

(2) 价格更高

CD-R/W 刻录机完全兼容 CD-R 功能,故 CD-R/W 刻录机与光盘价格更高,一张 CD-R/W 光盘的价格大约是 CD-R 光盘的 6 倍以上。

(3) 写入速度慢

由于 CD-R/W 光盘在写入数据时,激光需要更多的时间对光盘进行操作,因此,写入速度要低于 CD-R。

(4) 反射率

由于染色层是相变的,对于激光的反射率只有 15%～25%,低于 CD-R 光盘的平均反射率 70%,因此 CD-R/W 光盘内容只有具有 Multi Read 能力的驱光才能识别。

3) 刻录的数据格式和刻录方式

(1) 数据格式

现有的 CD-R 刻录机、CD-R/W 刻录机和配套的刻录软件一般都支持 CD-DA、CD-ROM、CD-ROMXA、VCD、CD-Ⅰ等多种光盘的数据式,除此之外,还支持其他新的数据格式。

① ISO 9660 格式。ISO 9660 是国际标准化组织于 1988 年针对 CD-ROM 光盘制定的一种数据格式与文件标准。ISO 9660 是当前唯一通用的光盘数据刻录格式与文件系统,各种类型的刻录机和刻录软件都支持这种格式。

② 多段 Photo CD 格式。多段 Photo CD 格式由 Kodak 公司制定,主要用于将照片存入光盘,并允许多段刻录。

③ 混合模式。混合模式可以将音乐与数据刻录在普通音乐 CD 上。

④ 通用 CD-UDF 格式。CD-UDF 格式是国际标准化组织下属的光学存储技术协会(OSTA)规定的通用数据格式,其目的是改变 CD-R 刻录机必须由生产厂家才能提供驱动程序和刻录软件的现状。在支持该方式的 DOS 和 Windows 环境下,刻录机有独立的盘符和图标,用户可以像使用软盘和硬盘一样方便地使用 CD-R 刻录机。

(2) 刻录方式

在 CD-R/W 刻录机上可以使用 CD-R 和 CD-R/W 两种光盘片。主要有以下四种刻录方式:整盘刻录、多段刻录、单道刻录、增量包刻录方式。

① 整盘刻录(Disk at once)。用于光盘的复制,但必须一次性将所有数据写入 CD-R 光盘,其数据不能超过光盘的容量 650 MB,其优点是能够制作出与母盘完全一致的光盘,但这种方式需要将整张光盘设置为 1 个区段。在刻录过程中,一旦刻录失败,则整张光盘报废。

② 多段刻录(Multisession at once)。每次只刻录一个区段,而不是整张光盘。允许用户在剩余空间上多次写入数据,通常用于多段 CD-ROM 光盘制作。

③ 单道刻录(Track at once)。允许在一个区段内多次以轨道为单位进行刻录,多用于制作音乐光盘或特殊模式光盘。例如,每张 CD-R 盘片最多可以刻录 99 条轨道。

④ 增量包刻录方式(Incremental Packet Writing,IPW)。用于在一条轨道中多次追加数据,空间浪费较少。

4) 速度和质量

CD-R/W 光盘刻录机也有倍速之分,但是 CD-R/W 刻录机有三个速度指标:刻录速度、写入速度和读取速度。前两项指标是 CD-R/W 刻录机的主要性能指标,读盘功能通常作为 CD-ROM 的备用。例如,HP CD-16r 刻录机的速度标识为"16×10×40",则表示该刻录机在刻录 CD-R 光盘时的速度为 16 倍速,在刻录可擦写光盘 CD-R/W 时的速度为 10 倍速,在读取普通 CD-ROM 光盘时的速度为 40 倍速。刻录速度和写入速度越高,刻录 CD-R 或 CD-R/W 光盘所需的时间就越短。

CD-R/W 的刻录速度不如 CD-ROM 的读取速度,这是由于刻录过程中有一个对光盘记录层的激光烧结操作,刻速过高会造成 CD-R/W 光盘记录层烧结不完全,影响 CD-ROM 读取时的激光反射,造成数据难以读出甚至盘片作废。目前最快的刻录速度是 16 倍速。由于写入限制的原因,光驱马达不能太快,因而刻录机的光盘读取速度也比普通光驱慢。

5)缓存容量

为保证刻录质量,高速刻录除了要求优质盘片外,还需要较大的刻录数据缓存。数据缓存是刻录机用来存放待写入光盘的数据的地方。刻录机在刻录光盘时,数据流必须连续地写入,因此,必须先将数据写入缓存,然后从缓存获取数据进行刻录。一般情况下,刻录机边从缓存中读取数据,边把后续数据写入缓存,以保证待写入盘片的数据具有良好的组织和连续的传输。如果缓存中的数据用完了,而后续数据没有及时写入缓存,则会导致刻录失败,这就是常说的缓存欠载错误(Buffer Underrun)。缓存越大越快,刻录的失败率越小。目前,市场上销售的光盘刻录机的缓存容量一般在 512 KB~4 MB 之间。一些低价产品其实是减少了刻录机的缓存容量,只能适用于低速刻录。一般采用两种方法提高刻录质量:一是加大缓存的大小和速度;二是采取欠载保护措施。如在欠载发生时,相应的信号处理芯片将停止刻录机写数据的动作,并存储正在写入的数据,等到欠载情况消除了,其信号处理芯片再驱动刻录机从刚才停止刻录的位置继续刻录工作。

6)接口和规格

光盘刻录机的接口分为四种:SCSI 接口、EIDE 接口、并行接口和 USB 接口。

(1) SCSI 接口:SCSI 接口的设备占用 CPU 资源远远低于其他方式,因而 CPU 就可以更有效地处理数据,系统和其他程序对刻录过程中的影响大为降低,所以这种接口的刻录机性能较好,刻录的质量也较好,但价格较高,同时由于大部分主板又没有提供 SCSI 接口,用户还必须另外购置 SCSI 接口卡,加重了用户的负担。

(2) EIDE 接口:EIDE 接口的刻录机价格较低,兼容性较好,可以方便地使用主板的 IDE 设备接口,数据传输率也较高,在实用性上要好于其他接口,是目前应用最广泛的产品。

(3) 并行接口:并行接口刻录机受并行接口传输速度的影响,刻录速度受到限制,是低速刻录时期的一种简便连接方式。

(4) USB 接口:轻便小巧,具有热插拔、即插即用的功能,还能跨平台使用,传输速度远高于并行接口方式。

另外,CD-R/W 刻录机有内置式和外置式两种类型。内置式的刻录机包括 EIDE 接口和 SCSI 接口,优点是比外置式价格便宜,节省空间。外置式的刻录机包括 SCSI 接口、USB 接口,优点是安装方便,适合共享使用,密封性和散热性都较好;缺点是体积较大,同时有一个外部机壳,比内置式价格高,并且接口传输速度受到限制,从而降低了刻录速度,因此,内置 EIDE 式刻录机前景更好。

## 5.5 VCD 与 DVD

### 5.5.1 VCD

VCD(Video Compact Disk)是由日本 JVC、Philips、SONY 等多家公司在 1993 年联合制定的数字激光视盘技术标准。VCD 采用白皮书规范,其播放系统和盘片价格低廉,已成为我国家喻户晓的多媒体节目播放设备。1994 年,又正式制定了 Video CD 2.0 规格。

VCD 是用来播放影视节目的,因此一般当谈论 Video CD 时,通常是指 VCD 节目、VCD 盘,或者是指播放系统,或者同时指三者。VCD 盘上存储的影视图像和声音是采用 MPEG-1 算法压缩的数字信息,并按 MPEG 的格式交错存放在 VCD 盘上。

1) VCD 的特性

(1) 单片 VCD 光盘可以存储 74 分钟的影视节目,图像具有 MPEG-1 的质量,声音的质量接近于 CD-DA 的质量。

(2) VCD 节目盘上的节目可以在单速 CD-ROM 驱动器和安装有 MPEG 解码卡的 MPC 上播放。

(3) VCD 播放机除了能播放 VCD 盘外,还应该可以播放 CD-DA 盘、CD-ROM XA 盘以及部分 CD-I 盘,并具有正常的播放功能。

(4) 可以显示按 MPEG 标准编码的两种分辨率的静态图像。一种是正常分辨率图像,NTSC 制式为 352×240,PAL 制式为 352×288;另一种是高分辨率图像,NTSC 制式为 704×480,PAL 制式为 704×576。

(5) 交互性。在 VCD 中并没有对交互性给出一个具体的规定,因此 VCD 的交互性能的强弱完全取决于播放系统的功能和 VCD 节目自身。线形播放系统可以不需要复杂的操作系统,因而价格也可以较低;而交互性很强的播放系统需要操作系统的支持,因而价格较高。

2) SVCD

SVCD 一般称为超级 VCD,是由我国原电子工业部提出,中国录制化标准委员会联合国内外著名公司及专家共同研制开发的,其基本要求是中国版权,国际标准。SVCD 是 VCD 的更新换代产品,采用 MPEG-2 压缩技术,其突出优点是图像水平清晰度从 VCD 的 250 线提高到了 350 线,但光盘的存储时间从 VCD 的 74 分钟下降到 45 分钟。VCD 光盘与 SVCD、LV 的比较如表 5.13 所示。

表 5.13 VCD 光盘与 SVCD、LV 的比较

| 名称 | 视频 | 音频 | 压缩技术 | 记录面 | 物理尺寸 | 播放时间 |
| --- | --- | --- | --- | --- | --- | --- |
| VCD | 数字 | 数字 | MPEG-1 | 单面 | 12 cm | 74 min |
| SVCD | 数字 | 数字 | MPEG-2 | 单面 | 12 cm | 45 min |
| LV | 模拟 | 模拟 | 未压缩 | 双面/单面 | 30 cm | 120 min/60 min |

3) VCD 播放机

根据应用的不同,VCD 播放系统有两种类型:(1) 使用 PC 机构成的播放系统;(2) VCD

播放机+电视机。

VCD播放机有三个核心部件：(1) CD驱动器，或者叫做CD加载器(可以是CD-DA、CD-ROM等)；(2) MPEG解码器；(3)微控制器。其工作流程如下：

从CD盘读出的是串行MPEG数据流和其他控制信号。按照MPEG标准，MPEG数据流包含有系统层和压缩层数据。系统层含有定时信号、图像和声音的同步信号等信息；压缩层包含有压缩后实际的电视图像和声音数据。这个复合的数据流通过MPEG数据流分析器分析后，将声音和图像分别送到MPEG-Video译码器和MPEG-Audio译码器，经解压处理后送到各自的D/A转换器。其中电视图像还要经过NTSC/PAL制编码器后才能在电视机上显示，而声音可以通过卡拉OK处理器，再经过功率放大器放大后去推动喇叭。

4) VCD压缩原理

存储在VCD光盘上的图像和声音信号是采用MPEG压缩算法压缩的数字信号，并按VCD格式交错存放在图像扇区和声音扇区上。

VCD光盘上的视频和音频采用了非对称的MPEG-1压缩算法。非对称指的是压缩与解压缩所需要的时间不同，压缩比解压缩需要更多的计算处理。通常数据压缩不需要实时，解压缩却需要实时。

(1) 视频压缩原理

一方面，图像中存在许多信息不能被人的视觉系统所察觉，因而就无需将这些信息存储起来；另一方面，图像中有许多冗余数据，如时间冗余、空间冗余等，去掉这些冗余数据并不会过多地影响解压缩图像的质量。视频压缩正是利用这些性质达到数据压缩的目的。

MPEG压缩主要分为图像预处理和图像压缩两步，其中图像预处理包括滤波、彩色空间转换、图像数字化、分辨率转换四个步骤，其目的是为了获得尽可能高的解压缩图像质量。图像压缩包括图像变换、量化和编码三个步骤，一般先将图像分解成若干个分块，然后对每个分块用数字变换(如离散余弦)将空间域变换成频率域系数，再用不同的量化方法对这些系数进行量化，并对量化后的系数采用无损压缩编码技术进行编码。

MPEG标准采用帧内压缩、前向预测、后向预测和双向预测，通常可以获得25:1~200:1的压缩比。

(2) 音频压缩原理

MPEG音频系统采用MUSICAM压缩算法。其工作原理为：利用子带编码方法，根据心理声学模型计算得到的掩蔽阈值对每个子带的样本进行动态量化，以得到合适的位速率；然后，用分析滤波器把输入的声音样本变成频率系数，同时采用快速傅里叶变换(FFT)计算输入信号的功率谱，通过对功率谱的分析来确定每个子带的掩蔽阈值；根据给定的位速率和输出样本的最大幅度确定最佳的比特分配和量化方案；最后合成为符合MPEG标准的压缩音频数据流。根据不同的采样率，压缩比可以达到4:1~12:1。

## 5.5.2 DVD的分类

DVD是Digital Video Disc的英文缩写，从字面理解是数码视频光碟。事实上，它还包括了许多附加产品，简单地说，DVD就是记录电影、音乐或者数据等信息内容的软件系统。DVD上的数码图像信号既不同于模拟的大影碟片LD，而声音信号又区别于未经压缩的普通音乐CD片，它的画质超过LD，音质胜过CD，达到了当今图像和音乐软件的最高水准，无论是音乐爱好者、发烧友或者是 AV 发烧友,都能欢欣鼓舞,耳目一新。它是 20 世纪末的一种多功能新媒体,具有广阔天地。

DVD 由于采用 MPEG-2 图像格式压缩标准,对动画图像进行数码压缩,并采用可变的传输速率(即对不同移动速度的图像分别采用不同的数据量),因而可以在一张单面碟片上记录 133 分钟的电影(包括 480 线的图像和 AC-3 的声音),14 年来第一次突破了在 5 英寸(12 cm)碟片上的 640 MB 数据量,最高达到了 17 GB(1 GB=1 024 MB),以后还会进一步提高。

1995 年初,以 Sony、Philips 为代表的 MMCD 阵营和以 Toshiba、Time Warner 为代表的 SD 阵营分别公布了自己的技术方案,形成了完全不兼容的两种光盘规格。1995 年 9 月在 IBM 的调停协商之下,达成规格统一协定,并于 1995 年 9 月组成 DVD Consortium。1997 年 4 月 DVD Consortium 更名为 DVD 联盟,其成员共十家,包括七家日本厂商:Sony、Matsushita、Hitachi、Toshiba、Pioneer、JVC、Mitsubishi,两家欧洲厂商:Thomson(法国)、Philips(荷兰)和一家美国厂商 Time Warner。

### 1) 按存储内容分

DVD 光盘的外形如同 CD、CD-ROM、VCD 一样,是一种直径为 12 cm 或 8 cm 的银白色光盘。根据不同的应用领域,目前 DVD 总共有五种规格,分别名为 Book A、Book B、Book C、Book D、Book E。各种 DVD 规格和用途如表 5.14 所示。

表 5.14 各种 DVD 规格和用途

| DVD 标准 | DVD 名称 | 播放设备 | DVD 用途 |
| --- | --- | --- | --- |
| Book A | DVD-ROM | DVD 光驱 | 多媒体计算机 |
| Book B | DVD-Video | DVD 播放机 | 家庭娱乐 |
| Book C | DVD-Audio | DVD 播放机 | 个人随身听 |
| Book D | DVD-R | DVD 单次刻录机 | 多媒体计算机 |
| Book E | DVD-R/W | DVD 可重写刻录机 | 多媒体计算机 |

(1) Book A:DVD-ROM,只读型 DVD,属于计算机数据存储只读光盘,用途类似 CD-ROM;相应的硬件为 DVD-ROM 驱动器或 DVD-PC 装置。

DVD-ROM 的容量是 CD-ROM 容量的 7 倍,其数据传输率则是 CD-ROM 的 9 倍。DVD-ROM 属于计算机信息产品,由于 DVD 在 PC 和家电娱乐方面采用统一的标准格式——UDF 规范,从而使兼容 ISO 9660 标准(即前 CD-ROM 文件格式)的计算机能读取 DVD 的数据,用户也可以在个人计算机上看电影。DVD-ROM 实际上只是比 DVD-Video 多存储了一些计算机数据,由于视音频(A/V)系统不需要用来读取计算机用的盘片,所以 DVD-Video 或 DVD-Audio 将 DVD-ROM 必须具备的计算机数据部分去掉了。

随着 PC 机主频的大幅提高以及 PC 总线日趋视频化,仅使用 DVD-ROM 驱动器播放性能完美的多功能 DVD 是完全可行的。计算机制造商们正是看中了 DVD-ROM 的大容量、高画质和强大的交互功能的优势,通过将 DVD-ROM 融入个人计算机,在计算机和电影之间架起一座"光辉灿烂"的多媒体桥梁,可以说 DVD-ROM 带来了多媒体的全部。

(2) Book B:DVD-Video,影音 DVD 光盘,属于视频存储光盘,简称 DVD 视盘或 DVD 影碟 (Digital Video Disc),用途类似 LD 或 VCD;相应的硬件称作 DVD-V 播放机或 DVD 影碟机。

DVD-Video属于消费类电子产品。DVD-Video记录的数据主要包括：经MPEG-2压缩后的视频信号，诸如杜比(Dolby)数字(AC-3)以及48Hz/96Hz,16bit/20bit/24bit非线形PCM的各类音频信号；涉及字幕、控制菜单等内容的画面辅助数据，简称子图(Sub-picture)。

(3) Book C：DVD-Audio，音乐DVD，属于音频存储光盘，用途类似音乐CD；相应的硬件是DVD-A播放机或DVD放音机。

DVD的存储容量是标准CD的7倍，在不需要容纳视频数据的情况下，一张DVD-Audio盘可以存储多达9小时的立体声音乐。

(4) Book D：DVD-R，一次可写型DVD，属于限写一次的光盘，用途类似CD-R；相应的硬件为DVD-R驱动器或刻录机。

DVD-R(DVD-Recordable，一次写入DVD盘)，其记录原理与CD-R相同，DVD-R记录层使用的是金属固化花青染料，当毫瓦级的激光束聚焦到染料层上时，染料层被烧出斑痕，这样造成斑痕的反射率与原染料层不同，用以代表"1"和"0"数字信号，一旦烧制完成后，就不可以恢复了，但可以反复读取。读写DVD-R采用与DVD-ROM、DVD-Video相同的635 nm短波长激光束，单面容量为3.85 GB，为CD的6倍，双面可记录的容量为7.7 GB。

(5) Book E：DVD-RAM，可重复读写型DVD，属于可多次读写的光盘，提供了每面2.6 GB的容量；相应的硬件为DVD-RAM驱动器或刻录机。

DVD-RAM(可重复读写型DVD——随机存取式DVD)是一种可多次擦写、反复使用的光记录介质，DVD-RAM的记录层与1996年上市的可擦写CD光盘CD-E(CD-Eraseable)一样采用相变(Phase Change)材料。相变材料在固态时存在两种状态——非晶态和晶态，状态类型取决于相变材料从熔态冷却成固态的速度。由于要求DVD-RAM能够多次写入，所以对相变材料的耐久性、擦除率和误差率要求严格。

2) 按盘片结构分

DVD-Audio(影音光盘)与DVD-ROM(只读光盘)的直径都有12 cm和8 cm两种尺寸规格，每一种规格按盘片结构都可以划分为单层单面、单层双面、双层单面和双层双面四种盘片类型。其中直径为12 cm的DVD盘片应用广泛，其外形与尺寸和现有的CD、VCD及CD-ROM完全相同。由于直径为8 cm的DVD存储量少于直径为12 cm的DVD，而且CD、CD-ROM、VCD广泛使用12 cm盘片，因此兼容性和存储量成了直径为8 cm的DVD推广的障碍。四种不同结构的盘片其容量各不相同如表5.15所示。

表5.15 四种DVD结构盘片的容量比较

| 盘片直径 (cm) | 盘片种类 | | | |
| --- | --- | --- | --- | --- |
| | 单层单面 | 单层双面 | 双层单面 | 双层双面 |
| 12 | 4.7 GB | 8.5 GB | 9.4 GB | 17 GB |
| 8 | 1.4 GB | 2.6 GB | 2.9 GB | 5.3 GB |

CD只有一种盘片结构，而DVD则有四种，原因在于DVD是由0.6 mm厚的两个基片粘贴在一起构成的，而CD则不是。正是这种特殊结构使得DVD可以存储两层数据，双面一共可以存储四层数据。

(1) 单层单面DVD盘(S-1类)

大部分DVD都是单面的,有1或2个数据层。单层DVD结构被称作"S-1类",单层单面DVD的最大容量是CD厚度(1.2 mm)的一半,那么与之粘贴的那个"空白"基片就用于盘片"说明"。

(2) 单层双面DVD盘(D-2类)

如果用两个DVD基片替代"空白基片",就构成了单层双面DVD盘,被称为"D-2类",单层双面DVD的最大容量为9.4 GB。在一张单层双面盘片中,两个单层盘片相反方向粘合在一起。一张双面光盘具有双倍的数据存储能力。光学检拾器播放每一面时,就像在播放一张单面单层的光盘。

(3) 双层单面DVD盘(S-2类)

双层单面DVD盘("S-2类")的最大容量为8.54 GB,存储能力近乎是单面单层的两倍。在一片双层光盘中,两个薄的基片被相互粘合在一起。靠近激光检拾器位置进行少许调整,激光束就可以从同一方向读取另一层的数据。也就是说,双层单面DVD的数据读取不需要像双面单层DVD那样必须翻面才能读取另一面数据,而是从一面可以分别读取盘片的两层数据。

(4) 双层双面DVD盘(D-4类)

双层双面DVD("D-4类")是目前存储容量最大的DVD盘片类型,容量高达17 GB,相当于26张CD-ROM盘片。

(5) 总结

① 如D-4类超高容量(17GB)DVD主要针对PC机作为海量媒体。D-4类DVD容量约比CD-ROM大26倍,除了用于巨量文档和软体存储外,还可存储需要数张或十几张CD-ROM空间的高质量二维立体游戏,这种游戏可以使玩家真正体验到"身临其境"的感觉。

② 将16:9视频源记录在一面,将4:3视频源记录在另一面,以确保盘片原始数据的清晰重现。这也是使用双面或双层DVD的一个原因。

③ 由于DVD具有多功能的特征,因此,需要额外加进DVD的内容很多,如记录片、字幕多种语言、对白多种语言、菜单多种语言、多种角度、用于数字环绕声的多个声道音频等等,这些功能都需要巨大的容量。

④ 单面双层盘与双面单层盘相比,读取两个层的信息时消费者不必给DVD翻面。存储容量为8.54 GB,是单面单层的1.8倍,双层信息量之所以不是单层的2倍,这主要是因为双层反射率降低以及各层间的交叉干扰,使得该类DVD坑的尺寸必须适当地加大以确保其读取的可靠性。

3) 按存储容量分类

根据DVD盘片的容量将DVD光盘片划分为DVD-5、DVD-9、DVD-10和DVD-18,但只限于只读光盘DVD-ROM。DVD盘片的容量如表5.16所示。

表5.16 DVD盘片的容量

| 名 称 | 光盘类型 | 容 量 |
| --- | --- | --- |
| DVD-5 | 单面单层DVD-ROM | 4.7 GB |
| DVD-9 | 单面双层DVD-ROM | 8.5 GB |
| DVD-10 | 双面单层DVD-ROM | 9.4 GB |
| DVD-18 | 双面双层DVD-ROM | 17 GB |

容量最小的 DVD-5 的存储容量是 CVD 盘片的 7 倍；而容量最大的 DVD-18 的存储容量达到 CVD 盘片的 26 倍。DVD-5 可容纳 135 分钟的电影，DVD-18 可存储长达 8 小时的电影。

另外，DVD 不再局限在 12 cm 的范围内，8 cm 的 DVD 也开始受到人们的关注。8 cm DVD 的标准容量只有 1.4 GB(最大达 1.46 GB)及 2.6 GB(最大达 2.66 GB)，主要用于促销活动，或者用于各类短时间电影展示片。

### 5.5.3 DVD 的特点

DVD 具有高密度、高画质、高音质、高兼容性和高可靠性等特点。

1) 高密度

DVD 盘与 CD 光盘直径均为 120 mm，但 CD 光盘的容量为 680 MB，仅能存放 74 分钟 VHS 质量的动态视频图像，而单面单层 DVD 记录层具有 4.7 GB 容量，若以接近于广播级电视图像质量需要的平均数据率 4.69 Mb/s 播放，能够存放 133 分 20 秒的整部电影。双面双层光盘的容量高达 17 GB，可以容纳 4 部电影于单张光盘上。这就要求在 DVD 中采用更先进的技术手段来提高信息记录密度，从而增加盘的容量。表 5.17 列出了提高光盘记录密度所采用的几种技术手段。

表 5.17 提高光盘记录密度的几种技术手段

| 技术手段 | 镜数值孔径 NA | 纠错编码冗余度 | 通道码调制方式 | 激光波长 λ | 光斑直径 | 道间距 | 凹坑最小长度 | 凹坑宽度 | 容量 |
|---|---|---|---|---|---|---|---|---|---|
| CD/VCD | 0.45 | 31% | 8/17 调制 | 780 nm | 1.74 $\mu$m | 1.6 $\mu$m | 0.83 $\mu$m | 0.6 $\mu$m | 650 MB |
| DVD | 0.6 | 15.4% | 8/16 调制 | 650 nm/635 nm | 1.08 $\mu$m | 0.74 $\mu$m | 0.4 $\mu$m | 0.4 $\mu$m | 4.7 GB |

2) 高画质

DVD 采用国际通用的活动图像压缩标准 MPEG-2(ISO/IEC13818)，其系统码流传输数据率是可变的(1~10.7 Mb/s)；现阶段 DVD-Video 产品选用 MPEG-2 的 11 种规范中的主型主级规范 MP@ML(即 NTSC 制式电视 720 像素/行×576 行/帧，30 帧/s；PAL 制式电视 720 像素/行×488 行/帧，25 帧/s，数据传输速率最大为 15 Mb/s)，达到广播级电视图像质量(其水平分辨率为 500 线以上)。要实现更高清晰度的画质，还可选用 MPEG-2 中对应的高级规范。DVD 的系统码流由主视频码流(MPEG-2/MPEG-1 压缩码流)、子图像码流(最多可录放 32 个码流，用于 32 种文字电影对白和卡拉 OK 字幕显示)和声频码流(最多可录放 8 个码流，支持 8 种语言声音)三部分组成。整个系统码流的最大数据速率可达 10.08 Mb/s。DVD 还具有多结局(欣赏不同的多种故事情节发展)、多角度(从 9 个角度观看图像)、变焦(Zoom)和父母控制(切去儿童不宜观看的画面)等新功能。画面的长宽比有三种方式可选择：全景扫描、4:3 普通屏幕和 16:9 宽屏幕方式。

3) 高音质

DVD 具有 8(7.1)个独立的音频码流，足以实现数字环绕三维高保真音响效果。DVD 标准规定：对于 NTSC 制电视制式(例如美国、日本地区)强制规定采用杜比 AC-3 和/或线性 PCM 音频系统；对于 PAL 制电视制式(例如欧洲和中国地区)强制规定采用 MPEG 音频格式和/或线性 PCM 音频系统。表 5.18 给出三种音频系统的技术参数。1992 年美国杜比实验室发布了 AC-3 数字环绕立体声系统,以 6 个完全独立的声道(左、右、中、左环绕、右环绕和超重低音,简称为 5.1 声道)和全频带(20 Hz~20 kHz)高精度逼真声场,产生非常好的临场数字环绕高保真音响效果。

表 5.18  三种音频系统的技术参数

| 音频系统 | 采样频率 | 采样精度 | 数据速率 | 一个音频码流中的通道数 | 最大音频码流数 |
|---|---|---|---|---|---|
| PCM | 48 kHz/96 kHz | 16/20/24 bit | 768 Kb/s~2.304 Mb/s | 1 | 2~8 |
| 杜比 AC-3 | 48 kHz | 压缩数据 | 最小 32 Kb/s<br>最大 448 Kb/s | 5.1 | 最大 8 |
| Audio | 48 kHz | 压缩数据 | 主码流:最小 64 Kb/s<br>最大 384 Kb/s | 7.1 | 最大 8 |

#### 4) 高兼容性

DVD 视盘机、DVD 唱机和 DVD-ROM/R/RAM 均可播放 CD 唱盘;DVD 视盘机和 DVD-ROM/R/RAM 均能回放 VCD 盘;DVD-ROM/R/RAM 也可读取 CD-ROM 盘。

#### 5) 高可靠性

DVD 采用 RS-PC(Reed Solomon Product Code)纠错编码方式和 8/16 信号调制方式,确保数据读取可靠。纠错码(ECC)块长为 16 个记录扇区长度(38 688 个字节),对应光道上 82.534 4 mm 长度;若原始误码率为 $10^{-3}$,经纠错后,误码率可小于 $10^{-20}$,远远低于计算机所需的误码率 $10^{-12}$。为了有效地防止软件被复制,在美国活动图像协会(Motion Picture Association of America)的积极参与下,于 1996 年 7 月同 Toshiba、Sony 等 12 家家电与计算机公司就 DVD 软件版权与防盗版问题达成协议。1996 年 10 月,由各方组成的 DVD 技术联合会公布了 DVD 软件和硬件采用的乱码技术以及按 6 大地区区域码分区发行软件的措施,实现了软件著作权保护与可靠使用。

### 5.5.4  DVD 为增大存储容量采取的措施

相对于 CD-ROM 标准 650 MB 的存储容量,DVD-ROM 光碟的存储容量可达到 17 GB。从表面上看,DVD 与 CD 很接近。但实质上,两者之间有本质的差别。为增大存储容量 DVD 采取了如下措施:

#### 1) 缩小光道间距和凹凸坑的长度

CD(包括 CD、VCD、CD-ROM 等)厚度是 1.2 mm。而单层的 DVD 盘片是 0.6 mm,这样使得从盘片表面到存放信息的物理坑点的距离大大减少,读取信息的激光束不用再穿越像现在的 CD-ROM 那么厚的塑料体,而是在更小的区域聚焦,所以存放信息的物理坑点能做得更小,排布得更加紧密,从而提高了存储量。

CD 的最小凹坑长度为 0.834 $\mu m$,道间距为 1.6 $\mu m$;而 DVD 的最小凹坑长度仅为 0.4 $\mu m$,道间距为 0.74 $\mu m$,

图 5.12  CD 与 DVD 光道间距的比较

这是提高 DVD 容量的主要原因。如图 5.12 所示。

2) 采用波长更短的激光源

高密度的盘片不是一般的激光头能读的,读 DVD 盘片的激光波长要短一些,这样它每次能识别的坑点就更多,也不至于误认坑点内的信息。一般光学头读出分辨率与激光波长成反比。DVD 使用波长为 635/650 nm 的激光源代替了在 CD 驱动器中使用的 780 nm 的红外光激光源。另外,常规的 CD 播放机和 CD-ROM 驱动器的光学读出头的数值孔径为 0.45 $\mu m$,为了提高接收盘片反射光的能力,也就是提高光学读出头的分辨率,DVD 中 NA 由 0.45 $\mu m$ 加大到 0.6 $\mu m$。NA 指光学读出头的数值孔(Numerical Aperture),NA 大则产生直径小的聚焦激光束,提高了接收盘片反射光的能力,从而提高了光学读出头的分辨率。使用短波长的激光源和数值孔径比较大的光学元件之后,最小凹坑的长度可以从 0.83 $\mu m$ 减小到 0.4 $\mu m$,而光道间距从 1.6 $\mu m$ 减小到 0.74 $\mu m$,总的容量比原来提高 4.486 倍。

3) 加大盘的数据记录区域

加大盘的数据记录区域也是提高记录容量的有效途径,DVD 盘的记录区域从 CD 盘的 86 $cm^2$ 提高到 86.6 $cm^2$,记录容量提高了 1.9%。图 5.13 所示的是盘片的记录区域。

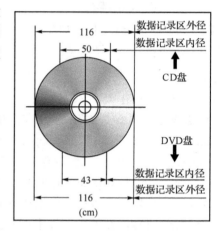

图 5.13 盘片记录区域

4) 使用盘片的两个面来记录数据

每个面可以有多层,从而大幅度增加了 DVD 容量。按单/双面与单/双层结构的各种组合,DVD 可以分为:单面单层、单面双层、双面单层和双面双层 4 种物理结构。

单面单层光盘的结构如图 5.14 所示。如 DVD 盘采用单面双层光盘时,单面双层盘的表层称为第 0 层,最里层称为第 1 层;第 0 层采用了一种新的半透明(Semi-Transmissive)薄膜涂层,可让激光束透过表层到达第 1 层;激光束首先在第 1 层上聚焦和光道定位,当从第 0 层上读出信息过渡到从第 1 层上读出信息时,激光读出头的激光束立即重新聚焦,电子线路中的缓冲存储器可确保从第 0 层到第 1 层的平稳过渡,而不会使信息中断。单面双层 DVD 盘的容量可达到 8.5 GB,其物理结构如图 5.15 所示。双面双层 DVD 盘的容量可达到 17 GB。

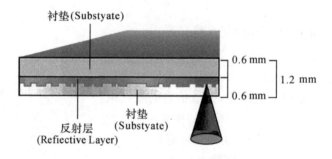

图 5.14 单面单层光盘的结构

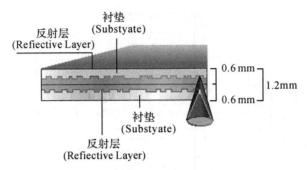

**图 5.15　单面双层光盘的结构**

5) 修正 DVD 信号的调制方式和错误校正方法

CD 存储器采用 8-14(EFM)加 3 位合并位的调制方式,而 DVD 则采用效率比较高的 8-16+(EFM PLUS)的方式,这是为了能够和现在的 CD 盘兼容,也为了和将来的可重写的光盘兼容而采用的方式;CD 存储器采用的错误校正系统是里德·索洛蒙码(CIRC),而 DVD 采用里德·索洛蒙乘积码(RSPC)系统,它比 CIRC 更可靠。

6) 采用修改数据编码和调制算法减少 DVD 盘上的冗余位

现在的 CD 需要用 17 比特来表示一个 8 比特的数据(14 个通道位和 3 个用于改善读出信号的合并位)。新的算法将使用 16 比特来表示一个 8 比特的数据,这样也增加了 DVD 的容量。

此外,在 CD 盘上有许多 EDC 和 ECC 信息位,采用新的算法之后这些信息位的数目可以减小,也就相当于增加用户数据的容量。采用 RSPC 纠错码之后,纠错码的数据传输率也将从 25% 减小到 13%。

### 5.5.5　DVD 播放机

DVD 播放系统与 VCD 播放系统的结构相差不大,主要部件组成结构如图 5.16 所示。

1) DVD 盘读出机构

DVD 盘读出机构主要由马达、激光读出头和相关的驱动电路组成。马达用于驱动 DVD 盘作恒定线速度旋转;DVD 激光读出头用于读光盘上的数据,使用的是红色激光,而不是 CD 播放机上使用的红外激光。

2) DVD-DSP (Digital Signal Processor) 集成电路

该块集成电路用来把从光盘上读出的脉冲信号转换成解码器能够使用的数据。

3) 数字声音/电视图形解码器

由一百多万个晶体管集成的大规模集成电路,它的主要功能是:

(1) 分离来自 DVD 播放机芯数据流中的声音和电视图像数据,建立声音和电视图像的同步关系。

(2) 对压缩的电视图像数据进行解压缩(即译码),重构出广播级质量的电视图像,并且按电视显示格式重组电视图像数据,然后送给电视系统。

(3) 对压缩的声音数据进行解压缩,重构出 CD 质量的环绕立体声,并且按声音播放规格(如通道要求,Dolby 格式等)重组声音数据,然后送给立体声系统。

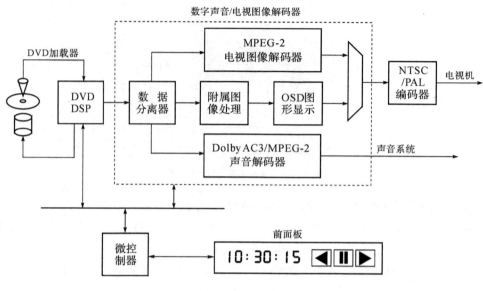

图 5.16　DVD 播放系统的结构

（4）处理附属图形，以图形方式显示节目菜单供用户选择观看节目，在 VCD 和 DVD 播放系统中，这种功能叫做图形菜单（屏幕）显示 OSD。

4）微控制器

这块集成电路实际是一个微型计算机芯片，它用来控制播放机的运行；管理遥控器或者控制面板上的用户输入，把它们转换成解码器和 DVD 加载器能够识别的命令；DVD 节目存取权限的管理等。

## 5.5.6　DVCD 光盘技术

DVCD 指采用 DVD 技术制作的 VCD，有时又称为 Double VCD。DVCD 光盘和普通 VCD 一样，可以在任何播放机上播放，但光盘容量比 VCD 增加了将近 50%，从而使大部分电影可以用一张 DVCD 光盘存放。这是由于 CD 光盘内只要求轨道中央的距离是一致的，但两轨道中央之间距离范围允许为 $1.3 \sim 1.38\ \mu m$，通过专有技术尽量压缩两轨道之间的距离，可使光盘录制音像的时间增加到 90 分钟至 118 分钟，这就是 DVCD 的技术奥秘。DVCD 光盘的特点如下：

（1）大容量。DVCD 光盘的信息容量超过 VCD 和 SVCD 光盘，无论在画面、音质、通道上都表现出优良的品质。

（2）通用性。DVCD 盘可用于任何普通的 VCD、DVD 播放机，因此具有很大的消费市场。

（3）防盗版。由于 DVCD 独特的专有技术，目前市面上的光盘刻录机及 CD－R 均不能复制 DVCD 光盘。

（4）性能比较，如表 5.19 所示。

表 5.19　VCD、DVCD、DVD 的性能比较

| 性能 | 压缩技术 | 图像技术 | 最大容量 | 最长播放时间 | 播放设备 | 光盘制作价格 | 光盘种类 | 性能价格比 |
|---|---|---|---|---|---|---|---|---|
| VCD | MPEG-1 | =VHS | 600 MB | 74 分钟 | 不受限制 | 便宜 | 多 | 中 |
| DVCD | MPEG-1 | =VCD | 800 MB~1 GB | 90~118 分钟 | 不受限制 | 较低 | 上升趋势 | 较高 |
| DVD | MPEG-2 | 好 | 4.7GB | 2 小时 | DVD 机 | 昂贵 | 少 | 中 |

# 6 多媒体计算机系统及常见硬件设备

## 6.1 多媒体计算机系统

多媒体应用系统需要计算机交互式地综合处理声、文、图信息,尤其是图像和声音信息数据量大,处理速度要求高,用过去的通用计算机很难完成上述任务。为了较好地解决计算机综合处理声、文、图信息的问题,可以采用以下三种方法:

(1) 选用专用芯片设计专用接口卡单独解决某个方面的技术问题。例如使用视频信号压缩编码和解码卡解决视频信号的压缩和解压缩问题;使用局域网 ISDN、ADSL 网络接口卡解决局域网和远程网络的多媒体通信问题等。

(2) 设计专用芯片和软件,组成多媒体计算机系统,综合解决声、文、图问题。

(3) 最后一种解决方案是把多媒体技术做到 CPU 芯片中。

而多媒体计算机系统是指能综合处理多媒体信息,使多种信息建立联系,并具有交互性的计算机系统。多媒体计算机系统一般由多媒体计算机硬件系统和多媒体计算机软件系统组成。多媒体计算机硬件系统一般有以下几部分构成:

(1) 多媒体主机:如个人机、工作站、超级微机等。

(2) 多媒体输入设备:如摄像机、电视机、麦克风、录像机、录音机、视盘、扫描仪、CD-ROM 等。

(3) 多媒体输出设备:如打印机、绘图仪、音响、电视机、喇叭、录音机、录像机、高分辨率屏幕等。

(4) 多媒体存储设备:如硬盘、光盘、声像磁带等。

(5) 多媒体功能卡:如视频卡、声音卡、压缩卡、家电控制卡、通信卡等。

(6) 操纵控制设备:如鼠标器、操纵杆、键盘、触摸屏等。

多媒体计算机的软件系统是以操作系统为基础,包含多媒体数据库管理系统、多媒体压缩/解压缩软件、多媒体声像同步软件、多媒体通信软件等。特别需要指出的是,多媒体系统在不同领域中的应用需要有不同的开发工具,而多媒体开发和创作工具为多媒体系统提供了方便直观的创作途经,一些多媒体开发软件包提供了图形、色彩板、声音、动画、图像及各种媒体文件的转换与编辑手段。

多媒体计算机系统的构成如图 6.1 所示。

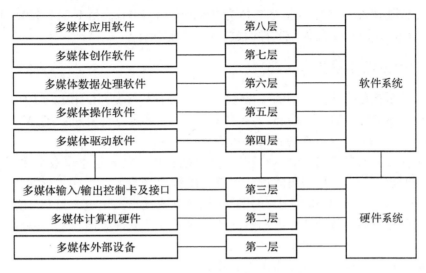

图 6.1 多媒体计算机系统结构

多媒体计算机系统一般分为三种类型,即:多媒体个人计算机(MPC)、专用多媒体系统、多媒体工作站系统。

## 6.1.1 多媒体个人计算机

多媒体个人计算机(MPC)是一种具有多媒体处理功能的个人计算机。其主机的基本硬件配置可归纳为:

(1)一个功能强大,速度快的中央处理器。
(2)大容量的存储器。
(3)高分辨率显示接口与设备。
(4)可处理音响的接口与设备。
(5)可处理图像的接口与设备。
(6)可管理、控制各种接口与设备的配置。
(7)可存放大量数据的配置等。

除此之外,MPC 扩充的配置主要分为以下几个方面:光盘驱动器、音频卡、视频卡、扫描卡、打印机接口、交互控制接口、网络接口、图形加速卡。

多媒体技术的发展不断赋以 MPC 新的要求。一般来说,用户配置 MPC 有两种途径:一是购买具有多媒体处理功能的 PC 机;二是在现有的 PC 机上增加媒体升级套件,如声音卡、视频卡等功能卡及其软件。当然,随着计算机硬件技术的不断成熟,价格的不断下降,第一种方式便成了用户配置 MPC 的主要方式。

在多媒体计算机的发展过程中,为了适应用户对多媒体的需求,同时也为了统一各家多媒体设备厂商的产品规格,普及多媒体应用,Microsoft 公司与 IBM 等数十家软硬件公司于 1990 年成立了 MPMC,共同开拓 PC 及其兼容机的多媒体市场,并于 1990 年 10 月提出了 MPC 技术规范 1.0,1993 年 MPMC 发布了 MPC 技术规范 2.0。这两个规范规定了多媒体个人机性能标准。MPMC 还宣布,将给规范的 MPC 产品颁发证书,申请使用该证书的硬件要遵照有关规定进行测试。1995 年 6 月,IBM、COMPAQ、APPLE、DELL 及 Microsoft 等著名公司都宣布支持 MPC 技术规范 3.0，其技术指标具体为：Pentium 75MHz、8M RAM、540M HD、四倍速 CD-ROM 驱动、MPEG-1 硬件或软件回放、波表合成声卡等。

### 6.1.2 专用多媒体系统

专用多媒体系统是指面向专门的多媒体应用领域而设计的专用系统。目前比较典型的专用多媒体系统主要包括：CD-I 交互式多媒体系统、DVI 多媒体计算机系统、VCD 与 DVD 播放系统等。下面以 CD-I 交互多媒体计算机为例对其进行介绍。

CD-I 系统是家用交互式多媒体系统，该系统把各种多媒体信息以数字化形式存放在容量为 650MB 的只读光盘上，用户可通过 CD-I 系统读取光盘的内容来进行演播，光盘的数据使用 CD-I 格式（"绿皮书"标准）存放。用户可以交互式地把家用电视机和计算机相连，通过鼠标器、操纵杆、遥控器等装置选择人们感兴趣的视听节目进行演播，是一种较好的多媒体系统产品。

CD-I 基本系统结构主要由五部分构成，如图 6.2 所示。

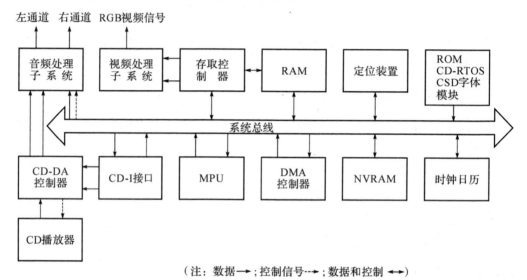

（注：数据→；控制信号-->；数据和控制 ←→）

**图 6.2 CD-I 基本系统结构**

（1）音频处理子系统：用于控制声音处理、存储和解码，由 ADPCM 解码器、声音处理单元、特技处理器、控制器和声音存储器等部分构成。

（2）视频处理子系统：用于视频图像的编码、解码、处理、存储和转换。

（3）多任务的操作系统：CD-RTOS 是一个模块化、能灵活地支持实时任务的多任务操作系统，装在 ROM 中。

（4）CD 播放器：它能读出标准的激光音频光盘，标准格式为 CD-DA。

（5）微处理器、存储器、键盘、定位装置和 CSD 字体模块。

### 6.1.3 多媒体工作站系统

工作站是市场上一种功能很强的小型计算机系统，特点是采用 UNIX 操作系统，具有 GUI 接口，很强的图形多媒体工作站设计能成为同时处理离散和连续媒体信息的工作站系统。其

主要部件包括:
(1) 处理离散媒体信息的标准处理器。
(2) 主存和具有自主控制器的二级存储器。
(3) 用于实时数据处理的通用处理器。
(4) 面向图形、音频和视频媒体的专用处理器。
(5) 图形和视频适配器。
(6) 通信适配器(如 ATM 主接口)。

下面以 SGI O2 工作站为例来介绍多媒体工作站的特点。

O2 工作站成功地把 SGI 的性能和 Web 用户环境的功能集成在一起,具备了很强的计算、图形、I/O 和视频压缩能力。它以新颖的统一内存结构(UMA)为基础,每个系统资源(CPU、图形、视频音频、图像处理、纹理处理、压缩解压缩以及 I/O)都能同时访问系统带宽为 2.1 GB 的统一内存子系统。

O2 系统的处理器是 MIPS RM 5 200(300 MHz)和 R12 000(300 MHz/400 Hz),1 MB 二级缓存。内存可以配置 32 MB~1 GB,提供 9GB(7 200 RPM)、18 GB(7 200 RPM)的硬盘和 32 速的 CD-ROM 驱动。它支持标准的 Ethernet FDDI、ISDN、同步串口、ATM 等多种网络通信接口。除一般工作站具有的主机板、监视器、键盘、鼠标之外,O2 工作站集成了音频功能、图形处理功能,并有多个工业标准端口用于连接音频视频多媒体 I/O 设备。它充分发挥了 MIPS 芯片的强大的计算功能与图形处理功能,具有卓越的多媒体应用性能。

除了具有强大的硬件设备外,O2 工作站还集成了丰富的多媒体软件开发工具,主要包括:
(1) 音频库函数提供应用软件与音频文件的程序设计接口,MIDI 函数库支持 MIDI 乐器的演奏、播放以及创作。
(2) 视频函数库辅助完成视频硬件功能,提供动画、影片处理软件,压缩或解压缩音视频及图像数据;媒体录制与播放支持 Media Player、Media Recorder、Media Convert、Movie Maker、Sound Track、CD/DAT Player、Macromedia Movie Player 等媒体录制与播放工具。
(3) Web 浏览器。运行 Netscape 浏览器及相关配套软件。
(4) IRIS 图形库提供强大的图形功能函数。OPEN GL 被认为是高性能图形和交互式视频处理的标准。IRIS 软件包 IRIS Showcase 是一种演示出版编辑多媒体软件包。

## 6.2 输入设备

### 6.2.1 键盘

键盘是电脑中最常用的输入设备之一,键盘的主要功能是把文字信息和控制信息输入到电脑,其中文字信息的输入是其最重要的功能。图 6.3 为一常见的实物。常见的键盘是〈101〉键或〈102〉键的键盘。随着 Windows 95 和 Windows 98 的出现,新型的〈104〉键的键盘也出现了,这种键盘的布局和常见的〈101〉键或〈102〉键键盘相近,但它的左右〈Alt〉键旁各多出一个〈Start〉键,按一下即可打开〈Start〉菜单,另外右边还多出一个

**图 6.3 键盘**

〈Application〉键。

1）键盘的工作原理

键盘的外形大致呈长方形,在它的上端连着一根中段带螺旋形的电缆,电缆的另一头是一个 DIN 接头,通过它可与主板的键盘插座相连,如图 6.4 所示。键盘的工作主要由其内置的单片微处理器负责控制,微处理器控制着键盘的加电自检、扫描码的解释和缓冲以及键盘与主机的通讯等。当键盘的键被按下时,微处理器就根据按下的位置,解释出相应的数字信号并传送给电脑的中央处理器,若中央处理器正忙,而不能马上处理您的输入,微处理器会先将您键入的内容送到键盘的缓冲区中,等待 CPU 的处理,直到 CPU 空闲时为止。

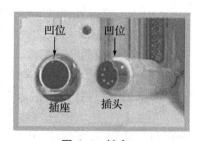

图 6.4　键盘

2）键盘的分类

键盘根据按键的触点结构分为机械触点式键盘、电容式键盘和薄膜式键盘几种,但从表面是很难看出区别的。根据按键的数目键盘可分为 83/84 键键盘、101/102 键键盘和 104 键键盘(即 Windows 95 键盘)等。现时 Windows 95 键盘较受青睐。根据键盘插头的不同,可将键盘分为五芯电缆键盘和六芯电缆键盘,其实这两种键盘所传送的信号是相同的,只要加一个接头就能实现相互转换。

## 6.2.2　鼠标

鼠标英文称 MOUSE,作为继键盘后,新的计算机输入设备,使得人与计算机交互更加方便,目前是 PC 的最重要的指点输入设备之一。随着操作系统广泛采用图形界面,鼠标在各种应用程序中起着越来越重要的作用。因而被国际电器工程师协会评为计算机诞生 50 年来世界计算机业界最重大的事件之一。

1968 年 12 月 9 日,在 IEEE 会议上第一个鼠标正式露面以来,鼠标从机械到光电,从有线到无线,经历了几十年的发展变化,主要经历了五种技术上的变化。

（1）机械式鼠标

机械式鼠标的工作原理是利用鼠标底部的滚球,与桌面做物理接触,当滚球向不同的方向滚动时,会推动处于四个不同方向的压力滚动轴滚动。这些滚动轴连接着编码器,在圆形的编码器上有着呈圆形排列的触点,当滚球滚动时,经过压力轴的传导,触点会依次碰到接触条,从而产生接通、断开的信号。经过转化,形成 0、1 的信号。另外通过一个专用的芯片,使这些数据转换成二维的 X 轴、Y 轴的位移数据,从而指示光标作相应的移动。这种鼠标由于全部采用物理结构,不可避免地出现精度偏低、易损坏的缺点,所以目前已基本上退出市场了。

（2）光学机械式鼠标

取代机械式鼠标的是光学机械式鼠标,这种鼠标与机械式鼠标的结构基本上相同,两者间唯一的区别就是采用不同的编码器进行侦测鼠标的动作。光学机械式鼠标所采用的编码器,是由一片有很多狭缝的圆盘以及其两侧的光电管、发光二极管所组成。滚球运动时带动圆盘,光电管就会收到由于切断发光二极管所带来的连通、断开的信号,鼠标内部的微型处理器即可根据此信号及其相位差算出鼠标移动的距离及方向。这种鼠标由于核心定位机构已采用光电式部件进行处理,所以其具有使用寿命长、定位精度高等特点;但是,由于它的定位机制仍是采用物理式的滚球方式,因此与传统的机械式鼠标一样,长时间使用后,会出现光标移动缓慢、定位不准等现象。这主要是由于内部的转轴上附有灰尘的缘故,需要彻底清理才能恢复正常使用。现在市场上所谓的机械式鼠标其实指的都是这种光学机械式鼠标。

(3) 光电式鼠标

其工作原理是利用一块特制的光栅板作为位移检测元件,光栅板上方格之间的距离为 0.5 mm。鼠标器内部有一个发光元件和两个聚焦透镜,发射光经过透镜聚焦后从底部的小孔向下射出,照在鼠标器下面的光栅板上,再反射回鼠标器内。当在光栅板上移动鼠标器时,由于光栅板上明暗相间的条纹反射光有强弱变化,鼠标器内部将强弱变化的反射光变成电脉冲,对电脉冲进行计数即可测出鼠标器移动的距离。

光电式鼠标必须在专配板上使用,移动的范围受到限制,但其定位精度较高,防尘性能好,有利于工程绘图。光电式鼠标由于没有物理结构的定位系统,所以无论是在定位精度、使用寿命,还是在操作手感等方面,都具有得天独厚的优势。

(4) 新型光电式鼠标

新型光电式鼠标在操作上远远不是早期光电鼠标所能比拟的(见图 6.5)。它不但不需要在特殊的鼠标垫上操作,甚至发展到可以在牛仔裤上进行"指手画脚"。这都仰仗安捷伦公司所研发的一项技术。光电鼠标利用红外线照射所在的物体表面,然后每隔一定的时间就做一次快照,接着分析处理两次图片的特性,来决定坐标的移动方向及数值。这对于第一次了解光电鼠标的用户而言,不免让人有些惊讶。这也解释了为什么光电鼠标的造价比较高昂的原因。由于需要对图片进行扫描才能确定鼠标的

图 6.5 新型光电式鼠标

位移,因此扫描的频率就成为衡量光电鼠标的一项重要参数。一般情况下,每秒 1 500 次的扫描频率是最基本的,像微软所推出的部分产品中,其扫描频率达到了每秒 6 000 次。同时需要注意的另一项参数是鼠标的分辨率。这项参数采用的是每平方英寸的测量次数来表示。一般的光学鼠标是 400 cpi,即每移动 1 英寸,就传回 400 次坐标值。

(5) 无线鼠标

无线鼠标的工作原理与传统鼠标相同,只是利用了无线发射器把鼠标在 X 轴或 Y 轴上的移动以及按键按下或抬起的信息转换成无线信号并发送出去,无线接收器收到信号后经过解码传递给主机,驱动程序告诉操作系统鼠标的动作,该把鼠标指针移向哪个方向或是执行何种指令。

数字无线电频率(Digital Radio Frequency,DRF)技术是解决鼠标与主机通讯的主要技术,能够对短距离通讯提供充足的带宽,只要在限定距离以内,就可以在任何位置使用,几乎不受障碍物的影响。一般传输的距离达 10~20 m,可以进行 360°全方位无线射频遥控,而且耗电量较低,具有触发工作待机休眠,可以满足足够的需求。

无线鼠标具有节能模式,采用低功耗芯片之余,还有多重省电措施,在运行模式下 LED 闪烁速度是每秒 1 500 次,而在最省电的模式下闪烁速度只有每秒 2 次,移动鼠标或是按下鼠标按键,鼠标再迅速恢复到正常模式。此外,有的鼠标支持手动唤醒节能技术,在鼠标的两侧装配有导电橡胶,通过鼠标上的触摸开关来随意控制电源,当用户的手离开鼠标 2 秒钟后,鼠标

就马上进入睡眠状态,用户需要使用鼠标时,只要手一触到导电橡胶,鼠标立即被激活,效率比多重节能模式更高。以上种种方式,都延长了电池的使用寿命,接近一般无线滚球鼠标的水平,约为三至六个月。当然,其耗电量再小也小不过传统鼠标。无线鼠标如图 6.6 所示。

图 6.6 无线鼠标

### 6.2.3 手写输入设备

计算机作为办公和学习工具后,输入问题一直困扰着中国人,五笔字型输入法字根记忆的艰难,拼音输入法选择的繁琐伴随而来;而手写输入技术的出现为汉字输入带来了美好的前景。

手写输入笔是一种直接向电脑输入汉字,并通过汉字识别软件将其转变成为文本文件的一种电脑外设产品,如图 6.7 所示。它使电脑适应中国人的书写习惯,省去了背记各种形码、音码等的复杂过程,实现了无论男女老幼,只要能写中国字,就能轻松地完成文字录入。除此之外,有些手写输入笔还能绘画、网上交流、即时翻译。目前手写输入技术在识别速度、识别率、书写手感、人机界面等方面已经可以满足人们的基本要求。

图 6.7 手写输入笔

1) 手写输入设备的组成与分类

手写输入设备一般由两部分组成:一部分是与电脑相连的,用于向电脑输入信号的手写板(手写区域);另一部分是用来在手写板上写字的手写笔。手写板又分为电阻式和感应式两种。电阻式的手写板成本低,制作简单,必须充分接触才能写出字,在某种程度上限制了手写笔代替鼠标的功能;感应式手写板又分有压感和无压感两种,其中有压感的输入板能感应笔画的粗细,着色的浓淡,分 256 级和 512 级两种压感级别,是目前最先进的技术。手写笔也有两种:一种是用线与手写板连接的有线笔;另一种是无线笔。前者不易丢失,但维修困难,写字的舒展余度不大;后者写字比较灵活,携带方便,与普通的笔比较接近,是手写输入笔的一种发展趋势。

2) 手写识别的原理与软件

手写识别是指将在手写设备上书写时产生的有序轨迹信息转化为汉字内码的过程,实际上是手写轨迹的坐标序列到汉字内码的一个映射过程。目前的手写识别技术一般要经过数据采集、预处理、归一化、特征抽取、特征匹配及输出文字代码几个主要的阶段。其中,数据采集一般通过手写板或触摸屏等输入设备实现。用户在这些设备上书写的笔画以类似于矢量图的形式存储下来。由于采集到的信息一般含有较高的噪声,因此在提取它的特征信息前先要进行预处理,尽量将干扰信息剔除。此外,为了便于后面的计算,这个经过处理的矢量图需映射到一个特定的坐标区间,这就是归一化的工作,有点像把一幅要处理的画固定到一块底板上一样。做完了这些前期的铺垫工作,就可以进入关键的特征抽取阶段了。就像我们识别一个人时需要估计他的身高、胖瘦、脸型等特征一样,手写留下的轨迹图中一些关键的信息将被提取出来作为识别的依据。这种特征信息包括笔画的长短、角度、各笔画的交叉点和组成结构等。这些抽取出来的特征信息与系统内建的一个识别字典相对照,便得到了识别的结果。即便是同一个人写同一个汉字,其形态也会有所差异,因此最后抽取出来的信息通常不能与识别字典里的特征信息完全吻合。根据吻合程度不同,识别结果会有多个备选字。手写输入系统通常将它们按照匹配程度顺序列出,供用户选择。

手写输入笔的软件是手写输入的核心部分,它决定了汉字输入的识别率及汉字输入的易用性和可操作性,大体上可以从以下几个方面来考察识别软件。

(1) 连笔识别

每个人写字都希望既快又准确,而汉字笔画的连笔较多,一些软件能有效地识别一些行书和草书,以便提高输入的效率。

(2) 自学习功能

使手写识别更能适应非特定人的非特定书写,使用者可将自己的一些独特运笔而生成的文字,通过此功能让电脑识别记忆下来,下次再遇到相同的字,电脑就能轻松识别了。

(3) 联想字识别、同音字识别、同形字识别等技术

这些功能能够有效解决如提笔忘字和写错别字等问题,以便提高效率,增加输入速度。

### 6.2.4 触摸屏

触摸是人类最重要的感知方式,所以也是人与各类机器设备进行交互的最自然的方式。触摸屏(Touch Screen)作为一种多媒体输入设备,人们可用手指直接触及屏幕上的菜单、光标、图符等光按钮,既直观又方便,就是从来没有接触过计算机的人也能立即使用,有效地提高了人——机对话效率。极富人性化、符合人与外界进行沟通的自然方式,这是触摸屏最显著的特点之一。触摸屏是一种人人都会使用的计算机输入设备,或者说是人人都会使用的与计算机沟通的设备。这一点无论是键盘还是鼠标,都无法与其相比。人人都会使用,也就标志着计算机应用普及时代的真正到来。

1) 触摸屏的组成与分类

触摸屏是一种定位设备,系统主要由三个主要部分组成:传感器、控制部件和驱动程序。当用户用手指或其他设备触摸安装在计算机显示器前面的触摸屏时,所摸到的位置以坐标形式被触摸屏控制器检测到,并通过串行接口或者其他接口送到 CPU,从而确定用户所输入的信息。

按安装方式可分为:外挂式、内置式、整体式、投影仪式等,如图 6.8 所示。

图 6.8 触摸屏安装方式

从结构特征和技术上,触摸屏可分为五个基本种类:红外式触摸屏、电容式触摸屏、电阻式触摸屏、表面声波式触摸屏、矢量压力传感式触摸屏。每一类触摸屏都有各自的优缺点,下面介绍各类触摸屏技术的工作原理和特点。

(1) 红外式触摸屏

红外式触摸屏通过遮挡的"接触"或"离开"动作而激活触摸屏。这种触摸屏利用光学技术,用户的手指或其他物体隔断了红外(Infrared)交叉光束,从而检测出触摸位置,如图6.9所示。屏幕的一边有红外器件发射红外线,另一边设置了光电晶体管接收装置检测光线的遮挡情况,这样可以构成水平和垂直两个方向的交叉网络。这种方式获得的数据多且分辨率高。红外线发光二极管(LED)必须距离CRT玻璃表面一定距离,以免CRT的弯曲表面遮断光束。手指可能遮挡住一个或多个红外光敏传感器,控制器依次使每个LED发出光脉冲,并搜寻被遮挡的光束,从而确定触摸的位置。

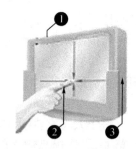

图6.9 红外式触摸屏

(2) 电容式触摸屏

电容式触摸屏的构造主要是在玻璃屏幕上镀一层透明的薄膜导体层,再在导体层外装上一块保护玻璃,双玻璃设计能彻底保护导体层及感应器。此外,在附加的触摸屏四边均匀镀上狭长的电极,在导电体内形成一个低电压交流电场。用户触摸屏幕时,由于人体电场,手指与导体层间会形成一个耦合电容,四边电极发出的电流会流向触点,而电流的强弱与手指到电极的距离成正比,位于触摸屏幕后的控制器便会计算不同位置电极的电流强弱,准确算出触摸点的位置,如图6.10所示。电容触摸屏的双玻璃不但能保护导体及感应器,更能有效地防止外在环境因素对触摸屏造成的影响,即使屏幕沾有污秽、尘埃或油渍,电容式触摸屏依然能准确算出触摸位置。

图6.10 电容式触摸屏

(3) 电阻式触摸屏

电阻式触摸屏的屏体部分是一块与显示器表面非常配合的多层复合薄膜,由一层玻璃或有机玻璃作为基层,表面涂有一层透明的导电层,上面再盖有一个双面层。它的外表面是硬化处理、光滑防刮的塑料层,它的内表面是一层透明导电层,在两层导电层之间有许多细小(小于千分之一英寸)的透明隔离点起绝缘作用。如图6.11所示。当手指触摸屏幕时,平常相互绝缘的两层导电层就在触摸点位置有了一个接触,其中一面导电层接通Y轴方向的5V均匀电压场,使得探测层的电压由零变为非零,控制器侦测到这个

图6.11 电阻式触摸屏

接通后,进行A/D转换,并将得到的电压值与5V相比,即可得触摸点的Y轴坐标。同理得出X轴的坐标,这就是所有电阻技术触摸屏的基本原理。电阻类触摸屏的关键在于材料科技。电阻屏根据引出线数多少,分为四线、五线、六线等多线电阻触摸屏。

(4) 表面声波式触摸屏

表面声波(SAW)是一种沿介质(例如玻璃)表面传播的机械波。触摸屏可以是一块平面、球面或柱面的玻璃平板,安装在显示器玻璃壳的前面。这块玻璃平板是一块纯粹的强化玻璃,

与其他类型触摸屏技术的区别是没有任何贴膜和覆盖层。表面声波触摸屏如图6.12所示。表面声波是应变能仅集中在物体表面传播的弹性波。SAW触摸屏在一片玻璃的每个角上装有两个发射器和两个接收器。一系列的声波反射器被嵌进玻璃中,沿着两边从顶至底穿过玻璃。反射器朝一个方向发射短脉冲。当脉冲离开一个角后,就会不断地被每个反射器反射回来一部分声波。由于反射器离发射器远近不一,发射器送出的是一个短脉冲,而收到的是不同的反射器经不同路径返回到接收器所形成的长脉冲。当用户触摸

图6.12 表面声波触摸屏

玻璃的某点就阻碍了脉冲能量通过那点反射到达接收机,于是从接收的脉冲信号中就见到一段缺口。脉冲起点至下跌点间的时间长度就确定了触摸点坐标。因声波在玻璃中传播速度为常数,乘以时间就得到距离。控制器通过互换两对发射器和接收器,就可测出触摸点在X和Y两个方向的坐标。

(5) 矢量压力传感式触摸屏

这是一种技术最简单的触摸屏。在CRT外面盖一块四角装有应力计的平板玻璃,当玻璃受到压力时,应力计就会出现电压或电阻等电气特性的变化。压力越重,变化值就越大。每个角记录这些变化,控制器读取每个角的记录值,并计算触摸点精确的位置。

2) 触摸屏基本特征

(1) 透明

它直接影响到触摸屏的视觉效果。很多触摸屏是多层的复合薄膜,它至少包括透明度、色彩失真度、反光性和清晰度。

(2) 绝对坐标系统

触摸屏是绝对坐标系统,要选哪里就直接点哪里,与鼠标这类相对定位系统的本质区别是一次到位的直观性。绝对坐标系统的特点是每一次定位坐标与上一次定位坐标没有关系,触摸屏在物理上是一套独立的坐标定位系统,每次触摸的数据通过校准转为屏幕上的坐标,这样,就要求触摸屏这套坐标不管在什么情况下,同一点的输出数据是稳定的。

(3) 检测触摸并定

各种触摸屏技术都是依靠各自的传感器来工作的,甚至有的触摸屏本身就是一套传感器。各自的定位原理和各自所用的传感器决定了触摸屏的反应速度、可靠性、稳定性和寿命。触摸屏的传感器方式还决定了该触摸屏如何识别多点触摸的问题,也就是超过一点的同时触摸如何处理。这是触摸屏使用过程中经常出现的问题,目前没有很理想的解决办法。

## 6.2.5 条形码

条形码也称为线条码或条码,如图6.13所示,它是一种通用的商品包装标签,可以说是商品的身份证。条码识别技术是集光电技术、通信技术、计算机技术和印刷技术为一体的自动识别技术。通过它可以反映出许多信息,并在商品的生产、销售、贮存和检查沟通信息等方面起到了重要作用。条形码广泛用于商标、包装物和书刊等产品上,成为交流联系的纽带。

1) 条形码的结构与识读原理

条形码是由一组宽窄不等、黑白相间的平行线条按特定格式与间距组合起来的符号,通常

图 6.13 条形码图样

印在商品或印刷品上,可以代替各种文字信息,并能通过光电读出装置,随时读取数据。条形码符号为长方形线条图形,光学扫描器的信息读出主要就是对这些条码符号进行阅读和识别。数字符号是在线条外的数字和字母,包括 0~9 数字、A~Z 字母,可直接为肉眼所识别,一般 8 位~16 位,码制不同,位数也不一样。条码作为一种编码信息,是人和计算机通话联系的一种特定语言。条码中黑白粗细相间的线条符号,粗的黑线条在计算机中表示 1,细的黑线条表示 0,通过逻辑转换,可表示成 0~9 的阿拉伯数字和数组,因此必须要有一种阅读装置配合使用才能识读。阅读系统主要包括扫描器和译码器。扫描器是直接接触条码读入信号的部件,它由光发射器、光电检测器和光学镜片组成,能以极快的速度阅读由条形码缩写成的信息。扫描时,从光发射器中发出的光束照在条码上,光电检测器根据光束从条形码上反射回来的光强度作为回应,当扫描光点扫到白纸面上或处于两条黑线之间的空白处时,反射光强,检测器输出一个大电流;当扫描至黑线条时,反射光弱,检测器输出小电流,并根据黑线宽度作出时间长短不同的响应,随着条形码明暗的变化转变为大小不同的电流信号,经过放大后输送到译码器中去。译码器将信号翻译成数据,并进行局部的检验和显示,与键盘连接后送往电子计算机进行数据处理。

2) 条码设备

条码设备分为两类:条码识读设备和条码打印设备。

(1) 条码识读设备

条码识读设备是用来读取条码信息的设备,即条码扫描器。条码识读设备一般不需要驱动程序,接上后可直接使用,如同键盘一样。条码识读设备从原理上可分为光笔、CCD 和激光三类,从形式上有手持式和固定式两种。

① 手持 CCD 扫描器。是一种手持式泛光自动扫描式扫描器,适用于商品零售、工业生产、图书管理等行业的自动化管理中,性价比较好。

② 光笔扫描器。是一种手持固定光束接触式扫描器。其工作距离和扫描景深都很小,一般小于 1 mm。其扫描不受条码符号长短的限制,适用于各个领域,尤其是在办公自动化管理中。

③ 激光枪。是一种手持移动光束扫描器。其工作距离和扫描景深较大,可从几十厘米远到十几米远甚至更远,机动性好,可用于工业生产、商场管理、仓库管理等领域。

④ 槽式扫描器。是一种固定安装的光束扫描器。它是靠手持条码符号的移动实现扫描的,多用于考勤、保安记录、会议管理、银行查账等。

(2) 条码打印设备

条码打印设备主要是用于条码标签的打印。目前,打印条码标签有两种方式:条码打印机打印方式和软件配合激光打印机方式,如图 6.14 所示。

图 6.14 条码打印设备

3）条码技术的优点

条码是迄今为止最经济、实用的一种自动识别技术。条码技术具有以下几个方面的优点：

（1）可靠准确。有资料可查键盘输入平均每 300 个字符一个错误，而条码输入平均每 15 000 个字符一个错误。如果加上校验位，出错率是千万分之一。

（2）数据输入速度快。一名每分钟打 90 个字的打字员 1.6 秒可输入 12 个字符或字符串，而使用条码做同样的工作只需 0.3 秒，速度提高了 5 倍。

（3）经济便宜。与其他自动化识别技术相比较，推广应用条码技术，所需费用较低。

（4）灵活、实用。条码符号作为一种识别手段可以单独使用，也可以和有关设备组成识别系统实现自动化识别，还可和其他控制设备联系起来实现整个系统的自动化管理。同时，在没有自动识别设备时，也可实现手工键盘输入。

（5）自由度大。识别装置与条码标签相对位置的自由度要比 OCR 大得多。条码通常只在一维方向上表达信息，且同一条码上所表示的信息完全相同并且连续，这样即使是标签有部分缺欠，仍可以从正常部分输入正确的信息。

（6）设备简单。条码符号识别设备的结构简单，操作容易，无需专门训练。

（7）易于制作。条码标签易于制作，对印刷技术设备和材料无特殊要求，被称为"可印刷的计算机语言"。

## 6.2.6 读卡器、磁卡与 IC 卡

1）读卡器

我们知道，电脑、数码产品、家电等各种不同的产品之间需要一种通用的存储介质来进行数据交换，而目前使用 Flash RAM（闪存存储器）的存储产品无疑是应用最广泛的。与传统存储器相比，闪存有着小巧轻便、防尘抗震等优点，被广泛应用于数码相机、MP3 播放器等产品上。随着数码产品的飞速发展和普及，我们经常要做的就是数码产品之间的数据交换，读卡器就是完成这种功能的产品。

顾名思义，读卡器就是读取存储卡的设备。存储卡现在应用可谓非常广泛，从数码相机到 MP3 随身听，从 PDA 掌上电脑到时下比较流行的多媒体手机。目前在市面上比较常见的存储卡有 SmartMedia（SM 卡）、CompactFlash（CF 卡）、MemoryStick（索尼记忆棒）、MultiMediaCard（MMC 卡）、SD Memory（SD 卡）、IBM Microdrive（IBM 微型硬盘），以及最新的 XD-Picture（XD 卡）。因此为了便于使用，读卡器一般都是多合一的产品，假如你有很多使用不同格式闪存卡的设备，多功能读卡器会提供一个比较好的解决方案。

读卡器的体积一般都不大，分内置和外置两种。外置的便于携带，一般使用 USB 接口，如图 6.15 所示。读卡器对计算机来说类似一个 USB 的软驱，实际的作用也比较类似，只是读取的不是软盘，而是各种闪存卡。

2) 磁卡

磁卡是一种识别卡(ID 卡)，磁卡最大的应用行业是金融业(如 FTC 卡)，其次是零售、航空、石油、保安、通信、交通等行业。我们现实生活中使用的银行账户卡、电话卡、股东代码卡都是磁卡应用的最好例证，磁卡应用具有极其深远的影响，它将加速人类进入信息化的进程。

图 6.15　七合一读卡器

在一块方形材料上粘上一层磁条或者涂上一定面积的磁性材料，用来记录作为标识的数据信息，经过磁卡读出器可以方便地读出来，并输入计算机进行处理。磁卡作为一种信息记录手段，具有如下优点：所记录的内容易修改、可靠性强、误码率低、信息识别速度快、保密性好、读出设备便宜。

3) IC 卡

由于磁卡具有容量小、功能弱、安全性差等缺点，因此在 20 世纪 80 年代 IC 卡(Integrated Circuit Card)的应用有了很大的发展。IC 卡应用的重大意义是将促进人类社会的信息化进程，将会成为信息时代的人机接口。人类在信息社会中，生活的各个方面(衣、食、住、行)及文化等都将离不开 IC 卡。虽然目前世界上磁卡仍然在广泛应用，但逐渐被 IC 卡取代是必然的趋势。IC 卡按功能可分为三类：存储卡、具有 CPU 的卡(智能卡)和超级智能卡。存储卡由一个或多个集成电路组成，具有记忆功能。智能卡是由一个或多个集成电路芯片组成，并封装成便于人们携带、具有微电脑和存储器的卡片。智能卡芯片具有暂时或永久的数据存储能力，其内容可供外部读取，或供内部处理和判断之用。该芯片还具有逻辑处理功能，用于识别和响应信息。芯片本身还具备判定路线及执行指令的逻辑功能。超级智能卡除此之外还具有自己的键盘、液晶显示器和电源，实际上是一台卡式计算机。IC 卡是硬件技术与软件技术的高度结合，它的制造技术比磁卡要复杂得多，其主要技术包含硬件技术、软件技术和业务知识三个部分。硬件技术中包含半导体技术、基板技术、封闭技术、终端技术；软件技术包含通信技术、安全技术和系统技术。

### 6.2.7　光学字符识别

光学字符识别(Optical Character Recognition，OCR)是指电子设备(例如扫描仪或阅读器)检查纸上打印的字符，通过检测暗、亮的模式确定其形状，然后用字符识别方法将形状翻译成计算机文字的过程。OCR 技术实际上是计算机认字，也是一种文字输入法，它通过扫描和摄像等光学输入方式获取纸张上文字方式的图像信息，利用各种模式识别算法，分析文字形态特征，判断出文字的标准码，并按通用格式存储在文本文件中。所以 OCR 是一种非常快捷而省力的文字输入方式，也是在文字数据量大的今天被人们广泛采用的输入方法。汉字识别 OCR 就是使用扫描仪对输入计算机的文本图像进行识别，自动产生汉字文本文件，采用 OCR 与人工键入的汉字效果是一样的，但速度比手工快几十倍甚至上百倍。

因此，OCR 技术主要是研究计算机自动识别文字的技术。OCR 系统涉及图像处理、模式识别、人工智能、认知心理学等许多领域。一个 OCR 系统可分为预处理部分、识别部分和后处理部分三个部分。其中，预处理部分把待识别的文本通过扫描设备输入系统，由硬件、软件完成数字图像处理，把待识文本中的照片、图形与文字分离开来，并将分离出的文字分割成单个符号图形，以便识别；识别部分则把分割出的文字图形规格化，提取文字的几何特征（如图 6.16）和统计特性，并把特征送入识别器，得到待识文字的内码作为结果；后处理部分将识别结果以及预处理部分的某些因素进行综合考虑，生成具有一定格式的识别结果，然后对整个识别结果进行语言学方面的检查，纠正误识成分，从而产生 OCR 系统对该识别文本的最终结果。

利用 OCR 技术进行文字信息的输入，必须依赖于扫描仪、数码相机、数码摄像机等图像输入设备完成图像信息的获取。

图 6.16  文字几何特征提取

### 6.2.8  语音输入系统

随着计算机科学技术的发展，越来越多的人在使用计算机，如何给不熟悉计算机的人提供一个友好的人机交互手段，逐渐引起了人们的重视。人们迫切需要一种更加自然的、更加能为多数人所接受的方式与计算机沟通。而通过语音输入是最迅速、最常用和最自然的一种。因此，使人能通过语言与"机器"进行信息交流，便成了科学家们多年来所研究的领域。早在 20 世纪 70 年代，国外就开始致力于语音识别技术的研究。经过近 30 年的探索，语音识别技术经历了从最初的特定人、小词汇量、非连续、非独立扬声器的语音识别到今天的非特定人、大词汇量、连续、独立扬声器的语音识别的发展历程，而且识别速度和准确率都有了极大地提高。随着计算机科学和应用的飞速发展，语音技术已日益广泛地应用于实际中。

1）**语音识别**

语音识别以语音为研究对象，它是语音信号处理的一个重要研究方向，是模式识别的一个分支，涉及生理学、心理学、语言学、计算机科学以及信号处理等诸多领域，甚至还涉及人的体态语言（如人在说话时的表情、手势等行为动作可帮助对方理解），其最终目标是实现人与机器进行自然语言通信。

目前语音识别的主要应用是通过文本—语音转换器（Text To Speech，TTS）和语音识别器（Speech Recognition，SR）实现的。TTS 和 SR 是为应用开发者增加的两个用户接口设备，开发者可将 TTS 和 SR 加入到应用程序中。

(1) TTS

TTS 是将文本形式的信息转换成自然语音的一种技术，其最终目标是力图使计算机能够以清晰自然的声音，各种各样的语言，甚至以各种各样的情绪来朗读任意的文本。也就是说，要使计算机具有像人一样，甚至比人更强的说话能力。因而它是一个十分复杂的问题，涉及语言学、韵律学、语音学、自然语言处理、信号处理、人工智能等诸多的学科。

TTS分为综合语音和连贯语音两种类型。综合语音系统就是通过分析单词,由计算机确认单词的发音,然后把这些音素输入到一个复杂的模仿人声音并发声的算法中,这样就可以读文本了。通过这种方式,TTS能读出任何单词,甚至制造的词,但是它发出的声音不带任何感情,带有明显的机器语音味道。

连贯语音系统是通过分析文本并从预先录好的文库里抽出单词和词组的录音。数字化录音是连贯的,因为声音是事先录制的语音,听起来很舒服。遗憾的是,如果文本包含没有录的单词和短语,TTS就读不出来了。连贯TTS可以被看成一种声音压缩形式,因为单词和常用的短语只能录一次。连贯TTS会节省开发时间并减少错误,使软件增加相应的功能。连贯TTS只播放一个WAV文件,它只占用很少的处理能力。

(2) SR

SR比TTS更复杂,也较难以划分,但每个语音识别器都必须解决下列一些问题:

① 连续性与不连续性。如果语音识别系统是连续的,用户就能正常地与系统对话;如果是不连续的,用户就需要字字停顿。显然,连续语音识别(Continuous Speech Recognition)比不连续语音识别更受人们欢迎,但它却需要更强的处理能力。

② 单词量。语音识别系统可以有或大或小的词汇量。词汇量小的识别系统需要用户发出简单的命令,而朗读文件时,这一系统就必须有大的词汇量。大词汇量识别系统比小词汇量识别系统需要更强的处理能力和存储空间。虽然日常生活中常用的词汇不超过一两万个,但每个专业的术语不少于几万条。

③ 口音识别。音素作为组成单词的最小声音单位,与它们所出现的上下文密切相关,例如,在美国英语中,字母t在two、true和buyer中的发声不同。其次,声音上的多变可能来自环境以及传感器的位置与特性。说话者本身也有一些可变因素,比如生理或者情绪状态、说话的速度、话音质量等。最后,社会语言背景、方言以及声带大小与形状也是不同说话者之间的可变因素。

④ 规则句式与自由句式。识别结构化的句式比较容易,因为它有规则可循,有一定的范围;而人们说话大多采用任意句式,增加了计算机识别的难度。

⑤ 识别速度的快慢与准确率的高低。语音的识别速度主要与语音参数数据库(存储单个语音发音参数)和语音发音规则库有关。语音规则库越大,则对语音的识别准确率越高,但是相应的识别速度也越慢;语音规则库越小,识别速度越快,但是识别的准确率也就降低。

2) 语音输入软件

国外早已出现的非连续语音识别技术,要求使用者在语音录入时所读出的词汇间有一定的停顿,使计算机能够逐个词地进行识别。但中文语音识别又有其特殊性和一定的难度,这是因为汉语句子中词和字的界限不分明,字在句子中有时作为独立的单字词,有时又作为词的语素,这使得计算机的词汇库很难应付这么多变化。更何况要人们在句子中的每个词间加上生硬的停顿是很难实现的,所以非连续语音识别技术对汉语而言并不实用,汉语识别只有采用连续语音识别技术才行得通。

在语音识别领域,IBM在世界上一直处于领先地位,并在这一领域拥有100多项专利。迄今为止,共有13种语言的连续语音识别产品。1997年9月,IBM推出了ViaVoice中文连续语音识别系统,引起了人们的极大关注。这一高度智能化的语音系统是IBM三十年的语音技术研究成果和本地人才智慧的结晶。它成功地解决了汉语同音字多、有声调、口音复杂等难题,为汉字快速方便地输入提供了有效的方法,因而被广泛认为是汉字输入的重要里程碑。在 1999 年底推出的 ViaVoice 中文语音识别系统,除了具有非特定人、无限词汇量、连续语音识别、高识别率、专业文章智能分析理解等强大的语音功能外,还为广大上网的用户提供了轻松上网的功能,实现网上语音聊天的梦想。针对中文同音字多、有声调、词界不明、新词不断出现的特点,IBM 推出的 ViaVoice,给我国的中文连续语音识别技术的推广注入了催化剂。有人称 ViaVoice 是汉字输入的一次根本性革命,它使计算机向人性化方向上的发展迈出了重要的一步,是中文信息处理技术发展的一个重要里程碑。

ViaVoice 中文语音识别系统,是在 Windows 上使用的中文普通话语音识别听写系统及相应的开发工具。图 6.17 为 ViaVoice 使用界面。由于采用连续语音识别技术,汉字输入速度快且识别率高,无需指定说话人,无需专门训练,自由句式输入(每分钟可输入 150 个汉字),平均识别率超过 90%,自定词组 32 000 个,用户可添加词组 28 000 个。可以说,ViaVoice 中文版代表了当前汉语语音识别的最高水平。另外,ViaVoice 语音识别系统本身是智能化的,在不断使用的过程中,识别率也会不断地提高。

图 6.17　ViaVoice 使用界面

### 6.2.9　数字摄像头

数字摄像头是一种新型的多媒体计算机外部设备和网络设备,人们形象地称之为计算机和网络的"眼睛"。按照工作原理划分,数字摄像头属于数码影像设备,由于其小巧的外形和较好的图像效果等特点,已经逐渐受到广大用户的欢迎。最初面世的模拟摄像头必须与视频捕捉卡一起使用,才能达到捕捉流畅的动态画面的效果。随着数码影像技术的发展和 USB 接口的普及,今天的多数数字摄像头可以通过内部电路直接把图像转换成数字信号传送到计算机上。只要 CPU 处理能力足够快,CCD 捕捉到的图像信号基本上可以达到实时呈现的动态效果。随着计算机 CPU 运算速度的提高,数字摄像头作为廉价的数码影像产品可以实现一些高档数字设备(如数码相机和数码摄像机)的部分功能,使它具有广阔的市场前景。

1) 数字摄像头的工作原理

数字摄像头是一种依靠软件和硬件配合的多媒体计算机附属设备。其成像使用 CCD 或 CMOS 图像传感器、A/D 器件进行,模拟图像到数字图像的转换等部分与数码摄像机是一样的,只是其光电转换器件分辨率差一些。对数字图像的数据压缩和存储等处理工作,则交给计算机系统去做(可以是硬件卡,但大多数是软件方法)。所以数字摄像头比数码相机和数码摄像机都廉价得多。数字摄像头实物如图 6.18 所示。由于数字摄像头主要应用在动态图像捕捉领域,实时捕捉和压缩占用了大量的 CPU 处理时间和内存空间,因此对计算机的硬件处理速度有一定的要求。数字摄像头是否捆绑功能强大的软件,也直接关系到数字摄像头的实际使用效果。大多数数字摄像头都有一个专用的控制程序,以实现最基本的功能,如拍照、摄像、管理影像文件、设置等。

图 6.18　各种摄像头

2) 数字摄像头的功能与关键指标

数字摄像头作为一种数字视频和图像的输入设备,其主要具有以下功能:

(1) 网络视频

连接电脑并安装相应的驱动软件以后,摄像头可以结合相应的网络聊天工具,例如腾讯QQ、MSN 等用于网络聊天。网络改变了人们沟通的方式,用简单的文字交流已不能满足需求,于是数字摄像头便成为人们在网上进行面对面交流的工具。在局域网甚至 Internet 网上,双方不仅可以通话,而且可以直接看到对方的图像,使网络上的交流更贴近人们的生活习惯,更符合今天技术发展的潮流。人们更倾向于把数字摄像头看成是一种网络设备,称之为网络眼(Webeye)。

(2) 静态照片拍摄

连接电脑并安装相应的驱动软件以后,摄像头可以拍摄数码照片。由于摄像头并没有 LCD 显示屏,所以在拍摄时一般是将电脑的显示器作为取景器。摄像头拍摄数码照片也有一定的局限性,分辨率低是一个方面,拍摄范围的局限也是很明显的,很多摄像头必须连着电脑才能拍摄静态照片。

(3) 监控

也就是通过摄像头实时对现场进行拍摄,然后通过电缆(现在已经出现了无线传输的摄像头)连接到电视机或者电脑上,从而可以对现场进行实时监控。

3) 决定摄像头图像质量的主要因素

(1) 像素值和分辨率

像素值和分辨率是衡量摄像头图像质量的两个重要指标,也是判断一款摄像头性能优劣的主要依据。像素值越高,意味着其产品的解析图像能力越强。早期推出的产品像素值一般在 10 万像素左右,由于技术含量不高,现在已基本被淘汰。当前市场的主流产品像素值一般在 30 万像素以上。分辨率是摄像头辨别图像的能力。在图像处理技术中,有图像分辨率和视频分辨率之分。具体到摄像头也可以通俗地解释为静态画面捕捉时的分辨率和动态视频图像捕捉时的分辨率。实际应用中,通常是图像分辨率高于视频分辨率。目前,摄像头所能给出的最高分辨率为 640×480。

(2) 解析度

解析度是数码影像比较突出的技术指标,而数码摄像头的图像解析度又有照相解析度和视频解析度之分。在实际应用中,一般是照相解析度高于视频解析度。现在的流行产品,包括照相和视频解析度两项指标,一般有多种规格可选,如创新 Video Blaster Web Cam-Go Plus 就有 640×480、352×288、320×240、176×144、160×120 五种规格。一般产品的最高解析度可以达到 640×480,通过软件插值放大,部分产品最高可达到 704×576,使图像、影像表现出丰富的细节和最佳的效果。

(3) 摄像头的数据接口

现在主流摄像头的连接方式有接口卡、并口和 USB(Universal Serial Bus,通用串行总线接口)三种。接口卡式的一般是通过摄像头专用卡来实现,厂商会针对摄像头优化或添加视频捕获功能,在图像画质和视频流的捕获方面具有较大的优势。由于各厂商的接口卡的设计各不相同,产品之间并非都是相互兼容的,价格较昂贵,所以这类产品属于那些追求较高画质的用户的选择。并口方式的优点在于适应性较强;缺点是数据传输率受传输线长度的影响较大。USB 接口方式是目前主流的走向,采用 USB 接口不仅使得摄像头的硬件检测、安装简捷快速,更主要的是由于 USB 数据传输速度相对很高,因此可以较好地解决影像文件数据传输过程中的"瓶颈"问题,使动态影像的还原效果更平滑、流畅。

(4) 视频速度

视频速度和视频解析度是直接相关的、成反比关系。比如采用 640×480 规格时可以实现 12.5 f/s(frames per second,帧/s),视频会出现跳跃感,甚至很严重的跳跃感;采用 352×288 规格时则可达到 30 f/s,真正获取流畅的视频。实际应用中,与视频解析度直接相关的另一个指标是数据尺寸。采用 AVI 格式输出视频,解析度提高,数据量会成几何倍数地增长,因此,兼顾各种因素是应用中所不容忽视的。

### 6.2.10 其他输入设备

除上述输入设备外,多媒体输入设备还包括具有图像输入功能的数码相机和扫描仪,以及具有数字视频输入功能的数码摄像机等,详见前面相关章节。

## 6.3 输出设备

### 6.3.1 显示器

显示器决定了多媒体数据的视觉效果,特别是图形、图像、视频的效果。目前,常见的显示器包括 CRT 显示器、LCD 显示器等,如图 6.19 所示。它们具有相似的性能指标,主要如下:

(1) 像素(Pixel):显示屏幕实际是由许多不同色彩或不同亮度的点组成的。屏幕上一个点也称为一个像素。显然,屏幕上像素越多,也就是组成字符或图像的点的密度越高,显示的画面就越清晰。

(2) 显示分辨率与点距:显示分辨率是指在某一种显示模式下计算机屏幕上最大的显示区域,以水平和垂直的像素来表示,也即屏幕上显示的点数,如 640×480。最大显示分辨率是衡量显示系统性能优劣的主要技术指标之一,目前可高达 1 600×1 200。当前的显示分辨率或显示模式可以通过软件来选择和设置。另一个衡量分辨率的参数是点距(Dot Pitch)。点距越小,分辨率就可以做得越高。电视机用的 CRT 平均点距为 0.76 mm,而彩色显示器的点距可达 0.26 mm 以下。

图 6.19 显示器

(3) 色彩数与显示深度：自然界常见的各种颜色光，都可由红(R)、绿(G)和蓝(B)三种颜色光按不同比例相配而成，一般选这三种颜色作为基色，简记为 R、G、B。CRT 是把 R、G、B 三种波长的光波按不同的相对强度混合或相加，以产生不同的显示色彩。这种相加混色是计算机中定义颜色的基本方法。

(4) 扫描显示过程：计算机采用阴极射线显示器 CRT 显示图像或文本信息。扫描显示的基本工作过程是代表 R、G、B 色彩强度的三束电子从显示屏幕的左上角开始，逐行或隔行向下扫描。当三色电子束以一定的比例轰击屏幕上一点时，对应的荧光体发光，混合成屏幕上一个像素点。

(5) 刷新速率：扫描一帧的速率称为刷新速率(Refresh Rate)，也可称为帧率或垂直扫描速率。刷新速率决定显示信号的同步以及屏幕的闪烁情况。刷新速率太低，会使人感到屏幕显示闪烁、不稳定；高刷新率又对显示卡及其缓存的性能提出更高要求。电视屏幕都是以采样隔行扫描的方式工作，其刷新速率是 50～60 Hz。计算机屏幕上主要是显示静止图像，这种刷新率一般会使人感到闪烁。目前 PC 显示器一般采用逐行扫描的方式，其屏幕刷新率在 70 Hz 以上。这种方式使图像显得细腻、稳定、清晰度更高，效果比隔行扫描要好。

### 6.3.2 投影机

多媒体投影机是一种可以与录像机、摄像机、影碟机和多媒体计算机系统等多种信号输入设备相连，将信号放大投影到大面积的投影屏幕上，以获得巨大、逼真的画面的输出设备，目前其成为计算机教学、演示汇报等的必备设备。作为一种新兴的显示设备，多媒体投影机正在逐渐发展成为一种独立于一般显示设备的标准外设种类。

图 6.20 投影机

随着我国信息化技术的不断发展，特别是网络、多媒体以及计算机向各行各业渗透的不断深入，投影机和人们的接触越来越多，已从传统的辅助设计、辅助教学不断向娱乐、传播等各行各业领域扩展。越来越多的组织和机构希望采用投影机这种便捷的工具来展示自己的工作内容和产品，以提高工作效率、展示公司与企业形象、增强竞争能力。到目前为止，投影机主要通过三种显示技术实现，即 CRT 投影技术、LCD 投影技术以及近些年发展起来的 DLP 投影技术。

1) 阴极射线管(CRT)投影机

CRT 作为成像器件,是实现最早、应用最为广泛的一种显示技术。这种投影机可把输入信号源分解成 R(红)、G(绿)、B(蓝)三个 CRT 管投射到荧光屏上,荧光粉在高压作用下发光,经系统放大和会聚,最终在大屏幕上显示出彩色图像。光学系统与 CRT 管组成投影管,通常所说的三枪投影机就是三个投影管组成的投影机,由于使用了内光源,因此也叫主动式投影方式。CRT 技术成熟,显示的图像色彩丰富,还原性好,具有丰富的几何失真调整能力。

2) 液晶(LCD)投影机

LCD 投影机本身不发光,它使用光源来照明 LCD 上的影像,再使用投影镜头将影像投影出去。利用液晶的光电效应,即液晶分子在电场作用下排列发生变化,影响其液晶单元的透光率或反射率,从而影响它的光学性质,产生具有不同灰度层次及颜色的图像。LCD 投影机分为液晶板和液晶光阀两种。

(1) 液晶板投影机

按照液晶板的片数,LCD 投影机可分为单片式投影机(使用单片彩色 LCD)和三片式投影机(使用三片单色 LCD)。单片式投影机组装简单,但因为使用单片彩色的 LCD,所以红色的点仅穿透红光而吸收绿光及蓝光,绿点和蓝点同样也仅通过 1/3 的光,所以透光效率不佳。因为一个全彩色的点需由红、绿、蓝三个基本色点所组成,所以画面的清晰度有所降低,色彩较为呆板且缺少层次。三片 LCD 板投影机(见图 6.20)的原理是光学系统通过分光镜把强光分成 R、G、B 三束光,分别透射过 R、G、B 三色液晶板;信号源经过 A/D 转换、调制,加到液晶板上,通过控制液晶单元的开启、闭合,从而控制光路的通断,R、G、B 三束光最后在棱镜中汇聚,由投影镜头投射在屏幕上形成彩色图像。三片式的 LCD 投影机的色彩饱和度高、层次感好、色彩自然,是液晶板投影机的主要机种。

(2) 液晶光阀投影机

它是 CRT 投影机与液晶光阀相结合的产物。为了解决图像分辨率与亮度间的矛盾,它采用外光源,也叫被动式投影。一般的光阀主要由三个部分组成:光电转换器、镜子和光调制器。光阀是一种可控开关,通过 CRT 输出的光信号照射到光电转换器上,将光信号转换为持续变化的电信号;外光源产生一束强光,投射到光阀上,由内部的镜子反射,通过光调制器,改变其光学特性,紧随光阀的偏振滤光片,滤去其他方向的光,而只允许与其光学缝隙方向一致的光通过,这个光与 CRT 信号相复合,投射到屏幕上。液晶光阀投影机是目前亮度和分辨率最高的投影机,适用于环境光较强且观众较多的场合。

3) 数码(DLP)投影机

DLP 是英文 Digital Light Processor 的缩写,译作数字光处理器。这一新的投影技术的诞生,使人们在拥有捕捉、接收、存储数字信息的能力后,终于实现了数字信息的显示。DLP 技术是显示领域划时代的革命,正如 CD 在音频领域产生的巨大影响一样,DLP 将为视频投影显示翻开新的一页。DLP 投影机以 DMD(Digital Micromirror Device)数字微反射器作为光阀成像器件,单片 DMD 由许多微镜组成,每个微镜对应一个像素点,DLP 投影机的物理分辨率就是由微镜的数目决定的。根据所用 DMD 的片数,DLP 投影机可分为:单片机(应用于便携式投影产品)、两片机(应用于大型拼接显示墙)、三片机(应用于超高亮度投影机)。DLP 投影机清晰度高、画面均匀、色彩鲜艳。三片机亮度可达 2 000lm 以上,它抛弃了传统意义上的会聚,可随意变焦,分辨率高,不经压缩分辨率可达 1 280×1 024。

### 6.3.3 打印设备

打印机是计算机系统的重要输出设备。近年来,随着彩色打印技术的发展,彩色打印的输出质量越来越好,其单张打印成本和维护成本也越来越低。彩色打印机不再是专业设计和出版领域的宠儿,而逐渐成为一般用户多媒体数据输出的常用设备。

1) 黑白激光打印机

了解黑白激光打印机的工作原理是理解彩色打印的基础,以下说明其实现过程:当计算机通过电缆向打印机发送数据时,打印机首先将接收到的数据暂存在缓存中,当其接收到一段完整的数据后,再发送给打印机的处理器,处理器将这些数据组织成可以驱动打印引擎动作的类似数据表的信号组,对于激光打印机而言,这个信号组就是驱动激光头工作的一组脉冲信号。激光打印机的核心技术就是所谓的电子成像技术,这种技术融合了影像学与电子学的原理和技术,核心部件是一个可以感光的硒鼓。激光发射器所发射的激光照射在一个棱柱形反射镜上,随着反射镜的转动,光线从硒鼓的一端到另一端依次扫过(中途有各种聚焦透镜,使扫描到硒鼓表面的光点非常小),硒鼓以 1/300 英寸或 1/600 英寸的步幅转动,扫描又在接下来的一行进行。硒鼓是一只表面涂覆了有机材料的圆筒,预先带有电荷,当有光线照射时,受到照射的部位会发生电阻的变化。计算机所发送来的数据信号控制着激光的发射,扫描在硒鼓表面的光线不断变化,有的地方受到照射,电阻变小,电荷消失,也有的地方没有光线射到,仍留有电荷,最终,硒鼓表面就形成了由电荷组成的潜影。

墨粉是一种带电荷的细微塑料颗粒,其电荷与硒鼓表面的电荷极性相反,当带有电荷的硒鼓表面经过涂墨辊时,有电荷的部位就吸附了墨粉颗粒,潜影就变成了真正的影像。硒鼓转动的同时,另一组传动系统将打印纸送进来,经过一组电极,打印纸带上了与硒鼓表面极性相同但强得多的电荷,随后纸张经过带有墨粉的硒鼓,硒鼓表面的墨粉被吸引到打印纸上,图像就在纸张表面形成了。此时,墨粉和打印纸仅仅是靠电荷的引力结合在一起,打印纸被送出打印机之前,经过高温加热,塑料质的墨粉被熔化,冷却后附着在纸张表面。将墨粉传给打印纸之后,硒鼓表面继续旋转,经过一个清洁器,将剩余的墨粉去掉,以便进入下一个打印循环。

2) 彩色激光打印机

彩色激光打印机的工作原理与黑白激光打印机的工作原理相似。简单地理解,黑白激光打印机使用黑色墨粉来印刷,而彩色激光打印机是用青、晶红、黄、黑 四种墨粉各自印刷一次,依靠颜色混色形成丰富的色彩。由于彩色激光打印机使用四色碳粉,因此硒鼓上电荷"负像"和墨粉电荷"正像"的生成步骤要重复四次,每次吸附上不同颜色的墨粉,最后硒鼓上将形成青、晶红、黄、黑四色影像。正是因为彩色激光打印机有一个重复四次的步骤,所以彩色打印的速度明显慢于黑白打印。激光打印机的重要技术之一是采用了作为国际出版领域标准的页面描述语言 PostScript,此语言是一种具有完善的描述能力和可以表示简单内容到复杂内容的理想语言。PostScript 不仅是一种先进的页面描述语言,还是一种程序设计语言,它借助于条件、判断、变量和过程等程序设计语言的特征和丰富的页面描述指令,描述各种复杂页面,极大地丰富了打印机的性能。

3) 彩色喷墨打印机

彩色喷墨打印机的作用是将计算机产生的彩色图像或来自扫描仪的彩色图像高质量地打

印出来。计算机用 RGB 模式显示的页面必须用 CMY 模式打印,这就需要把色彩从 RGB 模式转换到 CMY 模式。喷墨打印机上的每一个喷嘴都是二进位的,也就是说,它只能够被打开或关闭。所以,除了从 RGB 模式到 CMY 模式的图像转换以外,图像信息还必须进一步转换成送到打印控制开/关的一系列命令,其中包括青色开/关命令、晶红色开/关命令和黄色开/关命令。对于双喷墨头(一个黑色打印墨盒和一个彩色打印墨盒)的打印机来说,还必须把一系列的黑色开/关的命令传送给打印机。当在 CMY 模式中增加了黑色时,这种模式就叫做 CMYK 模式,其中 K 就是指黑色。为了提高彩色喷墨打印机的输出质量,先后出现过许多先进技术。

(1) 图形优化技术是一种在打印低分辨率图像时,能自动根据图片情况,把低分辨率图像进行优化处理,把图片粗糙的边缘进行锐化修饰,然后再以打印机所能提供的最大分辨率在打印机上输出的技术。普通图纸优化打印技术是一种采用"墨水优化液"的辅助液体技术,打印时先将这种优化液喷到纸上,然后打印机喷嘴再喷出墨水,墨水与优化液结合后发生反应,使墨水牢牢地粘连在纸张的表面而不会渗透进纸张深处,用这种化学方法改善了纸张的表面,使纸张更适合打印运行环境,从而提高打印质量,做到在普通纸张上打印出更细致、更精美的图像效果。

(2) 滴调整技术是一种可以在一条打印线上喷出大小不同的墨点,使打印机在打印时能够减少组成图案的墨水重叠,从而在一定的分辨率条件下提高清晰度的技术。喷墨打印机为了组成准确、精美的图案文字,墨头能够在小面积纸张上喷出上万个墨点,但其中难免因多余墨点重叠而影响色调细节。该技术就是避免这种情况而产生的。

(3) 四重色技术是指在原来四色墨水的基础上,再创三种崭新的 Photo ink(照片墨水),即 Photo 黄、Photo 品红、Photo 青,从而实现七重颜色打印,进一步丰富了打印图片或图像的颜色层次。还有 25 重色调打印技术,利用七种颜色墨水,可打印组合出多达 25 重层次的色调,可以更加清晰地表现颜色中的细微变化,完美再现图像的中间色调,从而打印出品质更高的图像。

(4) 双墨盒(喷头)技术使用了独一无二的双墨盒设计,可以更方便地输出更高质量的图片,大大加快了打印速度,增加了打印机的使用灵活性。精细图像半色调调整技术能够生动逼真地将屏幕上由三原色(RGB)组成的光点转换成精确彩色图像打印所需要的 CMYK 模式(这四种彩色正好是打印机的四种墨水颜色)输出,然后根据合适的算法进行误差扩散半色调的控制,使其产生极其平滑的色调变化和更加细微的纹理与质地的表现能力,从而提高打印机图像真实性输出的能力。

(5) "富丽图"(Photo Retell)技术使用了一种独一无二的墨滴排列方法,与特制的墨水相配合,可以在每一个打印点上组合出十几个墨滴和 30 个层次的颜色,使打印色彩更丰富(最多可达 167 万种),过渡更平滑。

(6) 准分子激光切割打印头技术可以把喷墨孔与墨汁到喷嘴的加压舱合二为一,突破了把喷嘴与加压舱拼接的传统技术,实现了喷嘴的直径只有 1 pm 的精密处理工艺,其直径精细程度仅相当于一根头发的 1/70。精密的喷嘴能够有效缩小所喷出的墨水滴,使得打印效果更加清晰细腻。

4) 彩色热转换打印

彩色热转换打印机以其极好的色彩还原特性,使用户获得真正亮丽的真彩色"照片"效果,其输出品质不仅彩色喷墨打印机望尘莫及,就是彩色激光打印机也略逊一筹。在所有彩色输出设备中,热转换彩色打印机的彩色输出性能是最优越的,但其昂贵的价格和运转费用也的确使家庭用户或小型企业望而却步,而较慢的输出速度也只能使其定位在专业彩色输出领域,因而与喷墨和激光打印机相比,普及程度不高,一般用户了解较少。热转换彩色打印机的分类没有统一标准,大致可分为热蜡打印机、固体喷蜡打印机、热(染料)升华打印机和 MDP 干式打印机等几类,这些打印机除了工作原理不同外,其输出质量也有较大区别,但性能指标主要还是分辨率、输出速度、色彩饱和度和输出幅面大小等。由于彩色热转换打印机采用了逼真彩色还原、CMY 三色合成彩色输出、透明上光覆膜等先进的打印技术和独特的蜡状颜料或干性油墨,因而具有与照片一样的精美彩色输出和独一无二的金属颜色打印等其他打印机无法比拟的特点。

(1) 热蜡打印机是利用打印头上的发热器件(半导体加热元件)将蜡状彩色物质加热熔化至打印介质上,取代了彩色喷墨打印机的四色水性墨水及彩色激光打印机的干性彩色墨粉,由红、黄、蓝三种基色蜡状物质附着在缎带(专用色带)上,在打印时将三种颜色的蜡状物质熔化至打印介质上,通过三次操作最终完成打印输出。

(2) 固体喷蜡打印机技术是 Tektronix(泰克)于 1991 年开发的专利技术,它是将打印颜料固体蜡 Color Wax 做了两次相变,Color Wax 原本是附着在鼓上,打印时做第一次相变熔化成液体喷到打印纸上,而后立即又被固化实现第二次相变,在纸张上形成图像后通过两个滚筒的挤压使介质表面变得非常光滑。色彩极为鲜亮是它的突出特点,应用该技术的打印机对打印纸张类型和色彩的控制要求不是很严格。

(3) 热升华打印机也叫染料升华(Thermal Dye Sublimation)打印机,它是将四色(靛青、品红、黄色和黑色)颜料设置在一个转鼓上,这个转鼓上设有数以万计的半导体加热元件,由这些加热元件构成打印头,只要达到一定温度就可以把转鼓上的颜料直接升华成气态,然后喷射到打印纸上。打印头上的每一个发热元件都可调整出 256 种高低不同的温度,温度越高,产生的气体颜料就越多。

## 6.4 通信设备

### 6.4.1 调制解调器

调制解调器是一种计算机硬件,它能把计算机的数字信号翻译成可沿普通电话线传送的脉冲信号,而这些脉冲信号又可被线路另一端的另一个调制解调器接收,并译成计算机可懂的语言。这一简单过程完成了两台计算机间的通信。

调制解调器的工作原理:

如图 6.21 所示,调制解调器连在计算机和电话线之间。Modem 的作用是把计算机发出的数字电信号调制成便于在电话线上传送的模拟电信号。模拟信号经通信线路传送到另一端时,由接受端的 Modem 把模拟电信号解调成原来的数据电信号发送给计算机。

调制解调器分为内置式和外置式。内置式和普通的计算机插卡一样,大家都称为传真卡;外置式的却只能称为调制解调器或 Modem。外置 Modem 的外形和内置式差别很大,但功能是一样的。调制解调器的工作过程如图 6.22 所示。

图 6.21　宽带上网示意图

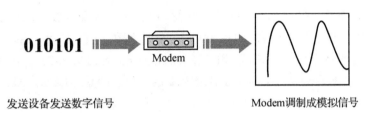

发送设备发送数字信号　　　　　　Modem 调制成模拟信号

图 6.22　Modem 工作过程示意图

## 6.4.2　ISDN 和 DSL

### 1) ISDN

ISDN 是 Integrated Services Digital Network 的英文缩写,其中文名称是综合业务数字网,它实际上是以电话综合数字网(IDN)为基础发展而成的通信网。ISDN 与 Modem 的最大区别在于将原本以模拟方式传送的信号经抽样及信道划分变为以数字信号进行传送,从而突破原来 56K 的模拟信号带宽的物理限制,并可以充分利用物理限制上限,提高至约 2M 的数字信号带宽。以带宽来分,ISDN 可分为窄带和宽带两种:通信能力在 2 Mb/s 以下的称为窄带综合业务数字网 N-ISDN;通信能力在 2 Mb/s 以上的称为宽带综合业务数字网 B-ISDN。

目前中国电信正在推广的是技术已经很成熟,设备改造投入很少的 N-ISDN,即通信能力在 2 Mb/s 以下的窄带(俗称"一线通")。所谓"一线通"就是取"一线多能,万事皆通"的意思。由于北美和欧洲的电话公司中心局在多路利用数字化话音时采用的方法不同,因此人们开发了两种群访问标准,于是用户网络接口也有两种速率,这就是 20B+D 和 30B+D。中国使用的是 1.891 Mb/s 标准(即 30B+D 标准)。

在窄带 N-ISDN 方式下,想进一步获得大于 2M 的带宽,只能转向与窄带 N-ISDN 相对应的通信能力在 2 Mb/s 以上的宽带 B-ISDN。但由于 B-ISDN 技术复杂且投资巨大,而且在与 ADSL 的竞争中没有技术和费用方面的优势,所以目前此技术尚未得到广泛推广。

ISDN 的主要特点:

(1) 相对于 Modem 来说,ISDN 数据传输率高、质量好,比起 Modem 拨号上网来说,利用 ISDN 上网最大的好处就是速度较快(数据传输率较高)、不掉线(传输质量较高),而且误码率低。相对于 Modem 拨号上网方式,通过 ISDN 上网在线路传输的速度和质量上都有一个质的飞跃。

(2) 相对于专线上网来说,ISDN 可以实现较低成本的局域网 LAN(Local Area Network)互联和远程接入。如果两个局域网间数据的传送量不是很多,一般可以不用专用线连接,而可以考虑用更经济的数字传送的 ISDN 公用网。通过 ISDN 路由器可以满足 SOHO 用户或小型公司对 FTP、WWW、E-mail 等 Internet 网服务的需求。

(3) ISDN 可以同时进行综合的通信业务。ISDN 另一个明显的优势是可以同时进行综合的通信业务，用户不必申请好几个电话号码就可以单一线路进行上网、传文件、通话与传真等，就像使用两条电话线一样方便。总之，由于 ISDN 使用单一的网络来提供多种业务，从而大大地提高了网络资源的利用率，更重要的是不必购买和安装不同的设备和线路接入不同网络就能够实现多种业务功能。

2) DSL

DSL 是 Digital Subscriber Lines 的英文缩写，它的中文含意是数字用户线路，这是以铜质电话线为传输介质的传输技术组合，包括 HDSL（高速率数字用户线路）、SDSL（单线制数字用户线）、VDSL（超高比特率数字用户线）和 ADSL（Asymmetric Digital Subscriber Line，非对称数字用户线路）等，一般称之为 XDSL，目前国内接触比较多的是 ADSL。ADSL 也最适合家庭用户。它使用普通电话线作为传输介质，但却有很高的带宽，因而得到迅速发展。和 ISDN 不同，ADSL 的核心重点就是其编码技术，它的上传速率可以达到 640 Kb/s 甚至 1 Mb/s，下载速率为 1～9.2 Mb/s，有效距离为 3～5 km 之内。而且还可以根据双绞铜线质量的优劣和传输距离的远近动态地调整用户的访问速度，满足全屏动态图像多媒体应用的要求。由于 ADSL 比普通 Modem 要快 200 倍以上，使得它成为网上高速冲浪、视频点播、网络会议的理想技术。

ADSL 安装包括局端线路调整和用户端设备安装。在局端方面，由服务商将用户原有的电话线接入 ADSL 局端设备，操作极其简单。另外，由于目前用户端的 ADSL 设备必须由电信局提供和安装，因此，对普通用户来说，用户端的 ADSL 安装比起普通 Modem 及 ISDN 反而显得更简单方便，只要将电话线连上滤波器，滤波器与 ADSL 或 Modem 之间用一条两芯电话线连上，ADSL 或 Modem 与计算机网卡之间用一条双绞网线连通即可完成硬件安装，再将 TCP/IP 协议中的 IP、DNS 和网关参数项设置好，便完成了安装工作。安装完成后，由于 ADSL 不需要拨号，一直在线，用户只需接上 ADSL 电源便可以享受高速网上冲浪的服务了，而且可以同时打电话。

ADSL 的核心是编码技术，目前有离散多音复用（Discrete Multi Tone，DMT）和抑制载波幅度和相位（Carrierless Amplitude/Phase Modulation，CAP）两种主要方法。两种方法的共同点是，DMT 和 CAP 都使用正交幅度调制（QAM）。两者的区别是，在 CAP 中，数据被调制到单一载波之上；在 DMT 中，数据被调制到多个载波之上，每个载波上的数据使用 QAM 进行调制。两者相比，DMT 技术复杂成本也要稍高一些，但由于 DMT 对线路的依赖性低，并且有很强的抗干扰和自适应能力，所以已被定为标准。与 ISDN 单纯划分独占信道不同的是，ADSL 中使用了调制技术，即采用频分多路复用（FDM）技术或回波消除（Echo Cancellation）技术实现在电话线上分隔有效带宽，从而产生多路信道，使频带得到复用，因此可用带宽大大增加。同时回波消除技术则使上行频带与下行频带叠加，通过本地回波抵消来区分两频带。基于 DMT 的 ADSL 还连续地对每个子通道进行监测，当某些通道噪音增大时 DMT 系统会自动地把分配给这个通道的数据流转移到其他通道去。我国使用的 ADSL 就是基于 DMT 编码方式。

ADSL 的优越性：

(1) 比起 ISDN 来说，ADSL 有更高的带宽和速率。

(2) ADSL 上网不需交纳电话费。

(3) ADSL 使网上视频服务成为可能。

### 6.4.3 PC传真卡

传真卡是插在计算机扩展槽中的一块插卡,它集传真功能、通信技术和计算机技术为一体,适用于各种 PC 机及 PC 兼容机。带有传真卡的 PC 机可模拟传真,并与远方的传真或带有传真卡的 PC 机进行传真通信。只要把传真卡插入 PC 机的扩展槽中,然后将电话线与传真卡连起来,就可以利用电话网方便地收发传真信息,也可以利用局域网开通 PC 机间的传真业务。

1) 传真卡的硬件

传真卡的核心部件是传真用调制解调器及其支持硬件,还设有自动拨号器和铃流检测器等。发送传真既可用人工电话拨号,也可用软件控制自动拨号。接收传真时,铃流检测器检测到对方来的振铃信号,并向 CPU 发出中断请求,使 PC 机立即转入处理传真通信。

2) 传真卡的软件

传真卡是借助软件来完成传真功能的。这些功能包括传真文件的发送、接收、管理以及非传真格式与传真格式之间的互相转换等。传真软件包括通信程序和处理程序。采用模块化结构使这些支持软件简明清晰,便于阅读和调试。通信模块由发送模块、接收模块、系统呼叫模块组成。处理程序由显示模块、编/译码模块、文件转换模块、图文编辑模块、通信管理模块构成。发送程序通过传真卡向远地传真机或带传真卡的 PC 机发送传真文件,并自动加上文件名,存入磁盘以便存储和处理。寻呼呼叫程序控制拨号脉冲序列的产生和呼出。处理程序完成显示、文件编/译码、文件打印、图文编辑、文件格式转换、通信管理等功能。

3) 传真卡的功能

带有传真卡的 PC 机具有传真机的通信功能和很强的存储、处理功能。一般传真卡通常设有两个插座,用于连接电话线路和电话机。为扩大传真卡的功能,一些传真卡设有更多插座,如扫描仪插座,自动加电装置的接口,甚至带有一个语音信箱,以用于自动录音和应答。传真卡的功能有:能方便地实现多页发送、延迟发送、广播发送等;把计算机里存储的各种格式的文件转换成传真编码文件,或把传真文件转换成非传真格式的文件,显示在屏幕上或在打印机上打印出来;对文件进行删除、插入、移动、旋转、放大、缩小等编辑处理;实现后台接收,使计算机一机两用。

## 6.5 多媒体 I/O 总线和接口标准

多媒体计算机要交互式综合处理文本、图形、图像和声音,使多种信息建立逻辑连接,这就要求多媒体数据能够在计算机内部模块之间、计算机与外部设备之间高速传输。担当多媒体数据传输任务的是总线,因此多媒体计算机对总线提出了更高的要求。

### 6.5.1 计算机传输总线

ISA(Industry Standard Architecture)是 IBM 公司为 286/ATPC 机指定的总线工业标准,也称为 AT 总线。其特点为 16 位并行通道,8 MHz 工作频率,最高数据传输速率为 8 Mb/s。

MCA(Micro Channel Architecture)是 IBM 公司专为其 PSp2 系统开发的微通道总线结构。其特点为 32 位并行通道,10 MHz 工作频率,最高数据传输速率为 10 Mb/s。由于 MCA

总线采用许可证制度,因此没有得到广泛应用。

EISA(Extended Industry Standard Architecture)是 COMPAQ、HP、NEC 等多家公司为 32 位 CPU 开发的总线扩展工业标准。其特点为 32 位数据总线宽度,8 MHz 工作频率,最高数据传输速率为 33 Mb/s。EISA 完全兼容 ISA 总线标准。

VESA(Video Electronics Standards Association)是视频电子标准协会组织 120 余家公司制定的一种全开放局部总线标准。VESA 支持高速视频控制器、硬盘控制器和 LAN 控制卡等外设,因此基本能够支持计算机的多媒体功能。其数据总线宽度为 32 位,最高工作频率为 66 MHz,最高数据传输速率为 132 Mb/s。

PCI(Peripheral Component Interconnect)是 Intel 公司于 1992 年提出的局部总线标准,为 CPU 和高速外设之间提供了快速通道。PCI2.0 版的数据总线宽度为 64 位,最大数据传输速率为 264 Mb/s,并支持即插即用功能。

### 6.5.2 SCSI 接口标准

SCSI 是小型计算机系统接口的简称,早期是为小型计算机和工作站设计的输入输出设备接口标准,目前已广泛应用在光盘驱动器、硬盘驱动器、CD-R 刻录机、扫描仪等许多高速外设上,现在已成为一个通用的输入输出设备接口标准。SCSI 标准有同步和异步两种数据传输方式,同步方式的最大数据传输速率为 2.5 Mb/s,异步方式的最大数据传输速率为 5 Mb/s。该接口总线共 50 条线,其中有 8 条数据线、1 条奇偶校验线、9 条控制线,其余都是地线,最多可以连接 8 台外设。该接口总线还规定了不平衡和平衡两种数据传输方式:不平衡也称为单端方式,电缆和连接器采用 25 芯,总线长度不能超过 6 m;平衡传输又称为差分方式,电缆和连接器采用 50 芯,总线长度扩展到 25 m。1991 年又推出了与 SCSI 标准兼容的 SCSI-II 标准,SCSI-II 标准将总线宽度扩展到 16~32 位,同步方式数据传输速率提高到 10 Mb/s,除原有的 50 芯电缆外,又增加了一条 68 芯电缆。SCSI-II 标准也称为 Wide SCSI 接口标准。由于 SCSI 接口标准被越来越多的公司采用,而且又经历了许多年的发展,各厂家在推出新产品的同时不断对 SCSI 接口标准进行修订,使 SCSI 接口标准具有了 SCSI-I、SCSI-II、SCSI-III、FastSCSI-I、FastSCSI-II、Ultral SCSI、Ultra2SCSI、Ultra3SCSI 等多种规格,Ultra3SCSI 数据传输速率已高达 160 Mb/s。带 SCSI 接口的主机与外部设备要用 SCSI 电缆串接在一起而形成一个链串,而且在 SCSI 电缆两端的设备还必须配置终端匹配器(Terminator)以防止信号的反射。如果 SCSI 设备没有自带 SCSI 控制卡,主板又没有提供内置 SCSI 控制器,则必须购买 SCSI 控制卡才能将主机与 SCSI 设备连接在一起。例如,在主机内部安装了两个内置 SCSI 硬盘和一个 SCSI 光驱,外部再安装一台 SCSI 扫描仪,由于 SCSI 控制卡位于链串的中间,两端是内置 SCSI 光驱和外接 SCSI 扫描仪,SCSI 光驱和扫描仪就必须配置终端匹配器,SCSI 控制卡则不必配置终端匹配器。但如果只连接了一个内置 SCSI 硬盘或 SCSI 扫描仪,SCSI 控制卡也必须配置终端匹配器。SCSI 设备与 IDE 设备的最大区别就是每个 SCSI 设备和 SCSI 控制卡都必须设置一个 ID 号,SCSI 设备的 ID 号从 0~7,SCSI 控制卡本身也需要配置一个 ID 号。一般而言,SCSIID 号 0 和 1 分配给 SCSI 硬盘,SCSI 控制卡或主机保留 SCSI-ID 号 7。

### 6.5.3 USB 串行总线接口标准

USB 是通用串行总线接口标准的简称,1994 年由 Intel、Microsoft 等多家公司联合制定。

由于早期的USB 1.1版本存在许多缺陷,所以没有得到各生产厂家的重视。经过几年的发展,USB串行总线接口标准已发展到USB 2.0版本,USB 2.0版本将数据传输速率提高至480 Mb/s,比USB1.1版本快了40倍;同115 200 bps标准串口相比,相当于标准串口的4 000多倍。目前USB已成为一个通用的外部设备串行接口标准。USB采用菊花链总线拓扑结构,除主机之外最多可以连接4层设备,主机可以直接连接USB外设或通过专用USBHUB与多个USB外设相连。专用USBHUB可以向下串联,但最多不能超过3层。USB串行总线接口标准最多可以连接127台USB外设。USB1.1版本定义了低速和全速两种数据传输模式,低速传输速率为1.5 Mb/s,全速传输速率为12 Mb/s。在低速传输模式下,节点间USB电缆长度最大不能超过3 m;在全速传输模式下,节点间USB电缆长度最大不能超过5 m。USB 2.0版本是在USB1.1版本基础上改进的,除向下兼容1.5 Mb/s低速和12 Mb/s全速数据传输模式之外,还提供了480 Mb/s的高速传输模式。USB接口标准提供了即插即用和热插拔功能,使USB接口设备的安装非常简单,在计算机正常工作时就可以安装,不需要关机或重新启动。USB电缆共有四条线,一般红色线是5V电源线,黑色线是地线,绿色和白色线是两条数据线。USB接口通过电源线可以向外接USB设备提供最大500 mA的电流,使设备的连接异常简单,免去了外接交流电源的麻烦;但不能直接对大功率USB设备供电,对大功率USB设备供电需要通过专用USBHUB实现。

### 6.5.4 IEEE1394高速串行总线接口标准

IEEE1394串行总线接口规范最早是由Apple公司为数据高速传输而开发的,Apple公司将其称为火线(Fire Wire)串行传输接口,后由国际电器电子工程师协会(IEEE)确定为串行总线接口工业标准。IEEE1394主要应用于需要高速传输数据的设备,如专业数码摄像机、数码照相机、数字电视、视频电话、高速硬盘、高档扫描仪、DVD播放机等。IEEE1394串行总线接口标准定义了背板(Backplane)和电缆(Cable)两种总线模式。背板模式支持12.5 Mb/s、25 Mb/s和50 Mb/s三种数据传输速率;电缆模式支持100 Mb/s、200 Mb/s和400 Mb/s数据传输速率。它还提供了同步和异步两种数据传输方式。同步方式主要用于视听设备的实时数据传输;异步方式主要用于特定设备的非实时数据传输。IEEE1394同步和异步数据传输方式可以使不同的外部设备连接在同一个串行总线上。IEEE1394连接电缆有两种规格。一种采用6线制,其中2条是电源线,另外4条线组成两对双绞线用于传输数据。电源线可提供8~40 V的直流电压,最大输出电流为1.5 A,能够直接向IEEE1394设备供电。另一种采用4线制,不提供电源线,只有两对双绞线用于传输数据。用4线电缆连接的IEEE1394设备必须单独供电,而且不支持即插即用功能。

IEEE1394既可以采用树状也可以采用菊花链总线拓扑结构。一个IEEE1394总线,采用网桥(Bridge)最多可以同时连接1 024个子网,每个子网最多容许直接连接63台IEEE1394设备。因此,理论上IEEE1394总线最多容许连接64 000个设备,但节点之间的电缆长度不能超过4.5 m。IEEE1394串行总线接口标准还支持点对点的连接,任意两台IEEE1394设备可以直接连接起来工作,而不需要通过主机控制,例如,用IEEE1394接口标准就可以直接将数字电视与DVD播放机连接在一起。目前IEEE1394b新接口标准正在研制之中,IEEE1394b的数据传输速率高达800 Mb/s、1.6 Gb/s和3 Gb/s,电缆长度可扩展到10~100 m。

# 7 多媒体应用系统开发技术

随着多媒体技术的发展,知识信息的记载、传播都产生了巨大的变化。多媒体技术可以帮助人们捕获生活中精彩的片段、珍贵的时刻,创作出丰富多彩的多媒体作品。多媒体技术的发展依赖于众多的单一媒体应用技术、计算机硬件技术以及计算机软件技术的发展。多媒体计算机系统的软件可大致分为三类:多媒体操作系统、多媒体创作系统和多媒体应用系统。利用多媒体编著工具制作各种多媒体应用系统已经成为多媒体技术应用的重要领域之一。

多媒体应用系统是由开发人员利用多媒体创作工具制作的最终产品,也经常称之为多媒体作品。目前,多媒体应用系统所涉及的应用领域主要有文化教育(教学软件)、电子出版、音像制作、影视制作、影视特技、通信和信息咨询服务等。

多媒体应用系统的开发主要包括基于编著工具的开发方法和基于高级语言的编著方法。

## 7.1 多媒体应用系统的开发过程

多媒体应用系统的创作一般可分为以下五个阶段:多媒体作品创作策划、系统分析与脚本设计、素材采集与编辑、创作合成、试播修改和生成运行版本。多媒体应用系统的创作过程如图 7.1 所示。多媒体作品的创作,更类似于电影的创作过程,其选题、素材制作和加工、成本估算等方面的问题,甚至很多术语(例如脚本、剪辑、发行等),都是直接从影视创作中借鉴过来使用的。

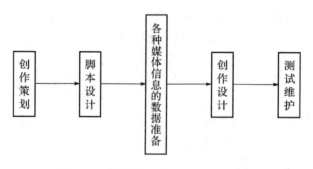

图 7.1 多媒体应用系统的创作过程

1) 多媒体应用系统创作策划

与一般的软件项目的开发类似,此阶段主要完成系统开发的需求分析,即从分析用户的需求开始,在充分调查研究的基础上确立系统设计的基本目标。对多媒体应用系统的表现主题、内容、规模、查询方式、设计风格等进行深入细致的研究,做出尽可能详尽的描述,同时对多媒体应用系统的创作做出可行性分析。进而根据欲开发的应用软件功能,确定硬件环境。例如,是否需要视频采集卡、实时压缩/解压缩卡、图形加速卡、扫描仪、录像机、光盘刻录机等。

2) 系统分析与脚本设计

此阶段需要对多媒体应用系统进行全面的系统分析,结合多媒体的特点构思多媒体应用系统的整体框架,从而确定软件的系统结构。精心安排各种媒体信息的组织,充分构思界面的表现方法以及系统的控制流程。同时还需要考虑以下问题:需要何种交互方式,是否需要数据库功能,是否需要动态视频,是否需要具备网络功能等。如果是团队开发,还需要根据系统结构进行成员的任务分工,明确各部门各单位的工作主题及相应的职责。创作团队必须保证创作由一个阶段顺利过渡到另一个阶段。

多媒体脚本是多媒体应用系统的核心,它在某种程度上和电影剧本很相似,最终应细化为"分镜头"剧本,包括版面设计、图文比例、显示方式、交互方式、音乐的节奏和色调等等(见图7.2)。脚本要描述所有可见活动,规划各项显示顺序与步骤,并且陈述其间环环相扣的流程以及每一个步骤的详细内容。对于有解说的多媒体作品,脚本要给出具体台词。脚本设计既要考虑整个系统的完整性和连贯性,又要注意每一个片段的完整性,还要善于运用声、光、画、影等的多重组合来达到更佳的效果,使系统具有更高的集成性与交互性。

 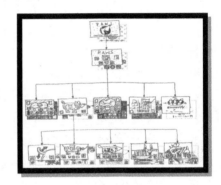

图 7.2　脚本设计流程

创意设计是脚本设计中的一项重要工作。多媒体作品的美术风格应与作品主题相适应。美术设计应为作品主题营造美观和谐的动态视觉环境,给人以投入和动态的美(包括界面背景以及各种静态、动态影像的美)。创作者除需具备计算机方面的多媒体知识与技术外,还应具备各方面的人文社会知识和良好的艺术素养。好的创意可以使呆板平凡的剧本生动而活泼,是一个多媒体作品走向成功的前提。

3) 素材采集与编辑

多媒体素材是指多媒体软件中用到的各种听觉及视觉材料,以计算机能够识别的形式存放在计算机的外存储器上。例如录像带、录音带和彩色照片等都需要进行数字化处理,以转换为计算机能够识别的素材,同时为了增强系统的表现力,经常需要对所采集并数字化的各类素材进行加工编辑。此阶段包括:

(1) 根据作品内容的需求确定需要何种素材。

(2) 确定各类多媒体素材的获得方式。例如,可以利用哪些素材库中的现有素材,哪些需自己创作,并列出所需素材来源表。

(3) 各类素材的采集与编辑,即素材的数字化和加工处理。文字要输进计算机,图形、图像要通过扫描进入计算机。当然,也可以利用现有的图像/图形库或者利用绘画工具自己画图。

图像/图形不仅要按脚本要求进行剪裁、处理,而且还可以在这个过程中修饰图像、拼接、合并,以便得到更好的效果。录音通过声音卡数字化后进入计算机。对于声音来说,音乐的选择、配音的录制也要事先做好,必要时也可以通过合适的编辑器进行特技处理,如回声、放大、混声等。其他的媒体准备也十分类似,如动画的制作,动态视频的录入等。

(4) 对已编辑好的素材进行规范整理,以便在需要时调用。多媒体应用系统有时仅图片就有上千张,若不及时整理,很容易导致素材之间内容的混淆、重复或遗漏,给以后的工作带来不便。有效的规范整理工作可以大大提高多媒体应用系统的开发效率。

当然,素材是多媒体应用系统的基础,其采集与编辑是件相当繁重的工作,其工作量占多媒体应用系统创作全部工作量的 70%~80%。

4) 创作合成

在素材采集与编辑工作完成后,软件工程师便可以根据预先编写好的多媒体脚本,利用多媒体编著工具或程序将各种制作好的文字、图形、音频、视频和动画等多媒体素材进行集成,并最终生成多媒体应用系统。在 Windows 环境中创作多媒体应用系统通常有两类方法:一类是在给定的硬件平台和软件平台上用程序设计语言进行制作;另一类是用编著工具进行制作。当然,目标都是一个,即根据脚本的要求,达到所需的效果。比较起来,前者更为灵活,能适应各种应用的特殊要求,创意效果更好一些,但对软件设计人员的水平要求很高,开发周期也长;后者的效果取决于所采用的著作工具,各种常见的多媒体编著工具,如 Authorware、ToolBook 等,它们与多媒体硬件和其他各类媒体的编辑工具一起构成多媒体制作环境。如果创作者对该环境有充分的了解和熟练使用的经验,也可以达到很高的水平,而且开发周期要短得多。

5) 试播修改和生成运行版本

多媒体应用系统制作完毕后,为了能够适应多种运行环境的要求,应对其各模块及整个软件分别进行运行调试,做彻底的检查,对存在的错误及漏洞进行改正和修补。通过测试可以验证所开发的多媒体应用系统是否达到预期目标。测试工作一般应包括以下几步:软件内容正确性测试、系统功能测试、安装测试、执行效率测试、兼容性测试等。测试后对软件的修改一般有两方面:一是软件表现的内容;二是软件本身。上述工作完成后就要返回,由脚本设计人员修改脚本描述,素材制作人员修改多媒体数据,最后由创作人员进行编辑、调试,再经过测试。调试工作与编辑工作是一个往返循环的过程。这个过程应反复进行,甚至可以一直持续到该系统被正式使用之后。经过测试优化后,就可以生成运行版本了,在正式使用之后再进行修改就属于维护的范畴了。往往一个好的多媒体应用系统必须经过长期的维护和许多人的使用之后才能称得上是好的产品。

## 7.2 多媒体素材制作与加工

媒体素材指的是文本、图像、声音、动画、视频等不同种类的媒体信息,它们是多媒体应用系统中的重要组成部分。充分使用各种媒体是多媒体应用系统的基本特点,这使多媒体应用系统具有更强的表现力。在进行多媒体应用系统开发时,媒体素材的获取与加工是所有工作之基础,同时其工作量也相当大,各种媒体素材编辑制作的质量将直接影响到整个多媒体应用系统的质量。表 7.1 列出了常见的各种媒体素材的文件格式。

表 7.1 常用媒体素材文件扩展名

| 媒体类型 | 扩展名 | 说明 |
|---|---|---|
| 文字 | txt | 纯文本文件 |
| | rtf | Rich Text Format 格式 |
| | wri | 写字板文件 |
| | doc | Word 文件 |
| | wps | WPS 文件 |
| 声音 | wav | 标准 Windows 声音文件 |
| | mid | 乐器数字接口的音乐文件 |
| | mp3 | MPEG Layer 3 声音文件 |
| | aif | Macintosh 平台的声音文件 |
| | vqf | 最新的 NTT 开发的声音文件，比 MP3 的压缩比还高 |
| 图形图像 | bmp | Windows 位图文件 |
| | jpg | JPEG 压缩的位图文件 |
| | gif | 图形交换格式文件 |
| | tif | 标记图像格式文件 |
| | eps | Post Script 图像文件 |
| | gif | 图形交换格式文件 |
| 动画 | flc(fli) | AutoDesk 的 Animator 文件 |
| | swf | Macromedia 的 Flash 动画文件 |
| 视频 | mov | QuickTime 的视频文件 |
| | avi | Windows 视频文件 |
| | mov | Quick Time 动画文件 |
| | mpg | PEG 视频文件 |
| | dat | VCD 中的视频文件 |
| 其他 | exe | 可执行程序文件 |
| | ram(ra、rm) | Real Audio 和 Real Video 的流媒体文件 |

下面按照多媒体素材的类型及其采集和加工方法进行介绍。

## 7.2.1 文字素材的获取

各种媒体素材中文字素材是最基本的素材，文字素材的处理离不开文字的输入和编辑。文字在计算机中的输入方法很多，除了最常用的键盘输入以外，还可用语音识别输入、扫描识别输入及笔式书写识别输入等方法，图 7.3 显示了扫描识别输入文字的过程。目前，多媒体应用系统多以 Windows 为系统平台，因此准备文字素材时应尽可能采用 Windows 平台上的文字处理软件，如写字板、Word 等。Windows 系统下的文字文件种类较多，如纯文本文件格式（*.txt）、写字板文件格式（*.wri）、Word 文件格式（*.doc）、Rich Text Format 文件格式（*.rtf）等。在选用文字素材文件格式时要考虑多媒体编著集成工具是否能识别这些格式，以避免准备的文字素材无法插入到编著工具中。一般纯文本文件格式（*.txt）可以被任何程序识别，Rich Text Format 文件格式（*.rtf）的文本也可被大多数程序识别。

图 7.3　扫描识别输入文字的过程

有些多媒体编著工具中自带有文字编辑功能，但对于大量的文字信息一般不采取在集成时输入，而是在前期就预先准备好所需的文字素材。

在有些多媒体应用系统中，为了获取特殊的文字显示效果，文字素材有时也以图像的方式出现在多媒体应用系统中，如通过格式排版后产生的特殊效果，可用图像方式保存下来。这种图像化的文字保留了原始的风格（字体、颜色、形状等），并且可以很方便地调整尺寸。图 7.4 便是一个在 Word 中的艺术文字的图像效果。

图 7.4　Word 中的艺术文字效果

### 7.2.2　音频数据的获取与加工

在多媒体应用系统中，适当地运用声音能起到文字、图像、动画等媒体形式无法替代的作用，如调节多媒体应用系统使用者的情绪，引起使用者的注意等。当然，声音作为一种信息载体，其更主要的作用是直接、清晰地表达语意。

一般来说，声音素材主要有三类：波形声音、语言和音乐。而常用的声音软件可分为两大类，即波形声音处理软件与 MIDI 软件。前者是用数字化手段从自然音响中采集而得，这类声音的音色丰富，有真实感，且富于变化，表现力很强；后者是通过符合乐器数字化接口（MIDI）规范的电子设备所合成的数字化音乐，这种音乐的 MIDI 文件比同样音乐的波形文件要小得多。常见的音频编辑制作软件有 AudioEdit、SoundEdit、SoundDesign、MasterTracks、AudioTrax、Alchenvy、WaveEdit 及 MIDISoftStudio 等。当然，随着 MP3 音频标准使用的普及，波形声音素材也可以存放为 MP3 格式，进而减小其在多媒体应用系统中所占的存储空间。

1) 音频的录制与存储

通常，声音素材的音源主要有线路输入、CD 音频、话筒和 MIDI 四种。而常见的音频文件有 WAV 文件格式、CD-DA 文件格式、MIDI 文件格式以及 MP3 格式四种文件格式。在 Windows 系统中，WAV 文件格式是一种最为常见的音频格式，而 MP3 格式可以利用响应的软件工具由 WAV 文件格式转换获得，因此在此主要就 WAV 格式音频素材录制方法进行介绍。

WAV 格式音频素材的录制可以直接使用 Windows 系统中的"录音机"工具软件来录制，其主要步骤如下：

（1）将麦克风插入计算机声卡中标有"MIC"的接口上。

（2）设置录音属性，即双击"控制面板"中"声音和音频设备"图标，打开"声音和音频设备属性"对话框中的"音频"选项卡，如图 7.5。在录音一栏中选择相应的录音设备。

（3）选择录音的通道：声卡提供了多路声音输入通道，录音前必须正确选择。双击桌面的右下角状态栏中的音量设置图标，打开"音量控制"对话框，选择"选项"→"属性"菜单，在"调节音量"框内选择"录音"，打开"录音控制"对话框如图 7.6 所示。选中要使用的录音设备。

图 7.5 录音属性设置

（4）录音：从"开始"菜单中运行录音机程序，界面如图 7.7 所示，单击红色的录音键，就能录音了。录音完成后，按停止按钮，并选择"文件"菜单中的"保存"命令，将文件命名后保存。

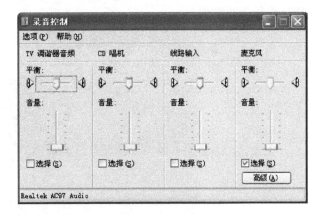

图 7.6 选择录音的通道

另外，也可在"另存为"对话框中单击"更改"按钮，出现选择声音格式的对话框，从中选择合适的声音品质，其中"格式"选项可选择不同的编码方法来保存音频素材，如图 7.8 所示。

图 7.7 录音

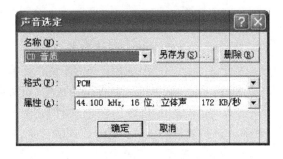

图 7.8 保存格式设置

Windows 所带的"录音机"工具小巧易用，但是录音的最长时间只有 60 秒，并且对声音的编辑功能也很有限，因此在声音的制作过程中不能发挥太大的作用。因此必须借助于声音编辑软件对音频素材进行加工编辑，如 Audio Edit、Cool Edit Pro/2000、Wave Edit、Gold Wave 等声音编辑器。

2）音频素材的编辑

对音频素材的处理主要包括：

(1) 对数字化声音数据进行播放、选裁、拷贝、删除、粘贴、声音混合粘贴等多种编辑。
(2) 对数字化声音的数据进行修改,包括采样频率的修改和格式转换。
(3) 对数字化声音的数据进行效果处理,包括逆向播放、增减回声、增减音量、增减速度、声音的淡入/淡出、交换左右声道等。
(4) 对数字化声音数据进行图形化处理。
(5) 以 WAVE 格式存储数字化声音数据。

Audio Edit 是一个简单易用的音频编辑软件,其界面如图 7.9 所示。它可以快速、精确地在一个可视化的环境中完成对音频数据的复制、剪切、粘贴、删除、撤销、重做等处理操作,比如可以精确地将音频素材中任何不需要的声音剪去,将需要的声音复制、粘贴到需要的位置,甚至可以用音频文件中的声音元素拼接出新的声音语句。另外,它还具有"淡入/淡出"、"回声"、"混响"等高级功能。

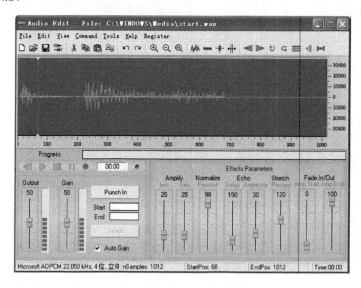

图 7.9　AudioEdit 界面

下面对其中的特效编辑功能作简单介绍。

(1) 改变音量:点击"Amplify +(增大)"菜单或相关按钮,可以对选中区域的音量放大;相反,点击"Amplify -(降低)"菜单或相关按钮,可以降低选中区域的音量。

(2) 淡入/淡出效果:可以为波形文件制造一种淡入(声音由小到大)或淡出(声音由大到小)的效果。选择要进行淡入/淡出处理的波形区域,然后选择"Fade In(淡入)"/"Fade Out(淡出)"菜单项或相关按钮对相应区域进行淡入/淡出处理,如图 7.10 所示。

(a)　淡入/淡出处理前的波形

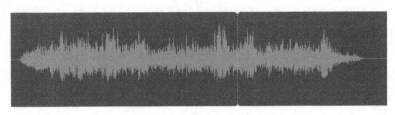

(b) 淡入/淡出处理后的波形

**图 7.10 淡入/淡出效果**

(3) 回音处理。在对声音进行编辑的时候为了模拟现场的环境,需要对其做一些延迟效果,也就是常说的回声。在 Audio Editor 中实现回声效果并不困难。在"Tools(工具)"菜单下有"Echo(回声)"菜单项和相关按钮,使用这些菜单项或按钮,并选择合适的参数即可设置回音效果。

### 3) 制作 MIDI 音乐

MIDI 是乐器数字化接口的缩写。所以说 MIDI 并不是一个实在的东西,而是一个国际通用的标准接口。通过它,各种 MIDI 设备都可以准确传送 MIDI 信息。而 MIDI 文件本身只是一堆数字信号而已,不包含任何声音信息。我们知道任何声音都有其波形,如果我们把某种声音的波形记录下来,就可以正确地反映这个声音的实际效果,WAVE 文件就是这种形式,它在任何一台电脑上回放都是一样的。但是 MIDI 实际上是一堆数字信号,它记录的是在音乐的什么时间用什么音色发多长的音等等,而真正用来发出声音的是音源,但是不同声卡、不同软波表、不同硬件音源的音色是完全不同的,所以相同的 MIDI 文件在不同的设备上播放结果会完全不一样。这是 MIDI 的基本特点。由于 MIDI 文件体积相当小,所以很适合在网络上传播。对于一个专业的 MIDI 制作者来说,是不可能把自己做的 MIDI 音乐作品以 MIDI 格式作为最终产品的,必须把它录制下来,所以绝大多数的 MIDI 制作者都不可避免地会进入录音这个更深奥的音乐工程中。

制作 MIDI 音乐需要有适当的软、硬件。一台 MPC,加上支持 MIDI 音乐的声卡和带有 MIDI 端口的电子乐器,即可构成基本的硬件平台。与此同时,还需要 MIDI 音序器 (Sequencer,也称为编曲器)的支持。音序器可以是硬件,也可以是软件,它们的作用过程完全与专业录音棚里多轨录音机一样,可以把许多独立的声音记录在音序器里;其区别仅仅是音序器只记录演奏时的 MIDI 数据,而不记录声音。它可以一轨一轨地进行录制,也可以一轨一轨地进行修改。当弹键盘音乐时,序列器记录下从键盘来的 MIDI 数据,一旦把所需要的数据存储下来以后,就可以播放你刚作好的曲子了。如果觉得这一声部的曲子不错,可以把别的声部加上去,新加上去的声部播放时完全与第一声部同步。电视晚会里面所有的背景音乐(包括声乐、舞蹈、小品等)基本上都采用 MIDI 技术制作。因此,MIDI 音序器是制作 MIDI 音乐的关键设备之一,其主要功能如下:

(1) MIDI 文件的录制。
(2) MIDI 文件的编辑和回放。
(3) MIDI 参数的修改。
(4) 图形化的工作界面。

以前 MIDI 音序器是独立的器材,在大多数合成器键盘上就有,音轨数相对少一些,大概

8~16轨,而作为电脑软件的音序器几乎多达 50 000 个音符,64~200 轨以上。有一些作曲软件是基于 MIDI 的,其界面通常是像钢琴谱那样的五线谱,可用鼠标在上面写音符并做各种音乐标记,若用一块支持 MIDI 接口的声卡及一台有 MIDI 输入接口的电子琴(或电子合成器)即可演奏所作的曲子。不同类型的 MIDI 软件从大众化的只能提供基础功能的 MIDI Orchestra 到专业级的 CakewalkPro Audio,其主要功能、操作手段等各不相同,对设备的要求也有较大差异。

### 7.2.3 图形与图像素材的获取与加工

图像是指位图,它由描述图像中各个像素点的强度与颜色的数值集合组成。位图图像可以利用绘图软件工具绘制,可以通过扫描仪扫描得到,数字照相机获取,也可以用摄像机经数字化处理后得到。还可以使用图像素材库中的图像。常见的图像编辑软件有 Photoshop、Photostyler、CorelDraw、TempraPro、GalleryEffects 等。

图形是指矢量图形,矢量图形是通过一组指令集来描述的。图形处理软件用于二维图形的绘制、三维模型的搭构等任务。图形通常是在图形软件中直接绘制产生的(用鼠标或数字化仪等)。在创作多媒体作品时也可以使用图形素材库中的图形。许多多媒体编著工具都有简单的图形处理功能。常见的二维图形软件有 Photoshop、Photostyler、CorelDraw 等。常见的三维图形软件有 3DStudio、AutoCAD 等。

图形与图像是多媒体应用系统中常用的素材,图形处理与图像处理是目前发展异常迅速的学科。图像是表达思想的一种方法,传统的图像是固定在图层上的画面。如一张照片,就是通过化学摄影术而制成的一幅静态的画面,它一旦形成就很难再改变。数字图像是以 0 或 1 的二进制数据表示的,其优点是便于修改、易于复制和保存。相对图像来说,图形是以数学方式来记录图像的,由软件制作而成。其优点是信息存储量小,分辨率完全独立,在图像的尺寸放大或缩小过程中图像的质量不会受到丝毫影响,而且它是面向对象的,每一个对象都可以任意移动、调整大小或重叠,所以很多 3D 软件都使用矢量图。

1) 图形与图像的采集

在制作多媒体应用系统时,图形与图像素材一般都是以外部文件的形式加载输入到应用系统中,所以准备图形与图像素材就是准备各种数据格式的图形与图像文件。静态图形与图像原始素材主要由以下几个途径获得:

(1) 从光盘的数字化图形、图像素材库中获取

目前,光盘数字化图形、图像素材库越来越多。电子出版行业已经正式出版了很多种素材光盘,其中包含各类点阵图、矢量图和三维图形,其质量、尺寸、分辨率和色彩数等都可以选择。在制作多媒体应用系统时可以根据自己需要,搜集相关类型的素材光盘。图形与图像库光盘已经成为获取图形与图像素材的重要途径。

(2) 从 Internet 网下载图形、图像

Internet 网现在已经成为一个巨大的资源宝库,我们需要的许多东西都可以在 Internet 网上找到,包括图形与图像。Internet 网上有很多免费站点,提供大量素材,如背景图片、标题图片、各类按钮、箭头、指示器图片等,可以很方便地通过那些提供图库的站点获取素材。从 Internet 网下载的图形、图像大部分是 JPEG 和 GIF 格式的,还有些站点专门提供制作好的 GIF 动画和 Java 动画效果。

(3) 利用扫描仪扫入图像

多媒体应用系统中的许多图像来源于照片、艺术作品或印刷品,扫描仪可以将其输入到计算机中,变换成真彩的点阵图。利用扫描仪将印刷图像转换成数字图像文件时,需要注意选择合适的图像扫描分辨率。印刷图像的物理尺寸已经固定,扫描分辨率越高,获得的数字图像中的像素数就越多,对原始图片细节的表现力也越强。

(4) 利用数字相机拍摄图像

数字相机拍摄景物时,景物直接以数字化的形式存入相机内的存储器,然后再送入计算机,并借助于计算机的处理手段,使人们可以自由地发挥自己的想像与创意。数字相机的最大优势在于其信息的数字化。数字信息可借助遍及全球的数字通信网即时传送,所以数字相机可实现图像的实时传递。使用数字相机拍摄后,图像被保存为 PCD 格式文件。这是一种专门用于数字相机的数字图像文件格式,可以达到 24 位图像深度,获得的图像具有极高的保真度。

如果在多媒体应用系统设计选题中选择了风景、人物一类的题目,那么在搜集图像素材时可以考虑使用数字相机,拍摄属于自己的数字图像作品。

(5) 使用捕捉软件捕获图像

捕捉图像是指利用软件或硬件的手段,将呈现在屏幕上的图像截获,并且以一定的格式存储下来,成为可以利用的图像资料。现在有专门用于捕捉图像的软件。如 HALO Imager 图像捕捉软件,这也是在制作多媒体作品时常用的获取图像的方法。

(6) 使用软件创建图形、图像

用于绘图、绘画及三维设计的软件很多,如专业绘图软件 PaintBrush、PhotoStyle、Painter、Freehand、Photoshop 等。这些软件都提供了相当丰富的绘画工具和编辑功能,可以轻易完成创作,然后存储成适当格式的图像文件。

2) 图形与图像素材编辑

一般图像软件都具备图像的处理、图像格式的转换、图像的编辑、图像的绘制等基本功能。

(1) 图像的处理

常用的图像处理技术有:亮度、对比度、色饱和度处理;噪声滤除处理;边缘增强、浮雕效应及平滑处理;画面特殊效果处理;纹理效果处理等。

(2) 图像的编辑

常用的图像编辑技术有:图像的旋转、平移、缩放等几何变换;图像的切割、拷贝与粘贴;图像中的文字处理等。

(3) 图像格式的转换

除了用专门的图像格式转换软件,一般图像编辑软件都能读写十几种甚至数十种文件格式。支持越多的图像文件格式,越能充分利用以各种格式存储的图像资源,格式的转换成为图像处理软件的一项基本功能。

(4) 图像的绘制

常用的图像软件都有下列绘制功能:具有绘制各种形状如直线、曲线等各种几何图形的工具;提供橡皮、填充、刷子等基本的辅助工具;提供各种画笔,如油画笔、水笔、毛笔、蜡笔、喷枪等,有时还允许用户自己构造所需笔的特性;提供一些模拟的绘画手段,如滴水、吹气等;提供不同纸张的纹理效果与吸水性能等特性;提供选取颜色的功能,可选取画面上任一点的颜色。

下面以常见的 Photoshop 为例,着重介绍一下图像编辑功能。

① 立体文字的制作

立体文字的制作是指在平面文字的基础上通过边缘拉伸从而生成具有一定立体感的文字效果,如图7.11(b)所示。其步骤如下:

a. 在Photoshop中新建一黑色背景的文档,输入文字,颜色为白色,删格化文字层,如图7.11(a)所示。

b. 设置前景色为黄色,执行"编辑→描边",设定宽度为1像素,选取移动工具,按住〈Alt〉键,向上向右移动,重复操作,效果如图7.11(b)所示。

(a)　　　　　　　　　　(b)

图 7.11　立体文字的制作

② 照片的亮化处理

一幅图像的好坏与图像的对比度密切相关,此例通过"照片的亮化处理"来说明在Photoshop软件中如何通过提高图像的对比度来获取较好的图像质量。

a. 打开照片后,如图7.12(a)所示。复制图层,并将复制图层设置为"柔光"。对复制图层重复上述操作。

b. 用"高反差保留"滤镜对复制图层进行处理。

c. 用"USM 锐化"滤镜对复制图层进行处理。

d. 处理后的结果如图7.12(b)所示,此时效果大大优于原始图像。

(a)　　　　　　　　　　(b)

图 7.12　照片的亮化处理

③ 旧照片翻新

图7.13(a)为一张扫描进来的旧照片,可以看出照片已经污渍斑斑,缺乏对比度。为此需要利用Photoshop软件来对其进行处理。其步骤如下:

a. 在Photoshop中打开旧照片图像,检查它的通道。可以发现,这照片真正的损坏主要是在蓝色通道中的,如图 7.13(b)所示。

b. 试用色阶工具和亮度/对比度工具来调节图像的对比度,即打开色阶工具,将输入色阶依次设为 63、89、255,输出色阶为 0、254,使图像色调变暗;再用亮度/对比度工具,将亮度设为+29,对比度设为+32,加大对比度,如图 7.13(c)所示。

c. 修补图像中一些损坏的部分,即在工具箱中选择仿制图章工具,在选择合适的不透明度和笔刷大小后,按住〈Alt〉键,定义复制源点,进行修补,必要时,可以把图像放大。此项工作一定要耐心和细致地做完,以便获取比较干净照片效果,如图 7.13(d)所示。

d. 回到 RGB 通道中,执行色相/饱和度命令,为照片添加一些生命力,数值为色相−97,饱和度−83,明度 0,注意不要勾选"着色"模式;再用色相/饱和度命令稍微调节一下,亮度为+20,对比度为+22,这样,照片被上了一种艺术化的色彩,如图 7.13(e)所示。

   (a)         (b)         (c)         (d)         (e)

图 7.13 旧照片翻新

④ 光芒四射效果

在多媒体应用系统的创作中,有时需要一些特殊的效果图像来丰富操作界面或显示界面,在此以在 Photoshop 中制作"光芒四射效果"的图像为例说明如何通过 Photoshop 等图像处理软件制作特效图像,如图 7.14(d)。

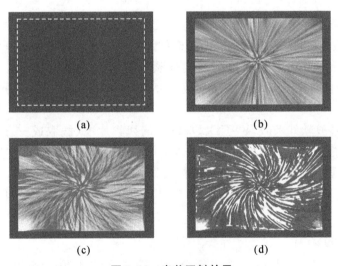

图 7.14 光芒四射效果

a. 新建一个 500×400 的文件。并用"填充工具(Paint Bucket Tool)"把画布填充为黑色。用矩形选择工具画出一个选区,如图 7.14(a)所示。

b. 添加杂点:单击"Filter(滤镜)"→"Noise(杂点)"→"Add Noise(添加杂点)"。将

"Amount(数量)"调高至100多,"Distribution(发布)"设为"Gaussian(高斯)",并复选"Monochromatic(单色)"项。按〈Ctrl〉+〈D〉取消选择,然后执行"Filter(滤镜)"→"Blur(模糊)"→"Radial Blur(径向模糊)"命令,将"Amount(数量)"设为100,"Blur Method(模糊方法)"设为"Zoom(放大)"。按下〈Ctrl〉+〈F〉重复执行一次刚才的滤镜命令。如图7.14(b)所示。

c. 按下〈Ctrl〉+〈U〉键,调出"Hue/Saturation(色相饱和度)"对话框。在"Edit(编辑)"下拉菜单中选择"Master",并复选右下角的"Colorize(彩色化)",然后可在Hue中自行调配一种颜色。将当前层复制为一个新的图层,并将层模式设置为"Overlay(叠加)"。单击"Filter(滤镜)"→"Distort(变形)"→"Twirl(旋转)",将"Angle(数量)"设为50dg。如图7.14(c)所示。

d. 单击"Filter(滤镜)"→"Artistic(艺术效果)"→"Plastic Wrap(塑胶封套)",使用其默认的设置即可为图像增加一道迷人的光彩了。最后调整一下亮度和对比度,就可以得到效果图了。如图7.14(d)所示。

### 7.2.4 视频素材的获取与加工

视频影像来源于摄像机或录像机信号,经图像压缩后形成多媒体数据文件。由于多数多媒体编著工具不能捕捉和编辑动态视频,所以它们的采集及加工需专门的视频编辑软件。常见的视频编辑软件有Adobe Premiere、Video For Windows和Digital Video Producer(DVP)等。视频作为多媒体家族中的成员之一,在多媒体应用系统中占有非常重要的地位。因为它本身就可以由文本、图形图像、声音、动画中的一种或多种组合而成。利用其声音与画面同步、表现力强的特点,能大大提高多媒体应用系统的直观性和形象性。

1) 视频素材的采集

视频素材的采集方法很多,主要包括以下几点:

(1) 从视频设备上采集,例如从摄像机上采集。由于常用摄像机可分为数字摄像机和模拟摄像机,对于数字摄像机,直接用摄像机的随机软件便可以将录像带中的视频信息传送到电脑上;而从模拟摄像机上采集视频信息则需用视频捕捉卡配合相应的软件(如Adobe公司的Premiere)来采集录像带中的视频信息。摄像机的使用比较普及,所以,用这种方法其素材的来源较广。

(2) 利用视频播放软件来截取VCD、DVD上的视频片段(截取成*.mpg文件或*.bmp图像序列文件),或把视频文件*.dat转换成Windows系统通用的AVI文件。

(3) 利用具有视频转录功能的数字多媒体播放设备,例如MP4播放器等,将视频信息转录成MP4格式或AVI格式的视频文件。该方法既可以用来截取VCD、DVD上的视频片段,也可以转录电视节目。

2) 视频素材的编辑

对得到的AVI文件或MPG文件进行合成或编辑,可以使用Adobe Premiere、Windows Movie Maker等视频编辑软件。下面以Windows Movie Maker为例介绍相关的视频编辑功能。

Movie Maker是一个比较简单的视频编辑工具,作为Windows XP SP2的组件之一,已被捆绑在操作系统中。Movie Maker的界面非常友好,可用于捕捉、浏览和编辑视频剪辑片段。

图 7.15 为 Movie Maker 的主界面，分成了上、下两部分，上方三个窗格一字排开。左边的是"任务"窗格，列举出了大部分可快速激活的任务种类；中间是"收藏栏"窗格，这里不仅是收藏捕捉的视频片段以及重要视频文件的地方，同时也是 Movie Maker 存放"视频过渡"和"视频效果"的地方；右边的窗格是一个播放器，用来让用户预览编辑好的视频片段。主界面的下方是"故事板(Storyboard)"，用户可将视频文件拖到这儿，重新编排顺序。

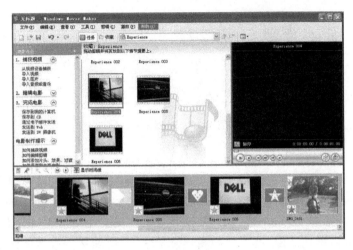

图 7.15　Movie Maker 主界面

（1）捕捉视频片段

将 DV 摄像机通过 IEEE1394 接口连接到电脑上，点击"任务"窗格中的第一项，"捕获视频"→"从视频设备捕获"。屏幕上将会弹出一个向导对话框，里面列举出几个单选框，包括为捕获的视频文件命名、指定数据的存放位置等选项。进入"保存电影向导"界面，选择"DV-AVI"。即使你以后也不打算将编辑好的视频文件导回到 DV 摄像机中，最好还是以 DV 的格式来捕获视频，以确保成品的输出质量。通过"视频捕获向导"界面设定，用户可选择是让 Movie Maker 自动捕捉整段录像，还是自己动手捕捉个别录像片段；在视频播放器窗口的下面有一排控制按钮，用户可使用它们来编排剪辑片段的播放顺序；向导界面的左上方有两个按钮，一个是"开始捕获"，一个是"停止捕获"，在视频文件播放的过程当中，用户可使用它们来捕捉需要的视频片段。

（2）重新组织剪辑片段

Movie Maker 将会自动创建一个新的收藏夹，用于存放用户捕获的所有剪辑片段。双击其中任何一个素材文件，主界面右上部的播放器将会开始播放它。此时你可以根据需要整理所有的剪辑片段。然后，将收藏栏中的剪辑文件拖动到"故事板(Storyboard)"中。Movie Maker 是一套非线性视频工具，也就是说，用户可以任意编排剪辑，丝毫不受实际拍摄顺序的影响。因此，在将剪辑文件拖动到故事板上时，可以打乱文件的排列顺序，就像玩跳棋一样，落子并没有固定的模式。

故事板包括情节视图和时间线视图，在情节视图状态下，把制作电影所需的素材拖入故事板中，之后，点击故事板上方的"显示时间线"按钮，由情节提要视图切换为时间线视图。故事板上将会显示每个剪辑内的一张图片，时间线窗口中展示了视频组成元素和音频组成元素，另外三个轨道主要是用来修剪视频文件，如图 7.16 所示。

首先，需要将剪辑图片前后多余的空白部分清除（因为各个剪辑并不是连续录制，拼凑在一起时，中间会出现一段空白片段）。屏幕上有一个进度指示器，将指示针移到一个剪辑片段的边缘处，将会出现一个红色的修剪指针（见图 7.16）。点击该指针，拖动鼠标，一直到达你所需的"起始点"（如果修剪的是剪辑文件的片头的话）或"结束点"（如果修剪的是剪辑文件的片尾的话）。然后松开鼠标，Movie Maker 将会设置新的剪裁点的位置。

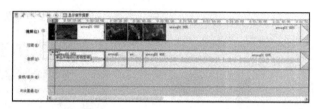

图 7.16 时间视图

（3）润色视频片断

润色视频片断包括设置各视频段的播放效果和设置视频段间的过渡效果两大类。"视频过渡"的功能是在两个相邻剪辑间建立同时淡出及淡入过渡的效果。简单的过渡处理包括"消融"，指将两个剪辑衔接在一起，在第一个剪辑即将结束，第二个剪辑尚未开始的这个视频转场阶段中，第一个剪辑慢慢地淡出，第二个剪辑慢慢地淡入，达到平稳过渡的效果。

时间线视图上的剪辑并不是都需要做过渡处理。用户可直接进行剪裁，先试试在不作任何过渡处理的情况下浏览一遍制作好的视频文件，看一看效果如何。一般情况下，只有当相邻剪辑间情节出现了重大转折，为了给观看者一个提示（比如，说明背景时间或背景地点）时，才需要插入过渡效果。举个例子，假设举办音乐会的礼堂内搭建了两个舞台，一个是由脚手架和木板托起的乐池，一个是深入前排观众席的圆弧状阶梯平台。当演奏地点由乐池搬到了阶梯平台上时，中间的转场部分需要做淡入淡出处理，衔接会过渡得自然而又平稳。Movie Maker 自带的视频过渡效果都存放在收藏栏中，与用户捕获的视频文件存放在同一级目录中。点击收藏栏的下拉框后，再点击"视频过渡"这一项，界面上将会显示各种过渡效果，如图 7.17（a）所示。从中挑选一种过渡效果，将图标拖至两个相邻剪辑之间，就能够将过渡效果插入进去，如图 7.17（b）所示。

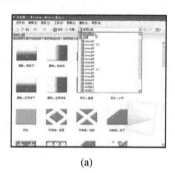
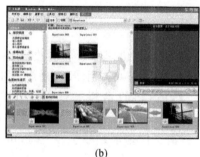

(a) (b)

图 7.17 过渡效果的选择

（4）添加背景音乐

"音频"轨道栏的下面是"音频/音乐"栏，用户可在这一栏中插入画外音或背景音乐。以一场家庭生日派对为例,字幕上并没有任何对白。画面上出现了挂满装饰物的房间、摆放着丰盛食物的桌子以及参加派对的客人。如果在这儿添加一段欢快的音乐,整个场景将会变得活跃起来,就像是欣赏一场 MV 一样,从而激发起他人的观看兴趣。

点击"任务"窗格中的"导入音频或音乐"一项。然后,将音频文件拖到下方的"音频/音乐"轨道中。如果需要的话,还可以调整"音频"轨道或"音频/音乐"轨道的音量(点击鼠标右键,选择音量)。Movie Maker 中可导入多种格式的音频文件,包括 MP3、WAV、WMA 等,不过,如果该文件加了防止拷贝的保护指令的话,将无法导入 Movie Maker。

(5) 添加片头或片尾文字

最底下一栏是"片头重叠"轨道,如果要给视频文件添加一个文本标题,就在这儿处理。比如说,一部影片,片头会出现一些介绍故事背景的文字;在影片进行的过程中也会偶尔出现一些说明性文字,便于观众了解故事的发展;最后,在片尾将会出现演职人员的名单。

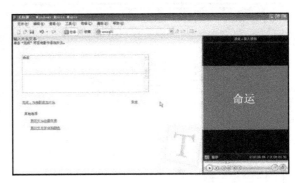

图 7.18　添加片头或片尾文字

创建一个标题的步骤并不复杂,首先点击"任务"窗格中的"制作片头或片尾"一项,如图 7.18 所示,屏幕上将会出现一个"输入片头文本"输入框。填写好影片的标题之后,用户还可以点击文本框下方的"更改片头动画效果"和"更改文本字体和颜色"两个选项,尝试不同的动画效果以及字体显示方式。

(6) 设置特殊效果

Movie Maker 中自带了 53 种特效,点击收藏栏的下拉列表,中间有一项为"视频效果",其中最基础也是最重要的就是淡入效果和淡出效果,前者指的是画面从黑起变,最终变白;后者指的是画面由白起变,最终转黑。无论你想应用其中哪一种视频效果,只需将相应图标拖至故事板内的目标剪辑文件上即可。除此之外,Movie Maker 还可用来对一些曝光不足或曝光过度的视频文件进行基本的校准。当然,如果要进行复杂的处理,最好还是挑选更高级的特效工具。除了对一些质量不佳的视频文件进行校准之外,特效的运用也能够提高影片的整体水准。建议用户最好在影片剪辑制作完毕之后,再根据个人的喜好适当地加入一些特效来进行点缀。

(7) 编辑静态照片

用户还可以将数码静态照片(无论是用扫描仪扫描的照片,还是用数码相机拍摄的照片)导入到 Movie Maker 中制作成幻灯片效果。点击"任务"窗格中的"导入图片",导入数码照片,然后将它拖动到时间线视图中的"视频栏"的任何位置处。视频上方有一排按钮,用户可点击其中的放大(放大时间线)和缩小(缩小时间线)按钮,来放大或缩小图片,如果需要做更复杂的处理的话,建议购买其他专业化的软件工具,相比之下,Movie Maker 的功能显得单一了一点。

(8) 制作自动电影

Movie Maker 的另一项重要功能为"AutoMovie(制作自动电影)",将剪辑转化成 MTV 式的音像制品。具体操作步骤如下:首先,点击放置在"收藏栏"窗格中的某个剪辑,然后将光标移到左边的"任务"窗格中,点击"制作自动电影"。

选择一种你所喜爱的编辑样式(见图 7.19)。在编辑样式列表的下方有两个链接:一个是

"选择音频和背景音乐";另一个是"输入电影的片头文本",以方便用户进一步定制出具有个人风格的自动电影。另外,该软件还会自动扫描整个视频文件,分析出其中的精华部分,再配上适当的背景音乐。最后,点击"完成,编辑电影"。在左边的"任务"窗格"完成电影"一栏下列出了五种输出路径,用户可从中任选一种,在"保存电影向导"的指引之下,完成最终的着色润饰。

注意,Movie Maker 是无法识别 DVD 格式的视频文件。如果要制作 DVD,必须安装一个第三方 DVD 制作程序,比如说 MyDVD。点击"任务"窗格中的"保存到我的计算机",选择以 DV-AVI 格式输出视频文件。如图 7.20 所示,在电影设置界面上还列举出了其他许多设置选项。

图 7.19　自动电影的编辑样式　　　　图 7.20　制作电影

除了上述提及的技术细节之外,还需要特别提醒读者注意,一定要控制好电影或剪辑的拍摄长度,因为"短小精悍"才是家庭录像的最大特色。

### 7.2.5　动画的制作

对于过程事实的描述只依赖于文本信息或图形图像信息是不够的,为达到更好地描述效果,需要利用动画素材,其所创造的结果能更直观、更详实地表现事物变化的过程。通常动画分为二维动画和三维动画。二维动画主要能实现平面上的一些简单造型、位块移动及调色板循环等;三维动画可以实现三维造型、各种具有三维真实感物体的模拟等。目前,常用的二维动画制作软件有 Flash、AnimatorStudio 和 AXA2D 等;常用的三维动画制作软件有 3DStudioMAX 和 3DF/X 等。很多多媒体编著工具也可以制作简单的动画,在动画素材库中也提供一些动画素材,必要时可连接和修改。

1) 二维动画制作

二维动画制作软件是将一系列画面连续显示达到动画效果。一般只要由软件本身提供的各类工具产生关键帧,安排显示的次序和效果,再组合成所需的动画即可完成。目前比较流行的二维动画制作软件有 Animator Studio 和 Flash 等。Animator Studio 是美国 Autodesk 公司于 1995 年推出的一种集图像处理、动画制作、音乐编辑与合成、脚本编辑与动画播出于一体的二维动画软件。随着 Internet 网的兴起,Micromedia 公司在 1996 年推出了用于网页动画制作的"闪客(Flash)"软件。由于它采用了基于矢量的图形系统,制作的动画具有文件品质高、体积小、交互性强、可带音效和兼容性好等特点，占用的存储空间还不到位图的几千分之一，特别适合网络应用。自 Flash2.0 公布以来，一直到现在的 Flash MX2004，其影响力迅速扩大，现已发展成为迄今流行最广、兼具"网页动画插件"和"专业动画"制作功能的动画制作软件，被有些媒体称誉为"永远的 Flash"。

Flash 动画在网页中应用广泛，是目前最流行的二维动画技术。用它制作的 SWF 动画文件，可以嵌入到 HTML 文件里，也可以单独成页，或以 OLE 对象的方式出现在多媒体应用系统中。SWF 文件的存储量很小，但在几百至几千字节的动画文件中，却可以包含几十秒钟的动画和声音，使整个页面充满了生机。Flash 动画还有一大特点是：其中的文字、图像都能跟随鼠标的移动而变化，可制作出交互性很强的动画文件。

Flash 动画的最基本元件就是对象，并可使用绘图工具栏中的绘图工具在帧编辑区中绘制矢量化对象。为了方便对象的重复使用，可以把对象保存为 Symbol（组件）或直接创建组件。对象处于 Scene（场景）中时，某一时刻场景的静态图像称为 Frame（帧）。每个场景中可设置多个 Layer（层），每个层中有若干个对象，改变不同的时刻（即不同的帧）中对象的位置、形态，由此产生动画。

如果要使用 Flash 来进行 Flash 电影制作，首先必须了解 Flash 的工作环境，因为在这个环境中可将你的创意转变为 Flash 电影。当利用 Flash 进行 Flash 电影制作时，主要在以下几个区域中进行工作：

(1) 菜单(Menu)：提供了 Flash 功能的菜单操作方式。
(2) 画面(Stage)：Flash 动画制作与播放的区域，也称其为画面。
(3) 时序线(Timeline)：实现 Flash 动画的播放控制。
(4) 符号库窗口(Library Window)：用于管理 Flash 动画中的可重复使用资源。
(5) 符号编辑模式(Symbol Edit Mode)：用于创建和编辑符号。
(6) 绘图工具盘(Draw Toolbox)：提供了图形绘制工具。
(7) 标准工具条(Standard Toolbar)：提供了一些基本的操作功能。
(8) 控制工具条(Control Toolbar)：提供了对 Flash 电影的播放控制功能。

图 7.21 为 Flash 5 的主界面，从中可以看出，Flash 5 的界面结构和一般基于 Windows 环境的应用程序的结构是类似的，也包括菜单、工具条和工作窗口等。下面以"滚动反白的文字"的制作为例介绍 Flash 的使用方法。

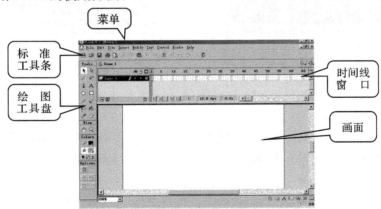

图 7.21　Flash 5 的主界面

（1）目标与要点

制作如图7.22所示的动画文字效果，当黑色的文字移动到黑底色区域时，文字颜色自动变为白色。主要制作要点是遮罩图层，运动动画。

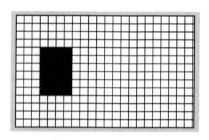

图7.22　动画文字效果

（2）操作步骤

① 按〈Ctrl〉+〈N〉键新建一个电影屏幕。

② 按〈Ctrl〉+〈M〉键打开"Movie Properties"对话框。在该对话框中的"Width"输入域中输入"400"，"Height"输入域中输入"250"，其他按缺省值设置，然后关闭该对话框。

③ 按〈Ctrl〉+〈'〉键打开网格显示开关。

④ 按〈Ctrl〉+〈Shift〉+〈'〉键打开网格捕捉方式。

⑤ 按〈R〉键选择矩形工具。

⑥ 在工具盘的下方点击画笔颜色按钮，将当前的画笔颜色设置为无色；点击填充颜色按钮，将当前的填充颜色设置为黑色。

⑦ 利用捕捉方式在当前画面中绘制一个黑色矩形区域，并记住该矩形区域左上角和右下角所在的网格，如图7.23所示。

⑧ 单击图层名下方的"Add Layer（新增图层）"钮，新建图层"Layer 2"，并将图层"Layer 2"设置为当前层。

图7.23　定义捕捉区域

⑨ 按〈R〉键选择矩形工具，这时仍然选择无色的画笔及黑色的填充颜色，在图层"Layer 2"上画一个比图层"Layer 1"矩形块更大的矩形块，如图7.24所示。

⑩ 按〈R〉键选择矩形工具，在工具盘的下方将当前的填充颜色设置为白色，在图层"Layer 2"上画一个与图层"Layer 1"矩形一样大小，且位置也一致的白色矩形，如图7.25所示。

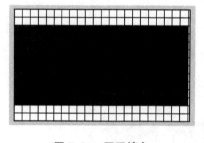

图7.24　图层填色

图7.25　多图层定义捕捉区

⑪ 单击图层名下方的"Add Layer（新增图层）"钮，新建图层"Layer 3"，并将图层"Layer 3"设置为当前层。

⑫ 选取"Text"菜单中的"Character"菜单项，此时系统将弹出"Character"对话框。在该对话框中将当前字体设置为"Arial Black"、字号为60、粗体、字体颜色为红色，然后关闭该对话框。

⑬ 按〈T〉键选择文字工具，在当前画面中创建一个"Invert Color"文本。选中该文本，利用比例放缩命令调整其大小，并且将其移动到当前画面的左边，如图7.26所示。

图 7.26 创建文字

⑭ 在图层时间线"40"的位置拖动鼠标,同时选择三个图层的"40"位置,按〈F5〉键同时插入 40 个帧。

⑮ 选中图层"Layer 3"时间线"40"位置,按〈F6〉键插入关键帧,反复按〈Shift〉+〈→〉键直到将文字框平移到画面右侧外,如图 7.27 所示。

图 7.27 插入关键帧

⑯ 用鼠标右键点击图层"Layer 3"时间线"1"位置,在系统弹出的上下文菜单中选择"Create Motion Tween(建立运动动画)"菜单项,此时系统将在"1"和"40"之间创建运动动画。

⑰ 用鼠标右键点击"Layer 3"图层名,在系统弹出的上下文菜单中选取"Mask(遮罩)"菜单项,此时,图层"Layer 3"将变为遮挡层,而图层"Layer 2"则自动变为被遮挡层,如图 7.28 所示。

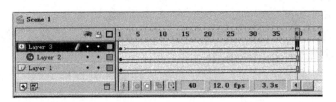

图 7.28 遮罩效果

到这里,整个电影制作完成,按〈Ctrl〉+〈Enter〉键就会得到从左侧移动到右侧的黑色文字,当移动到中间的黑色矩形框时,文字就会自动变为白色,移出矩形框后,文字又变为黑色,如图 7.22 所示。

2) 三维动画制作

在三维动画制作中,用户可以建立三维空间的对象模拟现实场景,通过控制各种色彩、透明度的设置、表面花纹的粗细程度以及各种反射特性等以帮助产生任何可以想像出来的材质。这些材质可以应用在所建立起来的对象上或是对象的表面上。完成三维设计后,用户还可以设置摄像机、光源、背景等,以使设计的对象看起来更栩栩如生。利用三维动画制作软件,用户还可以方便地移动、放大、压缩、旋转甚至改变对象的形状,还可以移动光源、摄像机、聚光灯和摄像镜头的目标,以产生如电影般的效果。目前国内用户比较熟悉、用户量最大的三维动画制作软件仍然要数美国 Autodesk 公司的 3DStudioMAX,它大致有五大功能模块,分别是:二维造型、三维放样、三维编辑、关键帧和材质编辑。其中三维编辑用来产生对象及画面的中心模块,在此模块下,可利用其提供的基本形状(如立方体、球体、管状体等)来产生对象,并可设置摄像机和光源。另外,它还具有编辑和修改三维对象及将材质或图像贴到对象表面等多种功能,用户可以对所设计的画面进行渲染,以产生静态的三维图像。在"三维编辑"下产生的画面可供"关键帧"模块产生动画使用。"材质编辑"是用来定义对象表面特征的一个模块。在完成造型设计后,用户可以通过赋予这个造型不同的材质来决定对象表现出来的视觉效果。"关键帧"是一个制作动画的模块,在这里,用户可以利用"三维编辑"所产生的立体画面,通过改变画面内的对象、光源及摄像机的位置等,制作出动画的效果。"二维造型"用来产生二维平面造型,这些造型可以在三维放样里面扩展。"三维放样"主要是配合二维造型和路径,将一平面造型沿着路径方向放样成为三维的对象。

## 7.3 多媒体编著工具

多媒体编著工具是指能够集成处理和统一管理多媒体信息,使之能够根据用户的需要生成多媒体应用系统的工具软件。用多媒体编著工具制作多媒体应用系统有时也称为编制多媒体节目,即用多媒体编著工具设计交互性用户界面,将各种多媒体信息包括文本、图形、图像、动画、视频和音频等组合成一个连贯的节目,并在屏幕上展现。

### 7.3.1 多媒体编著工具的功能

目前,多媒体编著系统有许多种,根据应用对象的不同,在操作形式以及可实现的功能上都存在着较大的差别,但是,它们普遍具有以下功能。

(1) 良好的创作环境。应具有对多种媒体信息流的控制能力,如循环、条件分支、精确计算、布尔操作等,并能对多种媒体信息流进行调试、动态输入/输出。

(2) 超媒体链接功能。应提供超媒体链接功能,即指从一个静态对象激活一个动作或跳转到一个相关的数据对象进行处理的能力。

(3) 多媒体数据的处理能力。应具有一定的多种媒体处理能力,包括文字、图形、图像、动画、音频和视频等方面。

(4) 应用程序的动态连接。应能把外界的应用控制程序与所创作的软件连接起来。在调用多媒体应用程序时激活另一个相关的应用程序,并为其加载数据文件,运行完成后返回。

(5) 模块化的设计和面向对象的制作体系。能使创作者编出的独立片段模块化,并使其具有"封装"和"继承"的特点,用户可在需要时独立取用。

(6) 界面友好,易学易用。无需复杂的编程设计等优势正逐渐成为多媒体制作领域的主导产品。

(7) 良好的扩充性。

### 7.3.2 多媒体编著工具的创作模式

(1) 幻灯表现模式

一种线性表现模式,使用这种模式的工具假定表现过程可以分成一序列"幻灯片",即顺序表现的分离屏幕。例如,PowerPoint 就是采用这种组织方式来集成表现各种媒体信息的。

(2) 层次模式

这种模式假定目标程序可以按一个树形结构组织和表现,例如一般书本的组织方式都是这样,这就使得不少课件也采用这种方式来集成各种素材信息。

(3) 书页模式

这种模式中应用程序组织成一本或更多的"书",书又按照称为"页"的分离屏幕来组织。例如比较典型的多媒体编著工具 ToolBook,便采用这种方式来组织媒体信息。

(4) 窗口模式

目标程序按分离的屏幕对象组织成为"窗口"的一个序列,"窗口"可以看成是表现信息的基本单位,一个窗口上可以组织各种媒体信息。

(5) 时基模式

主要由动画、声音以及视频组成的应用程序或表现过程,可以按时间轴顺序制作,所有的媒体都基于时间轴进行组织,例如 Flash 以及 Movie Make 等动画和视频制作软件都是采用这种方式来组织媒体信息的。

(6) 网络模式

这种模式允许程序组成一个"从任何地方到另外任意地方"的自由形式结构,没有已建好的表现顺序或结构。例如目前常见的网页结构便是采用这种模式来组织各种网页,实现不同网页之间的自由跳转的。

(7) 语言模式

使用一种语言来建立应用程序的结构与内容,它本身就是一种模式。例如利用 VB 或 Delphi 进行的程序设计。

(8) 图标模式

图标用来标识对应的内容、动作或交互控制,在制作过程中,它们通过一张显示一系列有着不同对象连接的流程图来表示。在多媒体应用编著工具中,这种模式是一种比较实用和常用的模式。采用这种模式的主要编著工具包括 Authorware 等。

## 7.3.3 多媒体编著工具的类型

一般来说,多媒体编著工具可以分为以下四类。

(1) 以图标为基础的多媒体编著工具

Authorware 是一种以图标为基础的编辑工具,也是以事件为基础的编辑工具,在 Authorware 中数据是以对象或事件的形式出现的。在利用 Authorware 创作多媒体作品时,首要的任务是依据数据的特性规划出作品的框架,如设计出流程图。Authorware 提供了直观的图标控制界面,利用对各种图标的逻辑结构布局,来实现整个作品的制作,从而取代了复杂的编程语言。

在 Authorware 创作环境中,提供了 13 种用以表现不同数据对象的编辑图标以及 10 种在人们日常生活、工作中经常被采用的交互形式,并采用流程图方式设计制作方式。Authorware 提供了高效的多媒体集成环境,通过 Authorware 自身的多媒体管理机制,开发者可以充分地利用包括声音、文字、图像、动画和数字视频等在内的多种内容,以实现整个多媒体系统。

Authorware 易学易用，为广大非计算机专业人员提供了一种良好的多媒体编著工具。同时，Authorware 方便灵活的制作方式，结构化的设计思想，也深受多媒体专业创作人员的喜爱。

(2) 以时间为基础的多媒体编著工具

时间轴为基准的编辑工具借鉴了影视制作的形式，按照对象的出场时间设计规划整个作品的表现方式。在 Director 中，各种媒体的数据文件被定义为"角色"(Cast)并存储在角色库中。开发人员完成导演(Director)的任务后，通过总谱表(Score)来控制每个角色"上台"与"下台"的时间以及在舞台上的表现形式。制作完成的多媒体应用称为"影片"(Movie)。脱离开发环境后，影片被打包成只能播放不能修改的"投影机"(Projector)。Director 可以引入多种格式的文本、图形、动画、视画、视频和声音文件。素材的制作可以由 Director 之外的软件完成，然后引入到 Director 的角色窗口中使用。Director 提供了 API 标准接口，使用户可以通过 C 语言或 C++制作自定义格式的角色类型。另外，Director 内嵌了一个面向对象的脚本描述语言 Lingo，通过 Lingo 语言编制技术，实现强大的人机交互功能。Lingo 是一种原稿描述语言。运用 Lingo 语言，可以控制动画、文本、颜色、声音和调色板等多种媒体信息，还可以在应用程序中创建通用按钮、菜单和复选框(Checkbox)等。Lingo 语言还可以控制应用程序的暂停、总谱窗口中特殊帧之间的跳转、声音和图形等的传递方式、演示的顺序和选择用户菜单等。Director 5.0 为支持多媒体网络，增加了近 100 项 Lingo 命令，并把 Lingo 的执行速度提高了 50%。

(3) 以页为基础的多媒体编著工具

ToolBook 采用以书页为基础的编辑工具。它采用传统图书的方式，以页为单位，每页具有相对的独立性，多个页串接成一个完整的多媒体应用。ToolBook 以对象为最小设计元素，形成了由对象构成组、由组构成页……直到构成整个系统的分层体系。与其他多媒体编著系统相比，ToolBook 具有大数据量的数据交换能力，不仅能支持 Windows 的剪贴板(Clipboard)对文本、图形进行拷贝和粘贴，还能支持动态的数据交换技术 DDE(Dynamic Data Exchange)和对象链接与嵌入技术 OLE (Object Linking Embedding)。

(4) 以传统程序设计语言为基础的多媒体编著工具

包括 VB、Delphi 等多种可视化高级编程序言，通过语言中提供的多媒体组件或接口等进行多媒体应用程序的开发。

### 7.3.4 基于编著工具的多媒体应用制作实例

在此，将以一个简单的招标演示系统为例，介绍基于 Authorware 的多媒体应用系统的开发。在招标演示系统中主要是以图、文、像、声音、动画以及视频等方式来表现设计者的设计结果和设计意图。

1) 招标演示系统的总体结构设计

与制作任何多媒体演示系统一样，对于招标演示系统的制作首先必须有一个总体构思，设计出招标演示系统的总体结构。Authorware 是一种可视化图符描述语言，为开发者提供了很方便的结构描述手段，通过这种表达方式开发者可以很方便地描述招标演示系统的结构以及进行多种媒体素材的集成。

一般来说，招标演示系统必须包括"投标公司介绍"、"招标项目的平面图设计方案"、"招标项目的立体效果图与动画设计方案"、"招标项目的报价方案"等。下面我们便来描述一下其制作过程。

(1) 在 Authorware 开发环境中,选择"File"(文件)操作菜单中的"New"(新建)菜单项,新建一个文件"zbys"。此时系统将生成一个新的 Authorware 文件,如图 7.29 所示。

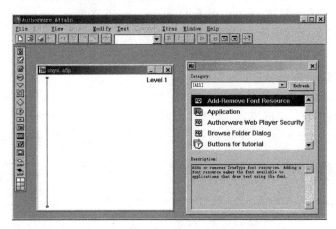

图 7.29　新建一个 Authorware 设计文档

(2) 一般来说,对于每一个多媒体演示系统首先都必须有一个欢迎封面,于是在"设计工具窗口"中拖曳一个"Display"(显示)设计按钮到设计窗口中的流程图上。

(3) 将该按钮命名为"欢迎画面"。

(4) 从"设计工具窗口"中拖曳一个"Wait"(等待)设计按钮到"欢迎画面"按钮的下面,用于接受用户的输入,并将其命名为"按任意键进入系统"。

(5) 下面开始设计招标系统的结构,从"设计工具窗口"中拖曳一个"Interaction"(交互)设计按钮放在"按任意键进入系统"设计按钮的下面,将其命名为"选择"。

(6) 从"设计工具窗口"中拖曳一个"Map"(映射)设计按钮放在"选择"设计按钮的右边,此时系统将弹出一个"Response type"(响应类型)对话框,如图 7.30 所示,将该按钮的响应类型设置为"Button"(按钮),将其命名为"公司介绍",如图 7.31 所示。

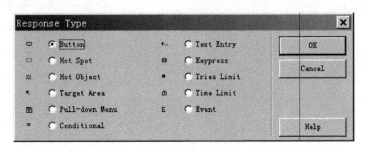

图 7.30　"响应类型"设置对话框

(7) 选中"公司介绍"设计按钮,然后选择"Modify"(修改)菜单→"Icon"(图标)菜单→"Response"(响应)子菜单项,此时系统将弹出如图 7.32 所示的"Properties"(属性)设置对话框。选中该对话框中的"Response"(响应)标签页面,如图 7.32 所示,并将"Erase"(删除)方式设置为"Before Next Entry",将"Branch"(分支)方式设置为"Try again",将"Status"(状态)设置为"Not judged"。

(8) 再选择"Properties"(属性)设置对话框中的"Button"(按钮)标签页面,将"Cursor"(光标)形状设置为手形,如图 7.33 所示。

(9) 点击"Properties"(属性)设置对话框中"Buttons"按钮,此时系统将弹出按钮形状列表,你可以在该列表中选择一种按钮形状。设置完成后点击"OK"按钮退出属性设置对话框。

(10) 分别重复第(6)步到第(9)步来创建"平面方案图"、"立体效果图"和"项目报价方案"三个映射设计按钮。

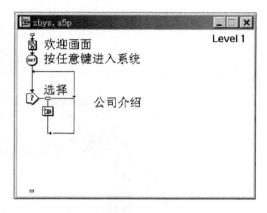

图 7.31 交互工具按钮的制作

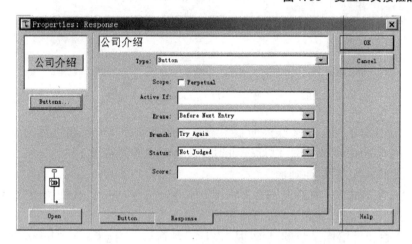

图 7.32 "属性"设置对话框

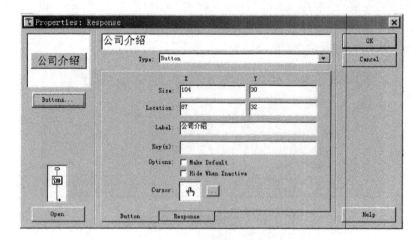

图 7.33 "光标形状"的设置

(11) 从"设计工具窗口"中拖曳一个"Caculation"(计算)设计按钮放在"选择"设计按钮的右边,将其命名为"退出系统"。

(12) 选中"退出系统"设计按钮,然后选择"Modify"(修改)菜单→"Icon"(图标)菜单→"Response"(响应)子菜单项,在系统弹出的"Properties"(属性)设置对话框中将"Erase"(删除)方式设置为"Before Next Entry",将"Branch"(分支)方式设置为"Exit Interaction",将"Status"(状态)设置为"Not Judged"。如图 7.34 所示。

(13) 双击"退出系统"设计按钮,此时系统将弹出该按钮的计算函数输入对话框,输入 quit(0)函数,如图 7.35 所示,然后退出该对话框。此时招标演示系统的基本结构已经建立,接下来的工作是进一步完善其中各部分。

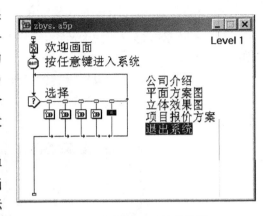

图 7.34　招标演示系统结构图

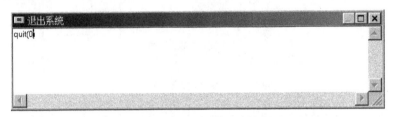

图 7.35　"退出系统"设计按钮的计算函数输入框

2)"欢迎画面"的设计

一般来说,每个多媒体演示系统都有一个"欢迎画面",并且在"欢迎画面"中都配有文本、声音和动画等素材。下面我们便来介绍一个有文本、图形图像、声音和动画组成的"欢迎画面"的制作过程。

(1) 用鼠标双击图 7.36 所示的"欢迎画面"设计按钮,此时系统进入该显示画面的设计窗口。你可以利用系统提供的"图形绘制"工具栏上的绘图工具进行文本和图形的输入。

(2) 用鼠标左键双击"图形绘制"工具栏上的椭圆绘制工具,此时系统将弹出颜色选择板,将当前的图形绘制颜色设置为如图 7.37 所示的颜色。

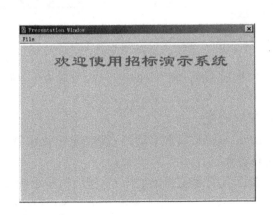

图 7.36　标题的绘制

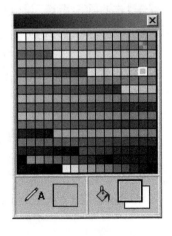

图 7.37　选择绘图颜色

（3）用矩形绘制工具在显示画面中绘制天蓝色背景。

（4）将背景颜色设置为天蓝色，绘制颜色设置为红色，然后利用文本绘制工具在显示窗口中绘制标题。

（5）在"Text"菜单中设置标题的字体和大小，如图 7.37 所示。

（6）选择"Insert"（插入）菜单中的"Image"（图像）菜单项，此时系统将弹出如图 7.38 所示的图像插入对话框。

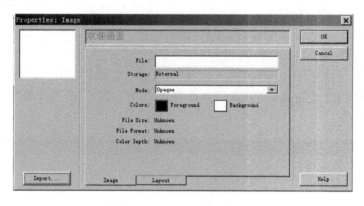

图 7.38  "图像插入"对话框

（7）点击该对话框中的"Import"（引入）按钮，插入你所需要插入的图像，然后调整图像对象在显示窗口中的位置和大小。

（8）利用文本绘制工具在显示窗口的下面绘制"按任意键进入系统"文本，并调整其位置和颜色，如图 7.39 所示。

（9）到这里"欢迎画面"已经设计完成，下面将为其配上声音和动画。

（10）从"设计工具窗口"中拖曳一个"Sound"（声音）设计按钮放在"欢迎画面"设计按钮的下面，将其命名为"欢迎画面声音"。

（11）双击"欢迎画面声音"设计按钮，此时系统将弹出如图 7.40 所示的"声音属性"设置对话框。

（12）点击该对话框中的"Import"（引入）按钮，引入你所需要的声音，如图 7.40 所示。

图 7.39  欢迎画面

（13）选中该对话框中的"Timing"（时序）标签页面，将"Concurrency"（并发）选项设置为"Concurrent"（并行）。

（14）点击该对话框中的"OK"按钮关闭该对话框。

（15）从"设计工具窗口"中拖曳一个"Digital movie"（数字动画）设计按钮放在"欢迎画面声音"设计按钮的下面，将其命名为"欢迎画面动画"。

（16）用鼠标左键双击"欢迎画面"设计按钮，此时系统弹出如 7.40 所示的显示画面。

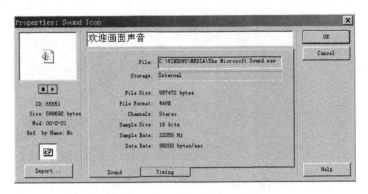

图 7.40 "声音属性"对话框

(17) 用鼠标左键双击"欢迎画面动画"设计按钮,此时系统弹出如图 7.41 所示的"动画属性"对话框。

(18) 点击该对话框中的"Import"(引入)按钮,引入你所需要的动画,如图 7.41 所示。

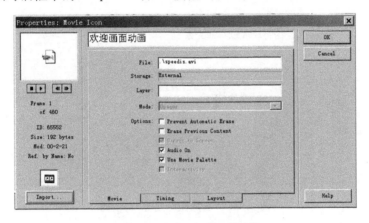

图 7.41 "动画属性"对话框

(19) 此时显示画面中将出现动画的播放区域显示,用鼠标调整该播放区域的位置和大小,如图 7.42 所示。

(20) 点击该对话框中的"OK"按钮,关闭"动画属性"对话框。

(21) 用鼠标左键双击"按任意键进入系统"设计按钮,此时系统将弹出如图 7.43 所示的"等待图标属性"对话框。选中其中的"Mouse Click"和"Key Press"选项,并且在"Time Limit"(等待时限)编辑框中输入 10,如图 7.43 所示。

(22) 从"设计工具窗口"中拖曳一个"Erase"

图 7.42 加入动画后的欢迎画面

(删除)设计按钮放在"按任意键进入系统"设计按钮的下面,将其命名为"删除欢迎画面动画对象"。

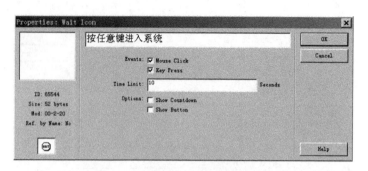

图 7.43 "等待图标属性"对话框

（23）用鼠标左键双击"删除欢迎画面动画对象"设计按钮,此时系统将弹出如图 7.44 所示的"删除图标属性"对话框。

（24）选中该对话框中的"Icon"（图标）标签页面,然后用鼠标左键在显示画面中选取动画区域,此时"欢迎画面动画"将成为该删除设计按钮的删除对象,如图 7.44 所示。

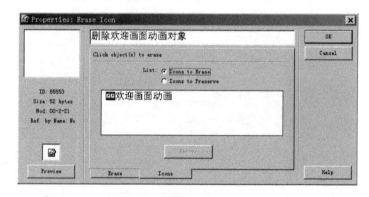

图 7.44 "删除图标属性"对话框

（25）点击该对话框中的"OK"按钮,关闭"删除图标属性"对话框。

（26）此时,整个欢迎画面已经设计完成,设计流程图如图 7.45 所示。

3）"选择画面"的制作

"选择画面"是整个系统的主画面,"欢迎画面"结束后系统便进入"选择画面"。下面我们便来介绍一下"选择画面"的制作过程。

（1）从"设计工具窗口"中拖曳一个"Display"（显示）设计按钮放在"删除欢迎画面动画对象"设计按钮的下面,将其命名为"选择画面背景"。

（2）用鼠标左键双击"选择画面背景"设计按钮,此时系统进入该显示画面的设计窗口。你可以利用系统提供的"图形绘制"工具栏上的绘图工具进行文本和图形的输入。

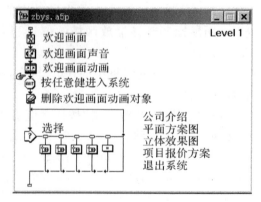

图 7.45 进入欢迎画面后的设计流程图

（3）选择"Insert"（插入）菜单中的"Image"（图像）菜单项,在系统弹出的如图 7.38 所示的

"图像插入"对话框中引入一幅图像作为背景,并调整其大小和位置。

(4) 利用"图形绘制"工具栏中的文字绘制工具,绘制"选择画面背景"标题——"室内装潢招标演示系统"。

(5) 利用"Text"(文本)菜单中的菜单项设置标题的字体、大小以及颜色,并且利用文字叠加的方式制作文字阴影效果,如图 7.46 所示。

**图 7.46　"选择画面背景"效果图**

(6) 在流程图中选中"选择画面背景"设计按钮,然后选择"Modify"(修改)菜单→"Icon"(图标)菜单→"Properties"(属性)子菜单项,此时系统将弹出如图 7.47 所示的"显示图标属性"对话框。

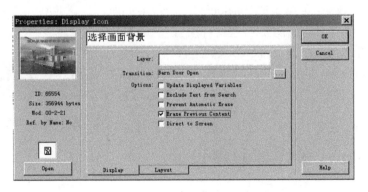

**图 7.47　"显示图标属性"对话框**

(7) 在该对话框中选中"Erase previous content"(删除前面内容)选项,同时将"Transition"(转变)方式设置为"Barn door open"。如图 7.47 所示。

(8) 用鼠标左键双击"选择"设计按钮,此时显示画面上将出现 5 个按钮,调整其位置和大小,如图 7.48 所示。

(9) 到这里"选择画面"制作完成。

其他部分的制作可以参考上述过程完成。

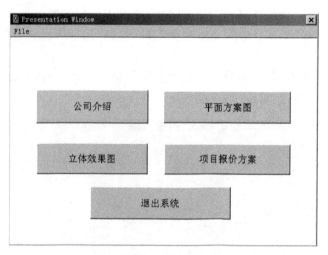

图 7.48　调整选择按钮的位置和大小

4）演示系统的调试运行与打包发行

（1）演示系统的调试运行

设计好演示系统后，你便可以选择"Control"（控制）菜单中的"Play"（运行）或"Restart"（重新运行）菜单项来调试运行系统。

（2）演示系统的打包发行

当你调试完成演示系统后，你可以将演示系统进行打包发行，即将其打包成一个可执行文件，以便于单独运行，其操作步骤如下：

① 选择"File"（文件）菜单中的"Package"（打包）菜单项，此时系统将弹出如图 7.49 所示的"打包文件设置"对话框。

② 进行如图 7.49 所示的设置，然后点击"File(s) &.Package"（打包）按钮，即可完成打包操作。系统将生成一个可执行文件，以后再运行招标演示系统时只需要运行该可执行文件即可。

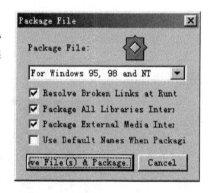

图 7.49　"打包文件设置"对话框

## 7.4　Windows 多媒体程序设计

Windows 多媒体程序设计是开发多媒体应用的一种有效方式，对于专业的程序员来说，相对于选用编著工具来制作多媒体应用，可能更倾向于采用某种高级语言来进行制作。一般来说，用高级编程语言进行多媒体应用的制作可以采用两种方式：一种是利用 Windows 系统为程序员提供的 MCI 接口进行编程实现；另一种是采用语言本身提供的多媒体组件进行程序设计。相比较而言，采用多媒体组件的方式更简单易用。

### 7.4.1　Windows MCI 编程接口介绍

Windows MCI(Media Control Interface)是控制多媒体设备的高层命令接口，提供了与设备无关的控制多媒体设备的方法。MCI 可控制所有 Windows 能驱动的多媒体设备,包括 CD 音频(CD Audio)、数字视频、动画、数字化波形声音、MIDI 音序器、录像机等。MCI 包括在 Windows 系统的 MMSYSTEM.DLL 动态连接库中,用以协调多媒体事件和 MCI 设备驱动程序之间的通信。一些 MCI 设备驱动程序,如影碟机设备驱动程序,可以直接控制目标设备;而另外一些 MCI 设备驱动程序,如 Ware 和 MCI 设备驱动程序,通过 MMSYSTEM 中的函数间接控制目标设备;还有一些 MCI 设备驱动程序则提供了与其他 Windows 动态连接库的高层接口。

MCI 提供两种编程接口,即命令——字符串和命令——消息。函数 mciSendCommand 利用参数 uMsg 来传递消息给 MCI,而函数 mciSendString 利用参数 lpszCommand 来传递字符串给 MCI。使用方法如下:

1) 命令——字符串函数形式

MCIERROR mciSendString(LPCTSTR lpszCommand,
　　　　　　　　　　　　LPTSTR lpszReturnString,
　　　　　　　　　　　　UINT cchReturn,
　　　　　　　　　　　　HANDLE hwndCallback);

其中参数"lpszCommand"为 MCI 命令串。

参数"lpszReturnString"为函数返回信息缓冲区地址,如果没有返回信息该参数值将为 NULL。

参数"cchReturn"为函数返回信息缓冲区的大小,以字节来衡量。

参数"hwndCallback"为回调窗口的句柄。

2) 命令——消息函数形式

MCIERROR mciSendCommand(MCIDEVICEID IDDevice,
　　　　　　　　　　　　　UINT uMsg,
　　　　　　　　　　　　　DWORD fdwCommand,
　　　　　　　　　　　　　DWORD dwParam);

其中参数"IDDevice"为接受命令消息的 MCI 设备标志。该参数对 MCI_OPEN 命令消息无效。

参数"uMsg"为命令消息标志。

参数"fdwCommand"为命令消息标志。

参数"dwParam"为包含命令消息所需参数的数据结构的地址。

MCI 的编程流程如下:

(1) 启动 MCI 装置

当应用程序启动(MCI_OPEN)某种设备时,对于简单设备共有三种启动方式:

a. 使用设备名称。例如 CD 即为字符串"CDAUDIO"。

b. 直接使用真正的驱动程序,例如 CD 为 "mcicda"。

c. 使用特别的设备类型常数。这些设备的名称及常数定义如表 7.2 所示。

表 7.2  多媒体设备名称及常量定义表

| 设备名称 | 常数定义 |
| --- | --- |
| Cdaudio | MCI_DEVTYPE_CD_AUDIO |
| Dat | MCI_DEVTYPE_DAT |
| Digitalvideo | MCI_DEVTYPE_DIGITAL_VIDEO |
| Other | MCI_DEVTYPE_OTHER |
| overlay | MCI_DEVTYPE_OVERLAY |
| scanner | MCI_DEVTYPE_SCANNER |
| sequencer | MCI_DEVTYPE_SEQUENCER |
| vcr | MCI_DEVTYPE_VCR |
| videodisc | MCI_DEVTYPE_VIDEODISC |
| waveaudio | MCI_DEVTYPE_WAVEFORM_AUDIO |

(2) 操作 MCI 装置

播放(MCI_PLAY)时可以设定欲播放的范围,在这儿我们只限定起点,每次都从某一首歌开始播放。由于我们所使用的是 MCI_FORMAT_TMSF 格式,故利用 MCI_MAKE_TMSF 构造出其所需要的格式。再者这里使用标志 MCI_NOTIFY,当 CK 播放结束或出现其他情况时就会发出 MM_MCINOTIFY 信息通知他人。其程序为:

MCI_PLAY_PARMS cmiplay;
mciplay.dwCallback=(DWORD)hwnd;
mciplay.dw.From=MCI_MAKE_TMSF(nTrackNO,0,0,0);
mciSendCommand(wDeviceID, MCI_PLAY, MCI_PLAY,
MCI_FROM|MCI_NOTIFY,(DWORD) (LPVOID)&mciplay);

该程序中设定起始时间即为第几首歌曲的开头,并在结构中设定主窗口作为接收消息的主体。选择暂停时,程序会先检查目前的状态,只有在处于播放模式时才会暂停。最后则为停止的命令。

MCI_STATUS_PARMS mciStatus;
MciStatus.dwItem= MCI_STATUS_MODE;
MciSendCommand(wDeviceID,MCI_STATUS,MCI_STATUS_ITEM|MCI_WAIT,
(DWORD)(LPVOID)&mciStatus);
If(mciStatus.dwReturn==MCI_MODE_PLAY)
{
mciSendCommand(wDeviceID,MCI_PAUSE,NULL,NULL);
}
mciSendCommand(wDeviceID,MCI_STOP,NULL,NULL);

(3) 关闭 MCI 装置

在应用程序结束时,应使用关闭 MCI 设备的命令关闭(MCI_CLOSE)开启的设备。
MciSendCommand(wDeviceID,MCI_CLOSE,NULL,NULL);

## 7.4.2 基于多媒体组件的多媒体应用编程

目前,很多高级程序设计语言都提供了简单易用的多媒体编程方法,例如 VB 和 Delphi 通过引入多媒体可视组件的形式来简化程序员的程序设计工作。下面以 Delphi 为例介绍其使用方法。

在 Delphi 中,可以使用 Tmediaplayer 组件来管理媒体控制接口(MCI)设备。这些设备有:声卡、MIDI 发生器、CD-ROM 驱动器、音频播放器、视盘播放器和视频磁带录放器。当然也可直接使用 Win32 的函数来实现多媒体功能,实际上 Tmediaplayer 组件就封装了标准的 Win32 多媒体函数。

在 Delphi 中,Tmediaplayer 组件具有一组执行 MCI 命令的下压式按钮。这些命令与通常的 CD 机或录像机上的命令(功能)很相似。如图 7.50 所示。

**图 7.50　Tmediaplayer 组件按钮**

下面以用 Tmediaplayer 组件来实现了一个 CD 播放器为例介绍其使用方法,该 CD 播放器的界面效果如图 7.51 所示。

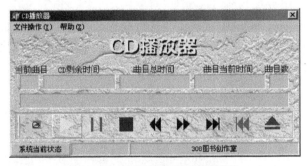

**图 7.51　"CD 播放器"界面效果**

### 1) 工程的建立

在本实例中,可以按下面的方法来建立自己的工程文件:

选择"File"(文件)菜单中的"New Application"(新建应用程序)菜单项,此时系统将新建一个工程。在建立好新的工程后,接下来可以根据 CD 播放器的需要来设置新产生的窗口的属性,包括背景图像等,如图 7.52 所示。

**图 7.52　窗口背景图案的设置**

2) 为窗口添加菜单、工具条和状态条

（1）在窗口中，创建一个 Tmainmenu 对象，并在"Object Inspector"窗口中对其属性进行设置，建立相应的菜单项，如图7.53所示。

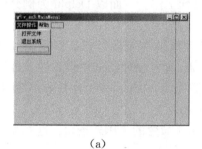 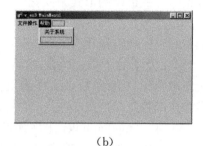

(a) （b）

图 7.53 菜单的制作

（2）在窗口中，创建一个 Timagelist 对象，并在"Object Inspector"窗口中对其属性进行设置，以便集成相应的图标资源。

（3）选取 TcoolBar 组件加入到窗口中，创建一个 TcoolBar 对象，调整其大小与位置，并在"Object Inspector"窗口中对其属性进行设置。

（4）选取 TtoolBar 组件加入到 TcoolBar 对象中，创建一个 TtoolBar 对象，调整其位置与大小，并在"Object Inspector"窗口中对其属性进行设置，设置后的窗口如图7.54所示。

（5）选取 TstatusBar 组件加入到窗口中，创建一个 TstatusBar 对象，调整其高度，并在"Object Inspector"窗口中对其属性进行设置。

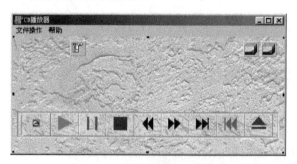

图 7.54 添加工具条后的窗口

3）阴影标题的制作

在 Delphi 中，阴影文字效果可以通过两个不同颜色的 Tlabel 对象错位叠加来实现，具体实现步骤如下：

（1）选取 Tlabel 组件加入到窗口中，创建一个 Tlabel 对象，调整其位置与大小，并在"Object Inspector"窗口中对其属性进行设置。

（2）选中"Label1"对象，利用剪贴板操作复制一副本到窗口中，并在"Object Inspector"窗口中对其属性进行设置。这样，在窗口中便产生阴影标题文字效果，如图7.55所示。

说明：

如果"Label2"和"Label1"之间直接用鼠标不容易调节相互的位置，可以直接在"Object Inspector"窗口中设置；另外如果"Label2"位于"Label1"的下面，可以在选中"Label1"后，点击鼠标右键,在系统弹出的上下文菜单中选择"Send to Back"菜单项将"Label1"设置到"Label2"的后面,以便产生文字的阴影效果。从以上的操作中也可以发现,文字的阴影效果是通过不同颜色的文字错位叠加后产生的。值得注意的是被叠加的文字控件必须是透明的。

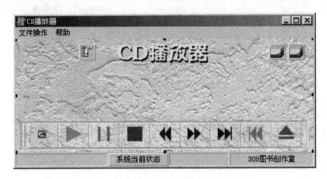

图 7.55　加入带阴影标题后的窗口

4）添加媒体播放器组件对象

选取 Tmediaplayer 组件加入到窗口中,创建一个 Tmediaplayer 对象,并在"Object Inspector"窗口中对其下列属性进行设置。

AutoOpen=False
AutoRewind=True
VisibleButtons=[ ]
DeviceType=dtCDAudio
FileName=' '
Visible=False
Name='MediaPlayer1'//命名

说明:

（1）Tmediaplayer 组件对象的属性"AutoRewind"设置为"True",表示媒体播放器对象在播放过程中将自动倒带。

（2）媒体播放器对象可以支持多种媒体类型,包括 CD 类型和 VCD 类型等。在本实例中将其所对应的媒体类型设置为"dtCDAudio"（即 CD 类型）,也就是将属性"DeviceType"设置为"dtCDAudio"。

（3）在 Delphi 的媒体播放器组件对象中包含九个预定义的按钮,用于实现相应的播放命令。由于在本实例中将采用工具条按钮来实现播放,因此将属性"VisibleButtons"设置为"空",表示不用其预定义的按钮。

（4）将属性"Visible"设置为"False",表示该控件在应用程序运行时不可见。

5）向窗口中添加其他组件对象

根据需要分别选取若干 Tlabel 组件和 Tpanel 组件加入到窗口中,并在"Object Inspector"窗口中对它们的相关属性进行设置,同时加入打开文件组件、时钟组件以及图像列表组件等,如图 7.56 所示。

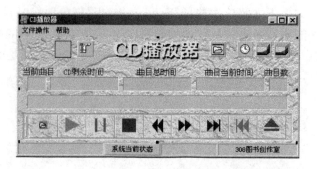

图 7.56　添加完所需组件对象后的 CD 播放器窗口

6）代码的编写

将系统切换到代码编写窗口，然后在相应的区域加入如下代码：

私有区加入如下语句：

current_track:integer;　//存放当前曲目的变量

//得到指定状态的中文名称

function get_mediaplayer_currentstatus( mode:TMPModes ):string ;

实现区加入如下公用函数：

//该函数用于得到指定状态的中文名称

function Tw_ex3.get_mediaplayer_currentstatus( mode:TMPModes ):string ;
var
　　ss:string ;
begin
　　//分析状态
　　case mode of
　　　　mpNotReady：ss :='没准备好';
　　　　mpStopped：ss :='停止';
　　　　mpPlaying：ss :='播放';
　　　　mpRecording：ss :='录音';
　　　　mpSeeking：ss :='寻找';
　　　　mpPaused：ss :='暂停';
　　　　mpOpen：ss :='打开';
　　end;
　　//设置返回值
　　result := ss;
end;

procedure Tw_ex3.ToolButton9Click(Sender:TObject);
begin
　　OpenDialog1.Filename :='*.*';
　　if OpenDialog1.Execute then begin

```
        MediaPlayer1.Filename := OpenDialog1.Filename;

    try
        MediaPlayer1.open ;
        // 设置时间格式
        MediaPlayer1.TimeFormat := tfTMSF;
        current_track := 1 ;
        Mediaplayer1.StartPos :=
                Mediaplayer1.trackposition[current_track] ;
    except
        showmessage('打开 CD 错误！') ;
    end;
  end;

    statusbar1.Panels[1].Text :=
            get_mediaplayer_currentstatus(MediaPlayer1.Mode) ;
end;

// 播放 CD 曲目的操作
procedure Tw_ex3.ToolButton1Click(Sender: TObject);
begin
    if toolbutton1.Down then
        if (MediaPlayer1.Mode in [mpOpen,mpPaused,mpStopped]) then begin
            Mediaplayer1.StartPos :=
                    Mediaplayer1.trackposition[current_track] ;
            MediaPlayer1.Play ;
        end;

    // 在状态条的第三单元格中显示当前的播放状态
    statusbar1.Panels[2].Text :=
        get_mediaplayer_currentstatus(MediaPlayer1.Mode) ;
end;
// 暂停 CD 的播放
procedure Tw_ex3.ToolButton2Click(Sender: TObject);
begin
    if Toolbutton2.Down then
        if MediaPlayer1.Mode = mpPlaying then
            MediaPlayer1.Pause ;
```

```
        statusbar1.Panels[1].Text :=
                get_mediaplayer_currentstatus(MediaPlayer1.Mode);
end;
```

// 停止 CD 的播放
```
procedure Tw_ex3.ToolButton3Click(Sender: TObject);
begin
        if toolbutton3.Down then
            if MediaPlayer1.Mode in [mpPlaying, mpPaused] then
                MediaPlayer1.stop;

        statusbar1.Panels[1].Text :=
                get_mediaplayer_currentstatus(MediaPlayer1.Mode);
end;
```

// 跳到开头曲目
```
procedure Tw_ex3.ToolButton4Click(Sender: TObject);
begin
        if MediaPlayer1.Mode = mpPlaying then
            MediaPlayer1.stop;

        if (MediaPlayer1.Mode in [mpOpen,mpPaused,mpStopped]) then begin
            current_track := 1;

            MediaPlayer1.StartPos := MediaPlayer1.TrackPosition[current_track];

            toolbutton1.Down := false;
            toolbutton2.Down := false;
            toolbutton3.Down := false;
        end;

        statusbar1.Panels[1].Text :=
                get_mediaplayer_currentstatus(MediaPlayer1.Mode);
end;
```

// 前一首曲目
```
procedure Tw_ex3.ToolButton5Click(Sender: TObject);
begin
        if MediaPlayer1.Mode = mpPlaying then
```

```
        MediaPlayer1.stop;

    if (MediaPlayer1.Mode in [mpOpen,mpPaused,mpStopped]) then begin
        dec(current_track);
        if current_track<=0 then
            current_track := 1;

        MediaPlayer1.StartPos := MediaPlayer1.TrackPosition[current_track];

        toolbutton1.Down := false;
        toolbutton2.Down := false;
        toolbutton3.Down := false;
    end;

    statusbar1.Panels[1].Text :=
            get_mediaplayer_currentstatus(MediaPlayer1.Mode);
end;

//下一首曲目
procedure Tw_ex3.ToolButton6Click(Sender: TObject);
begin
    if MediaPlayer1.Mode = mpPlaying then
        MediaPlayer1.stop;

    if (MediaPlayer1.Mode in [mpOpen,mpPaused,mpStopped]) then begin
        inc(current_track);
        if current_track>Mediaplayer1.tracks then
            current_track := Mediaplayer1.tracks;

        MediaPlayer1.StartPos := MediaPlayer1.TrackPosition[current_track];
        toolbutton1.Down := false;
        toolbutton2.Down := false;
        toolbutton3.Down := false;
    end;

    statusbar1.Panels[1].Text :=
            get_mediaplayer_currentstatus(MediaPlayer1.Mode);
end;
```

//最后一首曲目
```pascal
procedure Tw_ex3.ToolButton7Click(Sender: TObject);
begin
    if MediaPlayer1.Mode = mpPlaying then
       MediaPlayer1.stop;

    if (MediaPlayer1.Mode in [mpOpen,mpPaused,mpStopped]) then begin
       current_track := mediaplayer1.tracks ;

       MediaPlayer1.StartPos := MediaPlayer1.TrackPosition[current_track];

        toolbutton1.Down := false;
        toolbutton2.Down := false;
        toolbutton3.Down := false;
     end;

     statusbar1.Panels[1].Text :=
              get_mediaplayer_currentstatus(MediaPlayer1.Mode) ;
end;
```

//弹出CD
```pascal
procedure Tw_ex3.ToolButton8Click(Sender: TObject);
begin
    if (MediaPlayer1.Mode in [mpPlaying, mpStopped, mpOpen, mpPaused]) then
    begin
       MediaPlayer1.stop;

        toolbutton1.Down := false;
        toolbutton2.Down := false;
        toolbutton3.Down := false;

        MediaPlayer1.Eject;
     end;

     statusbar1.Panels[1].Text :=
              get_mediaplayer_currentstatus(MediaPlayer1.Mode);
end;

procedure Tw_ex3.FormClose(Sender: TObject; var Action: TCloseAction);
```

```
begin
    //停止CD播放
    if mediaplayer1.Mode = mpPlaying then
    mediaplayer1.Stop;

    //关闭Mediaplayer1
    Mediaplayer1.Close;
    //关闭窗口
    Close;
end;
procedure Tw_ex3.N3Click(Sender:TObject);
begin
    close;
end;
procedure Tw_ex3.N5Click(Sender:TObject);
begin
    //以模态方式显示窗口
        aboutbox.showmodal;
    end;
procedure Tw_ex3.Timer1Timer(Sender:TObject);
var
    t1,t2,TheLength:LongInt;
    x1,x2,dx:integer;
begin
    if (MediaPlayer1.Mode in [mpPlaying,mpOpen,mpPaused,mpStopped]) then
    begin

        //设置总曲目数
        panel_tracks.caption:=inttostr(mediaplayer1.Tracks);

        //设置当前曲目
        panel_trackno.caption:=inttostr(current_track);

        //设置当前曲目总时间
        TheLength:=MediaPlayer1.tracklength[current_track];
        with TMSFRec(TheLength) do
            panel_totaltime.caption:=IntToStr(minutes)+':'+
                        IntToStr(seconds);
```

```
//设置当前剩余时间
t1 := MediaPlayer1.Length ;
with TMSFRec(t1) do
    x1 := minutes * 60+seconds;

t2 := MediaPlayer1.position;
with TMSFRec(t2) do
    x2 := minutes * 60+seconds;

dx := x1-x2;
panel_resttime.caption := inttostr(dx div 60)+':'+inttostr(dx mod 60) ;
{TheLength := MediaPlayer1.Length - MediaPlayer1.position;
with TMSFRec(TheLength) do
   panel_resttime.caption := IntToStr(minutes)+':'+
                                IntToStr(seconds);
}
//设置当前曲目的当前播放时间
t1 := MediaPlayer1.position ;
with TMSFRec(t1) do
    x1 := minutes * 60+seconds;

    t2 := MediaPlayer1.trackposition[current_track];
    with TMSFRec(t2) do
        x2 := minutes * 60+seconds;

dx := x1-x2 ;
panel_currenttime.caption := inttostr(dx div 60)+':'+inttostr(dx mod 60) ;
{TheLength := MediaPlayer1.position -
            MediaPlayer1.trackposition[current_track] ;
with TMSFRec(TheLength) do
    panel_currenttime.caption := IntToStr(minutes)+':'+
                                IntToStr(seconds);
}
end;

if (MediaPlayer1.Mode in [mpPlaying]) then begin
    //设置当前曲目
    TheLength := MediaPlayer1.position;
    with TMSFRec(TheLength) do begin
```

```
    panel_trackno.caption := inttostr(tracks);
    current_track := tracks;
end;

//设置当前剩余时间
t1 := MediaPlayer1.Length;
with TMSFRec(t1) do
x1 := minutes * 60 + seconds;

t2 := MediaPlayer1.position;
with TMSFRec(t2) do
    x2 := minutes * 60 + seconds;

dx := x1 - x2;
panel_resttime.caption := inttostr(dx div 60) + ':' + inttostr(dx mod 60);
{TheLength := MediaPlayer1.Length - MediaPlayer1.position;
with TMSFRec(TheLength) do
panel_resttime.caption := IntToStr(minutes) + ':' +
                                    IntToStr(seconds);
}
//设置当前曲目的当前播放时间
t1 := MediaPlayer1.position;
with TMSFRec(t1) do
    x1 := minutes * 60 + seconds;

t2 := MediaPlayer1.trackposition[current_track];
with TMSFRec(t2) do
    x2 := minutes * 60 + seconds;

dx := x1 - x2;
panel_currenttime.caption := inttostr(dx div 60) + ':' + inttostr(dx mod 60);
{TheLength := MediaPlayer1.position -
            MediaPlayer1.trackposition[current_track];
with TMSFRec(TheLength) do
    panel_currenttime.caption := IntToStr(minutes) + ':' +
                                    IntToStr(seconds);
}

{MediaPlayer1.TimeFormat := tfFrames;
```

```
        progressbar1.Max := MediaPlayer1.tracklength[current_track];
        progressbar1.Min := 0;
        TheLength := MediaPlayer1.position-
              MediaPlayer1.trackposition[current_track];
        if (TheLength<progressbar1.Max) and (TheLength>progressbar1.Min) then
        progressbar1.Position := TheLength
        else
           progressbar1.Position := 0;
        }
    end;
end;
```

到这里，整个 CD 播放器已制作完成，接下来便可以对其进行调试运行。本实例结合 CD 播放器的制作介绍了如何进行多媒体应用程序的开发，特别是 Tmediaplayer 组件的使用方法与技巧。在利用 Delphi 进行多媒体应用程序的开发中，Tmediaplayer 组件是最常用的开发组件。当然，在 Delphi 中除了使用 Tmediaplayer 组件进行多媒体应用程序制作外，还可以使用其他方法，例如可以利用 Tanimate 组件对象来播放无声的 AVI 动画。如果读者有兴趣可以对其作进一步地了解。

# 8 多媒体通信技术

## 8.1 概述

多媒体网络技术(Multimedia Networking Technoligy)是目前网络应用开发最热门的技术之一。多媒体在网络上已经开发了很多应用,归纳起来大致可分成两类:一类是以文本为主的数据通信,包括文件传输、电子邮件、远程登录、网络新闻和 Web 等;另一类是以声音和电视图像为主的通信。通常把任何一种声音通信和图像通信的网络应用称为多媒体网络应用(Multimedia Networking Application)。网络上的多媒体通信应用和数据通信应用有比较大的差别,多媒体应用要求在客户端播放声音和图像时要流畅,声音和图像要同步,因此对网络的时延和带宽要求很高。而数据通信应用则把可靠性放在第一位,对网络的时延和带宽的要求不那么苛刻。

### 8.1.1 多媒体网络应用

下面是在网络上已存在并且是很重要的几类应用:

(1) 现场声音和电视广播或者预录制内容的广播:这种应用类似于普通的无线电广播和电视广播,不同的是在因特网上广播,用户可以接收世界上任何一个角落里发出的声音和电视广播。这种广播可使用单目标广播传输,也可使用更有效的多目标广播(Multicast)传输。

(2) 声音点播(Audio on Demand):在这一类应用中,客户请求传送经过压缩并存放在服务机上的声音文件,这些文件可以包含任何类型的声音内容。例如,教授的讲课、摇滚乐、交响乐、著名的无线电广播档案文件和历史档案记录。客户在任何时间和任何地方都可以从声音点播服务器中读取声音文件。使用因特网点播软件时,在用户启动播放器几秒钟之后就开始播放,一边播放一边从服务机上接收文件,而不是在整个文件下载之后开始播放。边接收文件边播放的特性叫做流放(Streaming)。许多这样的产品也为用户提供交互功能。例如,暂停/重新开始播放、跳转等功能。

(3) 影视点播(VOD)也称交互电视(Interactive Television):这种应用与声音点播应用完全类似。存放在服务机上的压缩的影视文件可以是教授的讲课、整部电影、预先录制的电视片、(文献)纪录片、历史事件档案片、卡通片和音乐电视片等等。存储和播放影视文件要比存储和播放声音文件需要大得多的存储空间和传输带宽。

(4) 因特网电话(Internet Telephony):这种应用是人们在因特网上进行通话,就像人们在传统的线路交换电话网络上相互通信一样,可以近距离通信,也可以长途通信,而费用却非常低。

(5) 分组实时电视会议(Group Real-Time Video Conferencing):这类多媒体应用产品与

因特网电话类似,但可允许多人参加。在会议期间,你可为你所想看到的人打开一个窗口。

### 8.1.2 应用分类

如果按照用户使用时的交互频繁程度来划分,多媒体网络应用可分成以下三类:

(1) 现场交互应用(Live Interactive Applications):因特网电话和实时电视会议是频繁交互应用的例子。在这种应用场合下,与会者在任何时候都可能说话或者移动。从与会者说话或者移动的动作到达接收端的时延应该小于几百毫秒才能为用户接受。人的听觉系统对小于 150 毫秒的声音感觉不到有时延,在 150～400 毫秒之间的时延可以接受,时延超过 400 毫秒的会话就令人甚感别扭。

(2) 交互应用(Interactive Applications):声音点播、影视点播是交互应用的例子。在这种应用场合下,用户仅仅是要求服务器开始传输文件、暂停、从头开始播放或者是跳转而已。从用户发出请求播放到在客户机上开始播放之间的时延大约在 1～5 秒钟就可以接受。对信息包时延和抖动的要求不像因特网电话和实时会议那样高。

(3) 非实时交互应用(Non-Interactive Applications):现场声音广播和电视广播或者预录内容的广播是非实时交互应用的例子。在这些应用场合下,发送端连续发出声音和电视数据,而用户只是简单地调用播放器播放,如同普通的无线电广播或者电视广播。从源端发出声音或者电视信号到接收端播放之间的时延在 10 秒或者更多一些都可以接受。对信号的抖动要求也可以比交互应用的要求低。

### 8.1.3 应用开发面临的问题

因特网为所有应用提供以下两种类型的服务:

(1) 可靠的面向连接服务(Reliable Connection-Oriented Service):使用 TCP(Transfer Control Protocol)协议提供的服务属于可靠服务,可靠的 TCP 服务保证把信息包传送到对方,对信息包的时延要求并不高。

(2) 不可靠的无连接服务(Unreliable Connectionless Service):使用 UDP(User Datagram Protocol)协议提供的服务属于不可靠服务,不可靠的 UDP 服务不作任何担保,既不保证传送过程中不丢信息包,也不保证时延满足应用要求。此外,因特网现在提供的服务对所有信息包的传送都是平等的,像对时延要求很高的声音信息包和电视信息包在路由器的队列中都没有任何的优先权,在因特网上任何人都要排队等待。

由于对信息包的时延和时延的大小缺乏任何保证,因此开发任何一种成功的多媒体网络应用都是非常困难的。时至今日,因特网上的多媒体应用取得了重大的成就,但还只是有限度的成功。交互式声音点播时,在因特网上已是老生常谈的事情,但它是工作在因特网上,在穿越海洋的拥挤的链路上传输时,声音的时延和丢失往往就令人难于接受。即使在某一个区域里,由于在高峰期出现的拥挤,也会使声音的质量大大下降。

直至现在,成功的因特网电话和实时电视会议产品比成功的声音点播和影视点播产品少,因为它们对信息包的时延和抖动要求非常苛刻。实时声音和电视产品可在带宽足够宽的因特网上工作得很好,信息包的时延和抖动都非常小,但当一遇到拥挤链路时,声音和图像的质量就恶化到不能接受的地步。

归纳起来,目前多媒体网络应用要集中解决的问题是:

(1) 提高网络带宽。
(2) 减少时延(Delay)。
(3) 减少抖动(Jitter)。

### 8.1.4 改善服务质量

目前我们不得不忍受因特网的这种可靠性服务：无论你的信息包多重要，也无论你的信息包多有价值，它们都必须要参加排队和等待才能得到服务。在这种条件的限制下，人们已经做出了种种努力来改进设计，以提高多媒体网络应用的质量。例如，使用 UDP 协议而不使用 TCP；在接收端增加延迟播放时间（例如 100 毫秒或者更多）来减少网络引入的延迟抖动，这可在发送端给信息包打上时间标记，接收端就可以知道信息包什么时候应该播放；我们还可给信息包添加错误校正码，以减少传输过程中信息包丢失的所造成的质量下降。

### 8.1.5 多媒体网络应用的发展

现在有许许多多的有关因特网应该如何发展的争论，而且有时争论得很激烈，争论的焦点是如何更好地安排对时间要求非常苛刻的多媒体的传输。

一些研究人员主张对最佳服务和底层的因特网协议不作任何改变，用扩大链路带宽的办法来解决；反对这种观点的研究人员认为，加大带宽费用太大，扩大的带宽也会很快被对带宽贪得无厌的多媒体应用吃掉，例如，高清晰度影视点播就是一个例子。

另一些研究人员主张应该对因特网做基本变更，为各种应用保留端-端的带宽。例如，他们觉得如果用户想从主机 A 给主机 B 打因特网电话，就应该给由 A 到 B 路途中的每个链路明确保留带宽。采用这种方法解决多媒体的传输问题需要做一些比较大的变更：

(1) 需要开发保留带宽协议。
(2) 需要修改路由器队列中行程安排的策略，以便实现带宽的保留。采用这种方案之后，信息包在传送过程中不再平等对待，而是付钱越多的信息包，带宽保留得越多。
(3) 需要给网络一个传输说明，这样网络就必须要维持每种应用的传输。
(4) 网络必须要有一种手段以确定是否有足够的带宽来支持新的带宽保留请求。

把上述这些变更组合在一起时，就需要有新的、复杂的软件来支持。在这两个观点之间，某些研究人员不主张对因特网作比较多的更改，而是在用户和 ISP 之间的接口上添加简单的定价和监视措施，根据用户上网使用的速率和时间来收费。例如，用户使用 28.8 Kb/s 速率和使用 10 Kb/s 速率上网价格是不一样的。这种定价方案对距离是不敏感的。这些研究人员认为，通过简单地增加价格，当网络出现明显拥挤时多媒体网络应用的服务质量有可能得到保证。

## 8.2 多媒体通信基础

### 8.2.1 多媒体通信的特点和对网络的要求

大多数计算机网络都不能连续传输任意数量的数据。实际上，网络系统把数据分成小块单独发送，这种小块称作数据包(Packet)，简称包。为了保证公平访问，网络一般不允许一个应用程序任意长时间地占用共享通信资源。一台计算机只能占用共享通信资源的一小段,这段时间仅够发送一个包的,然后必须等到其他计算机轮流过后才能发送第 2 个包。在网络通信过程中,由于各种原因,不但会出现延迟,还可能会发生拥塞,并由此产生很大的延迟波动,以及出现差错、丢包等现象。

多媒体通信的特点是数据量大、应用形式多、实时性强、严格要求同步且保证服务质量。

网络多媒体应用可分为一对一系统、一对多系统、多对一系统、多对多系统四种基本的结构方式。

(1) 一对一系统的网络多媒体系统就是指两个终端之间的单独通信,比如视频电话系统、视频点播系统等。这类系统需要解决的主要问题是多媒体的传输和质量控制。一对一系统的实现集中体现了多媒体传输的特点,是其他多媒体系统的基础。

(2) 一对多系统是由一个发送端和多个接收端构成的系统。一对多系统包含了现在一般意义上的网络广播系统。一对多系统的实现集中体现了多播的特点,具有多媒体信息的发送、推送服务、多方接收的网页和应用程序等信息更新和监控的功能。

(3) 多对一系统中,多个发送端通过单播或者多播向单个接收端发送消息。当有许多个发送端同时向一个接收端发送信息时,这些信息在接收端网络接口可能形成比较大的数据量。如果数据量超过了接收端的能力,就会造成"风暴"。多对一的情况主要用于对信息的搜集,例如资料的查询、投票等应用。

(4) 多对多系统是一个组的成员之间可以相互发送信息。多对多的情况是多播应用中最为重要,也是最为复杂的一种,例如多媒体会议系统、远程教育、网络游戏、分布式交互仿真、多机协同工作等应用。

另外,在网络中多媒体数据的传输模式,可能是下载模式(Download Mode),也可能是流模式(Streaming Mode)。在下载模式中,用户下载整个多媒体文件(例如影像),然后再播放它。在流模式中,多媒体内容不是完全下载后才开始播放,而是在媒体内容被下载一部分并解码后就开始播放。

多媒体通信的这些特点对网络提出了很高的要求。

1) 高速、宽带

多媒体数字化后的数据量非常大,即使是经过压缩,数据量仍然很大。例如,MPEG-1 的标准带宽是 1.5 Kb/s,MPEG-2 为 6~200 Kb/s。多媒体数据的传输最重要的是要求网络提供足够的带宽。

2) 传输低时延和低抖动

多媒体通信中对网络的时延有苛刻的要求,如对通信要求时延低于 250 毫秒,对交互式视频应用时延不能超过 150 毫秒等。

按对传输时延要求的不同,通信可分为如下几类:

(1) 异步传送

如果发送者和接收者在数据传输前并不需要协调,那么这种通信就是异步的。在异步传送中,无严格时延限制,传输可以在任何给定时刻开始。位同步决定着每个比特的开始,由两个独立时钟提供,一个位于发送端,另一个在接收端。例如,简单 ASCII 码终端以异步传送方式附属于主机。当按下字符"A"时,就在当前速率下产生一个比特序列,通知计算机接口一个字符就要到达。一个称为开始信号的特殊信号在信息比特之前被使用,此开始信号未必是一个比特。同样,另一个特殊信号——停止信号,跟在最后的信息比特后面被使用。

(2) 同步传输

同步是指两个或更多重复信号之间的关系,它们在有效时刻同时出现。在同步传输中,传输时延有上限。传输从精确定义的时间开始,运行同步机制的时钟信号和接收端的时钟信号相匹配。当考虑到数字化的语音信号经过非同步网络的传输将会出现的情况时,就能明白定时传输的重要性。给定信号的传输就会经受增加的时延。这样,当已经有很多的流量进入网络传输时,再增加进入网络的流量,传输会明显地变慢;当流量减少时,则会加快。如果来自数字电话的声音被延迟,接听者将会听到干扰或噪声。一旦接收者开始播放迟到的信息,就不可能加快播放以赶上流的其余部分。

(3) 等时传输

等时是指一个周期信号适于这样的传输:首先,分开两个相应渐变的时间,间隔等于单元间隔或是它的倍数;其次,这种数据传输中两个或更多序列信号的相应有效时刻具有恒定的相位关系。在等时传输模式中,传输时延要求是常数。单个字符被整数个比特间隔分割,而异步模式中字符可以被任意长度的间隔分割。例如,当端到端网络连接中连接比特率和延时抖动值都得到保证,而后者的值很小时,此连接被称为是等时的。等时的概念用于描述满足传输连续媒体条件的网络性能状况,连续媒体可以是实时的音频或运动图像。那么,实时传输音频或视频应满足什么呢?当信源以某个速率发送比特,网络应该能够持续地满足这个速率。不同媒体对网络传输特性的要求如表 8.1 所示。

表 8.1 不同媒体对网络传输特性的要求

| 媒体类型 | 最大延迟<br>(ms) | 最大延时波动<br>(ms) | 速率<br>(Mb/s) | 可接受位错率 | 包错率 |
|---|---|---|---|---|---|
| 语言 | 250 | 10 | 0.064 | $<10^{-1}$ | $<10^{-1}$ |
| 静态图像 | 1 000 | — | 2~10 | $<10^{-4}$ | $<10^{-9}$ |
| 动态图像 | 250 | 10 | 100 | $<10^{-2}$ | $<10^{-3}$ |
| 压缩视频 | 250 | 1 | 2~10 | $<10^{-2}$ | $<10^{-3}$ |
| 数 值 | 1 000 | — | 2~10 | — | — |
| 实时数值 | 1~1 000 | — | <10 | — | — |

3) 提供 QoS 保证

多媒体通信要求网络在各层都提供服务质量(Quality of Service,QoS)保证、高层用户层对用户的满意程度和网络层以及以下链路层和物理层各设备的 QoS 支持。

4) 支持多种媒体通信的综合特性

多媒体通信要求传送多种媒体信息,包括数据、文本、图形、静止图像、声音、运动图像等。各个媒体对网络有不同的要求,包括从稳定的比特率到变速源;从恒定流到突发信息源;从非实时常规地传送数据和文本到传送实时的声音和运动图像;从单纯的广播传送数据到交互式系统传送多媒体数据;多媒体的多方参与通信等。总之要求网络具有支持交互性、实时性、突发性的特点,要求网络提供综合业务的功能。

5) 要求网络有良好的同步性

同步性是多媒体通信中的一个重要特性,也就是说,多媒体在网上传输时必须解决同步问题,多媒体通信系统就是把计算机处理信息多维化,将多种表示媒体进行处理、存储和传输,使其在交互过程中有更广阔和更自由的空间,来满足人们感觉空间全方位的多媒体信息的需要。同步性是指在多媒体通信过程中,从终端到传输过程和终端播放过程对表现的声、文、图像多种媒体信息都能平滑协调同步,以提供一种图文并茂和视听一体交互集成的综合信息。最后,各媒体相互融合成为一个统一整体,也就是多媒体信息。

6) 良好的拥塞控制和网络管理功能

由于多媒体通信业务有突发性,当某个结点和传输通道瞬间业务量过载而发生网络拥塞时,网络应能自动进行选路控制,均衡业务量,从而保证多媒体信息能可靠安全地传送。

### 8.2.2 当前网络对多媒体通信的支持

目前的通信网络可大体上分为以下三类:

(1) 电信网络:如公共电话网(PSTN)、包交换公用数据网(PSPDN)、数字数据网(DDN)、窄带和宽带综合业务数字网(N-ISDN 和 B-ISDN)等。

(2) 计算机网络:如局域网(LAN)、城域网(MAN)、广域网(WAN),具体的如光纤分布式数据接口(FDDI)、分布队列双总线(DQDB)等。

(3) 电视传播网络:如有线电视网(CATV)、混合光纤同轴网(HFC)、卫星电视网等。

通信网络一般由干线传输网、交换网和接入网三部分组成(如图 8.1)。干线传输网用来解决信息的长距离传输;交换网则支持各种业务条件下的交换,实现网络中的任意两个或多个用户之间以及用户与服务提供者之间的相互连接;接入网提供最终用户接入通信网的手段,完成用户终端与通信网络系统的连接。通信网络的发展趋势是计算机网络、电信网络和电视网三网合一,新一代的网络是以 IP 技术为主,以密集波分复用(DWDM)的全光 Internet 网为基础,提供综合声、文、图像、多媒体通信为一体化的全功能网络,而其中最核心的技术是 IP。

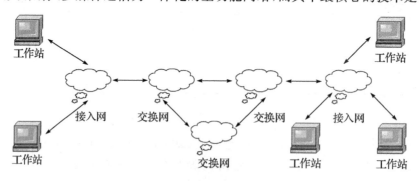

图 8.1 通信网

Internet IP 层服务的特点是"尽力而为(Best Effort)",不能提供可靠交付。由于传统的基于 IP 的网络通信协议基本上没有考虑多媒体网络应用的需求,因此传统的 IP 网络对于多媒体网络应用是不适合的。改进传统网络的方法主要是:增大带宽与改进协议。

增大带宽可以从传输介质和路由器性能两个方面着手。全光网络(All Optical Network,

AON)将以光结点取代现有网络的电结点,并用光纤将光结点互联成网,利用光波完成信号的传输、交换等功能,克服现有网络在传送和交换时的瓶颈,减少信息传输的拥塞,提高网络的吞吐量。随着信息技术的发展,全光网已经引起了人们极大的兴趣,一些发达国家正在对全光网的关键技术、设备、部件、器件和材料开展研究,加速推进产业化和应用的进程。路由器是 IP 网络中的核心设备。路由器硬件体系结构的发展经历了单总线单 CPU、单总线主从 CPU、单总线对称多 CPU、多总线多 CPU 结构五个发展阶段。这种发展集中表现在从基于软件实现路由功能的单总线单 CPU 结构路由器,转向基于硬件专用 ASIC 芯片(Application Specific Integrated Circuit)的具有路由交换功能的高性能交换路由器。

改进协议主要表现在 IP 从现在的第 4 版 IPv4 升级到下一代 IPv6、支持 IP 多播、流传输、综合服务和资源预留协议、区分服务以及多协议标记交换等方面。

## 8.3 多媒体应用的网络需求

这一节我们将讨论两种类型的信息(音频和视频)对网络的要求。我们知道,所有的媒体类型(包括音频和视频)都可以通过以下两种模式来传输:用于同步显示的实时传输和下载模式。下载是一个异步过程,在网络上不管下载的是多媒体信息还是其他数据集,对网络的要求都相同,差别在于数据集的大小。另外,依赖时间的媒体的实时传输对网络提出了一些新的要求。

在给出一系列量化的需求前,先定性地讨论实时音频和视频这两种媒体。

为了便于理解,我们对要讨论的定性问题进行简化。考虑一个给定应用框架中的源,即一个通过网络实时传输音频或视频流的端系统。这个源可能传送实况也可能传送存储下来的音频或视频。人们可能要问:"实况传输与存储传输对网络的要求有差别吗?"回答是很直接的:"就网络而言是没有区别的"。在端系统和网络的交界处这两种流拥有相同的特性。传输是实况的并不意味着网络必须反应更快或者必须在数据流里或数据流之间减少对时间的依赖性。对网络要求真正不同的是在接收端是否有一个人或是否有一个记录系统。

人观看视频与系统记录视频有什么区别呢?实际上服务要求的质量参数(即错误率和传输延时)可能会受到以下几方面的影响:

首先,人通常能容忍较高程度的传输错误。信息如果仅仅是用于表达,则未校正的传输错误可能使应用的可视质量恶化。用户的容忍限度通常取决于他们对类似应用的经验。譬如,当观看一部点播电影(VOD)时,中国的客户会拿它的质量与 PAL 制的电视或有线电视节目来比较。如果数据流要被音频或视频服务器记录下来以用于进一步的发行或处理,则传输错误就要尽可能小。否则在进一步的传输情况下,错误会以递增的方式累加,就像从录像机(Video Cassette Recorder,VCR)拷贝到 VCR 一样。在进行处理时,如果要编辑或包含到另一个文档中去,最好复制记录与原始记录有相同的质量。

其次,记录系统对传输延时并不敏感。理论上,数字信号在发出 10 秒钟后可以到达接收器;而人则通常期望一个较短的延时,即使是在纯消极接收时。对于交互式应用,延时必须缩减,通常要少于 1 秒。

最后需要指出的是,在终端做简单记录的情况下,网络不必考虑视频和音频内部的时间依赖性。另一方面,抖动不是一个重要的参数。事实上,传输可以下载方式发生。

总之，不管音频或视频是实况还是存储下来再传输，它们对网络的要求是相同的。人通常能容忍较高的错误率，但对传输延时却比记录系统有更高要求。

(1) 人对音频和图像的感知

另一个要讨论的重要问题是人感知音频和图像的方式。我们将比较这两种感知，并且将看到比较结果可用于指导优先级的设置。

耳朵的声学行为可以用一个"区分器(Differentiator)"来模拟。我们可以避开精确的数学来解释这个现象。我们知道听觉有相当的辨别能力。但耳朵也可以区分同一信号的微小变化。人们对音频序列中的瞬间中断即使是短到 40 毫秒也能被检测到。假设正在听熟悉的经典音乐，比如小提琴音乐会，那么可以检测到低到 10 毫秒的短空缺或临时频率失真。另外，我们已经熟悉了我们的音频环境并且能立即注意微小变化。假设一个人回到家里，如果有不寻常的噪音或街道上平常的噪音突然没有了，那么他一般会注意到。

与听觉相比，视觉的机制就像一个集成器。人很难识别两幅或三幅混合在一起的画，并且解释它们。假设有一部很熟悉的电影带，并且经常看这部片子。在无声的序列中，几秒钟长的图像空缺或临时频率变化通常不会引起人们的注意。

上面讨论的结果很简单：人对音频的变化比对可视信号的变化要敏感，也就是说，我们对影响音频流传输错误的容忍程度比影响运动视频流错误的容忍程度要低得多。

我们可以进一步推理，并把它扩展到网络载体上。在很多应用中，音频和视频流同时传输。有些网络为每个流分配独立的信道，而有些网络如分组交换网则将两者混在一起。结果是在大多数分组交换网中，两种数据流竞争同一资源，而竞争可能导致数据丢失。

音频数据流必须有比视频数据流高的优先级。但是大多数分组交换网没有或只有很弱的管理数据流之间优先级的方法。在网络传送视频而没有充分可靠性来传送音频数据流的情况下，可以采用混合技术。混合技术的一个例子是视频数据流使用最大位率的分组交换网，而音频数据流通过 ISDN 电路传送。

因为对音频比对视频有较低的错误容忍度，当这两种数据流竞争同一网络资源时，只要网络有这个功能，音频数据流就应当有较高的优先级。所以，音频系统在端系统中应给予较高优先级。例如由个人计算机和工作站支持的分组交换模式中的音频-视频会议(视频会议)。

(2) 压缩对错误率的影响

下面继续对影响音频和视频网络要求的因素进行定性讨论。这里主要考虑压缩的效果。从前面的讨论可知，在平常网络传输时，音频数据流可以被压缩，而视频数据流必须被压缩。如果一个信息块在时间 $t$ 被接收到，它也包含有对在时间间隔 $\{t-\Delta t, t+\Delta t\}$ 内接收到的数据块产生影响的信息。因此，任何影响"第 $t$ 个数据块"的丢失或中断也会影响这个间隔内的所有数据块。

考虑一个支持压缩的音频数据流的分组交换网。数据组可能按任意次序传送，一些数据组可能被延时，另一些可能被丢弃。在非压缩数据流中，这些数据组丢失会产生引起注意的音频空隙，如果数据流被压缩过，数据组因为携带更新信息，一个丢失的数据组可能影响后面大量的数据组。由上面的讨论可知：当使用音频或视频压缩算法时，网络错误率必须更低。

### 8.3.1 音频信息的网络需求

由计算机系统产生的音频质量差别很大，声音可以是从个人计算机上的低级扬声器上产生的,也可以是从三维的具有广播质量的扬声器上产生。

当使用电话时就能体验电话音频质量。在后面将会看到,有很多可以导致显著差别的数字编码方法和压缩电话音频质量的方法。目前,电话质量是指由电话中的传统编码方法提供的。定义如何编码的标准被称为 G.711。这个标准有 3.4 kHz 的带宽。这意味着在这个范围外的频率或者被滤掉或者会被严重衰减。通常说话所产生的音频的合成频谱覆盖了 10 kHz 的带宽。

CD 音频质量就是通常所说的激光唱盘的质量。我们知道,一般激光唱盘是以立体声模式存储和播放音频的,这意味着激光唱盘实际上包含两条信道(即立体声模式)。必须区分 CD 质量音频的单声模式(即一个信道)和立体声模式。CD 质量音频覆盖的频率范围是 20 kHz。注意 CD 演播质量与音频质量不同,演播质量需要的位率通常是 CD 质量的两倍。各种类型音频流所需的位率如表 8.2 所示。

表 8.2 音频流的位率

| 质量 | | 技术或标准 | 位率(Kb/s) |
|---|---|---|---|
| 电话质量 | 标 准 | G.711 的 PCM | 64 |
| | 标 准 | G.721 的 ADPCM | 32 |
| | 增 强 | G.722 的 SB-ADPCM | 48,56,64 |
| | 低 级 | G.728 的 LDCELP | 16 |
| CD 质量 | CD 音 频 | CD-DA 标准 | 1 441 |
| | CD 音 频 | MPEG 音频 FFT | 192 |
| | 增强(声音演播) | MPEG 音频 FFT | 384 |

1) 未压缩音频流需要的位率

(1) 电话质量

未压缩模拟信号每秒钟被采样 8 000 次,而每次采样用 8 位来编码,所以电话音频的位率就是 64 Kb/s。

(2) CD 质量(立体声)

CD 音频标准是基于模拟信号的,采样频率为 44.1 kHz,而每次采样精度为 16 位,所以一个单声信道的位率为 705.6 Kb/s。如果 CD 是立体声的,则传输 CD 质量的立体声的网络需要 1 411.2 Kb/s 的位率,这与租赁线路最普通的速率 T-1(1.544 Kb/s)兼容。

2) 压缩过的音频流需要的位率

(1) 电话质量

20 世纪 80 年代发展了编码和压缩技术,这些技术都允许有比 G.711 更高效的代码。电话质量可以用 32 Kb/s 的位率得到。稍低一点的质量可以按 16 Kb/s 提供,并且更新的算法可以产生低到 4 Kb/s 的位率。

(2) CD 质量(立体声)

CD 质量音频有几种压缩技术,我们考虑为 MPEG 标准采用的 MUSICAM 模式。一个用 MUSICAM 模式压缩过的立体 CD 质量音频需要 192 Kb/s 的位率。注意:在这个流中有两个立体信道被编码。MPEG 的更高层可以在一个单声信道以 64 Kb/s 的位率达到近似 CD 质量。

3) 音频流的传输延时

音频流的实时传输对传输延时的要求高度依赖于多媒体应用。在纯媒体发送类应用中，只要技术允许，延时可以很长(无方向传输)，而在交互式应用中情况就不是这样。

包含音频流的交互可能包括：两人交谈；音频激活控制，例如以音频为输入的远程信息解释；虚拟现实中对音频的反应。

ITU-TS 把 24 毫秒定为传输延时的上限，超过了这个上限就采用回声消除系统。对于在音频输入后期望得到系统响应的应用，实时的感觉取决于用户的体验。来回延时通常应当在 200~1 000 毫秒之间，这就要求单向传输延时低于 100~500 毫秒。在虚拟现实(VR)中，反馈应当在输入后 100 毫秒内发生，这就要求网络的传输延时在 40 毫秒左右。

端对端延时是指信息通过网络传输的所有延时，包括在源系统中等待媒体或网络准备好所花费的时间。延时是支持音频实时网络的一个主要性能参数。实际上，在各种信息类型中，音频对网络延时最敏感。

一般来说，如果包含音频的信息块到达的传输延时变化很大，那么解决这个问题的唯一方法是让接收系统在显示之前等待足够长的时间(称为延时偏差)。这样大多数被延时的信息块都可能及时送到。到达的信息块被存储在称为缓冲器的临时内存中，在一个延时后播放出来，这个过程有时被称为延时平衡或延时补偿。

音频通过网络的实时传输对延时变化很敏感。为了克服延时变化，必须在接收端附加一个延时偏差来进行延时平衡，这个技术可能对音频的源和最后显示的总延时增加一个较强的成分。这个延时平衡技术包含两个要求：首先在接收端引入了一个附加的延时；其次必须有足够的缓冲容量。对于延时网络并没有绝对的边界值。延时限度由两个参数给出：特殊应用所能容忍的最大延时；接收系统的缓冲容量。

我们考虑到这些限制，可以把延时要求量化如下：以典型的个人计算机或工作站作为端系统，网络传输延时对于 CD 质量压缩音频来说不能超过 100 毫秒，对于电话质量音频则不能超过 400 毫秒，对于在传输延时上有严格限制的多媒体应用，如虚拟现实，不能超过 20~30 毫秒。

(1) 延时平衡化

当一个数字音频被一个源通过网络发出时，位流就包含非常精确的时间关系。通常，位流被分为块(称为帧、元素或组，这依赖于采用何种网络技术)。如果那些数据块之间的时间关系没有被考虑(即如果某些数据块比其他数据块传输到达得较早或较迟)，那么产生的音频就会失真，就好像声音是由不能平滑转动的录音机产生的。

解决这个问题的简单方法是：如果一个输入缓冲器(一个半导体存储器)在接收端存在，那么音频数据块可以暂时存放在这个缓冲器中，接收系统等待一段时间(称为延时偏差)，在开始播放之前，音频数据流的一部分暂时被存放。

输入缓冲器必须经过归档处理(Filing Process)，在延时偏差后读缓冲器演示的机制被称为消耗过程，当然开始时消耗过程不必等缓冲填满。实际上，延时偏差通常比完全填满平衡缓冲所需的最小时间短。

理论上讲，延时偏差应该与延时变化的估计上界相符。然而，要求实时音频信道支持的应用,可能有它自己在音频的传输和最后播放出来之间的可接受的总延时限制,交互式应用要求单程总延时在 0.5～1 秒之间,虚拟现实则要求 40 毫秒。

假设应用在延时偏差上的限制已知,实际上延时偏差应当取什么值呢？我们考虑一个交互式应用:假设音频被服务器传输到它的实际播出之间的逝去时间应少于 200 毫秒,且平均传输延时是 120 毫秒,接收系统可能把延时偏差设置为 80 毫秒,这意味着没有音频在比最大允许延时小的延时后播出。80 毫秒是否合适取决于传输延时的统计分布。有两种方法来决定延时偏差的值:

① 静态延时偏差。值是静态设置的,可能基于延时分布的某个估计。在这种情况下趋向于取一个相当高的值,以减小在延时偏差后数据块到达的可能性,这种技术对于那些在时间上性能稳定,特别是那些传输延时并不高度依赖于所提供的负载的网络很有效。相反,对那些分组交换网(如共享 LAN 或 IP 网络)使用静态偏差技术后导致在下载期间采用过长延时。

② 自适应延时偏差。接收系统测量端对端之间的实际延时且采用相应的延时偏差,对那些延时分布在繁忙和空闲时变化很大的分组交换网来说,这种技术比静态设置要好。困难在于延时偏差不同的时期间的转换。这个变化应当尽量使听者不会注意到。

(2) 避免饿死

如果由于过分的延时,使延时平衡缓存器变空了,会发生什么情况呢？将数字表达转换成可听声音的系统(即 D/A 转换器)将不会得到任何数据,这就会产生一个声音跳跃或停顿。当这种情况发生时,就称为出现了缓冲区饿死。这是数字音频播放系统设计的主要难点,必须在缓冲区大小和长延时偏差间找寻平衡点。

刚才讨论的问题并不是网上音频传输所特有的,虽然这里延时平衡问题显得非常重要,当数字音频从磁盘上被播放时,必须解决相同的困难。

本地计算机从本地磁盘上获取样本所需的时间是不固定的。因此,必须采用类似的机制来保证一个中间缓冲器不断地接收音频样本,这些样本经过一个延时偏移后传给本地的 D/A 转换器播出。事实上,对于这样的数字音频服务器,问题更复杂,原因是这些系统通常都要求同时为多个数据流服务。

(3) 媒体间同步

前面已经解释了如下问题:在传输后不仅单个流如音频流中的时间关系必须恢复(我们称之为恢复流,这是媒体内的问题),而且有时也必须恢复不同流或元素的时间关系(我们称之为恢复同步,这是媒体间的问题)。

媒体同步的典型情况就是音频流和视频流之间的同步。一个特别严格的同步是当播放一段语音时,演讲者的图像也被显示出来。这种特殊情况被称为唇同步。为了达到这个效果,音频播放和视频显示的差别必须不超过 100 毫秒。

这些媒体同步限制意味着接收系统花去的用来处理每个音频流和视频流的总时间不是完全独立的。如果总延时的某一成分为一种媒体消耗了很多时间,那么它对另一成分就会有不利的影响。

4) 压缩音频流要求的错误率

在不需要记录以便进行进一步处理而仅仅是展现给用户描述的情况下,电话质量音频流的残留位错误率必须低于 $10^{-2}$;CD 质量音频流的残留位错误率必须低于 $10^{-3}$,在被压缩格式下必须低于 $10^{-4}$。

### 8.3.2 视频信息的网络需求

**1) 视频质量的五个等级**

下面讨论实时视频传输的要求。就像在讨论音频时所用的方式一样,先定义视频质量的几个等级。当讨论它们可能在哪些范围涉及到网络时,我们会指出相应的用途和特征。

为了简单起见,假定有五种类型的质量:

(1) 高清晰度电视(HDTV)。
(2) 演播质量数字电视。
(3) 广播质量电视。
(4) VCR 质量电视。
(5) 低速电视会议质量。

对于音频,这个选择是任意的。质量的五个层次是按质量的好坏排列的。我们必须选择其中的一个。

**2) 实时未压缩视频要求的位率**

下面讨论它们放在网络中时对网络的位率要求(见表 8.3)。这里假设运动视频通过网络实时传输立即显示。

表 8.3 运动视频的位率要求

| 质　　量 | | 技术或标准 | 未压缩<br>(Mb/s) | 压　缩<br>(Mb/s) |
|---|---|---|---|---|
| HDTV<br>920×1 280/60 f/s | 未压缩 | — | 2 000 | — |
| | 压　缩 | MPEG-2 | — | 25~40 |
| 演播质量数字 TV | 未压缩 | ITU-601 | 166 | — |
| | 压　缩 | MPEG-2 | — | 3~6 |
| 广播质量 TV | | MPEG-2 | — | 2~4 |
| VCR | | MPEG-2 | — | 1.2 |
| 视频会议 | | H.261 | — | 0.1 |

我们将考虑两种情况:第一种就是运动视频数字流没有被压缩,然后再为压缩的数据流提供一些典型数据。对于没压缩过的数据流每单位时间需要传输的位数可以从简单的数学推导出来。然而,计算中有一个不易被注意的问题。一方面它必须处理满行或帧,另一方面它又必须处理活动行或帧,演播质量数字电视定义中,所给出的每行样本数(NTSC 制信号是 858, PAL 制或 SECAM 制是 864)是假定行的传输为连续情况下对应于样本的总数目。实际上,这些样本的一部分是假样本,是对应于没样本的间隔,这些间隔被称为空白间隔且对应于扫描系统从左到右返回时的延时,因此一个满行包括一个空白间隔。同理,满帧包括返回顶部的空白间隔。

满行的一部分被称为活动行,这包含真正的样本。ITU-TR 标准不考虑原始模拟信号定义的那些亮度由 720 个样本组成而颜色由 360 个样本组成的行为活动行。每帧活动行的数目低于 525 或 625,在 NTSC 制兼容数字信号中每帧有 484 活动行,而 PAL/SECAM 制兼容信号中则为 576。

现在已经有了用于计算未压缩位率的所有元素,既然在视频会议应用中,视频实际上仅以压缩方式工作,我们就只讨论 HDTV 和视频质量的情形。

非压缩 HDTV 采用高分辨率格式,以一个高帧频(60 帧/s)和每个像素 24 位的分辨率,HDTV 数据流要求的非压缩位率在 2 Gb/s。

当活动帧大小为 720×560 个像素标准帧频(PAL/SECAM 是 25 帧/s)和每个像素 24 位时,非压缩演播质量电视位率为 166 Kb/s。

总之,非压缩数字式高分辨率/高帧频 HDTV 要求 2 Gb/s 的位率,非压缩演播质量电视要求 166 Kb/s,这与大多数 LAN 和 WAN 数据网络技术是不兼容的。

3) 实时压缩视频要求的位率

压缩技术和它们的效果在前几章已经讨论,特别是有几种先进的压缩技术,它们有比较高的压缩。

(1) 高分辨率/高帧速率 HDTV

要达到的位率高度依赖于压缩是脱机发生后,产生被压缩数字流的存储版本还是实时执行。压缩率通常希望达到 100∶1。高分辨率/高帧频 HDTV 应当被压缩的位率在 20~34 Kb/s 之间,高分辨率常规帧频 HDTV 则要求在 15~25 Kb/s 之间。

(2) 广播质量电视

现存的 MPEG-1 压缩标准的实现是在约 6 Kb/s 的位率下操作的。对于类似 NTSC 制的质量,我们期望达到 2~3 Kb/s。而对于类似 PAL/SECAM 制的质量,期望达到 4 Kb/s。

(3) VCR 质量

像 MPEG-1 或 DVI 这样的压缩算法提供了 1.2 Kb/s 位率的脱机压缩,以这个速度,200 Kb/s 可以被用于传输音频,以形成 14 Kb/s 的流。

(4) 视频会议质量

常规的基于线路视频会议系统按视频会议质量操作,即以 98 Kb/s 或 112 Kb/s 的速度产生数据流。在这个模式里,剩余的带宽即 16 Kb/s 被分配给音频流。MPEG 专家组已制定出能够压缩视频会议质量低到 32 Kb/s 的相应标准。

HDTV 质量需要的位率比那些传统共享 LAN 可用的位率要高。广播电视质量与大多数局域网技术兼容,它们能携带一个或多个同时发生的数据流。VCR 质量与 T-1 租赁线和 CD-ROM 传输频率兼容,视频会议质量适合于一个双倍窄带 ISDN 联结。

4) 实时视频要求的延时抖动

通常,为了同步展现多媒体信息,必须把实时运动视频数据流与音频数据流同时传输。在这种情况下,对传输延时和延时抖动的要求通常由音频数据流决定。

前面我们已经讨论了媒体同步,在音频和视频的情况下,对 HDTV 到 VCR 质量而言较粗糙的同步是必需的。在视频会议质量中,抖动效果屏蔽了大多数音频和视频异步。

为此,我们提供需要的视频延时抖动界限,它是从音频数据流的要求推导出来的且应用于压缩数据流。HDTV 质量的网络传输延时的变化应不超过 50 毫秒,广播质量应不超过 100 毫秒,视频会议质量应不超过 400 毫秒。

5) 实时视频要求的错误率

前面定性地讨论过影响网络的错误率这个问题,特别是压缩数据流比非压缩数据流对错误更敏感。假设错误随时间静态传播,我们简要地介绍运动视频帧被传输错误影响的频率。

(1) 被影响帧之间的间隔

在视频会议质量(100 Kb/s)中,如果位错误率(BER)为 $10^{-5}$,则两个连续被影响的帧之间的平均时间间隔为 1 秒;如果 BER 为 $10^{-9}$ 则间隔为 3 小时。

在压缩模式的广播质量电视中,如果 BER 是 $10^{-5}$,则两个连续错误之间的平均时间为 20 毫秒,也就是说每帧平均有两个错误或者每秒钟有 50 个错误位,如果 BER 为 $10^{-9}$,则每隔 4 分钟每帧有一个错误。

在压缩模式的 HDTV 中,$10^{-5}$ 的 BER 会导致每帧约 4 个错误位,即每秒 240 个错误位,而 $10^{-9}$ 的 BER 会导致两个连续包含 1 个错误位的帧之间平均时间间隔为 1 分钟。

(2) 传输错误的处理

在实时音频和视频的情况下,重复传送技术是不合适的。通常的技术包括使用向前错误较正(FEC)代码,它依赖于控制位与纯信息数据流的叠加。这种技术允许没有成组的错误的检测和校正,它们允许残余错误率得到改善。

(3) 运动视频的假象和可感觉的失真

前面我们给出了有关残余错误位之间发生的平均时间的很多参数。问题是 10 s 有 1 个错误位是否可以忍受,这个错误位可能是某个颜色成分中的不重要位,这样颠倒它的值不会引起注意。任何帧,包括那个被影响的帧,NTSC 制在 33 毫秒之内被显示,而 HDTV 中这个时间限度为 17 毫秒。这个错误也有可能导致一个同步信号的最重要位的颠倒,或者四五个随后帧的更新。

观察者会主观地根据显示图像的可观察失真判断运动视频的质量,可观察失真包括显得不自然的可见错误,它们都被称为伪像(Artifact),并且可能由压缩算法的使用导致。压缩率越高,错误位导致一个可见伪像的可能性越大。

伪像的持续期(即它保持显示的时间)是另一个重要参数,我们将会看到它也是一个压缩算法的函数,而且更精确地说是那些不是从其他帧重构的帧被插入的频率的函数。确实,这些帧会清除屏幕且移去伪像。

(4) 在运动视频传输中的错误率

我们现在来提供一些数字,假设使用 FEC 技术。在端系统之间可能的错误恢复之前,端对端网络位错误率对 HDTV 质量来说不应超过 $10^{-6}$;对广播电视质量不应超过 $10^{-5}$;对视频会议质量不应超过 $10^{-4}$。这些数值是针对压缩数据流的。

如果使用 FEC 技术,上面给出的位错误率必须除以因子 10 000。这些数字都基于如下假设:首先,压缩率是我们上面描述的;其次,观察者判断为"好"的质量对广播电视质量要求每 4 分钟不超过一个帧被影响,而对 HDTV 则是每 10 分钟。

实际上,这些要求是很保守的,因为光缆一般有每千米低于 $10^{-12}$ 的 BER,且数字电路可提供 $10^{-9} \sim 10^{-10}$ 的端对端网络 BER。

(5) 错误隐藏

上面的讨论是针对数据被接收到了但变坏了的情况。前面介绍了其他形式的数据传输错误,特别是,我们讨论了数据块丢失的情况,或者是因为它们被网络丢失了,或者是因为它们到达得太迟了,即在延时满期后。

如何处理丢失或发生错误的数据块呢?这里有一种简单的技术,它在某些情况下能为数据丢失提供满意的恢复。更确切点,终端用户可能不会注意到它,这个技术由外推丢失的信息组成,即从前面接收到的块决定一个近似的值。一个类似的技术是内插丢失块,使用后继块就像使用前面块一样,如果在块丢失的时候,被显示的视频场景是相当静止的,或这时音频是平坦的,如果压缩比不是太高,那么丢失的数据块可能不会被注意到,这里压缩比是关键参数。外推和内插都被称为预测性技术,因为它们的原理是预测什么是丢失信息的值的最佳估计。从传输错误中恢复的所用预测技术的原理被称为错误隐藏,当然,压缩比越高,传输的冗余信息越少,隐藏错误就越难。

6) 层次分辨率视频

对于一给定的视频建立层次结构原理早就提出来了,基本思想是这样的:不是传输某一给定分辨率的数字视频数据流,而是把一个视频按质量分若干等级(即通常所说的多分辨率),每个质量成分将由独立的数据流传输,且最好的质量由所有数据流的集合提供。

例如,最底层可能由视频会议质量的数据流组成,在第1个数据流中只有那些需要编码视频会议质量视频的位被传输,这个数据流的位率在 128 Kb/s 左右;第 2 层可以为第 1 层增加信息,这样,第 1 层和第 2 层集合的质量达到 1.4 Kb/s 的 VCR 质量;第 3 个数据流可以增强前两层,使总质量上升到 5 Kb/s 的广播质量;最后,第 4 个数据流加到前三个上,能提供 20 Mb/s 或 30 Kb/s 的 HDTV 质量。

前面已经描述了多分辨率的思想,下面更详细地讨论运动视频的分辨率的概念。以下三个参数影响了运动视频的总的可观察分辨率:

① 空间分辨率:每帧的像素数目。
② 颜色分辨率:振幅深度或像素深度。
③ 时间分辨率:每秒的帧数。

编码策略已经被设计成提供空间分辨率的层次结构,它们被称为金字塔式的编码算法。

层次分辨率原理的应用方法很多,如:

(1) 有选择性的广播

一个源可能通过广播网络以最好质量传播。这就是说,所有数据流都被发送,但是取决于组成网络的各个段的自然带宽,广播机制可以在各个复制点仅仅复制符合网络容量的数据流。

(2) 自适应的质量接收

接收端系统可以适应错误率,且转向合适的较低或较高的质量,这里假设存在用来测量或估计错误率的机制。

(3) 被一个范围的端系统接收

在不同质量层次操作的不兼容端系统可以接收和显示同一节目,如果它是由一个分层的数据流的等级组成的。这是分层次质量技术在网络上的主要应用并且取得了很好的效果(如 ATM 网络)。

7) 压缩效果

前面解释了非压缩数字视频流由一系列以一定时间间隔发出的帧组成,这个时间间隔从 PAL 制、SECAM 制中的 40 毫秒变化到 NTSC 制中的 33 毫秒或高帧频 HDTV 中的17 毫秒。既然每个帧都有固定数目的像素,结果数据流就是固定位率的数据流。

然而压缩会破坏这个平滑的数据流。在前面已看到,视频压缩的目标是删除帧内部和帧之间的冗余。但是并不是所有的帧都有相同层次的冗余性。一道扁平白色墙壁要比一个模拟街道压缩得多得多。重要结果是：压缩把一个固定位率的数据流变换成了一个位率可变的数据流，数据流大小比例可达到10:1。这个现象对网络的影响是不再要求恒定位率。

### 8.3.3 音频和视频网络传送的需求

音频—视频应用的网络需求不管音频或视频是实况的还是存储的都是相同的。人们通常对记录系统能忍受较高的错误率却对传输延时有较高的要求。

人的眼睛就像信息的集成器，而人的耳就像一个区分器。因此人们对音频的变化比对可见信号的变化要敏感得多。当两种数据流竞争同一网络资源时，只要网络有优先级，音频数据流就应具有较高的优先级。当一个数据流被压缩时，某些数据块就带有一些用于其他块重构的更新信息，这样一个数据块的丢失会使大量的后继或前面的数据块无效。因此，当使用音频或视频压缩策略时，网络错误率必须较低。

音频质量主要分为两级，即电话语音质量（常规电话网络的质量，带宽限制在3.4 kHz）和CD质量（带宽在20 kHz附近）。当使用ITU-TSG.711标准时，电话质量要求64 Kb/s，而CD质量是立体声，需1 411.2 Kb/s。这些位流是未压缩的。更现代的语音编码和压缩算法允许32 Kb/s的电话质量和低到4.8 Kb/s的准电话质量，立体声模式的CD可被压缩到192 Kb/s或256 Kb/s。

音频的实时传输对延时变化很敏感，为了克服延时变化，一个附加的偏移延时需要在接收端实施延时平衡化处理，这个技术可以在源和音频的最后播出间的总延时增加一个很强的成分，当使用典型的个人计算机作为端系统时，网络限度对于压缩的CD质量音频不应超过100毫秒，对电话质量音频则不应超过400毫秒。当在虚拟现实中使用音频时，限度不能超过20~30毫秒。电话质量的残余位错误率应被限制在$10^{-2}$，没压缩的CD质量应限制在$10^{-3}$，压缩的CD质量应限制在$10^{-4}$。

视频质量分为五级：HDTV、演播质量数字TV、广播质量TV、VCR质量和低速视频会议质量。建议给HDTV一组分辨率层次和帧频两种扫描方式。常规广播TV使用隔行扫描，这种扫描方式把每帧分成两个场，每场处理每两行中的一行。计算机显示器通常使用逐行扫描，在相等的位率下逐行扫描给出了较好的可观察质量。

演播质量数字电视由ITU-R在建议601中定义，帧格式是每活动行720个像素，且每帧取决于NTSC制或PAL/SECAM制选择分别为525行或625行，每个像素用24位编码。广播质量低于演播质量，NTSC制分辨率特别低。NTSC(30 f/s)制和PAL/SECAM(25 f/s)制之间在帧频上有差别。VCR比广播TV分辨率更低。视频会议质量是指CIF图像(352×288)，并且帧速率为5~10 f/s。

未压缩全分辨率高帧频HDTV要求2 Gb/s，这可用MPEG-2或其他相等的压缩方法减至20~34 Kb/s。演播质量对没有压缩的数据流要求166 Kb/s，对用MPEG-2压缩方法压缩的则要求4~6 Kb/s或7 Kb/s，VCR质量压缩的是1.2 Kb/s，视频会议目前采用的ITU-TSH.261压缩策略或等效的方法是112 Kb/s，MPEG的将来版本（被称为MPEG-4)瞄准压缩到64 Kb/s甚至32 Kb/s。网络传输延时的变化对HDTV质量不应超过50毫秒，对广播质量不应超过100毫秒，对视频会议质量不应超过400毫秒。

观察者主观地根据显示图像，即可观察变形判断运动视频的质量，又可观察失真包括哪些显得不自然的可见错误,后者可能由压缩算法的使用产生。在可能的错误恢复前,端系统间的端对端网络位错误率对 HDTV 质量不应超过 $10^{-6}$,对广播电视质量不应超过 $10^{-5}$,对视频会议质量不应超过 $10^{-4}$,这些数字是针对压缩数据流的。

运动视频的分层次编码可以用于后继和附加分辨率的几个层次的同时传输。最后,压缩处理过程把一个定位率数据流转换为一个变位率数据流。

### 8.3.4 其他需求

1) 图像传输

静止图像的传输,是相对于前一节讨论过的运动图像而言的。

(1) 图像作为数据文件处理

图像可以视为数据文件。在网络上传输图像类似于传输文件一样传输信息序列。

图像传输也有一些特别之处:

① 图像文件可能很大。

② 图像不必放在磁盘上传输,它们可以由模拟转换系统捕获后,从发送计算机的中心内存发出,在接收端它们可以直接被送到显示器的帧缓存。

③ 图像通常被用在多媒体应用中作为在线咨询,因此显示时间很关键。

④ 图像不包含时间依赖性。然而,在多媒体应用中,图像的展现必须与其他媒介的展现同步(媒介同步),因此,传输和表示图像的总延时可以是一个重要参数。

⑤ 在一些应用中,接收图像的一点点失真可以忍受,而通常文件的传输必须绝对精确。

(2) 典型的未压缩图像的大小和传输延时

假设图像经过网络传输后,在光栅扫描显示器上表示。我们考虑两个典型的图像大小:标准中等大小计算机屏幕($640 \times 480$ 像素)和工作站大屏幕($1\,280 \times 1\,024$ 像素),图像是彩色的。

① 中等大小图像($640 \times 480$),90 KB 非压缩。由每行 640 个像素和 480 行组成的图像对应于 VGA 格式,这相当于电视监视器的分辨率,因此这不是一个高质量图像。单个电视图像的质量是相当低的,它比人眼的最大分辨率低约两个数量级,如果每个像素用 24 位编码,则这样一幅图像要求 900 KB。这比一般软盘(3.5 英寸双密磁盘)的容量要小一些。注意:VGA 标准定义了一个较小的颜色深度(4 位),因此,一个纯满屏 VGA 图像要求 150 KB。

② 大屏幕计算机图像($1\,280 \times 1\,024$),4 MB 非压缩。这些图像的分辨率比 VGA 类型图像的分辨率高出约 4 倍,但是对许多应用(如医学图像)来说还是不够,这些图像具有 24 位彩色分辨率,存储大小约为 4 MB。传输这样一幅图像需要多长时间呢?通过一个正常负载的以太网,两个端系统之间的典型文件传输位率在 100 Kb/s 左右,这就给出了下面的传输时间。

如果图像没有采用压缩,通过一个正常负载的以太网传输一个中等大小的彩色图像($640 \times 480$),位流需要 10 秒左右,通过 ISDN 则需 2 分钟。传输一个大屏幕图像($1\,280 \times 1\,024$)对以太网要 40 秒,对 ISDN 则需要 10 分钟。

(3) 压缩图像

压缩图像有很多种技术,较普遍的一种是 JPEG。压缩比例随图像的复杂度变化。我们采用一个相当简单的图像,被压缩后没有或只有很少的丢失率,较乐观的压缩比为 25∶1。

通过一个正常负载的以太网传输一个压缩的中等大小的彩色图像($640 \times 480$,36 KB)约需 1/3 秒,通过 ISDN 约需 5 秒。对于大屏幕图像($1\,280 \times 1\,024$,160 KB)的两个时间分别为

1.5 秒和 25 秒。

(4) 位传输延时和总的图像传输延时

一幅图像只有被完全接收后才能被接收系统显示。简言之,一幅图像被完全接收的总的端到端延时,即我们称为总的图像传输延时。总的图像传输延时是每个位通过网络花去的网络传播延时和发送器必需的发送组成图像的位序列的位传输时间的总和。

2) 多点发送

(1) 位流和块流多点发送

① 讨论会和消息的大规模音频/视频发送需要多点发送,或者是在位流层次,或者是在帧、单元、组流层次。

② 收音机和电视广播节目的分布需要位或块流多点发送。

③ 大范围分布的协同工作也需要位或块流多点发送。

(2) 文档或消息多点发送

① 多媒体文档的分布需要在网络上保证它们容易被复制。

② 多媒体消息发布中分布表的使用要求消息反射器。

3) 高速缓存和镜像

基于超媒体信息检索和访问应用的飞速发展,所以要求必须有高速缓存特性。高速缓存是在用户和信息源之间某处的不可见系统,它们是"网络"的一部分。镜像也是需要的,它是由网络提供的透明服务,可用于通过网络访问的大多数多媒体文档的静态部分。

4) 其他量化要求

最后要提一下在前面的章节中未详细讨论过的三个特殊参数的量化需求,它们是:(1) 表示平均位率和峰值位率之比值的脉冲率;(2) 典型网络会话的持续时间;(3) 总的响应时间。

综上所述,在多媒体图像应用中,关键因素是传输图像所需的时间,因为在图像没有被完全接收之前,一般是没有任何用处的。如果未采用压缩,在一个正常负载以太网上传输组成一个中等大小彩色图像(640×480)的位流所需要的时间在 10 秒左右,在 ISDN 上这个时间达到 2 分钟;对于一幅大屏幕图像(1 280×1 024),这两个时间分别为 40 秒和 10 分钟。通过有损压缩,中等大小图像所需的时间可减至 1/3 秒和 5 秒,大屏幕图像所需时间可降至 1.5 秒和 25 秒。并非所有图像都能以有损方式进行压缩,例如某些医学应用需要无损方式。这样,压缩比例可能仅仅为 2:1 或 3:1。

## 8.4 网络多媒体应用系统和相关标准

### 8.4.1 概述

网络多媒体系统有两大类。在第一类系统中,由于系统的用户处于平等地位,强调人—人之间的协作性,典型例子是基于多媒体通信的计算机支持的协同工作。在第二类系统中,在系统端通常有一个服务器,所以也称为基于服务器的多媒体应用,服务器系统可能要支持许多不同的功能,就像是通过网络访问到的信息(如视频帧或多媒体文档)的储存仓库,加入某些系统之后可提供远程交互能力。如:加入多媒体文档的查找就可构成多媒体教育系统,加入远程购物或订票系统就可构成日常生活服务系统,加入视频游戏或点播视频就构成多媒体娱乐系统。在所有这些应用中,用户都需初始化访问信息系统。我们将以这种方式操作的应用系统称为交互式应用。交互式应用的一个重要例子是点播服务系统。网络多媒体技术已在众多领域中得到成功应用。

### 8.4.2 计算机支持的协同工作(CSCW)

CSCW 是 20 世纪 80 年代后期兴起的一个新的研究领域,主要研究如何利用计算机支持群体成员之间的协同工作,共同完成某项任务。随着多媒体技术、大容量存储设备和高性能 ISDN 的出现与普及,CSCW 不仅从技术上,而且在经济上成为可能。CSCW 技术包括:数字视频和音频的通信、远程会议系统、多媒体邮件、图像通信、多媒体数据存储和协作信息系统等。

1) 简介

CSCW 有以下几方面的含义:

① CSCW 讨论组通信(Group Communication,GC)问题,但它不包括所有 GC 类的应用,仅讨论那些基于计算机的 GC 类应用。② CSCW 中的 W 代表 Work,它讨论专业应用(如会议系统、协作著作系统、协作 CAD 系统),而不是私有应用(如家用可视电话)。③ CSCW 是基于多媒体的分布式应用系统,它使用多种媒体,并且常涉及远程通信。

(1) 群件(Groupware)

在一些文献中,有时把群件当成是 CSCW 的同义词。事实上两者在含义上存在一定的差别,CSCW 指整个领域,是一个统称,而群件用于指代系统,即基于计算机的、支持群体工作的产品。群件技术包括的相关技术内容有:群体协作策略和模型、同步和异步计算机通信、多用户界面、协作应用系统和共享数据库。CSCW 应用和多媒体应用关系如图 8.2 所示

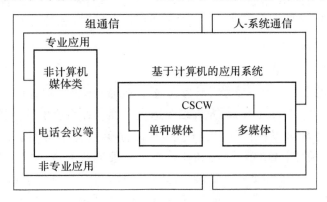

图 8.2 CSCW 应用和多媒体应用

(2) CSCW 所支持的同步协作种类

CSCW 可用于支持以下种类的协同工作:①群体决策和会议系统;②协作著作;③协作设计;④协作并行工程;⑤非正式通信;⑥教育。

(3) 面向应用的分类方法

CSCW 的分类方法很多,一种是把它分为:

① 会议室系统。会议室系统的最显著特征就是用来支撑在同一房间里工作的小组成员。在这个房间里,通常都涉及到许多特定的设备:字符型或图形显示器;有人参与或无人参与;共

享单个共同的显示器或是给每个成员一台工作站。在软件设计中可预先设定一个形式化模型或是依赖于小组的社会原型,相应软件可支撑一个大规模小组或一个较小规模小组的活动。

② 消息系统。会议室系统是用来支持在同一房间工作的小组进行实时协作的,而消息系统则是通过传送异步消息来支持在多个房间工作的小组。消息的传递包括成员间的相互传递和向全体成员公布,消息传递以收到返回信息为结束标志。由于消息本身以及成员间关系的复杂结构,故消息系统有多种形式,如电子邮件系统、半结构化信息系统、形式化信息系统等。

③ 桌面会议系统。将远距离的用户连接起来是很有实际意义的,通常这种连接在联网的工作站上是通过应用程序来实现。透明合作和互知合作是两种有效的方法,前者是通过修改单用户程序的输入/输出部分,使之成为可共享但不可进行内容更改的系统;后者则是专门的多用户程序,它能够区分不同的输入源和输出地址,使得小组成员能了解彼此的状况。

④ 协作编著和讨论系统。从特性上讲,这类系统是多用户超文本系统,多个用户共同创建超文本文档。与会议室系统相比,它要提供分布的工作支撑环境和一个共享信息空间。当多个用户对同一问题做出结论时,系统保留每个用户的不同论点,并且让他们彼此了解别人的观点。如果用户彼此间仅能看见最终结果,这样的系统就是一个松耦合系统;如果还能看见别人做出结论的中间过程,就是一个紧耦合系统。

2) CSCW 的共享空间

这里讨论的应用共享空间,指执行共同任务且不离开本身的工作空间的参加者之间的远程共享计算机显示工作区。不同的共享空间应用也有一些共同的特征。第一,至少有部分计算机显示区是所有的参加者以所见即所得模式可以观察到的;第二,都包含桌面计算机或某终端,只有一种情况除外,即电子白板,又称实况板(Live Board);第三,应用于专业环境的CSCW;第四,很少单独使用,至少开发使用音频和视频直接通信是为了提供完备的集成远程和同步协同工作环境。简言之,共享工作区应用的目标是远程创建计算机介入的短暂信息的共享,也可共享参加者使用的系统。

3) 共享白板工具(SWT)

SWT 是最直接的共享工作区工具,因为它在计算机屏幕上简单地仿真物理白板或黑板。

SWT(有时又称共享草图工具)可允许多个远程参加者在自己的计算机屏幕上看到同样的窗口显示,每个参加者都可以在白板上做记号,可以简单地使用画图工具,也可进入正文中。图形功能包括几何对象(圆、线、箭头等)和徒手画。一般通过基本字编辑器进入正文中,允许简单的注释。它类似于一张纸和一支笔,或顶式投影仪,所有的参加者都可以读写。当然,对所创建的正文或画图对象可提供更大的灵活性,通常可以移动、删除、变形、反转等,存储结果也可供下次使用。它提供两种工作模式:(1) 白板背景为黑色:用于保存短暂工作信息;(2) 位图图像放入白板窗口中:用于对背景图像进行讨论、注释、增加或指出特定的栏目。

因此,带背景图像的共享白板不允许对显示文档进行共享编辑,只能仿真人们留在纸文档上的手写注释。

共享白板仿真现实世界中的黑板,当办公室中的两个人在黑板上做设计工作时,也有一些社会规则和约定来管理对共享表面的访问,例如他们不能在同一时刻写,也不能覆盖或擦除对方写的内容。当然,这种社会行为在远程重生成时比较困难。定义和实现正规化共享对象的访问是共享工作区中的一项重要议题,又称发言权控制策略。发言权控制有四个基本方法:

(1) 无控制：系统让每个用户都可自由地访问共享区，根据意愿、敏感性、社会行为来防止和解决冲突，这对两个人是很有效的，但是随着参加人数的增多，就变得不现实了；(2) 隐式封锁：在参加者键入或收取信息的每一时刻，隐含着只有该参加者可得到发言权，其他参加者不能进入该数据，在当前发言权获取者的输入结束之后，发言权自动释放。如果参加者保留发言权一段时间，他会注意到有一个或几个参加者在等待队列上，当然缺陷在于轮换会产生延迟，一般需几秒钟；(3) 显式封锁：与上述类同，所不同之处是用户必须通过应用一个关键词或按钮显式地需求或放弃发言权。当发言权被锁定时，用户必须等在队列上，队列显示给所有的参加者，一般以先入先出模式等待；(4) 主席控制。参加者之一作为协同会议的主席，主席可在任意时刻传出或重获发言权，主席必须有一个工具来监控发言权需求的挂起队列。

4) 共享应用工具（SAT）

SAT（又称共享窗口或应用共享工具）来源于共享白板模型的扩展。

SAT 指允许多个参加者共享显示和控制交互应用（即普通的单用户应用程序）的软件程序。SAT 的概念中有两个重要思想：首先，要求共享的应用不是为多个并发用户设计的，它是单个用户不可修改的应用，使 SAT 达到了多用户模式；其次，不仅显示可以共享，控制也可共享。从用户的角度看，它如何工作呢？假设只包含两个用户，就好像两个人是坐在同一间办公室内看同一屏幕，但每个人都有自己的键盘和鼠标连到计算机上。用户的任意一次键盘击键或鼠标的移动都要传输给应用，并触发相应的反应，即两个人都可以独立地滚动显示正文、关闭活动窗口、打开新的窗口或退出该应用。共享一个普通的单用户应用最初使用 SAT 是弥补共享白板工具的一个缺陷：当背景是显示文档时，不可以在工作时编辑文档。如果共享的普通应用本身就是用于创建文档的正文或图形编辑器，则该文档可以被所有参加者修订。另一个应用领域是电子表格工具的共享控制，用于草图、工作草稿、商业报告的共同探讨。

SAT 可以解决以下问题：(1) 共享应用工具又称协同管理代理（CMA）。事实上，它是实现发言权控制算法的软件处理过程，用于访问共享资源和保护私有资源（例如私有用户数据）；(2) 管理参加者加入或退出会议。某些系统允许用户加入或退出会议，只需知道会议的标识或征得主席的同意，不需要进一步的控制，SAT 也可通知到每个人当前参加会议者的名单；(3) 在不同的环境中工作时，SAT 可以处理不同的软件和硬件，例如不兼容的显示等。给定 SAT 实现的一个重要特征是它可在一个时刻共享一个正规应用程序还是可以并发共享几个应用程序。

SAT 的应用领域包括：正文或图形文档的协同编辑；远程协同软件开发；软件程序的远程辅助或调试；接收者驱动的计算机介入表示（幻灯显示）；远程教学，即教师与学生共享一个应用。

### 8.4.3 点播服务系统

本节讨论一种基于人与计算机系统之间的通信。因为这些基于计算机的系统需要提供许多不同的功能，所以又称为服务器。与服务器相关的概念是客户机，下面将终端系统称为客户机。

系统还可同时将信息发送给多个用户，可以发送给能接收到信息的所有用户（广播发送），也可有选择地发送给其中的一些用户（多点发送），单个用户可以或不可以通过本地设备改变一些控制形式。但是，所有资源都通过网络平等分布的严格对称的交互计算机系统往往是不经济的。惯用的方法是将资源集中起来,这些资源也被远程较大或专用的系统使用,这时可能有更经济的硬件和操作规模。可集中的资源包括存储设备(如磁盘或磁带)、用于数据库管理或计算机辅助设计的软件应用系统等。这些思想是 20 世纪 80 年代提出的,称为客户服务器模型。因此,在分布式计算机系统中,磁盘或磁带服务器、应用服务器以及中央处理单元(CPU)服务器都可由客户计算机远程访问。给定职务的客户计算机本身也可作为提供其他服务的服务器。

多媒体服务系统毫无例外地采用客户/服务器模型,事实上,正是多媒体信息的特性(需要大存储容量或高处理能力)促使客户机/服务器模型的实现,因此多媒体服务器是提供多媒体服务给其他系统(又称多媒体客户机)的计算机系统。服务器一般可集中多媒体存储能力或多媒体获取机制,并使用专用的媒体,它们一般共享组织内部网络结构和外部网络的广播发送服务网关。例如:静止图像服务器、运动视频服务器、扫描服务器、电视广播发送服务器、传真服务器等。

点播服务系统是基于服务器的网络多媒体应用系统中重要的一类。

1) 点播视频(VOD)

VOD 包含一系列的应用系统,在这些应用系统中,用户可以根据不同的要求访问静止或运动的图片视频服务器。

第一,VOD 并不是简单的运动视频,从原理上讲,它包含点播访问静止图片,事实上也有许多用户使用 VOD 访问静止视频图像。第二,该定义没有说明视频服务器定位在何处,由谁来操作它。VOD 可以是公司内部的设施,由某一组织在某一地点提供,也可以是公共设施。第三,该定义没有说明交互级别。第四,VOD 没有给出运动视频的特定类型,虽然 VOD 应用领域在于播放电影,但它可包含所有类型的视频序列。最后,该定义仅指出用户可以在任何时刻提出对图像或运动图片的需求,但它并没说用户可在任何时刻看到图像或运动图片。

2) 类点播视频(N - VOD)

从技术上考虑,早期的系统需要对来自不同用户的需求进行分类,根据图片和运动视频的不同进行分类,经过一段时间间隔后对所有用户需求做出反应。

真点播电影系统在访问和阅读数据存储设施、服务器处理能力和网络带宽方面的要求比较高。设想在高峰期,即晚上 6 点钟到 8 点钟,成千上万的需求的到来都是为同一部流行电影,每一个需求都要在几秒钟的间隔内做出反应。真点播电影意味着每隔一段时间(大约几秒钟)就要生成几百个流,因此每一消费者对同一部电影都有不同的相偏移。

N - VOD(又称为伪点播视频)减少了相偏移的数目,大大减轻了服务器的负担。同时,如果分布式网络中可用多点发送技术,则该技术也可节省网络带宽,否则虽然在同一时刻许多用户申请同一部视频序列,但对每一目标仍旧需要生成一个流,其结果就是生成多个不同的流。事实上,服务器内部的分级或分组是不可避免的,特别是在访问视频存储设备(如磁盘)时,但这种分组行为不能让用户察觉。

3) 点播电影(MOD)

MOD 是一种公共的点播视频设施,提供给居民或宾馆客户使用,其访问对象是内部存在的电影。

MOD 中的交互和需求质量及相关位率是非常关键的因素。如等同于 VHS 录像带的质量只需要 1.5 Kb/s 传输位率,它与 T1 速率兼容。但是,潜在的消费者一般不容易接受 NTSC 制或 PAL 制、SECAM 制以下的质量。目前已存在的 MPEG-2 标准实现在 6 Kb/s 上操作,其质量稍微高于广播发送 TV。

通过建立内部传输网络并把 VOD 或 MOD 连接到家中。无论从技术推动角度考虑还是从工业利益角度考虑,这都是一个非常重要的发展方向。有许多任选项同样也包括点播视频或点播电影以及类广播发送信道,在这种情况下,目标一般要提供 500 个信道,包括类广播发送信道、数字广播发送信道和数字点播视频或点播电影信道。

返回信道是用于命令和用户输入,操作的速度要稍慢一些,所以要使用异步方式。它的一个变种称为高位率数字用户环路(HDSL),提供同步访问,每一方向都是 1 信道。光纤环路是另一种选择,无论是传送到家庭还是传送到其他小范围的私人机构都使用光纤。光纤只能用于数字模式,在这种模式下,一般要考虑使用 ATM 技术,特别是 ATM 等时服务,它非常适合支持连续运动视频和音频流。但是这种方法看起来难以实现。

4) 公共视频点播新闻

存储的电影并不是可用的唯一一种运动视频,任何类型的存储信息,例如新闻,都可以以类似形式给出。

一般的视频点播新闻(VNOD 或 NOD):发送各种点播存储视频新闻给居民(如一般新闻、体育新闻、交通新闻、天气预报等)。这些服务都从严格的运动视频序列播放演变成发送包括文字和静止图片信息的多媒体新闻,它提供的交互能力大大高于点播电影应用,表示设备可以是计算机或经常性的与结点盒相连的正规电视设备。

商业点播新闻:商业和财经新闻的出版商对开发视频点播新闻服务有浓厚的兴趣,它的一般目标是专业用户,正如一般的新闻一样,其发展趋势是发送多媒体形式的商业新闻而不仅仅是发送运动视频,但也有可能混合点播模式的热点信息自动发送,如财经新闻警告等,其输出设备一般是计算机或工作站。

### 8.4.4 相关标准

随着多媒体技术的发展,出现了多种标准,有些是 CCITT/ISO 制定的国际标准,有些是 Internet 网上的标准,还有一些是专用标准。

1) CCITT/ISO 标准

(1) F.700 系列

F.700 是由 CCITT 组织制定,是一种用于音频会议、视频会议和视频电话服务的标准,与其相关的一组标准是:

F.711　面向 ISDN 的音频会议远程服务标准。
F.720　视频电话服务标准。
F.721　面向 ISDN 的视频电话服务标准。
F.722　视频电话服务标准。
F.730　视频会议服务标准。
F.732　宽带视频会议服务标准。
F.740　音频视频交互服务标准。

(2) G.711 系列

G.711 是由 CCITT 组织制定,用于对声音频率的脉冲代码调制(PCM)。支持 64 Kb/s 带宽、8 kHz 频率、8 位 PCM 音频编码。与其相关的一组标准为:

G.721　32 Kb/s 自适应差分脉冲代码调制(ADPCM)音频编码。

G.722　小于 64 Kb/s 带宽 7 kHz 音频编码。

G.723　G.711 和低速信道间转换标准。

G.725　7 kHz 音频编码解码器标准(64 Kb/s)。

G.726　代替 G.721 标准。

G.727　G.726 的扩展,以便使用分组交换式声音协议。

G.728　使用 LD-CELP 对语音按 16 Kb/s 进行编码,用于视频会议。

G.764　分组交换式声音协议。

G.765　与 G.764 相关的标准。

(3) H.221 系列

它是由 CCITT 组织制定,为音频视频远程服务中用到的 64~1 920 Kb/s 信道定义帧结构。与它相关的一组标准是:

H.200　音频压缩标准。

H.241　会议系统中的信号控制标准。

H.242　使用数字信道的音频视频通信(最大速率为 2 Kb/s)。

H.243　多点视频编码解码标准。

H.261　音频视频服务的音频编码(P×64 Kb/s)。

H.320　用于窄带可视电话系统和终端装置的标准。

(4) HyTime 标准

由国际标准化组织(ISO)颁发的一个标准,用于描述超媒体文档。它基于 SGML(标准通用化置标语言),由以下六个模块组成:① 基本模块;② 有限坐标空间模块;③ 定位地址模块;④ 超链模块;⑤ 事件投影模块;⑥ 对象修改模块。

(5) IIF

由 ISO 制定的标准,用于图像交换,它是国际图像处理和交换标准(IPI)的一部分。IIF 由两个部分组成:数据格式定义和格式交换说明。IIF 中引用了多种多媒体文件格式标准,如 JBIG、JPEG 和 MPEG。

(6) JBIG

由 ISO 制定的黑白图像编码标准。它是一个无失真的压缩算法,专门用于处理黑白图像,它可用于代替当前的 G3 和 G4 传真标准。

(7) JPEG

它是由 ISO 和 CCITT 两个标准化组织联合制定,用于压缩连续色调静态图像。关于该标准在本书中已有详细讨论。

(8) MHEG

它是由 ISO 和 CCITT 两个标准化组织联合制定,用于对超媒体文档表示进行规定。它适用于交互式超媒体应用系统(如在线教科书、电子百科全书),也适用于在 CD-ROM 上可用的多个交互式多媒体应用。MHEG 并不是一种多媒体文档格式,它只是对多媒体对象的结构进行了定义,从而方便在多个超媒体/多媒体系统间共享多媒体信息。MHEG 对象可以有四种类型:①输入对象;②输出对象;③交互式对象;④超对象。

(9) MPEG

由 ISO 标准化组织制定,用于压缩音频和视频数据。它由活动图像专家组定义,目前已有多个版本,如 MPEG-1、MPEG-2、MPEG-4 和 MPEG-7 等。关于该标准在本书中已有详细讨论。

(10) ODA

由 CCITT 和 ISO 两个标准化组织制定,最初是作为办公文档结构(Office Document Architecture)制定的,后来考虑到它要处理的文档种类,把它命名为开放文档结构标准。

(11) T.80 系列

T.80 标准是由 CCITT 组织推出的标准,面向图像压缩和通信。与 T.80 相关的一组标准是:

T.81　连续色调静态图像的数字压缩和编码。

T.82　二级图像的累进压缩技术。

T.83　测试标准的有关规定。

T.120-T.124　独立于网络的音频会议协议。

(12) X.400

X.400 标准是由 CCITT 和 ISO 两个标准化组织制定,它的用途是提供电子消息交换服务,从而使人们有共同的规则来编码数据。X.400 特别适用于传送多媒体信息,原因在于:① 使用 ASN.1,从而保证了数据透明性;② 使用 RTASW(可靠的传送应用服务元素)来提供可靠的数据传送机制,以免因为联结失败而引起数据丢失。

2) Internet 网标准

(1) IP Multicast

IP Multicast(IP 多点发送)是一种 Internet 网标准,在这种传送方式下,IP 数据报文被传送到一组 IP 目标地址中(由目标主机组定义);目标主机组的成员是动态的,也可以是永久的。多点发送在视频会议系统等网络多媒体系统中有广泛应用。

(2) MIME

该标准由 Internet 网结构委员会制定,用于定义 Internet 网上多媒体邮件的格式。MIME 除了支持几种预定义的非文本消息类型外(如 8 位 8 000 Hz 采样的 $\mu$-LAN 音频、GIF 图像文件、PostScript 程序),还允许用户自己定义消息类型。

一个典型的读取 MIME 邮件的阅读程序工作流程如下:① 显示 GIF、JPEG 和 PBM 编码的图像;② 显示 PostScript 程序定义的结果;③ 通过 Internet FTP 或邮件服务器来获取外部定义的内容;④ 在支持数字音频的工作站上播放音频。

(3) RTP

RTP 是一种实时传输协议,由 IETF 音频/视频传输工作组制定,它可用于音频和视频会议以及其他实时多媒体应用系统。

多媒体应用会议所需求的典型服务包括:同步播放、媒体识别、媒体分流等。RTP 除了多媒体会议外,还可用于其他实时服务(如数据获取和控制)。

RTP 使用的端-端传输协议有 UDP、TCP、OSITPX、ST-2 等,使用的服务有端-端数据发送、媒体分流、多点发送。RTP 由实时控制协议(RTCP)支撑。与该标准相关的协议和标准有 NVP、G.764 和 G.765。

RTP 的设计目标有：① 媒体灵活性；② 可扩展性；③ 独立于低层协议；④ 网关兼容性；⑤ 有效性(处理、带宽)；⑥ 实现简单性。

(4) ST-2

ST-2 是由 Internet 网络工作组制定的 Internet 网标准，它是与 IP 同层的 Internet 网协议。ST-2 与 IP 的区别在于它需要路由器来维持描述数据流的状态信息。

ST 为每个经过它的数据流维持一份状态信息，流状态包括转发信息和资源信息。为了支持实时传输，需要对资源进行预分配。在 ST-2 协议之上的传输协议有 PVP(报文声音协议)和 NVP(网络声音协议)。

(5) NVP(RFC-741)

它是一种网络声音协议。

(6) XV 和 mvex

它是 X 的一种扩展，从而支持视频数据，XV 用 DEC 机上的 XMedia 工具箱实现。

3) 专用标准

(1) Bento

Bento 是由 Apple 计算机公司制定的专用标准，是一种事实上的工业标准。它对对象包容器和相关的 API 格式进行说明。

(2) GIF

它是一种图形交换标准，由美国 CompuServer 公司制定，它以独立于硬件的方法来定义光栅图形数据的格式，从而允许对图信息进行在线传输。

(3) QuickTime

它由 Apple 计算机公司制定。是一种保存 QuickTime 电影文件的格式，独立于具体的硬件平台。

(4) RIFF

RIFF 是由 Microsoft 和 IBM 两大计算机公司联合制定的一种文件结构，用于存储多媒体资源。RIPP 文件结构适用于完成以下多媒体功能：① 回放多媒体数据；② 记录多媒体数据；③ 交换多媒体数据。

(5) DVI

它是一种视频压缩标准，由 Intel 公司推出。

# 9　多媒体技术的应用

本章主要介绍了几种典型的网络多媒体应用系统,如可视电话、多媒体会议、远程教育、远程医疗、VOD、IP 电话等,阐述了超文本的定义、组成以及多媒体数据库的概念、基本功能和体系结构。

## 9.1　典型的网络多媒体应用系统

近年来,随着网络技术的发展,大大改善了网络多媒体应用环境,推动了网络多媒体应用的发展,出现了很多网络多媒体应用系统,如可视电话、多媒体会议、远程教育、远程医疗、VOD 等。

### 9.1.1　可视电话

可视电话是利用电话线路实时传送人的语音和图像(用户的半身像、照片、物品等)的一种通信方式,它使人们在通话时不仅能够听到对方的声音,还能够看到对方的图像;它不仅适用于家庭生活,还可以广泛应用于各种商务活动,有着广阔的市场前景。如果把普通电话称为"顺风耳"的话,可视电话就是"顺风耳"加"千里眼"。

1) 可视电话的发展

可视电话业务是一种点到点的视频通信业务,它能利用电话网双向实时传输通话双方的图像和语音信号。可视电话从概念提出、技术发展到市场启动,经历了种种坎坷和曲折。早在 20 世纪五六十年代就有人提出可视电话的概念,认为应该利用电话线传输语音的同时传输图像。1964 年,美国贝尔实验室正式提出了第一个可视电话解决方案。但是,由于传统网络和通信技术条件的限制,可视电话一直没有取得实质性进展。80 年代末,随着通信、计算机、语音和视频编解码技术的不断发展,可视电话在世界各国得到了迅速发展。1992 年,美国 AT&T 公司推出了基于普通电话交换网的彩色可视电话,随后许多国家都生产出类似的产品,却始终没有形成统一的国际标准,不同厂家的产品不能相互通信。

为了实现互联互通,从而推动可视电话和视频会议系统的发展,国际电信联盟(ITU-T)于 20 世纪 90 年代推出了包括 H.310、H.320、H.321、H.322、H.323 和 H.324 的系列多媒体通信标准。上述标准中,以 H.320、H.323 和 H.324 应用最为广泛。1996 年,基于普通电话交换网的可视电话标准 H.324,为各商户提供了一个统一的通信协议和图像、语言压缩标准,也为各国间的可视通信提供了前提条件。

在中国,可视电话市场长期处于"犹抱琵琶半遮面"的状态,市场迟迟未能启动。2000 年 8 月,由我国自主开发的第一部可视电话在武汉走下生产线,此举标志着我国自行研制的多媒体网络通信核心技术成果转入产业化,此后又在安徽省蒙城县建立了国内首家可视电话生产线。随着核心芯片技术的发展,摄像头等产品的更新,市场规模的扩大,生产能力的提高,将使可视电话产生规模效应,大大降低成本和价格,拉近与普通市民的距离。由此可以预测,今后可视电话将走出深闺,飞入寻常百姓家。

2) 可视电话的分类

(1) 按接入的通信网分类

可视电话按所接入的通信网可分为三类:普通市话网(PSTN)、综合业务数字网(ISDN)和局域网(LAN)。对于 ISDN,由于被 ITU-T H.320 标准化,市场上已经有大量的产品,但这些产品的价格普遍比较昂贵,且 ISDN 网近期尚未普及,目前难以推广;而建立在 LAN 网上的可视电话系统由于适应范围的限制,无法得到广泛的应用。因而 PSTN 最容易普及。

可视电话又可以分为两大类:单机类和基于 PC 型。

① 单机型:是指用自己的专用芯片和专用电路来完成可视电话功能的机型,单机型又可根据设计分为机顶盒式、自带屏幕式、一体化式和模块化式等。

可视电话通过自带的摄像机将自己这方通话者进行实时摄像,然后将摄像的内容转换成数字数据,经过压缩之后,通过可视电话内置的 Modem 还原成压缩数据,再经过解压缩还原成图像,通过编码变成电视信号在屏幕上显示出来。

除带屏幕的可视电话外,还有机顶盒式。它只有一个摄像头,与电话线连接,但它没有自己的屏幕,利用普通的视频和音频电缆与家用电视机连接,用电视机来放送图像。通常可以把该机放置在电视机的顶上,故称机顶盒。

一体化的可视电话,是把上述可视电话图像处理部分和电视机做成一个整体。

模块化式的可视电话既不含显示屏,也不含摄像头,需由用户根据需要配置一个至多个摄像头,这种设备多用于监控系统。

② 基于 PC 型:是指以个人电脑 PC 机为基础,加以相应的软件或硬件来完成可视电话的功能。

可视电话从技术分类来说属于电视会议系统(Video Conference)范畴。国际通信联盟 ITU 制订了电视会议标准 H.32x,其中 H.320 是针对 ISDN 网的,H.323 是针对 LAN 网的,H.324 是针对 PSTN 网的。

(2) 按显示的图像分类

可视电话根据图像显示的不同,分为静态图像可视电话和动态图像可视电话。静态图像可视电话在荧光屏上显示的图像是静止的,图像信号和话音信号利用现有的模拟电话系统交替传送,即传送图像时不能通话,传送一帧用户的半身静止图像需 5~10 秒。一部可视电话设备可以像一部普通电话机一样接入公用电话网使用。

动态图像可视电话显示的图像是活动的,用户可以看到对方的微笑或说话的形象。动态图像可视电话的图像信号因包含的信息量大,所占的频带宽,所以不能直接在用户线上传输,需要把原有的图像信号数字化,变为数字图像信号,而后还必须采用频带压缩技术,对数字图像信号进行"压缩",使之所占的频带变窄,这样才可在用户线上传输。动态图像可视电话的信号因是数字信号,所以要在数字网中进行传输。

3) 可视电话的结构和关键技术

可视电话一般由语音处理部分、图像输入部分、图像输出部分及图像控制器四部分组成的。语音处理部分包括普通电话机和语音编码器。语音通信是可视电话最基本的功能,受网络条件的限制,可视电话通常工作在较低码率下。为了适应这种低码率语音应用,ITU-T推出了G.72x系列语音压缩标准。其中G.723.1、G.728、G.729和G.729A,在可视电话中得到了广泛应用。

图像输入部分的功能是采用摄像设备,摄取本方用户的图像传送给对方。图像输出部分是采用显示设备,接收对方的图像信号并在荧光屏上显示对方的图像。

目前,前三部分都采用成熟的技术,均有标准化产品可供选用,所不同的就是第四部分——图像控制器。图像控制器一般采用专用控制器,各种类型的可视电话性能不同,关键在于控制技术的不同。

语音和视频压缩技术是可视电话的关键。可视电话作为一种消费产品,要想走入寻常百姓家,必须能够提供足够好的语音和视频质量,同时占用的信道带宽要尽量小。语音编码技术和视频编码技术的发展就是围绕着上述两点展开的:在保证压缩后语音和图像质量的同时,尽量提高压缩效率。

视频压缩是多媒体应用中的核心技术,ITU-T推出的低码率视频压缩标准对推动可视电话的发展和实用化起到了重要的促进作用。H.261是ITU-T推出的第一个低码率视频压缩标准,码率为$P\times 64$ Kb/s,其中$P=1\sim 30$,图像格式为CIF和QCIF。H.261压缩编码算法的基本思想是利用预测编码减少时间冗余度,利用变换编码减少空间冗余度。算法主要由运动估计、运动补偿、DCT变换、量化和霍夫曼编码构成。每帧图像由图像层、宏块组(GOB)层、宏块(MB)层、块(Block)层共四个层次来处理,分为I帧和P帧。后来推出的H.263、H.264标准继承了H.261的基本思想,在H.261的基础上提出了一些改进。

与H.261相比,H.263在以下几个方面做出了改进:更多的图像格式、半像素运动估计、不同的GOB结构、四个可选模式、减少的头信息开销、采用不同的VLC表等。在相同的图像质量下,因为H.263在运动估计及编码方面的改进,H.263编码后的码率大约比H.261低30%。为进一步提高H.263的编码效率和抗误码性能,ITU-T在H.263的基础上,增加了一些选项,修改后的版本被称之为H.263+、H.263++。目前,H.263是可视电话中应用最广泛的视频压缩标准。

2003年,ITU-T通过了一个新的视频编码标准,即H.264标准。H.264与H.263相比具有灵活的宏块和块的分割方式,运动估计精度进一步提高,可采用1/4或1/8像素精度的运动估计。H.261和H.263采用的是DCT变换,而H.264采用的是类似于DCT的整数变换。在相同的重建图像质量下,H.264编码后的码率比H.263低50%。H.264在提高编码效率的同时,计算复杂度也大大增加。据估计,编码的计算复杂度大约相当于H.263的三倍,解码复杂度大约相当于H.263的两倍。随着DSP芯片处理能力的进一步提高,H.264在可视电话等多媒体通信中必将得到越来越广泛的应用。

### 9.1.2 视频会议系统

随着通信的发展,人们已不满足简单的话音和文字通信,希望有集语音、文字和图像于一体的多媒体通信。视频会议系统是继电报、电话、传真及电子邮件(E-Mail)之后,又一新的通信手段,它将多个具有多媒体处理能力的节点通过某种通信机制互相连接起来,相互间可以进行多媒体的交互和数据交换。既可以点对点通信,也可以多点对多点的通信。它在同一传输线路上承载了多种媒体信息:视频、音频和数据等,实现多点实时交互通信,同时也可以将不同地点与会人员的活动情况、会议内容及各种文件以可视新闻的形式展现在各个分会场,这是一种快速高效、日益增长、广泛应用的新通信业务。

1) 视频会议系统的发展及趋势

视频会议系统的历史可以追溯到 20 世纪 60 年代初,当时美国电报电话公司(AT&T)曾推出过模拟会议电视系统(Picturephone)。但由于当时的电话网带宽无法满足要求,其视频信号只能通过极其昂贵的卫星信号传输,这使得成本无法降低。再加上市场需求不强,技术发展不够成熟,这不但限制了该产品的推广(终于受挫而停止发展),也使视频会议市场就此沉寂下来。

70 年代以来,随着数字式传输的出现,传统视频会议系统所用模拟信号的采样或传输方法也得到极大的改善,数字信号处理技术开始走向成熟。但是数字信号的存储与传输仍是一个难以解决的问题,尤其是采集的模拟信号如果用数字形式表示,其存储量和要求的传输能力更甚于模拟系统。对数据压缩问题的研究,成为突破障碍,是最终把视频会议技术推向市场的关键。从总体看,70 年代视频会议系统的发展处于相对平静的时期,但研究工作并未中断。

80 年代中期,通信科技技术发展迅猛,编码和信息压缩技术的发展使得视频会议设备的实用性大大提高。这时的 CODEC(COder-DECoder)由于制造技术的提高,体积在急剧减小,与此同时,数字式网络的发展也非常迅速,T1 的租用费用迅速下降,并开始出现更低速率的网络服务;另外,技术的进步也带来 CODEC 价格的下降。因此,视频会议系统正逐步进入市场。但此时的视频会议系统由于价格和技术的因素,仍只限于高档的会议室视频会议系统的应用,从而限制了它的进一步普及。

90 年代初期,第一套国际标准 H.320 获得通过,不同品牌产品之间的兼容性问题得到解决。配合 H.261 视频压缩集成电路技术的开发,视频会议系统也有朝着小型化发展的趋势。在 1992—1995 年期间,中小型视频会议系统成为视频会议应用中的主要产品。视频会议系统在 90 年代中期的另一个发展趋势为桌上型产品开始成熟。

2) 视频会议系统的分类

根据通信节点的数量,视频会议系统可分为两类:

(1) 点对点视频会议系统

点对点视频会议系统支持两个通信节点间视频会议的通信功能,主要业务是:

① 可视电话。可视电话是在现有公共电话网上使用的具有双工视频传送功能的电话设备。由于电话网带宽的限制,可视电话只能使用较小的屏幕和较低的视频帧率。例如:使用 3.3 英寸的液晶屏幕,每秒钟可传送 2~10 帧画面。

② 桌面视频会议系统。它利用用户现有的台式机平台以及网络通信设备和另一台装备了同样或兼容设备的远程台式机通过网络进行通信。这种系统仅限于两个用户或两个小组用户使用,Intel 公司 Proshare Personal Conferencing Video System 200 是这类系统的一个典型示例。这是一种点对点的个人视频会议系统,支持 ISDN 和 LAN 的连接,采用硬件编码压缩,软件解压缩,为了方便协同工作,Proshare 还提供共享笔记本和共享应用程序。

③ 会议室型视频会议系统。在会议室型视频会议系统的支持下,一群与会者集中在一间具有特殊装备的会议室中,这种会议室作为视频会议的一个收发中心,与远程的另外一间类似的会议室进行交互通信,完成两点间的视频会议功能。由于会议室与会者较多,因此对视听效

果要求较高,一套典型的系统一般应包括:一台或两台大屏幕监视器、高质量摄像机、高分辨率的专用图形摄像机、复杂的音响设备、控制设备及其他可选设备,以满足不同用户的要求。

(2) 多点视频会议系统

多点视频会议系统是允许三个或三个以上不同地点的参加者同时参与的会议系统。多点视频会议系统的一个关键技术是多点控制技术。多点控制单元(Multipoint Control Unit,MCU)在通信网络上控制各个点的视频、音频、通用数据和信号的流向,使与会者可以接受到相应的视频、音频等信息,以维持会议正常进行。

3) 视频会议系统的结构

视频会议系统的结构如图 9.1 所示,它主要由视频会议终端、多点控制单元 MCU、信道(网络)、控制管理软件及安全保密系统组成。

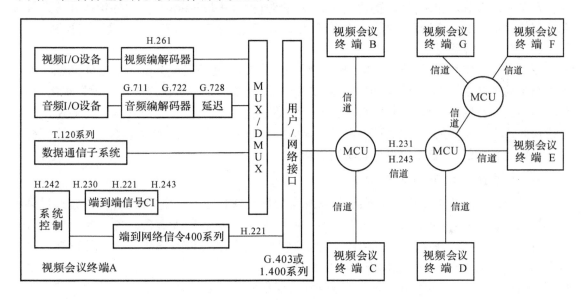

图 9.1 视频会议系统的结构

(1) 视频会议系统终端

视频会议系统终端的主要功能是:完成视频信号的采集、编辑处理及显示输出,音频信号的采集、编辑处理及输出,视频音频数字信号的压缩编码和解码,最后将符合国际标准的压缩码流经线路接口送到信道,或从信道上将标准压缩码流经线路接口送到终端中。此外,终端还要形成通信的各种控制信息:同步控制和指示信号、远端摄像机的控制协议、定义帧结构、呼叫规程及多个终端的呼叫规程、加密标准、传送密钥及密钥的管理标准等。

(2) 多点控制单元(MCU)

MCU 是视频会议系统的关键设备,它的主要功能是对视频、语音及数据信号进行切换,例如,它会把传送到 MCU 某会场发言者的图像信号切换到所有会场。对于语音信号,若同时有几个发言,可以对它们进行混合处理,选出最高的音频信号,切换到其他会场。MCU 的主要组成部分是:网络接口单元、呼叫控制单元、多路复用和解复用单元、音频处理器、视频处理器、数据处理器、控制处理器、密钥处理分发器及呼叫控制处理器。另外,它还对会议点的个数、数字通信的带宽、会议的控制模式、系统启动和故障诊断参数等进行干预和设置。

(3) 数字通信网络接口

视频会议系统内的各会议点之间必须要通过数字通信网来实现互联和多媒体信息交换。作为数字通信网本身,由于国外近年来综合业务数字网的大量建成,已经具备与多媒体计算机数据接口的条件;但从我国通信网的发展现状来看差距甚远,因此在进行系统设计时,还必须考虑接口兼容及接口标准的转换。此外,当通信网提供的接口速率与会议设备的信道速率不匹配时,还要采取用 MUX 和 IMUX 来进行转换。

(4) 控制管理软件

视频会议系统的服务质量 QoS 是满足视频会议系统需求的核心问题,视频会议系统要把用户的服务请求映射成预先规定的 QoS 参数,进而与系统和网络资源对应起来,通过资源的分配和调度满足用户的应用需要。资源的分配和调度可以选用资源的静态管理和动态管理去完成。资源的静态管理包括:QoS 的协商和解释、资源许可(Admission)、资源的保留和分配及资源的释放。资源的动态管理包括:进程管理、缓冲区管理、传输率和流量控制及差错控制。

(5) 安全保密系统

视频会议系统最后一个组成部分是安全保密系统,它也是视频会议一个重要问题。安全保密系统的主要组成部分是加密模块和解密模块,加密模块是将会议终端用户数据加密,形成加密后的数据在网络上传输;解密模块接收加密数据进行解密得到用户数据。加密模块和解密模块的核心是密钥的生成和管理,密钥生成的核心是加密算法,加密算法不包含在国际标准的建议中,它由视频会议系统设计者研制或选用。

4) 视频会议系统的基本功能

视频会议系统的工作流程如下:会议参加者分别坐在自己办公室的终端前,终端通过某种通信机制互联起来。终端屏幕的一部分是共享区,所有与会者都能看到。各与会者用语音设备进行讨论和协商。共享区的内容还可以进行删除和修改等操作,操作的结果可以被大家同时看到。屏幕上还有一部分是用户的私有区域,用来做一些个人工作。此外,系统还应提供用户菜单操作,用来完成讲话请求和发送数据等会议事务。当通信条件允许时,用户不仅可以听到讲话者的实时的语音信息,而且能看到他的实时影像。因此,多媒体视频会议系统应具备以下基本功能:

(1) 会议的发起与结束

多媒体视频会议系统应提供发起、召集一个会议的功能。会议的结束功能应考虑到文献处理等后处理工作(如自动形成会议记录等)。有时还要求该系统具有动态地接受用户加入一个正在进行中的会议请求。

(2) 会议事务处理

在视频会议系统工作时,各个会议点的多媒体计算机将反映各个会场的主要场景、人物及有关资料的图像、图片以及发言者的声音,同时进行数字化压缩;根据视频会议的控制模式,经过数字通信系统,向指定的方向进行传输。同时,在各个会议点的多媒体计算机通过数字通信系统实时接收、解压缩多媒体会议信息,并在其监视器屏幕上实时显示出指定会议参加方的会议室景、人物图像、图片和语音。

(3) 视频显示的转换控制

视频显示的转换控制有以下三种模式:

① 语音控制模式。又称自动模式,其特征是会议的视频源根据与会者的发言情况来转换。

在一个多点会议进行的过程中,当同时有多个会场要求发言时,MCU 从这些会场终端送来的数据流中提取出音频信号,在语音处理器中进行电平比较,选出电平最高的音频信号,将最响亮的语音发言人的图像与语音信号广播到其他的会场。为了避免不必要的干扰引起的切换,MCU 的切换过程应有一定的时延。切换前的发言时间应为 1~3 秒。为避免咳嗽、关门声等其他干扰造成的误切换,两次切换之间的时间间隔应为 1~5 秒。

② 主席控制模式。在这种模式下,会议主席行使会议的控制权,他掌握行使主席权利的令牌。主席可点名某分会场发言,并与它对话,其他分会场接收他们的图像和语音信号。分会场发言需向主席申请。与会的任意一方均可作为会议的主席。

③ 强制显像控制模式。又称为演讲人控制模式。当召开一次多点会议时,演讲人通过编解码器向 MCU 请求发言。此时如按桌上的按钮,或触摸控制盘上相应的键,编解码器便给 MCU 一个请求信号 MCV(多点强制显像命令)。若 MCU 认可,便将它的图像、语音信号播放到所有与 MCU 相连接的会场终端,同时 MCU 给发言人一个已"播放"的指示 MIV(多点显像指示),使发言人知道他的图像、语音信号已被其他参加会议的会场收到。当发言人讲话完毕时,MCU 将自动恢复到语音控制模式。

注意:上述控制模式仅适用于参加会议的会场不多的情况。尤其是在语音控制模式下,比较的语音路数越多,则背景噪声越大,MCU 的语音处理器就很难选出最高电平的语音信号。为可靠起见,以一个 MCU 控制十几个会场终端数目为限,再多会场数目不适宜采用语音控制。

④ 图像质量要求与传送线路一致。在对图像质量的要求较低的场合,可利用音频线路传送低分辨率的黑白图像(如每秒 10 帧)。在要求较高的场合下,则采用更先进的数据压缩技术,如,数字通信一次能以 30 帧/秒的速率发送全彩色图像,质量接近 TV 级。介于两者之间的是 64 Kb/s 整数倍的通信线路,如在 128~384 Kb/s 线路上进行中等分辨率(如 352×288)的彩色视频通信。

5) 视频会议系统的标准

标准化是产业兴旺发达的前提,视频会议系统各种设备的生产厂商,他们的产品必须符合相应的标准相互连接通讯,这样才能使视频会议系统产品市场迅速发展。80 年代,国际电信联盟(ITU)专门成立了一个小组研究视频会议,建立了一系列的建议和标准。关于视频会议最著名的标准是 H.320 系列和 T.120 系列建议,H 系列的建议和标准是专门针对交互式电视会议业务而制定的,而 T 系列是针对其他媒体的管理功能做出的规定,各种协议的结合将使多媒体会议的通信有更完善的依据。1994 年,以 Intel 为首的 90 多家计算机和通信公司联合制定了个人会议标准 PCS(Personal Conferecing Specification)。

(1) H.320 标准

H.320 系列标准是会议系统中应用最早,最为成熟的协议,支持 ISDN、E1、T1,带宽从 64 Kb/s~2 Mb/s,几乎所有的会议系统厂家都支持。甚至许多 LAN 会议系统的产品也支持 H.320。

H.320 标准包括视频、音频的压缩和解压缩,静止图像,多点会议,加密等特性,H.320 可分为通用系统、音频、多点会议、加密、数据传送五个部分。

H.320 目前包括 15 个标准,如下:

H.221 定义了视听服务中 64~1 290 Kb/s 信道的帧结构,后又增加了多点会议及加密内容。

H.230　传递帧同步控制和指示信号,负责处理基于 H.320 的 CODEC 设备之间传送的控制信息。

H.242　描述了在高至 2 Mb/s 的数字信道上,会议电视终端之间建立通信和设置呼叫的规程,定义了基于 H.320 设备之间传送压缩视频和音频信号的协议。

H.261　又称 P×64,它是视频编辑解码器的标准,采取中间格式兼容不同电视制式间的差异,是一种有运动补偿的帧间预测编码＋变换编码(ZDDCT)＋量化＋可变长编码＋传输缓存器控制的混合编码方式。视频编码器按照图像内容进行帧内/帧间判决和处理。

G.711　64 Kb/s PCM 电话质量(3.5 kHz)语言压缩标准。

G.722　48/56/64 Kb/s ADPCM 高保真质量(7 kHz)语音压缩标准。

G.728　16 Kb/s LD-CELP 语音压缩标准。

H.231　定义了多点控制单元及如何连接三个或更多的基于 H.320 CODEC 设备。

H.243　主要处理多个终端之间建立通信的过程,它定义了 H.320 CODEC 与 MCU 之间控制过程。

H.244　是使用 H.221 LSD/HSD/MCP 信道的远端摄像机控制协议。

H.281　与 H.244 相同,也是远端摄像机控制协议,指示采用数据链路协议。

H.233　提供 H.320 设备加密标准。

H.234　确定了如何在不同点之间传送密钥管理标准。

(2) H.323 标准

H.323 是为在局域网、广域网上运行多媒体系统而设计的。它描述了将实时的语音、图像数据传输到 PC 机和视频电话中所需要提供的设备和服务。H.323 提供多层次的多媒体通信,包括局域网上声音、视频以及数据通信,可以建立点播型、交互式多媒体会议,在共享数据的同时,用户可互相听到对方的声音和看到对方。H.323 是一个伞式标准,它参考了其他 ITU-T 标准,提供了系统和组件描述、呼叫模型描述以及呼叫信号处理。

### 9.1.3　多媒体远程教学系统

现代教学是全方位的教学,可以是传统的面授教学,也可以是远程教学。传统方式下的教育采用的是在教室里集中授课,这种整齐划一的呆板教育方式严重影响了学习者的个性特点。远程教育也称为远距离教育(Distance Learning),是指师生凭借媒体所进行的非面对面的教育,它的优点在于使学生在时间和空间并不统一的情况下,能与教师进行交互并完成学习任务。远程教学在很大程度上改变了传统的教学模式,改革了教材内容,缩短了教学双方的空间距离。这种教学方式可以为教师提供更好的教学素材和教学方式,扩展教师的能力空间;可以不受时间、地点的限制,为学生提供更加有声有色的形象教学;还可以提高整体管理水平和工作效率,促进信息交流,与国际教学水平接轨。

1) 远程教育的发展

从采取函授或电视授课等形式的传统远程教育,到今天以计算机网络和多媒体技术为基础的虚拟大学,远程教育经历了很长的发展阶段。

(1) 第一代远程教育

19 世纪后期,当时廉价的邮政服务在欧美得到大力发展和推行,教师将学习教材等印刷品以邮件方式寄给异地的学生,教师和学生以信件方式进行解答疑难、提交作业等,学生在完成指定任务并通过结业考试后便可获得课程成绩。

(2) 第二代远程教育

20世纪初到20世纪70年代,人们开始将广播、录音等媒介应用到教育中,教育者利用无线电、电视、电话及录音磁带等手段向学生提供远程教育。

(3) 第三代远程教育

交互技术和数字化技术为第三代远程教育奠定了基础。20世纪80年代以来,远程教育集成了许多新的技术,如卫星、交互视频、计算机网络、电子邮件和WWW技术等,从而使第三代远程教育比前两代有了突破性的进展,即允许教师和学生间同步(实时)或异步(非实时)地以文本、图形/像、音频或视频等形式进行交互式教学活动。

(4) 第四代远程教育

90年代以来,远程教育进而发展到第四代,即最大限度地利用计算机和计算机网络,同步或异步地以多媒体方式为用户提供即时培训、学历教育和信息服务等支持。目前定义的远程教育指的是第三代或第四代远程教育,即除了教师和学习者在地理位置上具有远程分布的特点外,在教学过程中还应存在交互性的活动。远程教育并不是传统教育的简单扩展,它需要对教学内容和学生的需求进行研究和理解,并在此基础上选择合适的技术平台和支持手段,增加学生在时间、空间、学习进度和交互性等方面的自主性,增强对教师专业知识和技术的利用及其他教育资源的共享。

2) 远程教育的特征

现代远程教育作为一种新兴的教育思想和教育技术,能提供公平、广泛和廉价的教育方式,使教育效率大大提高。学习者不再受到地理位置和上课时间等因素的制约。最有价值的教育资源和最优秀的网站可以被世界上任何地方的学习者在任何时间所拥有。在职教师可以自由选择学习时间,克服了工作与学习之间的矛盾。

现代远程教育具有的特征如下:

(1) 教师和学生在地理上是分开的,不是面对面的。

(2) 以现代通信技术、计算机网络技术和多媒体技术为基础。

(3) 具有实时交互式的信息交流功能。

(4) 学生可以随时随地上课,不受时空的限制。

(5) 政府行政管理部门对教育机构的资格论证。

到1998年为止,美国已有800多所大学在Internet网上提供了网上学位课程。Western Governors大学收集了美国西部18个州最好的大学教材,供世界各地的学生通过网络查阅。在中国台湾,有关方面投入了相当大的人力和物力来开发在线(on line)教育的技术和资源,并于今年3月在Internet网上开通了"终身学习网"站点,旨在实验各种在线教育的新原理、新技术和新教案。该网站自运行以来,仅仅3个月中就有2 000多人参与七门课程以及两项读书会的学习。在这里,学员不仅可以获取自己有兴趣或被指定的教材与习题,还可以上网自习,加班加点或通过"讨论区"在学员之间进行交流,更可通过"电子邮件"得到从未过见面的教师的有问有答式的辅导。实践证明,在Internet网上进行终生学习的主要价值在于它的"交互性",若只是进行单纯的资料传递,靠传统的"函授"就可实现。

中国内地1994年正式加入Internet网以来,已在基于网络的教育应用方面取得了长足的进展。教育部从不同地域、不同专业、不同学历层次、不同教学方式等方面考虑,确定了清华大学、北京邮电大学、浙江大学和湖南大学作为我国首批开展现代远程教育的试点单位,旨在通过这些试点单位的探索,找到适合我国国情的远程教育模式,推动我国现代远程教育体系的建设。

3) 实例

北京邮电大学作为国内率先进行远程教育的大学之一,1998年初就开始了与中国电信合作进行广域网上的远程教学实验,先后与湖南的三个城市、北京电信、香港大学以及天津市成功地进行了四次双向、实时、交互式课堂教学实验,并在此基础上确定了北京邮电大学的远程教学系统的技术方案。1999年北京邮电大学成为教育部进行远程教学试点的大学之一,并获得了每年1 000名本科生的招生名额。目前招收的本科生已经正式在网上上课。

北京邮电大学的远程教学系统由实时授课系统、非实时的辅助教学系统、多媒体课件库和教学教务管理系统四个主要部分组成,所有这些系统互相配合,相互补充构成了一个完整的远程教学系统。下面对这几个主要的系统作一个简单的介绍。

(1) 实时授课系统

实时授课系统是远程教学系统中一个非常重要的部分,它是教学活动中一个必不可少的环节。这类系统借助现代的通信手段将教师现场授课的语音、数据、图像等实时地传送到远端教室或学生的桌面系统上,这样学生就可以同普通的学生一样听老师的授课,既实现教学资源的共享又能获得较好的教学效果。

在实时授课系统中根据学生是否可以和教师进行实时的交流,比如向老师提问等,可以将授课系统划分为双向的交互式系统和单向的广播式系统两大类。交互式系统的特点是交互性好,教师在教学活动中可以看到学生的表情和动作,听到学生的声音,并可和学生进行现场的交流,所以教学效果比较好,尤其是那些需要学生参与的课程,比如外语教学。但是由于需要双向的通信电路,所以费用比较高。单向广播式的特点是覆盖范围广、费用低;但由于缺乏交互性,教学效果不如双向系统。

(2) 非实时的辅助系统

实时授课系统解决了课堂教学问题,虽然它在一定程度上打破了空间的限制,但学生仍然需要在指定的时间到指定的听课点去听课,还没有彻底打破时间和空间的限制。非实时辅助系统为实现这一目标提供了条件。非实时系统包括的内容很多,目前几乎都是依托IP网的,比如用WWW系统来发布消息,用FTP系统来下载教师的电子教案,用E-Mail系统来布置作业、提交作业、进行答疑,用BBS系统为学生提供学术讨论空间和虚拟的班级环境,利用多媒体的课件库为学生提供声像并茂的自主学习方式等。

(3) 多媒体课件制作系统

所谓的多媒体课件就是利用先进的多媒体技术将每一门课程的内容转换为文、图、声、像并存的多媒体信息,使得学生能随时随地进行学习。利用先进的多媒体技术,如动画等,我们可以将课程中非常抽象的基本概念用非常形象直观的形式表现出来,这样学生就能在很短的时间内掌握这些抽象的基本概念,获得很好的学习效果。事实上多媒体课件制作水平的高低是远程教学系统能否成功的关键。如果仅仅是将课程所使用的教材简单地扫描就作为课件提供给学生,实质上就相当于简单地将课堂和课本搬到了网上,远程教育就失去了它的意义。而实质上远程教育除了要利用现代的通信技术拉近人们的距离外,更主要的是要利用先进的多媒体技术为学生的学习提供全新的学习方式,在最短的时间内学到更多更丰富的内容。从我国目前远程教学的发展现状来看,多媒体课件目前相当匮乏,这也成为制约远程教学发展的重要因素。

(4) 教学、教务管理系统

教学、教务管理是远程教学系统的重要组成部分,主要涉及课程的设置、授课安排、学生的入学注册、学籍管理、学习过程跟踪等内容。

### 9.1.4 多媒体远程医疗系统

远程医疗系统是指通过现代的计算机多媒体技术与现代远程通信技术来完成异地医疗服务的系统,多媒体通信网络的发展为远程医疗开辟了广阔的应用前景。通过远程医疗,可以实现远程专家门诊;可以实现医院之间的设备、人力资源共享;可以实现家庭网上诊疗,从而节约患者就医占用的大量工作时间和减少出行的不便;可以改善我国边远山区和农村落后地区的医疗状况,提高医疗水平;还可以满足医疗工作者之间互相交流学习的需求。

1) 远程医疗的发展及现状

(1) 国外远程医疗的发展及现状

20 世纪 50 年代末,美国学者 Wittson 首先将双向电视系统用于医疗;同年,Jutra 等人创立了远程放射医学。此后,美国不断有人利用通信和电子技术进行医学活动,并出现了"Telemedicine"一词,现在国内专家统一将其译为"远程医疗(或远程医学)"。

① 第一代远程医疗  60 年代初到 80 年代中期的远程医疗活动被视为第一代远程医疗。这一阶段的远程医疗发展较慢。从客观上分析,当时的信息技术还不够发达,信息高速公路正处于新生阶段,信息传送量极为有限,远程医疗受到通信条件的制约。

② 第二代远程医疗  自 80 年代后期,随着现代通信技术水平的不断提高,一大批有价值的项目相继启动,其声势和影响远远超过了第一代技术,可以被视为第二代远程医疗。从 Medline 所收录的文献数量看,1988~1997 年的 10 年间,远程医疗方面的文献数量呈几何级数增长。在远程医疗系统的实施过程中,美国和西欧国家发展速度最快,联系方式多是通过卫星和综合业务数据网(ISDN),在远程咨询、远程会诊、医学图像的远距离传输、远程会议和军事医学方面取得了较大进展。

1988 年美国提出远程医疗系统应作为一个开放的分布式系统的概念,即从广义上讲,远程医疗应包括现代信息技术,特别是双向视听通信技术、计算机及遥感技术,向远方病人传送医学服务或医生之间的信息交流。同时美国学者还对远程医疗系统的概念做了如下定义:远程医疗系统是指一个整体,它通过通信和计算机技术给特定人群提供医疗服务。这一系统包括远程诊断、信息服务、远程教育等多种功能,它是以计算机和网络通信为基础,针对医学资料的多媒体技术,进行远距离视频、音频信息传输、存储、查询及显示。乔治亚州教育医学系统(CSAMS)是目前世界上规模最大、覆盖面最广的远程教育和远程医疗网络,可进行有线、无线和卫星通信活动,远程医疗网是其中的一部分。

欧洲及欧盟组织了 3 个生物医学工程实验室、10 个大公司、20 个病理学实验室和 120 个终端用户参加的大规模远程医疗系统推广实验,推动了远程医疗的普及。澳大利亚、南非、日本、中国香港等国家和地区也相继开展了各种形式的远程医疗活动。1988 年 12 月,前苏联亚美尼亚共和国发生强烈地震,在美苏太空生理联合工作组的支持下,美国国家宇航局首次进行了国际间远程医疗,使亚美尼亚的一家医院与美国的四家医院联合会诊。这表明远程医疗能够跨越国际间政治、文化、社会以及经济的界限。

美国的远程医疗虽然起步早,但其司法制度曾一度阻碍了远程医疗的全面开展。所谓远程仅限于某一州内,因为美国要求行医需取得所在州的行医执照,跨州行医涉及到法律问题。据统计,1993 年,美国和加拿大约有 2 250 例病人通过远程医疗系统就诊,其中 1 000 人是由得克萨斯州的定点医生进行的仅 3~5 分钟的肾透析会诊;其余病种的平均会诊时间约 35 分钟。

(2) 我国远程医疗的发展及现状

我国是一个幅员辽阔的国家,医疗水平有明显的区域性差别,特别是广大农村和边远地区。在我国,远程医疗更有发展的必要。

我国从 20 世纪 80 年代才开始远程医疗的探索。1988 年解放军总医院通过卫星与德国一家医院进行了神经外科远程病例讨论。1995 年上海教育科研网、上海医大远程会诊项目启动,并成立了远程医疗会诊研究室。该系统在网络上运行,具有逼真的交互动态图像。目前经过验收合格并正式投入运营的包括中国医学科学院北京协和医院、中国医学科学院阜外心血管病医院等全国二十多个省市的数十家医院网站,已经为数百例各地疑难急重症患者进行了远程、异地、实时、动态电视直播会诊,成功地进行了大型国际会议全程转播,并组织国内外专题讲座、学术交流和手术观摩数十次,极大地促进了我国远程医疗事业的发展。

尽管我国的远程医疗已取得了初步的成果,但是距发达国家水平还有很大差距,在技术、政策、法规、实际应用方面还需不断完善;同时,广大人民群众对远程医疗的认识还有待进一步提高。

2) 远程医疗应用范围

远程医疗被誉为一种崭新的医疗服务手段,它包含了远程会诊、远程医学图像处理服务、远程教育、远程护理、医疗保健咨询系统、远程预约服务等项目。

(1) 远程会诊:通过现有多媒体通信网将病人的心电图、X 线、CT、MIR、超声、病理等病历资料进行远距离传输交流,专家对患者的病情进行分析、处理后进行交互式实时可视会诊,通过视频设备、传输网络与异地的医生和病人进行面对面的讨论,进一步明确诊断,指导确定治疗方案。

(2) 远程医疗图像处理服务:远程医疗系统能建立医学图像库,方便采集和传输 X 线、CT、MIR、超声图像、心电图、病理,甚至包括显微镜下的组织细胞图片,并对采集的图像资料进行回放、窗口变化、三维重建、数据计算与分析等处理,保证影像信息无失真记载存储、分类检索查询,提高异地基层医院阅片及诊疗水平。

(3) 远程辅导:云集高水平的医学专家,以一点对多点的方式进行专家学术讲座,新技术、新信息的发布,疑难手术演示指导,开展一系列的医学再教育,医护人员学历再教育,解决脱产进修的问题。远程教学还可满足不同网点的要求,随时开讲不同的专题学术讲座,不受时间、地域的限制,师生间教与学在不同空间下同步进行,教师可以随时解答学生的提问,进行双向交流,有别于电视讲座的单向传授,使边远地区、不发达地区的医务人员不脱产即可进修学习,获得最新的医学信息。

(4) 远程医疗监护:对远端患者的主要生理参数,如心电、血压、体温、呼吸和血氧饱和度等进行实时检测,并提供护理指导,使患者足不出户就能享受一流的医疗服务。

(5) 预约服务:患者通过入网医院或电子信箱向会诊中心申请预约挂号、预约住院、预约出诊等服务。

（6）信息资料数据库：建立医院及患者的信息资料数据库，完整保存大量医疗信息，建立信息资料自动检索查询系统，方便患者临床复诊，避免不必要的重复检查，为医务人员提供最新的医疗信息，提高医疗质量和科研水平。

3）网络构成

一般远程医疗系统的网络构成如下：

（1）中心服务器：中心服务器负责对整个远程医疗系统进行日常管理、网络服务、信息发送和连接外部其他相关网络系统。

① 网络管理：对于一个区域网络来说，中心服务器是最高管理者，其性能直接决定网络的优劣。中心服务器24小时协同服务于各分服务器和会诊点，实现下述工作：a. 应急调配各地医务力量进行重大紧急会诊；b. 紧急药物救助；c. 会诊的记账、收费管理；d. 用户权限管理；e. 院间技术协作；f. 各种信息的适时发布等。

中心服务器可以随时响应各会诊点的各种要求，并做出回应，如果遇到紧急情况，中心服务器能够向区域网络中各会诊点发出要求，调配医务力量或做出紧急措施。

② 会诊管理：通过中心服务器进行会诊，除各会诊间对点会诊外，主要是实现多方会诊，即可以在本省各医院间进行，也可以跨省域进行。中心服务器还可以对每次会诊信息进行登记、存储，实现会诊的正规化管理。

③ 外部通信：电话、ISDN、微波、光缆、卫星等都可以接入。中心服务器可以与国际Internet网、中国科技网、邮电网等网络联通，增加了信息渠道。

（2）远程医疗前端：远程医疗前端是直接面对用户的终端网络系统。前端通常包括数据采集、数据预处理、通讯和信息表示几个部分。目前，一般采用直观生动的与Internet网完全一致的3M界面，操作者只要选择会诊医院目录中的医院名称，就可查看此医院入网会诊专家的名单。它具有强大的查询功能，可根据专家名单、专家的特长选择远程会诊的专家。在同一界面中，既可审阅已会诊或待会诊的某患者会诊前期检查报告，又可获知所有当日会诊患者的名单，并能根据不同的条件进行查询。

它还具有视频传输与视频可调功能，可以做到视频的动态传输和高质量的动画传送，使会诊的双方可看到远端对方的动态图像等。另外还可在接入医疗设备的同时接入可直接接入计算机的外部设备，如打印机和扫描仪等。

远程医疗系统的应用可以大大提高了医疗系统的服务质量和工作效率，通过交互式多媒体远程医疗系统可以利用多种通信网络，使身处异地的患者和医学专家之间进行"面对面"的会诊；可以同时作为医疗部门内的电视会议系统，召开大范围的电视会议，充分利用通信网络的时空优势，节约时间，减少费用，提高效率；可以作为医疗专业的远程教学与培训的工具，投资少、覆盖面广、收益人多、适合不同层次人员的需求，有良好的社会效益。

### 9.1.5 视频点播系统

视频点播系统（VOD）是按用户的需要播放视频流，是近年来新兴的传媒方式，是计算机技术、网络通信技术、多媒体技术、电视技术和数字压缩技术等多学科、多领域融合交叉结合的产物。

VOD是90年代在国外发展起来的，目前我国一些城市在小范围内已有试验性的视频点播系统。视频点播系统主要由控制中心的大型计算机服务器、传输及交换网络、用户端的接收机顶盒或计算机组成。当用户发出点播请求时，该计算机服务器就会根据点播信息，将存放在节目库中的影视信息检索出来，合成一个个视像数据流，通过高速传输网络送到用户家中。对用户而言，只需配备相应的多媒体电脑终端或者一台电视机、一个机顶盒和一个视频点播遥控器。

1) VOD 特点

VOD 技术使人们可以根据自己的兴趣，不用借助录像机、影碟机、有线电视而在电脑或电视上自由地点播节目库中的视频节目和信息，是可以对视频节目内容进行自由选择的交互式系统。

VOD 业务是交互型的多媒体调用业务，用户通过它可以获取影视节目、社会服务信息等影视服务，还可以对节目实现编辑与处理（倒退、暂停、搜索等等）。视频点播系统可以接收多位用户同时点播同一节目，互相没有冲突。

形象地说，使用 VOD 业务就如同在自己的影碟机或录像机上看节目一样方便，并且 VOD 向用户提供的服务内容将远远超过普通录像带的内容，如用户甚至可以用视频点播系统浏览 Internet 网、收发电子邮件等等。

VOD 的本质是信息的使用者根据自己的需求主动获得多媒体信息，它与信息发布的最大不同是：主动性和选择性。从某种意义上说，这是信息的接受者根据自身需要进行自我完善和自我发展的方式，这种方式在当今的信息社会中将越来越符合信息资源消费者的深层需要，可以说 VOD 是信息获取的未来主流方式在多媒体视音频方面的表现。VOD 的概念将会在信息获取的领域快速扩展，具有无限广阔的发展前景。

VOD 具有以下特点：

(1) 视频节目是在信息源处集中存储的。

(2) 用户接受到的节目是由他主动挑选的。

(3) 节目源和用户间有传输视频信息的网路连接。

(4) 用户需要有专门的接收设备。

VOD 技术的出现，在某种意义上讲是视频信息技术领域的一场革命，其巨大的潜在市场，使世界主要发达国家都投入了大量的资金，加速开发和完善这一系统。

2) VOD 的发展史

VOD 从技术上划分为以下四个阶段：

(1) 第一代 VOD 系统

第一代 VOD 系统早期主要采用的网络传输协议为 UDP 协议；应用范围主要是局域网，因为协议本身的一些因素，所以并发用户少，响应速度比较慢，而且还要对服务器进行特别设置。

在 VOD 系统发展的初级阶段，国外的 VOD 产品采用此种传输模式较多，随着流媒体技术日新月异的发展，UDP 传输模式已经不能适应发展的需求。各商家都在加紧研发下一代 VOD 产品的核心技术，但目前仍有部分国内和国外的 VOD 产品继续使用此种传输模式。

(2) 第二代 VOD 系统

第二代 VOD 系统采用的网络传输协议为 TCP 协议；此协议占用资源较大，但是能够保证视频高质量的传输，适合局域网，也可在城域网、广域网中应用。但应用此传输协议的产品往往点播时响应速度很慢，需要昂贵的专业视频服务器，并且对路由器、网关、防火墙进行相应特殊设置才可进行远程 VOD 点播。使用此协议的 VOD 产品支持并发用户较少。

有部分厂商基于此种传输技术开发出的 VOD 产品,在目前网络环境的局限情况下,不能满足实际的需求,便纷纷放弃使用此种技术。目前仍有极少数的 VOD 产品使用以 TCP 协议为基础的核心技术。

(3) 第三代 VOD 系统

第三代 VOD 系统采用的网络传输协议为 RTP;RTP 只有与 RTCP 配合使用才能提高传输效率,支持格式较少,目前大多数的国内和国外的 VOD 产品使用此种技术,但必须对路由器、网关进行特殊设置后,才能在国际 Internet 网上实现远程 VOD 点播,需要专用的视频服务器,价格昂贵,需预读一段时间才能播放,点播响应速度较慢。第三代流媒体传输的核心技术目前已经在众多 VOD 的产品中得到了广泛的应用,第三代 VOD 系统对点播视频的质量和支持的并发流数,较原来的技术相比有了相应的提高;但在远程 VOD 点播上,如何通过众多的网关、路由器、防火墙等,存在着很多的隐患。在视频点播技术发展日新月异的今天,使用此种技术的 VOD 厂商仍有很长一段路需要走。

(4) 第四代 VOD 系统

第四代 VOD 系统采用的网络传输协议为 HTTP;此协议为国际标准协议,应用范围广,不但可以在局域网上使用,也能很好地应用在城域网、广域网,基于该协议特点,视频流在传输过程中不需要对路由器、网关进行设置,点播响应速度较快。只要网页能访问到,就可以点播节目。

3) VOD 系统结构

VOD 系统由视频服务器、通信网络、客户端设备、节目制作中心等四大部分组成。

(1) 视频服务器:大量存储视频节目信息;处理用户的交互式命令信息发送视频数据。

(2) 通信网络:主干网:①要求较高的带宽,连接视频服务器和制作管理系统;②子网:作为主干网的下一级网络,把信息传递到每个客户端设备。

(3) 客户端设备:完成视频节目信息的播放;提供用户操作界面,接收交互式命令信息。

(4) 节目制作中心:完成视频节目的编辑及制作;视频数据库的管理;VOD 系统用户的管理。

对于规模较大的 VOD 系统,节目制作中心和视频服务器之间也由网络连接,对于规模较小的 VOD 网络,节目制作中心和视频服务器可以合并在一起。VOD 结构框图如图 9.2 所示。

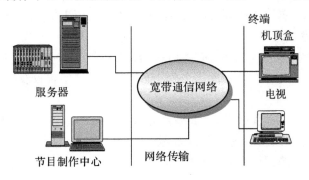

图 9.2　VOD 系统结构框图

4) VOD 系统的基本要求

VOD 是伴随着视频、音频处理及计算机网络技术的发展而迅速兴起的一门综合性技术。

网络结构中的多媒体数据以实时数据流的形式传输,与传统的文件数据不同,多媒体数据流一旦开始传输,就必须以稳定的速率传送到桌面电脑上,以保证其平滑地回放,视频、音频数据流都不能有停滞和间断。网络拥堵、CPU 争用或 I/O 瓶颈都可能导致传送的延迟,引起数据流传输阻塞。

(1) VOD 必须满足如下要求:
① 音频、视频数据流平滑、无停顿和抖动。
② 综合各种文字、图片、声音、视频信息。
③ 查询方法简便、快捷;具有快速的响应速度。
④ 多媒体信息展示的界面简洁、明了、符合需要。

(2) VOD 系统对多媒体数据的基本要求如下:
① 灵活的查询方式:关键字、逻辑查询(组合查询)、基于内容的查询、层次检索、自然语言查询等。
② 清晰、合法的查询界面。
③ 时限内的查询和并发访问时间。
④ 在授权的条件下,用户能方便地更新数据库。
⑤ 服务器平台和网络平台的独立性。

(3) 对数据库的性能要求如下:
① 系统的综合性能。对多媒体数据的管理方式是否灵活、数据库引擎的处理能力、数据库服务器的 I/O 通道、网络带宽等。
② 易用性。客户端浏览器和数据库数据更新部分的使用简便程度还与多媒体数据库的结构有关。
③ 可伸缩性。包括数据库服务器硬件的可伸缩性、网络环境变化的适应能力。
④ 可移植性。对实时应用和 24×7(每天 24 小时,每周 7 天)应用等关键任务,必须采用双机备份的技术,以提高可靠性。集群技术正在发展中,但目前成本较高。

5) VOD 系统的应用领域

VOD 技术的功能远远超出人们的想像。用户可在家中的电视机前,利用遥控器按照自己的意愿来实现点播电视、信息查询、家庭购物、远程医疗、电视教育、电子函件、旅游指南、定票预约、股票交易等等流动。这一技术的出现,极大地提高和改善了人们的生活质量和工作效率。

(1) 影视歌曲点播

卡拉 OK 厅、宾馆饭店、住宅小区、有线电视台。如:在小区中小区住户可通过电视机机顶盒(Setup‐Box)或 PC 登录 VOD 视频服务器,任意点播自己喜欢收看的电视及新闻节目。

(2) 教育和培训

校园网和多媒体教室、远程教学、企业内部培训、医院病理分析和远程医疗。如:教师备课时可通过计算机终端方便及时地提取备课及教学资料。同时,课堂教学也可以为学生提供动态直观的演示,增强学生的记忆力和理解能力。

(3) 多媒体信息发布

电子图书馆、政府企业。如:企事业单位可通过此系统调用以往会议的视频资料,负责人也可通过系统发表讲话,系统会通过网络将信息实时地传送到下端各个部门,为企事业单位节省大量宝贵的时间。

(4) 交互式多媒体展示

机场、火车站、影剧院、展览馆、博物馆、广告业、商场、百货公司。

以上几种只是最典型的应用,VOD 系统可构架于各种网络基础之上,充分发挥想像力,便可构造出形形色色的应用方式。

## 9.1.6 IP 电话

### 1) IP 电话的概念

IP 电话(IP Telephony)、因特网电话(Internet Telephony)和 VoIP 都是在 IP 网络即信息包交换网络上进行的呼叫和通话,而不是在传统的公众交换电话网络上进行的呼叫和通话。当前,IP 电话用于长途通信时的价格比较 PSNT 电话的价格便宜得多,但质量也比较低。尽管质量不尽如人意,但 IP 电话仍然是最近几年全球多媒体通信中的一个热点技术。

在信息包交换网络上传输声音的研究始于 20 世纪 70 年代末和 80 年代初,而真正开发 IP 电话市场始于 1995 年,VocalTec(WWW. vocaltec. com)公司率先使用 PC 软件在 IP 网络上的两台 PC 机之间实现通话。1996 年科技人员在 IP 网络和 PSTN 网络之间的用户做了第一次通话尝试。1997 年出现具有电话服务功能的网关,1998 年出现具有电话会议服务功能的会务器,1999 年开始应用 IP 电话。2000 年 IP 电话开始用在移动 IP 网络上,例如,通用信息包交换无线服务(General Packet Radio Service,GPRS)或者通用移动电话系统(Universal Mobile Telecommunications System,UMTS)。

IP 电话允许在使用 TCP/IP 协议的因特网、内联网或者专用 LAN 和 WAN 上进行电话交谈。内联网和专用网络可提供比较好的通话质量,与公用交换电话网提供的声音质量可以媲美;在因特网上目前还不能提供与专用网络或者 PSTN 那样的通话质量,但支持保证服务质量(QoS)的协议有望改善这种状况。在因特网上的 IP 电话又叫做因特网电话(Internet Telephony),它意味着只要收发双方使用同样的专有软件或者使用与 H.323 标准兼容的软件就可以进行自由通话。通过因特网电话服务提供者(Internet Telephony Service Providers,ITSP),用户可以在 PC 机与普通电话(或可视电话)之间通过 IP 网络进行通话。从技术上看,VoIP 比较侧重于指声音媒体的压缩编码和网络协议,而 IP Telephony 比较侧重于指各种软件包、工具和服务。

### 2) IP 电话的分类

IP 电话根据通话的方式可以分为三种类型。

(1) 在 IP 终端(计算机)之间的通话

IP 终端之间的通话方式如图 9.3 所示。在这种通话方式中,通话收发双方都要使用配置有相同类型的或者兼容的 IP 电话软件和相关部件,例如声卡、麦克风、喇叭等。声音的压缩和解压缩由 PC 机承担。

(2) IP 终端与电话终端之间的通话

IP 终端与普通电话(或可视电话)之间通过 IP 网络和 PSTN 网络的通话方式如图 9.4 所示。在这种通话方式中,通话的一方使用配置有 IP 电话软件和相关部件的计算机,另一方则使用 PSTN/ISDN/GSM 网络上的电话。在 IP 网络的边沿需要有一台配有 IP 电话交换功能的网关,用来控制信息的传输,并且把 IP 信息包转换成线路交换网络上传送的声音,或者相反。

图 9.3　IP 终端之间的通话

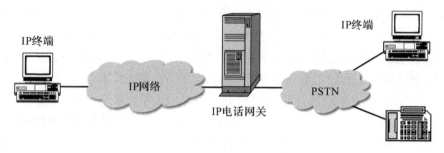

图 9.4　IP 终端与电话终端之间的通话

（3）电话之间的通话

普通电话（或可视电话）之间通过 IP 网络和 PSTN 网络的通话方式如图 9.5 所示。在这种方式中，通话双方都使用普通电话，或者一方使用可视电话，或者双方都使用可视电话。这种方式主要是用在长途通信中，在通话双方的 IP 网络边沿都需要配置有电话功能的网关，进行 IP 信息包和声音之间的转换及控制信息的传输。

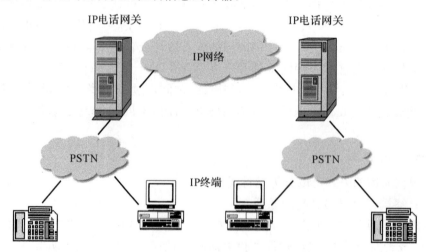

图 9.5　通过 IP 网络的电话之间的通话

3）IP 电话的原理

在 IP 网络上传送声音的基本过程如图 9.6 所示。拨打 IP 电话和在 IP 网络上传送声音的过程可归纳如下：

（1）来自麦克风的声音在声音输入装置中转换成数字信号，生成"编码声音样本"输出。

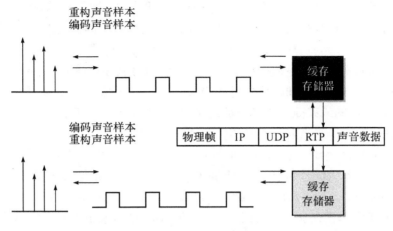

图 9.6　IP 电话的通话过程

(2) 这些输出样本以帧为单位(例如 30 毫秒为一帧)组成声音样本块,并拷贝到缓冲存储器。

(3) IP 电话应用程序估算样本块的能量。静音检测器根据估算的能量来确定这个样本块是作为"静音样本块"来处理还是作为"说话样本块"来处理。

(4) 如果这个样本块是"说话样本块",就选择一种算法对它进行压缩编码,算法可以是 H.323 中推荐的任何一种声音编码算法或者全球数字移动通信系统(Global System for Mobile Communications,GSM)中采用的算法。

(5) 在样本块中插入样本块头信息,然后封装到用户数据包协议(UDP)套接接口(Socket Interface)成为信息包。

(6) 信息包在物理网络上传送。在通话的另一方接收到信息包之后,去掉样本块头信息,使用与编码算法相反的解码算法重构声音数据,再写入到缓冲存储器。

(7) 从缓冲存储器中把声音拷贝到声音输出设备转换成模拟声音,完成一个声音样本块的传送。

从原理上说,IP 电话和 PSTN 电话之间在技术上的主要差别是它们的交换结构。Internet 网使用的是动态路由技术,而 PSTN 使用的是静态交换技术。PSTN 电话是在线路交换网络上进行,对每次通话都分配一个固定的带宽,因此通话质量有保证。在使用 PSTN 电话时,呼叫方拿起收/发话器,拨打被呼叫方的国家码、地区码和市区号码,通过中央局建立连接,然后双方就可进行通话。在使用 IP 电话时,用户输入的电话号码转发到位于专用小型交换机(Private Branch Exchange,PBX)和 TCP/IP 网络之间最近的 IP 电话网关,IP 电话网关查找通过 Internet 网到达被呼叫号码的路径,然后建立呼叫。IP 电话网关把声音数据装配成 IP 信息包,然后按照 TCP/IP 网络上查找到的路径把 IP 信息包发送出去。对方的 IP 电话网关接收到这种 IP 信息包之后,把信息包还原成原来的声音数据,并通过 PBX 转发给被呼叫方。

IP 电话的原理可概括如下:网关(Gateway)一方面通过公共交换电话网(PSTN)进而与用户电话机相连,另一方面与 Internet 网相连。用户语音的模拟信号到达网关后被数字化,语音经压缩并进行数据打包后,传到 Internet 网上,再传往另一通话方所在地的网关上进行语音还原,然后传送到电话网上到达终端电话机,这样双方可实时通话。

4) IP 电话的标准

开通 IP 电话服务需要使用的一个重要标准是信号传输协议(Signalling Protocol)。信号传输协议是用来建立和控制多媒体会话或者呼叫的一种协议,数据传输(Data Transmission)不属于信号传输协议。这些会话包括多媒体会议、电话、远距离学习和类似的应用。IP信号传输协议(IP Signalling Protocol)用来创建网络上客户的软件和硬件之间的连接。多媒体会话的呼叫建立和控制的主要功能包括用户地址查找、地址转换、连接建立、服务特性磋商、呼叫终止和呼叫参与者的管理等。附加的信号传输协议包括账单管理、安全管理、目录服务等。

广泛使用IP电话的最关键问题之一是建立国际标准,这样可使不同厂商开发和生产的设备能够正确地在一起工作。当前开发IP电话标准的组织主要有ITU-T、IETF和欧洲电信标准学会(European Telecommunications Standards Institute, ETSI)等。人们认为两个比较值得注意的可用于IP电话信号传输的标准是ITU的H.323系列标准和IETF的入会协议(Session Initiation Protocol, SIP)。SIP是由IETF的MMUSIC(Multiparty Multimedia Session Control)工作组正在开发的协议,它是在HTML语言基础上开发的、并且比H.323简便的一种协议。该协议原来是为在因特网上召开多媒体会议而开发的协议。H.323和SIP这两种协议代表解决相同问题(多媒体会议的信号传输和控制)的两种不同的解决方法。此外,还有两个信号传输协议被考虑为SIP结构的一部分。这两个协议是:会话说明协议(Session Description Protocol, SDP)和会话通告协议(Session Announcement Protocol, SAP)。因特网多媒体远程会议协会(International Multimedia Teleconferencing Consortium, IMTC)的VoIP forum和MIT因特网电话协会(MIT Internet Telephony Consortium)对不同标准和网络之间的协同工作比较感兴趣。

## 9.2 超文本和超媒体

随着信息与数据以爆炸的方式不断增长,我们日益感到现有的信息存储与检索机制越来越不足以使信息得到全面而有效的利用,尤其不能像人类思维那样以通过"联想"来明确信息内部的关联性,而这种关联却可以使人们了解分散存储在不同地点的信息数据直接的连接关系及相似性。正如有的科学家指出的那样:我们可能已经发现了一种治疗癌症或心脏病的方法,我们可能已经找到摆脱时空限制的途径,我们可能……这种种问题的答案细分在成百上千个部分,以点点滴滴信息的形式分散在世界各地,有待于搜索起来,联系起来。今天,世界已经充满了大量的信息,但信息之多,相互关系之复杂,甚至连某学科的专家也不可能掌握该学科的全部知识。因此,我们迫切需要一种技术或工具,它可以建立起存储于计算机网络之间的链接结构,形成可供访问的信息空间,使得各种信息能够得到更广泛的应用。

### 9.2.1 超文本的发展历史

1945年,一位叫V.Bush的科学家写了一篇引起争议的文章,提出了在二战之后可能发生的科学研究项目,当时他明智地觉察到信息超载问题,而且提出采用交叉索引链接来帮助解决这个问题。他甚至设计出一种叫做"memex"的系统,来对当时主要的存储方式——微缩胶片进行管理和检索。由于条件所限,Bush的思想在当时并没有变成现实,但是他的思想在此后的50多年中产生了巨大影响。人们普遍认为超文本的概念,源于Bush,称他为超文本的鼻祖。

"超文本"这个词在英语词典里并不存在,1965年,美国人Nelson杜撰了"HyperText"这个词,并把它定义为一种不易表示的以复杂方式互联的文本或插图,所以他被认为是早期超文本的创始人。后来,超文本一词得到世界的公认,成了这种非线性信息管理技术的专用词汇。1999国际超文本大会设立的新人奖即以 Nelson 的名字命名。

Nelson 创立超文本概念之后的十几年中,超文本的研究不断取得可喜的进展,这个时期称为超文本系统的研究阶段,此时大多是概念证明,主要目的是表明超文本并不是一种梦想,而是能够在计算机上实现的。世界上第一个实用的超文本系统是美国布朗大学在 1967 年为研究及教学开发的"超文本编辑系统"(Hypertext Editing System)。之后,布朗大学于 1968 年又开发了第二个超文本系统——"文件检索编辑系统 PRESS"。这两个早期的系统已经具备了基本的超文本特性:链接、跳转等等,不过用户界面都是文字式的。

进入 20 世纪 80 年代超文本的研究发生了质的飞跃。1985 年,Symbolics Document Examiner 研制成功,成为第一个投入市场使用的超文本系统。HyperCard 是 80 年代末期世界上最流行的超文本系统,从 1987 年到 1992 年 Apple 公司随每一台销售出去的机器奉送一套 HyperCard。HyperCard 的流行使超文本的基本概念得到了普及,结束了超文本仅仅作为研究主题的状况,被广泛接受为一种新技术,并且在应用开发特别是教育系统的开发方面起到举足轻重的作用。进入 20 世纪 90 年代,随着国际 Internet 网的发展,超文本或超媒体系统已经得到了更为完善的发展和应用。

## 9.2.2 超文本与超媒体的定义

科学研究表明,我们人类的记忆是一种联想式的记忆,它构成了人类记忆的网状结构。人类记忆的这种联想结构不同于文本的结构,文本最显著的特点是它在组织上是线性的和顺序的。这种线性结构体现在阅读文本时只能按照固定的线性顺序阅读,先读第一页,接着读第二页、第三页……这样一页页地读下去。这种线性文本作为一种线性组织表现出贯穿主题的单一路径。但人类记忆的 Internet 网状结构就可能有多种路径,不同的联想检索必定导致不同的访问路径。例如,某人对"夏天"一词可能联想到"游泳",对一幅汽车的照片可能联想到飞机。尽管我们对某一对象具有相同的概念,但由于文化基础和受教育的背景,加之不同时间或不同的地点,产生的联想结果就可能是千差万别的。

这种联想方式实际上表明了信息的结构及其动态性。显然,这种互联的网状信息结构用普通的文本是无法管理的,必须采用一种比文本更高一级的信息管理技术,也就是我们将要介绍的超文本和超媒体。超文本结构就类似于人类的联想记忆结构,它采用了一种非线性的网状结构组织块状信息,没有固定的顺序,也不要求读者必须按照某个顺序来阅读。采用这种网状结构,各信息块很容易按照信息的原始结构或人们的"联想"关系加以组织。例如,一部百科全书有许许多多"条目",它可以按照字母次序进行排列,也可以按照各专业的分类用"链"加以连接,以便于人们"联想"查找。在一个典型的超文本系统的结构中,超文本是由若干内部互联的文本块组成,这些信息块可以是计算机的若干窗口、若干文件或更小块信息。这样的一个单元就称为一个节点。不管节点有多大,每个节点都有若干指向其他节点或从其他节点指向该节点的指针,这些指针就称为"链"。链有多种,它连接着两个节点,通常是有方向的。链的数量不是固定的,它依赖于每个节点的内容与信息的原始结构。有些节点与其他节点有许多关联,因此它就有许多链。超文本的链通常连接的是节点中有关联的词或词组,而不是整个节点。当用户主动点击该词时,将激活这条链从而迁移到目的节点。

这种超文本结构实际上就是由节点和链组成的一个信息网络,也就是我们熟悉的 Web。

我们可以在这个信息网络中任意"航行"浏览。这里要强调的不仅仅是"阅读",而更重要的是用户可以主动地决定阅读的顺序。由于在超文本结构中,任意两节点之间可以有若干条不同的路径,读者就可以自由地选择最终沿哪条路径阅读文本。这同时要求超文本结构的制作者事先必须为读者建立起一系列可供选择的路径,或者由超文本系统动态地产生出相应的路径,而不是过去那种单一的线性路径。文本的线性结构与超文本结构如图 9.7 所示。

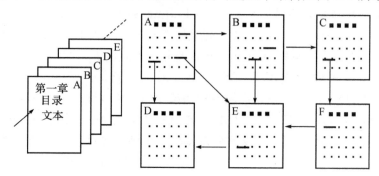

**图 9.7　文本的线性结构与超文本结构**

传统印刷文本中的脚注和有许多交叉参考条目的百科全书,跟超文本的结构很相似。对于有脚注的文本,当读者遇到一个脚注时,可以作出不同的选择,或者继续阅读中文,或者追踪脚注。百科全书就更加典型了,读者循此指示便找到适当的卷和适当的条目,而在这些参见的条目中又可能出现"参见",因此,阅读的逻辑路径就构成了一个网络。然而,无论脚注文本或百科全书与超文本结构多么相似,超文本都与它们有着本质的区别,这就是超文本充分利用了计算机的特点。现代大百科全书中,相互参照往往要在几十卷大部头书之间查阅,显然速度很慢而且十分费时。而使用超文本文献可以用不到一秒钟的时间从一个节点转移到下一个节点,而且文献所容纳的线性可以印刷成为千百册图书。

1）基本概念

（1）超文本

传统的文本是顺序的,线性表示的,而超文本不是顺序的,它是一个非线性的网状结构,把文本按其内部固有的独立性和相关性划分成不同的基本信息块（结点）。超文本是一种使用于文本、图形或计算机的信息组织形式。它使得单一的信息块之间相互交叉"引用"。这种"引用"并不是通过复制来实现的,而是通过指向对方的地址字符串来指引用户获取相应的信息。这种信息组织形式是非线性的,它使得 Internet 网成为真正为大多数人所接受的交互式的网络。

超文本——由信息结点和表示信息结点间相关性的链构成的一个具有一定逻辑结构和语义的网络。

（2）超媒体

早期的超文本的表现形式仅仅是文字的,因此这就是它被称为"文本"的原因,随着多媒体技术的发展,各种各样多媒体接口的引入,信息的表现方式扩展到视觉、听觉及触觉媒体。利用超文本形式组织起来的文件不仅仅是文本,也可以是图、文、声、像以及视频等多媒体形式的文件,这种多媒体信息就构成了超媒体。

超媒体＝多媒体＋超文本

数据库、超文本、多媒体的关系我们可以用图 9.8 简单地表示。

（3）超文本系统

基于超文本信息管理技术组成的系统称为超文本系统。一个超文本系统的特点有如下几个：

① 图形用户接口。超文本系统是一种新的用户接口方法，在浏览器和图标的帮助下，用户可以通过点节链阅读结点的内容获取大量的信息。

② 向用户给出一个网络结构动态总貌图，使用户在每一时刻都可以得到当前结点邻接环境。

③ 在超文本系统中一般使用双向链接结构，这种链应支持跨越各种网络，如 LAN、Intranet、Internet。

④ 包含管理结点和链信息的引擎。用户可以根据自己的需要动态地改变网络中的结点和链，以便对网络中的信息进行快速、直观、灵活地访问，如浏览、查询、标注等。

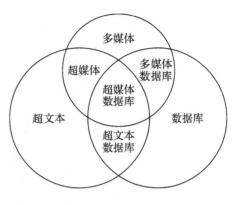

图 9.8 数据库、超文本、多媒体的关系

⑤ 尽可能不依赖于它的具体特性、命令或信息结构，而更多强调的是它的用户界面的"视觉和感觉"。

2）超文本与超媒体应用实例

超文本与超媒体应用在很多领域，例如电子百科全书、教学应用 CAI 旅游信息及娱乐等。下面以一个小小的旅游系统作为例子来介绍。

从中国地图（见图 9.9）上标的旅游景点（用圆表示）中选择"南宁"（即用鼠标点一下代表"南宁"的圆），我们就可以进入南宁旅游图（见图 9.10）。在所展示的旅游点中，选择"伊岭岩"，就可以得到一张伊岭岩的精美彩色图片，读到一段关于伊岭岩概况的介绍文字（见图 9.11），同时听到导游小姐的亲切声音。

图 9.9 部分中国地图

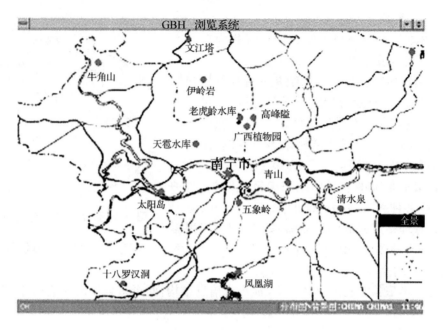

图 9.10 南宁旅游图

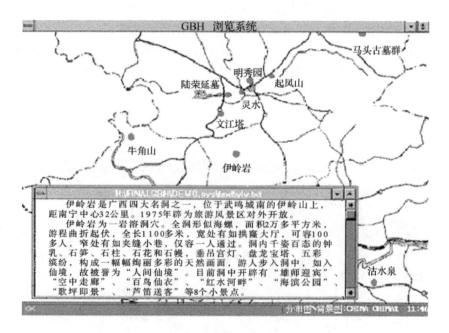

图 9.11 伊岭岩概况

### 9.2.3 超文本与超媒体的体系结构

1) 超文本与超媒体的组成

(1) 节点

超文本是由节点(Node)和链(Link)构成的信息网络。节点是表达信息的单位,通常表示一个单一的概念或围绕一个特殊主题组织起来的数据集合。节点的内容可是文本、图形、图像、动画、音频、视频等,也可以是一般计算机程序。

节点分为两种类型:一种称为表现型,记录各种媒体信息。表现型节点按其内容的不同又可分为许多类别,如文本节点和图文节点等;另一种称为组织型,用于组织并记录节点间的联结关系,它实际起索引目录的作用,是连接超文本网络结构的纽带,即组织节点的节点。

根据节点表示方法的不同可以把节点归纳为如下类型:

① 文本节点。由文本或其片断组成,文本可以是一本资料、一个文件,也可以是其中的一部分。

② 图形节点。指用绘图工具绘制的一幅图形或其中的一部分组成的节点。

③ 图像节点。用扫描仪、摄像机输入的一幅图像。图形节点和图像节点都可以潜入进文本中,彼此之间互为补充。

④ 音频节点。由一段数字音乐或语音组成的节点。

⑤ 视频节点。由动画信息或视频信息等内容组成的节点。

⑥ 混合媒体节点。由上述多种媒体信息组成的节点。

⑦ 按钮节点。通过超文本按钮来访问的节点。

⑧ 组织型节点。主要指目录节点和索引节点,通过这些节点与相应目录项或索引项链接可以访问相关的内容。

⑨ 推理型节点。主要指对象节点和规则节点,对象节点主要用来描述对象的性质;而规则节点则用来存放规则,指明符合规则的对象,判定规则是否被使用,以及对规则的解释说明等。

(2) 链

链是固定节点间的信息联系,它以某种形式将一个节点与其他节点连接起来。由于超文本没有规定链的规范与形式,因此,超文本与超媒体系统的链也是各异的,信息间的联系丰富多彩引起链的种类复杂多样。但最终达到效果却是一致的,即建立起节点之间的联系。

① 链的一般结构

链的一般结构可分为三个部分:链源、链宿及链的属性。

a. 链源。一个链的起始端称为链源。链源是导致节点信息迁移的原因,它可以是热字、热区、图元、媒体对象或节点,如图 9.12 所示。

b. 链宿。链宿是链的目的所在,通常都是节点。

c. 链的属性。链的属性决定链的类型,它是链的主要特性,如链的版本、权限等。在超文本系统中,链可分为如下几种类型:

基本链:用来建立节点之间的基本顺序,它们使节点信息在总体上呈现为某一层次结构。如同一本书上的章、节、小节。

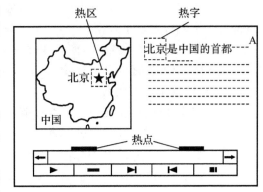

图 9.12 链源的示例

移动链:这些链简单地移动到一个相关的节点,人们可以将这种链作为超文本系统中的导航。

缩放链:这些链可以扩大当前节点,例如在城市地图中,选定某一区域将它放大,以便更清楚地看清该区域的地图。

全景链：这些链将返回超文本系统的高层视图，与缩放链相对应。

视图链：这些链的作用依赖于用户使用的目的，它们常常被用来实现可靠性和安全性。视图链是隐藏的，只有特殊用户才能使用它们。

索引链：这些链实现节点中的"点"、"域"之间的连接。链的起始点称为锚，终止点称为目的，通常为节点和节点中的"域"。索引链的锚通常呈现该链的标识符，给出链的名字，或同时给出类型、目标节点的名字和类型。有些超文本系统还对索引链给出内部名字，使用索引链加速实现对相关信息的检索和实现交叉引用。

Is_a 链：这些链类似于在语义网络中的 Is_a 链，用于指出对象节点中的某类成员。

Has_a 链：这些链用来描述节点具有的属性。

蕴含链：这些链用于在推理树中事实的连接，他们通常等价于正在点火或已经点火的规则。

执行链：又称按钮，这种链将一种执行活动与按钮相连，执行链使应用程序不再孤立。触发执行链将引起执行一段程序代码。

② 各类链的特点

a. 基本结构链是构成超媒体的主要形式，在建立超媒体系统前需创建基本结构链。它的特点是层次与分支明确。

b. 索引链是超文本所特有的。

c. 推理链用于系统的机器推理与程序化。

d. 隐形链又称关键字链或查询链。

(3) 网络

超文本由节点和链构成网络是一个有向图，这种有向图与人工智能中的语义网有类似之处。语义网是一种知识表示法，也是一种有向图。

节点和链构成的网络具有如下特性功能：

① 超文本的数据库是由声、文、图各类节点组成的网络。

② 屏幕中的窗口和数据库中的节点是一一对应的，即一个窗口只显示一个节点，每一个节点都有名字或标题显示在窗口中，屏幕上只能包含有限个同时打开的窗口。

③ 支持标准窗口的操作，窗口能被重定位、调整大小，关闭或缩小成一个图符。

④ 窗口中可含有许多链标示符，它们表示链接到数据库中其他节点的链，常包含一个文域，指明被链接节点的内容。

⑤ 作者可以很容易地创建节点和链接新的节点的链。

⑥ 用户对数据库进行浏览和查询。

2) 超文本体系结构的两个模型

超文本和超媒体的系统结构比较著名的有两个模型：HAM 模型、Dexter 模型。这两个模型是基本类似的，都将超文本和超媒体的体系结构分为三层。

(1) HAM 模型

HAM 模型把超文本系统划分为三个层次：用户界面层、超文本抽象机层、数据库层，如图 9.13 所示。

① 数据库层。数据库层是模型中的最低层，涉及所有的有关信息存储的问题。它以庞大的数据库作为基础，由于超文本系统

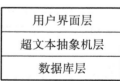

图 9.13 HAM 模型

中的信息量大,因而需要存储的信息量也就大。超文本系统一般要用到磁盘、光盘等大容量存储器,或把信息存放在经过网络可以访问的远程服务器上,但不管信息如何存放,必须要保证信息块的快速存取。数据库层必须解决信息的多用户访问、信息的安全保密措施、信息的备份等传统数据库中必须解决的问题。在数据库层实现时,要考虑如何能更有效地管理存储空间和提供更快的响应速度。

② 超文本抽象机层。超文本抽象机层(Hypertext Abstact Machine),这一层中要确定超文本系统的节点和链的基本特性及它们之间的自然联系;确定节点的其他属性,例如节点的"物主"属性指明该节点由谁创建的,谁有权修改它等;超文本抽象机层是实现超文本输入/输出格式标准化的最理想层次。原因是数据库存储格式过分依赖于机器,而用户界面层与各超文本系统之间差别甚大,很难统一。超文本抽象机层提供了对下层数据库的透明性和上层用户界面层的标准性,也就是说,无论下层采用什么样的数据库,也无论上层采用何种风格的用户界面形式,我们总可以通过两个接口(用户界面/超文本概念模式,超文本概念模式/数据库)使之在超文本抽象机层达到统一。

③ 用户界面层。用户界面层也称表示层或用户接口层。它是构成超文本系统特殊性的重要表现,并直接影响着超文本系统的成功。应具有简明、直观、生动、灵活、方便等特点。用户界面层是超文本和超媒体系统人—机交互的界面。用户界面层决定了信息的表现方式、交互操作方式以及导航方式等。主要包括:用户可以使用的命令;如何展示超文本抽象机层信息(节点和链);是否要用总体概貌图来表示信息的组织,以便及时告知用户当前所处的位置等等。超文本系统的用户界面大都支持标准的窗口操作,窗口与节点一一对应,目前流行的接口风格主要有以下三种:

a. 菜单选择方式。这是较传统的人机接口方式,一般通过光标键或移动鼠标器对菜单中所列项进行逐级选择。但是如果菜单级次太多,往往容易迷失方向。

b. 命令交互方式。一般提供给应用开发人员使用,对初学者来说不易掌握,往往容易打错命令而引起出错。

c. 图示引导方式。这种方式是超文本系统的一种特色,它将超文本抽象机层中节点和链构成的网络用图显示出来,这种显示图又称导航图,可以分层。它的作用是帮助用户浏览系统并随时查看现在何处、当前节点在网络中的位置及其周围环境,防止用户迷失方向。图示的另一种引导方式是根据某一特定需求,构造一个导游图。把为了完成这一特定需求的各种操作步骤,以导游图方式标出一个有向图,用户按此图前进,最终完成任务。

(2) Dexter 模型

Dexter 模型也分为三层:存储层、运行层和成员内部层,各层之间通过定义好接口互相连接,如图 9.14 所示。

① 存储层。描述超文本中的结点成员之间的网状关系。每个成员都有一个唯一的标识符,称为 UID。存储层定义了访问函数,通过 UID 可以直接访问到该成员,还定义了由多个函数组成的操作集合,用于实时地对超文本系统进行访问和修改。

② 成员内部层。描述超文本中各个成员的内容和结构,对应于各个媒体单个应用成员。从结构上,成员可由简单结构和复杂结构组成。简单结构就是每个成员内部仅由同一种数据媒体构成,复杂结构的成员内部又由

| |
|---|
| 运行层 |
| 表现规范 |
| 存储层 |
| 锚定机制 |
| 成员内部层 |

图 9.14  Dexter 模型

各个子成员构成。

③ 运行层。描述支持用户和超文本交互作用的机制,它可直接访问和操作在存储层和成员内部层定义的网状数据模型。运行层为用户提供友好的界面。

④ 表现规范。介于存储层和运行层之间的接口称为表现规范,它规定了同一数据呈现给用户的不同表现性质,确定了各个成员在不同用户访问时表现的视图和操作权限等内容。

⑤ 锚定机制。存储层和内部成员之间的接口称为锚定机制,其基本成分是锚(Anchor),锚由两部分组成:锚号和锚值,完成存储层到成员内部层、成员内部层到存储层的检索定位过程。

锚号:每个锚的标识符;锚值:元素内部的位置和子结构。

3) 超文本系统与操作工具

(1) 编辑器

编辑器是超文本系统组成部分之一。编辑器可定义节点信息,构造节点之间的信息流程,同时可使用系统工具准备各种媒体信息。它不仅要解决文本、图形、动画、图像、声音和视频等各种媒体的编辑问题,还要帮助用户建立和修改信息网络中的节点和链。

(2) 编译器

编译器将编辑器产生的多种文档进行综合编译,生成包含全部信息(文本、图形、图像、视频和声音等)和结构信息的有机体——超文本文档。

(3) 阅读器

编译器生成的不是可执行文件,是超文本文档。要浏览超文本文档,并按人们的习惯方式展示信息内容或提供概要,就需要有一个专门的工具——阅读器。

(4) 导航工具

导航工具是超文本系统不可缺少的交互工具,也是评价超文本系统质量的主要指标之一。导航工具的主要作用有两方面,一是使用户在信息网络中快速定位和查询;另一方面是防止用户在复杂的信息网络中迷失航向。

在超文本系统中一般都有导航工具,常用的导航工具有导航图(或称浏览图)、查询系统、线索、遍历和书签。

### 9.2.4 超媒体的应用

超媒体与其说是一种新技术,不如说是信息管理的一种新思想的体现。这种思想将反映到许多的应用领域,它的应用也将十分广泛。超媒体的应用主要有以下一些方面:

1) 多媒体信息管理

超媒体被许多人称为"天然"的多媒体信息管理技术,这是因为对于多媒体来说,超媒体的方式更易于反映出媒体之间的联系和关系。在多媒体信息应用领域,超媒体技术可以应用于百科全书、词典等工具书,也可以应用于各种各样的参考书、科技期刊等。利用超媒体技术,我们可以很容易地对浩如烟海的、分散在各处的各种书籍、图片、概念等进行有效地组织,使得用户使用起来更加方便。现在已经开发出了许多这方面的产品,并且得到了广泛的欢迎。

超媒体用于多媒体信息管理还可以以超媒体型多媒体数据库的形式出现。超媒体数据库不同于传统的数据库,也不同于一般的多媒体数据库,它利用了超链接连接了各种信息,使得多媒体信息检索可以用多媒体浏览的方式进行,可以更好地反映出媒体之间的内容联系。

2) 个人学习

超媒体技术在辅助个人学习方面非常有效。如果将学习的资料编成固定的形式,虽然可以协助个人的学习,但不能适应每个人的特点和想法。超媒体化的学习资料可以给我们一个过程的选择,随着学习的进行,我们可以随时地要求解释和选择更恰当的学习路径。特别是对复杂的学习内容,超媒体学习系统不仅可以提供丰富的多媒体化的资料,可以以联机求助的方式得到帮助,而且还可以用搜索、参与的方式进行学习,可以大大地提高学习效率。

3) 工作辅助

超媒体化的维修手册、超媒体化的技术文档、方针政策手册、年度的报告等都可以大大地提高工作效率。使用超媒体维修手册可以针对具体问题得到具体的答案,而不用逐页地查找有关的数据和信息。现在几乎每一种计算机软件都配有超媒体方式的"求助"系统,特别是那些编程语言、工具等,这种求助系统发挥了巨大的作用,早期的那种靠一大本手册的工作方式已经看不见了。

4) 商业展示和指南、娱乐和休闲

超媒体化的产品目录和广告、单位的形象介绍、展览会的展示、旅游和饭店的指南、机场和车站的查询机等都为用户提供了一种很好的展示方式。这些随处可见的、用户可以任意操纵的超媒体工具,不仅有利于商业的效益提高,也大大方便了用户。

### 9.2.5 超文本、超媒体发展前景

1) 由超文本向超媒体发展

从超文本到超媒体是技术发展的进步,也是技术发展的必然趋势。超文本向超媒体的转变不仅将文本扩展到其他媒体,而且还要使系统自动地判断媒体类型,并执行对应的操作,对图像的热区、视频的热点等都能引起类似于热字的反应、多媒体的表现及基本内容的检索等。超文本向超媒体的转变,大大地增强了功能和性能,也增强了系统实现的难度。

2) 由超媒体向智能超媒体发展

在超媒体技术的研究中,有人提出智能超媒体或专家超媒体。这种超媒体打破了常规超媒体文献内部和它们之间严格的链的限制。在超媒体的链和节点中嵌入知识和规则,允许链进行计算和推理,使得多媒体信息的表现具有智能化。

3) 由超媒体向协作超媒体发展

超媒体建立了信息之间的链接关系,那么也可以用超媒体技术建立人与人之间的链接关系,这就是协作超媒体技术。超媒体节点与链的概念使之成为支持协同性工作的自然工具。协同工作使得多个用户可以在同一组超媒体数据上共同进行操作,这样未来的电子邮政、公共提示板等都可能应用到超媒体系统中。

4) 由超媒体向开放超媒体发展

随着信息技术与超媒体技术结合的 WWW 系统的广泛应用,提出了开放式超媒体系统的新概念。由于目前超媒体链信息与数据封装在一起,很难从外部对超媒体系统的数据和链进行存取,应用系统是相对封闭的。而从 WWW 所定义的格式和协议来看,它是开放式系统,其

超媒体系统结构应提供将超媒体功能特性集成到普通计算环境中,支持不同系统工具和不同用户的要求,即为开放系统。因此,开放式超媒体系统正在成为新一代超媒体系统发展的准则。

## 9.3 多媒体数据库系统

数据库是为某种特殊目的组织起来的记录和文件的集合,传统的数据库管理系统在处理结构化数据、文字和数值信息等方面是很成功的,但在处理大量的存在于各种媒体的非结构化数据(如图形、图像和声音等)方面,传统的数据库信息系统就显得力不从心,因此需要研究和建立能处理非结构化数据的新型数据库——多媒体数据库。

### 9.3.1 多媒体数据库的基本概念

#### 1) 问题的引出

传统的字符数值型的数据可以对很多的信息进行管理,但由于这一类数据的抽象特性,应用范围十分有限。在传统的数据库中引入多媒体数据和操作,是一个极大的挑战。多媒体对数据库设计的影响主要表现在以下几个方面:

(1) 数据库的组织和存储。媒体数据的数据量巨大,而且媒体之间的差异也极大,从而影响数据库的组织和存储方法。如动态视频压缩后每秒仍达上百 K 的数据量,而字符数值等数据可能仅有几个字节。只有组织好多媒体数据库中的数据,选择设计好合适的物理结构和逻辑结构,才能保证磁盘的充分利用和应用的快速存取。

(2) 媒体种类的增加增加了数据处理的困难。每一种多媒体数据类型都要有自己的一组最基本的操作和功能、适当的数据结构以及存取方式等。如系统中不仅有声、文、图、像等不同种类的媒体,而且每种媒体还以不同的格式存在。如图像有 16 色和 256 色之分、GIF 格式和 JPEG 格式之分、黑白图像和彩色图像之分;动态视频也有 AVI 格式和 DVI 格式之分,这便要求系统能不断扩充新的媒体类型及其相应的操作方法。

(3) 媒体不仅改变了数据库的接口,而且也改变了数据库的操作形式,其中最重要的便是查询机制和查询方法。传统的数据库查询只处理精确的概念和查询。但在多媒体数据库中非精确匹配和相似性查询将占相当大的比重。查询不再是只通过字符查询,而应是通过媒体的语义查询。难点是如何正确理解和处理许多媒体语义信息。多媒体数据库的查询结果将不仅仅是传统的表格,而将是丰富的多媒体信息的表现,甚至是由计算机组合出来的结果。

(4) 多媒体信息的分布对多媒体数据库体系带来了巨大的影响。随着 Internet 网的迅速发展,网上的资源日益丰富,传统的那种固定模式的数据库形式已经显得力不从心。多媒体数据库系统将来肯定要考虑如何从万维网的信息空间中寻找信息,查询所要的数据。

(5) 处理长事务增多。传统的事务一般是短小精悍的,在多媒体数据库管理系统中也应该尽可能采取短事务。但有些场合,短事务不能满足需要,如从动态视频库中提取并播放一部数字化影片,往往需要长达几个小时的时间,为保证播放过程中不会发生中断,不得不增加处理长事务的能力。

(6) 多媒体数据库对服务质量的要求。许多应用对多媒体数据库的传输、表现和存储的质量要求是不一样的。系统能够提供的资源也要根据系统运行的情况进行控制。我们对每一类多媒体数据都必须考虑这些问题,如何按所要求的形式及时地、逼真地表现数据;当系统不能满足全部的服务要求时,如何合理地降低服务质量;能否插入和预测一些数据;能否拒绝新的服务请求或撤销旧的请求,等等。

(7) 多媒体数据管理还要考虑版本控制的问题。在具体应用中,往往涉及对某个处理对象的不同版本的记录和处理。版本包括两种概念。一是历史版本,同一个处理对象在不同的时间有不同的内容,如 CAD 设计图纸,有草图和正式图之分;二是选择版本,同一处理对象有不同的表述或处理,如一份合同文献就可以包含英文和中文两种版本。需要解决多版本的标识、存储、更新和查询,尽可能减少各版本所占存储空间,而且控制版本访问权限。但现有的数据库管理系统一般都没有提供这种功能,而由应用程序编制版本控制程序,这显然是不合理的。

2) 基本概念

多媒体数据库需处理的信息包括数值(Number)、字符串(String)、文本(Text)、图形(Graphics)、图像(Image)、声音(Voice)和视像(Video)等。对这些信息进行管理、运用和共享的数据库就是多媒体数据库。

(1) 多媒体数据(Multimedia Data):这是表示文本、表格、声音、图形和图像等形式的数据。它们在多媒体数据库中的逻辑和物理特征与一般多媒体系统相同。

(2) 多媒体文件(Multimedia Documents):是用多媒体数据表示的信息的一种组织形式。

(3) 对象(Object):它是对现实世界中一种物质的或非物质的事物概念的抽象表示。

(4) 对象类型(Object):指由用户定义的、关于对象的结构和行为的数据类型,它反映了被描述对象的结构性质和行为性质,而每一种结构性质的定义又包括性质名称和相应的定义域。

(5) 结构性质:对象的结构性质由属性、成分和联系这三个方面组成。

(6) 属性(Attribute):如果性质的值仅代表它们自己而不涉及数据库中的其他对象,那么该性质被称作属性。

(7) 成分(Component):如果性质的值涉及数据中的其他对象,而这些对象又依赖于有关的超规则对象,那么这种性质被称作成分。成分用于按技术要求建立上下文有关的查询模型。

(8) 联系(Relationship):如果性质的值涉及其他对象,那么反映各种对象之间关系的性质被称为联系。

(9) 物主(Owner):多媒体数据库中被查询的和起主导作用的对象称为物主。它与其他对象通过"联系"执行指定的操作。多媒体数据之间存在着一些关系,如一段声音可以是另一段文字的说明,一幅图像显示结束后还需显示另一幅图像等。

(10) 数据词典:数据词典是关于数据库模式信息的数据库,存放各种数据库模式的类型定义、应用例程接口定义、数据库一致性检验的约束规则、各种代码和用户权限等。

3) 多媒体数据的管理方法

多媒体数据就是表示文本、表格、声音、图形和图像等形式的数据。它们在多媒体数据库中的逻辑和物理特征与一般多媒体系统相同。所谓多媒体数据的管理就是对多媒体数据的存储、编辑、检索、演播等操作。目前对多媒体数据的管理主要有以下几种:

(1) 文件管理系统

多媒体资料是以文件的形式存储在计算机里的,利用各种操作系统提供的文件管理功能管理多媒体数据资源是最简单也是最自然的方法,它不需要增加额外的开销。通过不同媒体建立不同属性文件,并对这些文件进行维护和管理。

文件系统方式一般只适用于小的项目管理或较特殊的数据对象,所表示的对象及相互之间的逻辑关系比较简单,如管理单一媒体信息及图片、动画等。

(2) 建立特定的逻辑目录结构

使用逻辑目录结构的方法管理多媒体数据资源,实际上仍然是利用操作系统提供的文件管理系统,但把不同的源文件和数据资源文件分别存放在独立的目录中,如一个目录存放图像文件,一个目录存放音频文件,一个目录存放动画文件等等,因此应根据具体情况建立合理的目录结构。

(3) 传统的字符、数值数据库管理系统

使用传统的字符、数值数据库管理系统管理多媒体数据资源的方法是目前计算机上常用的开发多媒体应用系统的方法,它实际上是把文件管理系统和传统的字符、数值数据库管理系统两者结合起来。对多媒体数据资源中的常规数据(char、int、float 等),由传统数据库管理系统来管理,而对非常规的数据(音频、视频、图形等),按操作系统提供的文件管理系统要求来建立和管理,并把数据文件的完全文件名(包括文件名和扩展名)作为一个字符串数据纳入传统的数据库管理系统进行管理。

例如,对某个班级的学生信息进行管理,信息包括学号、姓名、年龄、性别、家庭住址、联系方式、照片、声音等内容。把能够用字符数值表示的学号、姓名、年龄、性别、家庭住址、联系方式等用传统的数据库管理系统建立数据库进行管理,而对照片和声音等不能用传统的字符数值表示的信息以数据文件单独存放,并在数据库中以文件名形式存放。

(4) 多媒体数据库管理系统

多媒体数据主要包括文本、声音、图形、图像、动画和视频等形式的数据,这些数据与传统的字符、数值数据等在存储结构、存取方法、数据模型、数据结构等方面均有明显的不同,传统的数据库已经无法有效管理多媒体数据,由此产生了另一种新的数据库管理系统,这就是多媒体数据库管理系统(MDBMS)。这种 MDBMS 能像传统的数据库那样对多媒体数据进行有效地组织、管理和存取,而且还可实现以下功能:多媒体数据库对象的定义;多媒体数据存取;多媒体数据库运行控制;多媒体数据组织、存储和管理;多媒体数据库的建立和维护;多媒体数据库在网络上的通信功能。

目前还没有真正能够像传统 DBMS 管理字符、数值数据那样来管理多媒体数据的 MDBMS,但不少数据库软件厂家对它们传统的数据库系统产品进行了扩展,以支持多媒体的数据类型(如关系数据库系统 ORACLE、SYBASE、INFORMIX、INGRES 等)。它们增加了 BIT 的 Image 和 Text 的数据类型,即除常规数据类型外,还可以定义 Binary、Image、Text 等数据类型;Text 类型最大长度可达 2 G 个字节,打破了传统数据库中字符数据长度不超过 255 个字节的限定;Image 数据类型的最大长度也可达 2 G 个字节,为实现图形、图像、声音等多媒体数据管理提供了支持。

(5) 面向对象的数据库

关系数据库主要是处理格式化的数据及文本信息,在事物管理方面获得了巨大的成功,但由于多媒体信息是非格式化的数据,多媒体数据具有对象复杂、存储分散和时空同步等特点,所以尽管关系数据库非常简单有效,但用其管理多媒体数据仍不太尽如人意。而面向对象数据库是指对象的集合、对象的行为、状态和联系是以面向数据模型来定义的。面向对象的概念是新一代数据库应用所需的强有力的数据模型的良好基础。面向对象的方法最适合于描述复杂对象,通过引入封装、继承、对象、类等概念,可以有效地描述各种对象及其内部结构和联系。多媒体资料可以抽象为被类型链连接在一起的结点网络,可以自然地用面向对象方法所描述,面向对象数据库的复杂对象管理能力正好对处理非格式多媒体数据有益;根据对象的标识符的导航存取能力有利于对相关信息的快速存取;封装和面向对象编程概念又为高效软件的开发提供了支持。面向对象数据库方法是将面向对象程序设计语言与数据库技术有机地结合起来,是开发的多媒体数据库系统的主要方向。

但是由于面向对象概念在各个领域中尚未有一个统一的标准,面向对象模型并非完全适合于多媒体数据库,所以用面向对象数据库直接管理多媒体数据尚未达到实用水平。

(6) 超文本(或超媒体)

超文本和超媒体允许以事物的自然联系组织信息,实现多媒体信息之间的连接,从而构造出能真正表达客观世界的多媒体应用系统。超文本和超媒体的数据模型是一个复杂的非线性的网状结构,结构中包含的三要素是结点、链、网络,这种非线性技术可以按照人脑的联想思维方式把相关信息联系起来,供读者浏览。超媒体是由称为结点和表达结点之间联系的链组成的有向图,用户可以对其进行浏览、查询、修改等操作。

超文本或超媒体的实现有多种方法,既可以用高级语言编程制作,也可以用一些现成的工具软件。目前实现超文本或超媒体的工具软件很多,如 Microsoft Office 组件的链接与嵌入对象技术就可以实现超媒体的功能。由于超文本或超媒体技术提供的多媒体表现形式较符合人们的思维方式,所以它较适合制作电子文档或电子出版物,不适合一般用户的资料管理。

### 9.3.2 多媒体数据库管理系统的基本功能与体系结构

多媒体数据库是计算机多媒体技术与数据库技术的结合,它是当前最有吸引力的一种技术。多媒体数据库技术正是研究并实现对多媒体数据的综合管理,即对多媒体对象的建模,对各种媒体数据的获取、存储、管理和查询。

1) 多媒体数据库应具备的基本功能

(1) 多媒体数据库系统必须能表达和处理各种媒体的数据。

数据在计算机内的表示分格式化和非格式化两种。对常规的格式化数据使用常规的字段(Field)表示。对非格式化数据,像图形、图像、音频及视频信息数字化等,多媒体数据库管理系统要提供管理这些异构表示形式的技术和处理方法。

(2) 多媒体数据库系统必须能反映和管理各种媒体数据的特征,或各种媒体数据之间的时间和空间的关联。

不同媒体数据之间存在的自然关联,包括时序关系(如多媒体对象在表达时必须保证时间上的同步特性)和空间结构(如必须把相关媒体的信息集成在一个合理布局的表达空间内的有关特性)。因此,在多媒体数据库管理系统中,除了要对多媒体数据的内容与结构建模之外,还要提供对各种媒体数据的特性和集成机制的时空关联的组织和管理方法。

(3) 基于内容的查询方法。

在多媒体数据库系统中,一个实体以文本(格式数据)或图像等(无格式数据)形式给出时,可用不同的查询和相应的搜寻方法找到这个实体,并且对于多媒体数据的查询应该是基于内容的。

（4）多媒体数据库管理系统除必须满足物理数据独立性和逻辑数据独立性外，还应满足媒体数据独立性。

所谓媒体数据独立性是指在多媒体数据库管理系统的设计和实现时，要求系统能保持各种媒体的独立性和透明性，即用户的操作可最大限度地忽视各种媒体的差别，而不受具体媒体的影响和约束；同时要求它不受媒体变换的影响，实现复杂数据的统一管理。由于多媒体数据种类繁多，形式多样，语义关联丰富，内部结构表示各异，故各种模式及映像比传统数据库复杂得多，涉及的数据量也大得多，要真正做到物理数据独立性、逻辑数据独立性和媒体数据独立性并非易事。

（5）多媒体数据库管理系统的某些操作与传统数据库的操作相同，但也要求许多新的操作。

① 提供比传统数据库管理系统更强的适合非格式化数据查询的搜索（Search）功能。允许对 Image 等非格式化数据做整体和部分搜索；允许通过范围、知识和其他描述符的确定值和模糊值搜索各种媒体数据；允许通过对非格式化数据的分析建立索引来搜索数据；允许通过举例查询（Query - by - Example）和通过主题描述查询使复杂查询简单化。

② 提供浏览功能。允许浏览数据库信息的目录结构；允许浏览某一具体题目和与此题目相关的信息；允许浏览数据库去寻找用户假设的信息支持。

③ 提供构造解（Construct Solutions）功能。使用一系列的应用约束和触发条件，解决要求访问大容量数据问题和数据库的一致性问题；提供演绎和推理功能；提供过程或函数。

④ 对非格式数据还应视不同多媒体提供不同的操纵。图类数据：覆盖（Overlay），邻接（Aboutment），镶嵌（Mosaic），交接（Overlap），比例（Scale），剪裁（Crop），颜色转换、定位等。

声音数据：声音合成、声音信号的调度、声调和声音强度的增减调整等。

⑤ 多媒体数据库管理系统的网络功能。多媒体数据库由于它的数据来源、应用、数据量等原因，往往被分布于网络的不同结点上，因此还应解决分布在网络上的多媒体数据库中数据的定义、存储、操纵问题，并对数据的一致性、安全性、并发性进行管理。

⑥ 媒体数据库管理系统应具有开放功能。提供多媒体数据库的应用编程界面 API。

⑦ 多媒体数据库管理系统还应提供事务（Transaction）和版本（Version）管理功能。

2）多媒体数据库管理系统的体系结构

多媒体数据库管理系统的层次结构如图 9.15 所示：

存储层是多媒体数据库的物理存储模式（内模式、存储模式），也就是多媒体数据在计算机的物理存储设备上是如何被存放的形式描述，所以又称为内部数据层。多媒体数据允许一个数据对象可以分散在不同的数据库中。

概念层是模型化的现实世界，是对现实世界事物对象的全面描述（概念模式）。一般情况下，这一层面向多媒体应用程序开发者，他们通过 MDBMS 这一层提供的数据库语言可以对存储在多媒体数据库中的各种媒体数据进行统一处理和一致性管理。

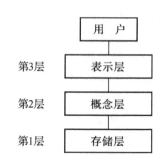

图 9.15 多媒体数据库层次结构

表示层又可分为两层，即视图层和用户界面层，有的系统又将它们作为独立层处理，对某一应用来说，它一般只涉及概念层中概念描述的子集（子模式）。对不同的应用，所涉及的子集也不同,这种概念描述的子集可直接被用户界面层调用。用户界面层是多媒体数据库中数据的外部表示形式,即用户可见到的多媒体数据对象的表示形式,用户界面层可由专门的多媒体布局规格说明语言来描述并向用户提供使用接口,多媒体数据库管理系统的表示模式是一个还未引起人们足够重视的问题。这个问题在传统数据库中并不重要,但在多媒体数据库中,由于各种非格式化的媒体数据其表示形式各不相同,而且各种媒体数据间存在一定的时空关联,所以表示模式是多媒体数据库领域中的一个新的研究课题。

多媒体数据库管理系统的组织结构可分为三种:

(1) 集中型:集中型数据库管理系统是指由单独一个多媒体数据库管理系统来管理和建立不同媒体的数据库,并由这个 MDBMS 来管理对象空间及目的数据的集成。集中型 MDBMS 的组织结构如图 9.16 所示。

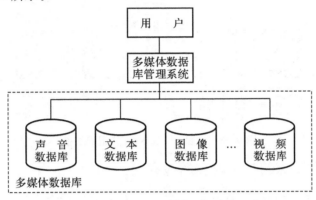

**图 9.16 集中型 MDBMS 的组织结构**

(2) 主从型:每一个媒体数据库都有自己的管理系统,称为从数据库管理系统,它们各自管理自己的数据库。这些从数据库管理系统又受一个称为主数据库管理系统的控制和管理。用户在主数据库管理系统上使用多媒体数据库中的数据,是通过主数据库管理系统提供的功能来实现的,目的数据的集成也由主数据库管理系统管理。主从型 MDBMS 的组织结构如图 9.17 所示。

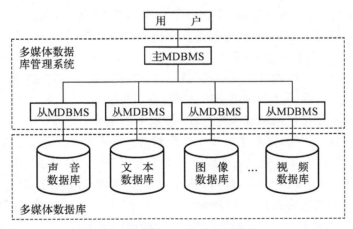

**图 9.17 主从型 MDBMS 的组织结构**

(3) 协作型：数据库管理系统也是由多个数据库管理系统组成的，每个数据库管理系统之间没有主从之分，只要求系统中每个数据库管理系统能谐调地工作，但因每个成员 MDBMS 彼此有差异，所以在通信中必须首先解决这个问题。为此，对每一个成员 MDBMS 要附加一个外部处理软件模块，由它提供通信、检索和修改界面。在这种结构的系统中，用户可以位于任一数据库管理系统位置。协助型 MDBMS 的组织结构如图 9.18 所示。

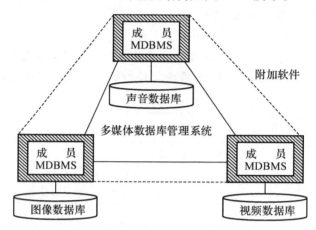

图 9.18 协助型 MDBMS 的组织结构

### 9.3.3 多媒体数据库的基于内容的检索

在传统的数据库系统中，信息的检索一般以数值和字符型为主；而在多媒体数据库中，图像、视频、音频等非格式化信息具有数据量大、信息不定长、结构复杂等特点，每一种媒体数据都有一些难以用字符和数字符号描述的内容线索，如图像中某一对象的形状、颜色和纹理，视频中的运动，声音的音调等。系统不仅要能实现基于关键词的检索，还要能对图像、视频和声音等多媒体数据内容进行自动语义分析、表达和检索。基于内容的检索正是针对多媒体信息检索使用的一种重要检索方法。

1) 基于内容检索的特点

基于内容的检索（Content - Based Retrieval，CBR）是多媒体数据库信息检索中的一门新兴的技术，它是指从媒体数据中分析、提取出可供检索的内容特征（如图像的颜色、纹理、形状，视频中的镜头、场景、镜头的运动，声音的音色、音调、响度等），然后根据这些线索从大量存储在数据库中的媒体进行查找，检索出具有相似特性的媒体数据来。它具有如下特点：

(1) 相似性检索：CBR 采用一种近似匹配（或局部匹配）的方法和技术逐步求精来获得查询和检索结果，它摒弃了传统的精确匹配技术，采用不断减小查询结果的范围，直到定位于要求的目标，这是一个迭代过程，避免了因采用传统检索方法所带来的不确定性。

(2) 客观性：从媒体内容中提取信息线索。基于内容的检索突破了传统的基于表达式检索的局限，它直接对图像、视频、音频内容进行分析，抽取媒体语义和视觉、听觉等特征，利用这些内容特征建立索引，并进行检索。由于突破了传统的基于文字表达符的局限，避免了用字符标识图像的转化过程，从而大大提高了检索过程的效率和适应性。

(3) 满足用户多层次的检索要求：CBR 检索系统通常由媒体库、特征库和知识库组成。媒体库包含多媒体数据，如文本、图像、音频、视频等；特征库包含用户输入的特征和预处理自动提取的内容特征;知识库包含领域知识和通用知识,其中的知识表达可以更换,以适应各种不同领域的应用要求。

(4) 大型数据库(集)的快速检索:CBR 往往拥有数量巨大、种类繁多的多媒体数据库,能够实现对多媒体信息的快速检索。

(5) 交互性查找:CBR 系统充分发挥人和计算机各自的长处,利用人对于物体的内容特征比较敏感,而计算机善于从大量数据中标识对象和从事重复性的工作,把交互操作引入到查询过程中。

2) 媒体的内容语义

媒体的内容语义是基于内容检索的基础,主要包括如下几类:

(1) 图像查询

① 颜色。图像颜色的分布、颜色的相互关系、颜色的组成等。

② 纹理。图像的纹理结构、方向、组合及对称关系等。

③ 轮廓。图像轮廓的组成、形状、大小等。查询条件可以综合利用颜色、纹理、形状特征、逻辑特征和客观属性等。

④ 对象。图像中子对象的关系、数量、属性、旋转等。

⑤ 领域内容。某一领域下的图像内容,例如头像中嘴与眼的相对位置等。

(2) 视频

视频建立在图像的基础之上,先有图像才有视频。视频检索就是在大量的视频数据中找到所需要的视频片断。基于内容的视频检索是指用户可以指出其所想要的镜头的一些特点,如该镜头的颜色主色调、运动特点等,根据这些要求由计算机查找出相应的视频镜头。

(3) 声音

声音的内容检索包括特定模式的查找,特定词、短语、音乐旋律和特定声音的查找等。早期的研究更多的是致力于语音内容的识别,但对数据库来说查找非语音信号可能会更有效,例如讲话人的性别、声音的间隔、特殊的背景声与前景声的组合等。由于声音常常伴随其他媒体存在,所以,寻找这些特征有利于对其他媒体的检索。

(4) 图形查询

基于空间的关系进行查询,包括:

① 点查询。找某坐标处的目标。

② 线查询。找线状目标两侧的目标,例如查找公路两侧的建筑。

③ 区域查询。查找某区域内的图形目标。

④ 关联查询。利用两个或多个图形对象之间的空间和拓扑关系来查询。空间约束关系可以为方向、邻接、包含等。

(5) 文本查询

文本内容检索已经比较成熟,传统的数据库技术一般基于关键词进行检索。对字、词、短语的检索比较容易做到,但对更高层的语义检索同样需要上下文和领域知识的辅助,例如概念检索、归纳检索等。

3) 基于内容检索的系统结构

基于内容检索技术一般用于多媒体数据库系统之中,也可以单独建立应用系统,例如指纹系统、头像系统等。完整的 CBR 系统一般由两个子系统构成,即特征抽取子系统和查询子系统,如图 9.19 所示。每个子系统由相应的功能模块和部件组成。

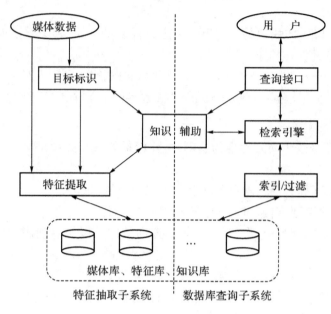

图 9.19　基于内容检索的体系结构

(1)对象标识。为用户提供一种工具,以全自动或半自动(需用户部分干预)的方式对静态图像、视频镜头的代表帧等媒体中用户感兴趣的区域(静态对象)及视频序列中的动态对象进行标识,以便针对对象进行特征提取、描述和查询。如果进行整体内容的检索,则可利用全局特征,而不用对象标识功能。对象标识是可选的。

(2)特征提取。对视频、图像等多媒体数据自动或半自动地提取用户感兴趣的、适合检索要求的特征。特征提取可以是全局性的,如针对整幅图像和视频镜头,也可以是针对某个对象的,如图像中的子区域、视频中的运动对象等。

(3)数据库。数据库由媒体库、特征库和知识库组成。媒体库包含多媒体数据,如图像、视频、音频、文本等;特征库包含用户输入的客观特征和预处理自动提取的内容特征;知识库包含领域知识和通用知识,其中的知识表达可以更换,以适应不同领域的应用要求。

(4)用户查询和浏览接口。主要以示例查询(QBE)和模糊描述等可视查询形式向用户提供查询接口。查询允许针对对象、整体图像、视频镜头以及任意特征的组合形式来进行。由于多媒体数据的视觉和听觉特性,不仅查询时需要通过浏览确定查询要求,而且查询后返回的结果也需要浏览,尤其是视频浏览。

(5)检索(匹配)引擎。检索是利用特征之间的距离函数来进行相似性匹配,模仿人类的认知过程,近似得到数据库的认知排序。对于不同媒体的数据类型,具有各自不同的相似性测度算法,在检索(匹配)引擎中包括一个较为有效、可靠的相似性测度函数集。

(6)索引/过滤器。检索引擎通过索引/过滤机制来达到快速搜索的目的,从而可以应用于大型多媒体数据集中。过滤器作用于全部数据,过滤出的数据集合再用高维特征匹配来检索。索引用于低维特征,可以利用 R 树,以加快检索。

4)基于内容检索的处理过程

基于内容的查询和检索是一个逐步求精的过程,存在着一个特征调整、重新匹配的循环过程。如图 9.20 所示。

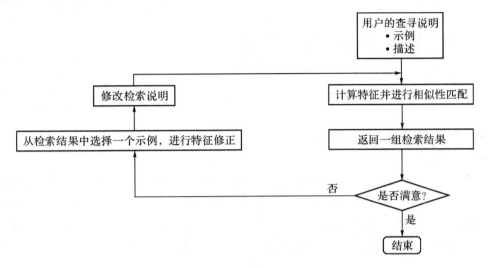

图 9.20　基于内容检索的处理过程

(1) 初始检索说明：用户开始检索时，可以用 QBE 或查询语言来形成一个检索的格式。系统对示例的特征进行提取，或是把用户描述的特征映射为对应的查询参数。

(2) 相似性匹配：将检索的特征与特征库中的特征按照一定的匹配算法进行相似匹配。

(3) 返回检索结果：满足一定相似性条件的一组检索结果，按相似度大小排列后返回给用户。

(4) 特征调整：用户对系统返回的一组满足初始特征的检索结果进行浏览，挑选出满意的结果，检索过程完成；或者从候选结果中选择一个最接近的示例，进行特征调整，然后形成一个新的查询。

(5) 重新检索：逐步缩小查询范围，重新开始。该过程直到用户放弃或者得到满意的查询结果为止。

5) 基于内容检索的应用

随着多媒体技术的迅速普及，Web 上出现了大量多媒体信息，例如，在遥感、医疗、安全、商业等部门中每天都不断产生大量的图像信息。这些信息的有效组织管理和检索中都依赖于图像内容的检索，因而基于内容的多媒体信息检索有着广阔的应用前景。

当前主要应用于以下几个方面：将基于内容检索引擎嵌入到常规数据库管理系统中，以实现多媒体数据的检索；在信息检索系统中，对专用领域的视频、图像和文档库进行检索；对 Internet 网上包含在 Web 信息网中 HTML 页面上的多媒体数据进行基于内容检索等。

早期的全文信息检索、罪犯头像的识别和管理、指纹的识别和管理都是基于内容检索的一些尝试，现在这种技术将扩展到任何媒体和更广泛的领域。例如，艺术画廊和博物馆管理、建筑与工程设计、地理资源遥感与管理、地理信息系统、商标及版权数据库管理、数字视频图书馆、WWW 信息浏览、多媒体 CAI 应用、多媒体出版、电子会议、远程教学、远程医疗、天气预报、服装设计、军事指挥系统等方面。

目前，国际上对基于内容的检索技术进行了很多实际性的研究，取得了许多成果，一些原型系统已发布在 Internet 网上。例如，IBM 公司的 QBIC(Query By Image Content)系统、VisualSEEk 系统等。

# 10 多媒体新技术展望

## 10.1 数据压缩新技术

多媒体技术中常用的数据压缩算法分为无损压缩和有损压缩两大类。无损压缩保证在数据压缩和还原过程中,多媒体信息没有任何的损耗或失真,其压缩效率通常较低;有损压缩则采用一些高效的有限失真数据压缩算法,大幅度减少多媒体中的冗余信息,其压缩效率远高于无损压缩。通常情况下,数据压缩率越高,信息的损耗或失真也越大,需要找出一个相对平衡点。

在多媒体应用中常用的压缩方法有:PCM(脉冲编码调制)、预测编码、变换编码(主成分变换、K-L变换、离散余弦变换等)、插值和外推法(空域亚采样、时域亚采样、自适应)、统计编码(霍夫曼编码、算术编码、Shannon-Fano编码、行程编码等)、矢量量化和子带编码等,混合编码是近年来广泛采用的方法。

近年来,新的多媒体数据压缩技术不断涌现。知名度较高的技术有:矢量量化编码、结构编码、小波变换编码以及基于模型的编码等。

### 10.1.1 矢量量化编码

矢量量化是一种高效的数据压缩技术,已广泛用于图像压缩、语音和模式识别等领域。矢量量化可以分解为编码器和解码器两个映射,如图 10.1 所示。

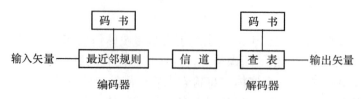

图 10.1 矢量量化器原理

其中,编码器把输入矢量 $x$ 映射为码矢的标号 $i$,即根据最近邻规则从码书中找到与输入矢量最相似的码矢,并将该码矢的标号 $i$ 通过信道传送到解码端。解码器则把标号 $i$ 映射为矢量 $x$,即根据标号 $i$,通过查表法从码书中查出相应的码书 $x$。矢量量化的关键是设计一个好的码书。

### 10.1.2 结构编码

结构编码也称第二代编码,它并不局限于信息论的框架内,而是充分考虑了人类视觉、生理、心理特点,因而能获得高压缩比。例如可以通过考虑图像的方向特性和区域特性,特别是根据这些特性对人类生理、心理的影响不同而进行不同的编码处理,从而获取更高的压缩比和更好的质量。

### 10.1.3 图像编码

#### 1) 基于方向性分解的图像编码

基于方向性分解的图像编码,其侧重点在于将原始图像数据在频域内作多层分解,然后对这些信息灵活地、有选择地加以编码。对图像进行方向分解的主要目的是为了能更准确、更有效地检测和表述图像的边缘信息(包括位置信息和形状信息),并对图像进行恰当的分离。M. Kunt 等人利用一个低通滤波器和八个方向滤波器把图像分解为低频部分和八个方向的高频部分。对于八个方向的高频边缘图,根据人的视觉特性采取不同的编码策略;而对于低频部分则可利用变换编码得到高的压缩比和很小的失真度。

#### 2) 基于区域分解与合并的图像编码

这种方法的基本思路是根据图像不同区域对视觉系统具有不同的特性,对图像信号在时域或空间内进行复杂的分割,其中每一部分都有固定的统计特性。这种编码方法的过程为:

(1) 特征抽取:根据图像的空间特征,首先将图像中的边界、轮廓、纹理等结构特征抽取出来。在这里,特征抽取方法(如分割方法)是关键,它直接影响图像编码的效果。

(2) 编码:用不同的编码方法保存特征抽取阶段所得到的结构特征。例如,对纹理可采用预测编码或变换编码,对边界、轮廓则可采用链码方法进行编码。

(3) 解码:根据结构和参数信息进行合成,从而恢复出原图像。这种编码方法较好地保存了对人眼十分重要的边缘轮廓信息,因此,在压缩比较高时,解码图像质量仍然很好。

### 10.1.4 小波变换编码

图像数据压缩中最常用的正交变换编码方法是 DCT(离散余弦变换)。然而,比较适合于用 DCT 进行压缩的图像只是那些信号带宽很窄的图像。这类图像进行 DCT 变换后,在其系数矩阵上的非零值将分布在非常有限的局部区域上,因而会取得比较好的压缩效果;而对于宽带信号,其变换系数矩阵上的非零值将分布在相当大的局部区域上,不可能取得满意的压缩效果。小波变换恰好弥补了 DCT 不适合对宽带信号进行压缩的缺陷。小波变换是一种频率上伸缩自由的变换,是一种不受带宽约束的数据压缩方法。对于窄带信号,它可以通过缩小的方法使得对信号的描述较为精细;而对于宽带信号,则可以通过放大的方式使刻画满足精度的需要。

利用小波变换对图像编码压缩的过程为:

(1) 利用离散小波变换将图像分解为亮度分量、水平边缘分量、垂直边缘分量和对角边缘分量。

(2) 对于所得到的四个子图,根据人的视觉、生理、心理特点,分别通过对其适当地量化和比特分配来达到压缩的目的。例如,对于亮度子图,可以采用快速余弦变换结合霍夫曼编码的方法进行压缩;而对于三个边缘子图,可以采取去掉高频成分、门限值量化和均匀量化结合霍夫曼编码的压缩策略。

对应的解码过程为:

① 对不同的编码采用不同的解码方法。

② 利用小波反变换还原原来的图像。

目前,小波变换编码已经在 JPEG2000 标准中使用,且表现出较高的压缩比和较小的失真度。

### 10.1.5　基于模型的编码

基于模型的编码实际上是一种基于知识的编码。该方法首先从待压缩数据信息中提取有关模型(包括已知的、未知的、二维的和三维的模型)参数,例如形状参数、运动参数、峰谷参数等;然后将这些模型参数进行编码。解码器则根据收到的模型参数,运用信息合成技术重建原数据信息。与传统的数据压缩技术不同,基于模型的编码充分利用了有关知识和原始信息的内容,因而可以实现非常高的压缩比。

### 10.1.6　分形编码

分形的概念是由数学家 B. Mandelbrot 于 1975 年提出的,他把分形定义为"一种由许多个与整体有某种相似性的局部所构成的形体"。分形概念的提出及分形几何学的创立为描述客观世界提供了更准确的数学模型。图形学是几何学的延伸与发展,分形模型研究成果的积累形成了新的图像学分支——分形图像学。而基于分形的图像编码方法实质是对图像中一个或多个相对大的部分施行压缩变换来接近图像的每一部分。1990 年,A. Jacquin 提出了全自动的可行的分形压缩编码方法,由于其可以获得极高的压缩比而得到广泛关注。

分形编码也是一种模型编码,它利用模型的方法,对需要传输的图像进行参数估测。分形的方法是把一幅数字图像,通过一些图像处理技术,如颜色分割、边缘检测、频谱分析、纹理变化分析等等,将原始图像分成一些子图像。子图像可以是简单的物体,也可以是一些复杂的景物。然后在分形集中查找这样的子图像。分形集实际上并不是存储所有可能的子图像,而是存储许多迭代函数,通过迭代函数的反复迭代,恢复出原来的子图像。表示这样的迭代函数一般只需几个数据即可,从而达到了很高的压缩比。

分形图像压缩编码方法可分以下两类:

(1) 交互式分形图像编码方法

针对给定图像的形状,采用边缘检测、频谱分析、纹理分析、分维方法等传统的图像处理技术进行图像分割,要求被分开的每部分都有比较直观的自相似特征。然后寻找迭代函数系统,确定各个变换系统。再由图像中灰度分布求得各个变换的伴随概率。解码过程是采用随机迭代法来生成近似图像。

(2) 自适应块状分形编码方法

先将图像分割成若干不重叠的值域块 $R_i$ 和可以重叠的定义域块 $D_j$,接着对每个 $R_i$ 寻找某个 $D_j$,使 $D_j$ 经过某个指定的变换映射到 $R_i$,并达到规定的最小误差,记录下确定 $R_i$ 和 $D_j$ 的参数及变换 $W_i$ 后,得到一个迭代函数系统,最后对这些参数进行编码。编码过程包括图像的分割、搜索最佳匹配以及记录相关的系数三个步骤。

分形图像压缩编码的研究发展趋势表现为以下几个方面:

(1) 分形编码在人工干预条件下能够达到相当高的压缩比,但对于如何去掉人工干预则需研究给定的图像,以实现计算机自动确定分形生长模型、IFS 码和 RIFS 码等,并寻找新的压缩模型和新的突破点。

(2) 综合分析当前自动编码的各种改进算法,继续寻找加快编码速度、提高压缩比、改善压缩效果的突破性方法。

(3) 研究按分形维数分割图像,探讨将分形维数相同的区域块用分形方法进行编码的理论、方法及实现的算法。

(4) 继续研究分形编码与其他编码方法相结合的新的编码方法。

(5) 进一步研究分形图像压缩的计算机仿真技术和实际应用。

分形图像压缩编码的应用已经深入到人类活动的各个方面,并已取得了令人瞩目的成果。分形图像压缩既考虑局部与局部,又考虑局部与整体之间的相关性,适合于自相似或自仿射的图像压缩;分形图像压缩解码时能放大到任意大的尺寸,且保持精细的结构;在高压缩比的情况下,分形图像压缩自动编码能有很高的信噪比和很好的视觉效果。因此,分形图像压缩是一个有潜力、有发展前途的压缩方法。

## 10.2 虚拟现实技术

### 10.2.1 概述

虚拟现实技术(Virtual Reality,VR)是 20 世纪末兴起的一门崭新的综合性信息技术,它融合了数字图像处理、计算机图形学、多媒体技术、传感器技术等多个信息技术分支,其实际上就是利用计算机产生一个能让人以自然的视、听、触、嗅等功能感觉到的三维空间环境,让人身临其境,并用人的习惯的能力和方法,对这个生成的"客观世界"进行观察、分析、操作和控制,最终沉浸其中。与通常意义上的多媒体技术相比,该技术将人、计算机间的信息交互通道由二维(声音和图像)扩大到多维(声音、图像和人的其他功能感觉),并且显示的图像由平面变为立体。因此。可以说它是多媒体技术进步的结果,它的出现大大推进了计算机技术的发展。

如上所述,虚拟现实技术提供了更加高级的集成性和交互性,给人以愈发逼真的场景体验,它在航空航天、医药、建筑等诸多领域获得了广泛的应用。美国、日本、欧洲等国家和地区的政府机构和大型的商业公司均已投入大量的人力和物力进行相应的开发研究,有力地推动了此项技术的发展。

虚拟现实,并不是真实的世界,而是一种虚拟的可交互的环境,人们可通过计算机等各种媒介进入该环境与之交流和互动。从超脱不同的应用背景来看,虚拟现实技术是把抽象、复杂的计算机数据空间转化为直观的、用户熟悉的虚拟环境。它的技术实质在于提供一种高级的人机接口。利用虚拟现实技术所产生的局部世界是人造和虚构的,并非是真实的,但当用户进入这一局部世界时,在感觉上与现实世界却是基本相同的。因此,虚拟现实技术改变了人与计算机之间枯燥、生硬和被动的现状,给用户提供了一个趋于人性化的虚拟信息空间。

虚拟现实以模拟方式为使用者创造一个实时反映实体对象变化与相互作用的三维图像世界,在视、听、触、嗅等感知行为的逼真体验中,使参与者可直接参与和探索虚拟对象所处环境中的作用和变化,仿佛置身于一个虚拟的现实世界中。因此,虚拟现实技术最基本的特征就是沉浸感、想像性和交互性。

虚拟现实技术力图使用户在计算机所创建的三维虚拟环境中有身临其境的感觉,处于一种"全身心投入"的感觉状态,即所谓的"沉浸感";同时要让用户觉得自己是处于现实环境和现实的生活中。虚拟现实技术的"沉浸感"特性使它与一般的交互式三维计算机图形有较大的不同；用户可沉浸于虚拟的现实环境——数据空间，可从数据空间向外观察，从而使用户能以更自然、更直接的方式与人机进行数据交互；利用 VR 的沉浸功能，用户暂时与现实环境隔离，并投入到虚拟的现实环境中，从而能真实地观察数据，处理数据。例如，你可以进入一个仿造出来的飞机场，看到一排排飞机，也看到有些飞机正准备起飞；当你向这些飞机走近时，你就会看到这些飞机的体形变大，甚至能看出准备起飞的飞机的机舱内飞行员的脸形，同时听到正要起飞的飞机的气流声，这些都能使你产生身临其境的感觉。

交互性是指参与者通过使用专用设备，用人类的自然技能实现对模拟环境的考察和操作的程度。例如用户在机场可以扶梯登机，抓扶模拟环境中的物体，用户有抓扶的感觉，并能感觉到物体的形状等特性，机场中的物体也能立刻随着人的移动而变化。

由于虚拟现实是多种媒介或多个高层终端用户接口，它的应用能解决工程、医学、军事等方面的一些问题。由于这些应用是虚拟现实与设计者并行操作，充分发挥他们的创造性而设计出来的，所以这极大地依赖于人类的想像力。这就是虚拟现实的想像特征。

正如 Burdea G. 所发表的"Virtual Reality Systems and Applications"一文中曾提出的那样，虚拟现实技术可以用一个由三个"I"（Immersion - Interaction - Inmagination，沉浸-交互-构想）所构成的三角形来形象地描述。

### 10.2.2 虚拟现实系统的分类

交互性和沉浸感是虚拟现实技术最重要的两个特征，根据虚拟现实所倾向的特征的不同，可将目前的虚拟现实系统划分为四个层次：桌面式、增强式、沉浸式和网络分布式虚拟现实。

（1）桌面式虚拟现实利用 PC 机或中、低档工作站作虚拟环境产生器，计算机屏幕或单投影墙是参与者观察虚拟环境的窗口。由于受到周围真实环境的干扰，它的沉浸感较差；可是成本较低，仍然比较普及。

（2）增强式虚拟现实允许参与者看见现实环境中的物体，同时又把虚拟环境的图形叠加在真实的物体上。例如，穿透型头戴式显示器可将计算机产生的图形和参与者实际的即时环境重叠在一起，该系统主要依赖于虚拟现实位置跟踪技术，以达到精确的重叠。

（3）沉浸式虚拟现实主要利用各种高档工作站、高性能图形加速卡和交互设备，通过声音、力与触觉等方式和有效地屏蔽周围现实环境，使得参与者完全沉浸在虚拟世界中。

（4）网络分布式是由上述几种类型组成的大型网络系统，并用于更复杂任务的研究。

### 10.2.3 虚拟现实技术的应用

虚拟现实技术是关于人与计算机通信的技术，其应用极其广泛。目前，它已涉及科研、教育培训、工程设计、商业、军事、航天、医学、影视、艺术和娱乐等众多领域。随着软、硬件价格的下降，虚拟现实技术的应用将更加丰富。以下仅列出几个有代表性的领域：

（1）教育和培训。真实世界中的计算机造型可由虚拟环境来表现。虚拟现实技术可以提供适当的逼真度，用户教育像在真实环境中一样操作虚拟环境中的对象。教育从虚拟环境技术中的获益是显而易见的。

（2）遥感操作虚拟现实技术可用于对人类有害或危险的场合，人无须进入现场而只需在现场安装适当的遥感器或机器人。例如，对沉没的泰坦尼克号的探测就是利用遥感操作技术来完成的。

（3）娱乐场合。由于公众和媒体对虚拟现实技术颇感兴趣，因此，凡是采用了某些"虚拟现实技术"的娱乐方式都有着潜在的经济效益。

（4）医疗场合。虚拟现实技术可用于解剖教学、复杂手术过程的规划，在手术过程中提供操作和信息上的辅助，预测手术结果以及远程医疗等。

（5）虚拟现实技术在军事指挥、训练和航天领域的应用十分广泛。例如，虚拟现实的军事训练、演习、航天实验等。

### 10.2.4 未来的发展趋势

虚拟现实技术实质是构建一种与人可自然交互的"虚拟世界"，允许参与者实时、真实地与其中的对象交互。沉浸式虚拟现实是其最理想的追求。近年来，尽管桌面式虚拟现实系统有一定的局限性，被称为"窗口仿真"，但因其成本低廉而获得了广泛应用；另外，大屏幕投影式虚拟系统亦成为开发的热点之一。总而言之，纵观这三十多年来的发展历程，虚拟现实技术的未来研究还是遵循"低成本、高性能"这一主线，从软件、硬件上分别展开。其主要研究热点方向如下：

（1）动态环境建模技术

虚拟环境的建立是虚拟现实技术的核心内容，动态环境建模技术的目的是获取实际环境的三维数据，并根据应用的需要建立相应的虚拟环境模型。目前，三维数据可以采用 CAD 技术来建立，更多的情况则需采用非接触式的视觉建模技术，而二者的有机结合则可以有效地提高数据获取的效率。

（2）实时三维图形生成和显示技术

目前，三维图形的生成技术已较成熟，而关键是如何"实时生成"。为了达到实时的目的，如今已提出了不少方法，例如减少分段数、删除和隐藏面、纹理贴图以及使用关联复制等，最终至少要保证图形的刷新频率不低于 15 帧/秒，最好高于 25 帧/秒。因此，在不降低图形的质量和复杂程度的前提下，如何提高刷新频率将是今后重要的研究内容。此外，虚拟现实还依赖于立体显示和传感器技术的发展。现有的虚拟设备还不能满足实时生成和显示的需要，因此有必要开发新的三维图形生成和显示技术。

（3）新型交互设备的研制

虚拟现实能让参与者用人类自然的技能与感知能力与虚拟世界中的对象进行交互作用，使之身临其境，借助的输入/输出设备主要有：头盔显示器、数据手套、数据衣服、三维位置传感器和三维声音产生器等。因此，新型、便宜、可靠性好的数据手套和数据衣服等新型交互设备将成为未来研究的重要方向。

（4）智能化的语音虚拟现实建模

虚拟现实建模是一个比较繁复的过程，需要开发人员花费大量的时间和精力。为了解决这个问题，可以考虑将虚拟现实技术与智能技术、语音识别技术结合起来。任何模型都含有模型的概念、模型的描述、模型的功能约束条件、模型的空间和模型的多种形态等基本特征。这些信息若用计算机语言来描述有时会显得很不方便甚至无法表达清楚，并且工作量也非常大；而人类的语言却可以容易地描述任何简单和复杂的事物。因此，利用语音识别技术将人类对模型的属性、方法和一般特点的描述转化成建模所需的数据，然后利用计算机的图形处理技术和人工智能技术进行设计、导航和评价,即将基本模型用对象表示出来,并符合逻辑地将各种基本模型静态或动态地连接起来,最后形成系统模型。在各种模型形成后进行评价并给出结果,最后由人直接通过语言来进行编辑和确认。

(5) 大型网络分布式虚拟现实的应用

网络分布式虚拟现实将分布于多个地点的虚拟现实系统或仿真器通过局域网或广域网联结起来,采用协调一致的结构、标准、协议和数据库,形成一个在时间和空间上互相耦合的虚拟合成环境,参与者可自由地进行交互作用。目前,分布式虚拟交互仿真已成为国际上的研究热点,并相继推出了 DIS、HLA 等相关标准。网络分布式虚拟现实在航空航天中极具应用价值,例如,国际空间站的参与国分布在世界不同区域,分布式虚拟现实训练环境不需要在不同国家重建仿真系统,这样不仅减少了研制费用和设备费用,而且也减少了人员出差的费用和异地生活的不适。

总之,虚拟现实技术是多媒体技术中发展的重要分支之一,未来虚拟现实技术将会是一门成熟的学科和艺术,是一种全新的信息处理方式。它将会在各行各业中得到应用,并且发挥神奇的作用。

## 10.3 智能交互技术

### 10.3.1 人机交互技术概述

人机交互是研究人与计算机以及他们之间相互影响的技术。计算机的发展历史,不仅是处理器速度、存储器容量飞速提高的历史,也是不断改善人机交互技术的历史。人机交互技术,如键盘、鼠标、窗口系统、超文本、浏览器等,已对计算机的发展产生了巨大的影响,而且还将继续影响全人类的生活。人机交互技术是当前信息产业竞争的一个焦点,世界各国都将人机交互技术作为重点研究的一项关键技术。

纵观人机交互的发展历史,是一个从人适应计算机到计算机不断地适应人的发展史,它主要经历了以下几个阶段:

(1) 早期的手工作业阶段。当时交互的特点是由设计者——人来使用计算机,他们采用手工操作和依赖机器代码来适应现在看来是十分笨拙的计算机。

(2) 作业控制语言及交互命令语言阶段。这一阶段的特点是计算机的使用者——程序员可采用批处理作业语言或交互命令语言的方式和计算机进行交互,此时虽然程序员要记忆许多命令和熟练地敲击键盘,但已经可以用较方便的手段来使用计算机、调试程序以及了解计算机的执行情况。

(3) 图形用户界面(GUI)阶段。GUI 的主要特点是桌面隐喻、WIMP(Window/Icon/Menu/Pointing Device)技术、直接操纵和"所见即所得(WYSIWYG)"。由于 GUI 简明易学、减少了记忆操作命令的难度和敲击键盘的次数,因而使不懂计算机的普通用户也可以熟练地使用,拓宽了用户群。它的出现使信息产业得到迅猛地发展。

(4) 网络用户界面的出现。以超文本标记语言 HTML 及超文本传输协议 HTTP 为主要技术的网络浏览器是网络用户界面的代表,由它形成的 WWW 网已经成为当今 Internet 网的支柱。这种人机交互技术在某种程度上改变了人机关系,使人们通过计算机和网络实现远程交互,缩短了人与人之间的时空关系。其主要特点是发展快、新的技术不断出现,如搜索引擎、网络加速、多媒体动画、聊天工具等。

(5) 多通道、多媒体的智能人机交互阶段。以虚拟现实为代表的计算机系统的拟人化和以手持电脑、智能手机为代表的计算机的微型化、随身化、嵌入化是当前计算机的两个重要的发展趋势。ACM 图灵奖 1992 年获得者、微软研究院软件总工程师 Butler Lampson 在题为"21 世纪的计算研究"报告中指出"计算机有三个作用:第一是模拟,第二是计算机可以帮助人们进行通信,第三个是互动,也就是与实际世界的交流"。而以鼠标和键盘为代表的 GUI 技术是影响它们发展的瓶颈,利用人的多种感觉通道和动作通道(如语音、手写、姿势、视线、表情等输入),以并行、非精确的方式与(可见或不可见的)计算机环境进行交互,可以提高人机交互的自然性和高效性。多通道、多媒体的智能人机交互对我们既是一个挑战,也是一个极好的机遇。

### 10.3.2 智能交互技术的进展

#### 1) 笔式交互技术

传统的人机交互都是通过鼠标和键盘来实现,随着人机交互技术的发展,笔式交互技术得到了长足发展。在手写汉字识别方面,中国科学院自动化研究所开发的"汉王笔"手写汉字识别系统经过近 20 年的研究和开发,已能识别 27 000 个汉字,当用非草写汉字、以每分钟 12 个汉字的速度书写时,识别率可达 99.18%。我国现在已约有 300 万手写汉字识别系统的用户。

微软亚洲研究院多通道用户界面组发明的数字墨水技术,采用全新易操纵的笔交互设备、高质量的墨水绘制技术、智慧的墨迹分析技术等,不仅可用作为文字识别、图形绘制的输入,而且可作为一种全新的"Ink"数据模型,使手写笔记更易阅读、获取、组织和使用。数字墨水技术已作为产品结合在微软的 Tablet PC 操作系统中,产生了巨大的社会影响,它还将继续发展,有可能成为新一代优秀的自然交互设备。

在笔式交互技术研究中,中国科学院软件研究所人机交互技术与智能信息处理实验室在笔式交互软件开发平台、面向教学的笔式办公套件(包括课件制作、笔式授课、笔式数学公式计算器、笔式简谱制作等)、面向儿童的神笔马良系统的开发应用方面均有出色的表现,其中不少已经实用化、产品化。最近,瑞典 Anoto AB 公司开发了使用蓝牙技术的 Digital Pens、Digital Papers 专利及相关的开发工具包等,在采用纸、笔的有形(实物)操作界面方面带来诱人的应用前景,已引起广泛重视。

#### 2) 语音识别

在中文语音识别方面,IBM ViaVoice 连续中文语音识别系统经过不断改进,已广泛应用于 Office/XP 的中文版等办公软件和应用软件中,在中文语音识别领域有着重要影响。中国科学院自动化研究所"汉语连续语音听写系统"的特点是建立了基于决策树的上下文相关模型;针对连续语音中声调之间的协同发音问题,建立了相应的变调模型;建立了与识别系统配套的自适应平台,降低 35% 左右音节误识率;提出了领域自适应方法,通过较少的领域语料,可得到较好的领域自适应模型和字典。

语音合成技术,又称文语转换技术。1990 年基音同步叠加(Pitch Synchronous Over Lap and Add,PSOLA)方法的提出,使合成语音的音色和自然度明显提高。基于 PSOLA 方法的法语、德语、英语、日语等语种的文语转换系统相继研制成功，在汉语语音合成方面国内起步较晚，大致也经历了共振峰合成至 PSOLA 方法的过程，在政府的支持下，汉语语音合成技术取得了显著进展，如中国科学院声学研究所的 KX2PSOLA、联想佳音、清华大学的 TH SPEECH、中国科技大学的 KDTAL K 等系统。1999 年，在国家智能计算机研究开发中心、中国科技大学人机语音通信实验室的基础上组建了科大讯飞公司，技术上更着眼于合成语音的自然度、可懂度和音质，设计了基于 LMA 声道模型的语音合成器、基于数字串的韵律规则分层构造、基于听感量化的语音库以及基于汉字音、形、义相结合的音韵码等，先后研制成功音色和自然度更高的 KD863 及 KD2000 中文语音合成系统，并牵头制定中文语音标准。KD863 及 KD2000 中文语音合成系统产品在主流市场有较高占有率，是具有国际先进水平的汉语语音合成技术。

手语识别和合成方面，中国科学院计算技术研究所研制成功了基于多功能感知的中国手语识别与合成系统，它采用数据手套可识别大词汇量（5 177 个）的手语词，该系统建立了中国手语词库，对于给定文本句子（可由正常人话语转换而成），自动合成相应的人体运动数据，最后采用计算机人体动画技术，将运动数据应用于虚拟人，由虚拟人完成合成的手语运动，该系统可输出大词汇量的手语词，为中国聋哑人的教育、生活提供了有用的辅助工具，使他们用手语与正常人的交流成为可能。

自然语言的理解始终是自然人机交互的最重要目标，虽然目前在语言模型、语料库、受限领域应用等方面均有进展，但由于它本身具有的难度（自然语言的不规范性等），自然语言的理解仍是计算机科学家和语言学家的一个长期研究目标。

3）视线跟踪（眼动）技术

由于视线跟踪（眼动）技术的发展使其有可能代替键盘输入、鼠标移动的功能，并可能达到"所视即所得（What You Look at is What You Get）"，因而对残疾人和飞行员等有极大的吸引力。在早期就引起心理学家、交互技术专家的关注：一是研究高质量的眼动跟踪设备；二是如何构造易于操作的用户界面。眼动跟踪设备有强迫式与非强迫式、穿戴式与非穿戴式、接触式与非接触式之分，精度上有所区别，制造成本也差异很大，其中精度和对用户的限制及干扰是一对尖锐的矛盾。目前一类产品是采用头戴微型摄像头的设备，它用来获取两眼瞳孔（或角膜）中的视点，其采样率和精度高，结果可靠，如 SR Research 公司的 EyeLinkII 的采样率可达 500Hz，位置精度小于 $0.1°$，异常分辨率小于$0.005°$。类似的产品很多，如 Tobii Eye2Tracker、SensoMotoricInst Ruments、ViewPoint EyeTracker、Eye Tech Digital Systems 等；另一类是在 PC 机前装了两个微型摄像头的设备，精度不高，但适合残疾人使用，如 LC Technologies 公司的 Eye Gaze 系统、Eye Tech Digital Systems 公司的 Quick Glance 系统等。它们的价格差异很大，从上千美元到几万美元不等。Jacob 等对视线跟踪用于人机交互进行了很好的综述，根据视线跟踪（眼动）技术构造的界面现在被称为"注视用户界面（Attentive User Interfaces，AUI）"。1985 年，MIT 的著名专家开发了第一个 AUI——用眼动编制管弦乐的动态窗口，他在一个大显示器上模拟了用视线注视来选取可同时播放立体声音乐的 40 段乐曲图像，以此来创作乐曲。可以预计，在多人多机交互及虚拟现实系统中视线跟踪将有诱人的应用前景。

4）触觉通道的力反馈装置

触觉通道的力反馈装置在各种人机交互系统中也开始崭露头角，新一代力反馈感应技术主要有触觉感应（TouchSense）技术和动作感应（G2 Force Tilt）技术两种。TouchSense 技术主要用在鼠标/轨迹球等产品中,而 G2 Force Tilt 技术则主要用在动感游戏控制器中。美国 Kensington 公司推出的 Orbit 3DTrackball 力反馈轨迹球采用 Immersion 公司最新的 TouchSense 技术;iFeel Mouse 是罗技公司最新的一款支持震动功能的新一代动感旋貂(鼠标),其外观继承了 2000 年上市极光旋貂,并在其基础上增加了一块控制芯片和一个小马达。因马达的位置在鼠标的中下部,因此主要震动源也来自于手掌根部。在非游戏的高精度触觉反馈装置中,最著名的是由 MIT 人工智能实验室 Massie and Salisbury 开发、美国 SensAble Technologies 公司生产的 Phantom 触觉反馈(6 自由度)设备和 Ghost 软件开发包。由于其精度高,已广泛用于军事、医学、机器人、教学、虚拟现实等各类应用中,我国解放军总医院等单位已将它用于手术的教学培训中;但该设备价格较贵,连同软件约需 15 000 美元/套,从而影响了它的推广。

5) 生物特征识别技术

生物特征识别技术(Biomet Rics)是受到广泛关注的一类新兴识别技术,早期通过对人的指纹识别来确定人的身份,因而指纹识别被广泛应用于安全、公安等部门。随着反恐斗争的日益重要,各国正在对其他人体特征进行广泛研究,希望能尽快找到快速、准确、方便、廉价的身份识别方法。对眼睛虹膜、掌纹、笔迹、步态、语音、人脸、DNA 等的人类特征的研究和开发,正引起政府、企业、研究单位的广泛注意。唇读、人脸表情识别是又一个人机交互技术的热点。唇读将人们说话的语音和嘴唇变化的形态结合起来,以便更准确地获取人们表达的意图、感情和愿望等;人脸表情识别的模型和方法也在不断改进。

6) 智能空间及智能用户界面

智能空间(Smart Space)是指一个嵌入了计算、信息设备和多通道传感器的工作空间。由于在物理空间中嵌入了计算机视觉、语音识别、墙面投影等 MMI 能力,使隐藏在视线之外的计算机可以识别这个物理空间中人的姿态、手势、语音和上下文等信息,进而判断出人的意图并做出合适的反馈或动作,帮助人们更加有效地工作,提高人们的生活质量。这个物理空间可以是一张办公桌、一个教室或一幢住宅。由于在智能空间里用户能方便地访问信息和获得计算机的服务,因而可高效地单独工作或与他人协同工作。国际上已开展了许多智能空间的研究项目(Smart X)。MIT 的人工智能实验室从 1996 年开始了名为 Intelligent Room 的研究项目,其目的在于探索先进的人机交互和协作技术,具体目标是建立一个智能房间,解释和增强其中发生的活动,通过在一个普通会议室和起居室内安装多台摄像头、麦克风、墙面投影等设施,使房间可以识别身处其中的人的动作和意图,通过主动提供服务,帮助人们更好地工作和生活。例如,当墙面投影图像是一张地图时,他可以用手指向某个区域并用语音问计算机这是哪个位置,系统也会根据你当前的位置把你需要的图像投影到离你最近的地方。其他研究还有 Stanford 的 Interactive Workspace、Georgia Tech1 的 Aware Home、UIUC 的 Active Space、Microsoft 的 Easy Living、IBM 的 Blue Space、欧洲 GMD 的 iLand 等。我国清华大学计算机系实现了一个智能环境实验系统——智能教室(Smart Classroom),该教室把一个普通的教室空间增强为教师和远程教育系统的交互界面,在这个空间中,教师可以摆脱键盘、鼠标、显示器的束缚,用语音、手势,甚至身体语言等传统的授课经验来与进行远程学习的学生交互。在这里,现场的课堂教育和远程教育的界限被取消了,教师可以同时给现场学习的学生和远程学习的学生进行授课。智能教室实现了实时远程教学,它借助于一种可靠的多播协议和自适应传输机制的支持,可以在网上开展交互式的远程教育。同时,这个空间可以自动记录教学过程中发生的事件,产生一个可检索的复合文档,作为有现场感的多媒体课件来使用。将智能技术结合到用户界面中,便构成"智能用户界面"(Intelligent User Interface,IUI),智能技术是它的核心,IUI 的最终目标是使人机交互成为和人—人交互一样自然、方便。智能环境是指用户界面的宿主系统所处的环境应该是智能的。智能环境的特点是它的隐蔽性、自感知性、多通道性及强调物理空间的存在。智能空间是"智能环境"的一种,在当今的无线 Internet 网时代,大家通过跨地域的 Internet 网已可以和世界上任何地方的人们进行交互。Internet 网、GPS、移动通信、家电一体化等已为更大范围的智能环境创造了良好的基础。上下文感知是提高计算智能性的重要途径,上下文感知是指计算系统运行环境中的一组状态或变量,其中的某些状态和变量可以直接改变系统的行为,而另一些则可能引起用户兴趣从而通过用户影响系统行为。上下文感知计算是指系统自动地对上下文、上下文变化以及上下文历史进行感知和应用并根据它调整自身的行为。任何可能对系统行为产生影响的因素都属于上下文感知的范畴,包括用户的位置、状态和习惯,交互历史,设备的物理特征、环境温度、光强、交通、周围人等各种状态。

## 10.4 MPEG-21 标准现实技术

面对网络与多媒体日益广泛的应用,人们对媒体信息的消费需求不断地增强,统一的国际标准是使多媒体信息和技术产品在全球范围内通用的必要基础。从 MPEG 系列标准的演进过程来看,MPEG 系列标准的产生最初是出于人们实现多媒体通信的需求,多媒体数据的有效压缩和适当处理成为该领域的关键问题。MPEG-1 和 MPEG-2 提供了压缩视频音频的编码表示方式,为 VCD、DVD、数字电视等产业的发展打下了基础。MPEG-4 通过本身的特性将音视频业务延伸到了更多的领域。其特性包括:可扩展的码率范围,可分级性,差错复原功能,在同一场景中对不同类型对象的无缝合成,实现内容的交互等等。MPEG-4 采用了基于对象的编码方法,使压缩比和编码效率得到了显著的提高。继 MPEG-4 之后,视频压缩标准要解决的问题是对日渐庞大的图像、声音信息的有效管理和迅速搜索,针对该问题 MPEG 提出了解决方案——MPEG-7,它采用标准化技术对多媒体内容进行描述和检索。随着 MPEG-7 的出现,在互操作方式下用户与网络之间方便地交换多媒体信息成为现实。然而,新的发展带来了新的市场需求,新的市场必然带来新的问题。主要表现为:如何获取数字视频、音频以及合成图形等"数字商品",如何保护多媒体内容的知识产权,如何为用户提供透明的媒体信息服务,如何检索内容,如何保证服务质量等。此外,有许多数字媒体(图片、音乐等)是由用户个人生成、使用的。这些"内容供应者"同商业内容供应商一样关心相同的事情,如:内容的管理和重定位、各种权利的保护、非授权存取和修改的保护、商业机密和个人隐私的保护等。目前虽然建立了传输和数字媒体消费的基础结构并确定了与此相关的诸多要素,但这些要素、规范之间还没有一个明确的关系描述方法,迫切需要一种结构或框架保证数字媒体消费的简单性,并很好地处理"数字类消费"中诸要素之间的关系。MPEG-21 就是在这种情况下提出的。

制定 MPEG-21 标准的目的主要有如下三个:

(1) 将不同的协议、标准、技术等有机地融合在一起。

(2) 制定新的标准。

MPEG-21 的重点是为从多媒体内容发布到消费所涉及的所有标准建立一个基础体系,

支持连接全球网络的各种设备透明地访问各种多媒体资源。目前，MPEG 系列国际标准已经成为影响最大的多媒体技术标准，对数字电视、视听消费电子产品、多媒体通信产业产生了深远影响。

MPEG-21 规范主要基于两个基本概念：分布和处理基本单元 DI(the Digital Item)以及 DI 与用户间的互操作。MPEG-21 也可表述为：以一种高效、透明和可互操作的方式支持用户交换、接入、使用，甚至操作 DI 的技术。

(1) DI

DI 是 MPEG-21 框架中，一个具有标准表示、身份认证和相关元数据的数字对象。这个实体是框架中分布和处理的基本单元。为定义 DI，MPEG-21 描述了一系列抽象术语和概念以形成一个实用的模型。这些模型的目的是尽可能地灵活和通用，同时提供尽可能多的功能。

(2) 用户

在 MPEG-21 中，一个用户是指与 MPEG-21 进行环境交互或者使用 DI 的任何实体。这些用户包括个人、消费者、社团、组织、公司和政府部门。从单纯技术的角度来说，MPEG-21 认为"内容提供商"和"使用者"(Consumer)之间没有分别——他们都是用户。一个单独的实体可以以几种方式使用网络的内容，同时所有这些与 MPEG-21 交互的实体都被平等对待。然而，一个用户可以根据与之交互的其他用户的不同来承担特定的角色，发挥不同的作用。在最基本的层次上，MPEG-21 可以被看成是提供用户间交互的一个框架。

1) 当前 MPEG-21 规范介绍

第一部分：景象、技术和策略(Vision, Technologies and Strategy)

MPEG-21 的第一部分在 2001 年 9 月正式被批准。它主要提供了框架的定义并介绍了用户和 DI 的概念。第一部分的题目"景象、技术和策略"用于反映该技术标准的根本目的。

为多媒体框架定义"景象"，使得在大范围内针对不同的终端和网络实现透明传输和对多媒体资源更充分的利用，以满足所有用户的要求。实现器件和标准间的集成，以达到 DI 的产生、管理、传输、控制、分布和使用技术之间的协调一致。制定一个策略，通过定义好的规范和标准，满足不同用户的需求。

第二部分：DID(Digital Item Declaration)

DID 包括视频、音频、文本和图形等媒体源。对于所有 MPEG-21 系统来说，DID 的确切含义是很重要的；但要想为 DID 定义一个精确的定义，同时满足如此众多的文件格式的要求，将是十分困难的。

第三部分：DII(Digital Item Identification)

DII 以标准化的形式来描述特定地点中与之相关的 DI、容器、器件和片断等。在 MPEG-21 的框架中，DI 通过将统一的源标识符(Uniform Resource Identifiers, URI)压缩成标识元素来进行区分。

第四部分：IPMP(Intellectual Property Management and Protection)

MPEG-21 的第四部分为 IPMP 定义了一个互操作的框架。此部分包括从远程位置重新获得 IPMP 工具以及在 IPMP 工具之间、IPMP 和终端之间交换信息的标准方法。它提出了 IPMP 工具的认证，同时实现了权力数据字典(Rights Data Dictionary)和权力表达语言(Rights Expression Language)二者的集成。

第五部分：REL(Rights Expression Language)

MPEG-21 的 REL 是一种机器解释语言,可以提供灵活互操作的机制。它同时支持接入的规范和对数字内容的使用控制。REL 也为个人数据提供灵活的互操作机制,满足个人的要求,保证个人的权益。

第六部分:RDD(Rights Data Dictionary)

MPEG-21 的 RDD 是一个关键术语的字典,其中存放了描述那些控制 DI 的用户的不同权力。它包含一系列清晰、连贯、结构化和集成的术语,用来支持 MPEG-21 的 REL。RDD 规定了字典的结构和核心,同时也规定了如何在注册授权的管理之下进一步定义术语。

为了能在 REL 中使用,RDD 提供了术语的定义。同时,RDD 系统支持元数据从一个命名空间到另一个命名空间的映射和转换,这种变换是基于自动或部分自动方式的,而且语义集成的不确定性和损耗最小。

2)UMA 背景下的 MPEG-21

UMA 负责在不同的网络环境、用户特性和终端设备能力下实现媒体源的传输。UMA 的最初目的就是使具有有限通信、处理、存储和显示能力的终端能够使用到更为丰富的多媒体资源。UMA 提出了接入相同媒体源提供商的有线和无线系统解决方案。UMA 的应用与下一代移动和无线系统相匹配,这在 3G 移动系统(IMT 2000/UMTS)和 3GPP(the Third Generation Project Partnership)的发展中可以看到。UMA 在 3G 系统的业务推动之下得到迅速发展,原因在于 UMA 可以使用户从中受益。显然,只有不同终端和网络媒体源的接入和分布是相关的,UMA 和 MPEG-21 才可能匹配。而要同时满足 UMA 和 IPMP 要求的途径就是使用 MPEG-21 多媒体框架中的 DI。但是,为了达到这些目标,DI 必须与实际使用的环境和媒体源(包括内容格式和源的灵活性描述等)相适应。在 UMA 中,影响流媒体的主要有以下五个因素:内容的可用性、终端的能力、网络性能、用户特性和用户的自然环境。

考虑到流媒体的特点,MPEG 在 2002 年 3 月提出了 MPEG-21 的第七部分。

第七部分:DIA(Digital Item Adaptation)

MPEG-21 中 DIA 的核心概念是 DI 要同时受到源适应机(Resource Adaptation Engine)以及描述符适应机(Descriptor Adaptation Engine)的支配。源适应机和描述符适应机共同产生 DI。另外还要强调,适应机本身是 DIA 的非标准化工具。但是,描述(Descriptions)和独立于格式的机制提供源适应、描述符适应和 QoS 管理等的 DIA 支持,这些都是标准化的。

(1)不同环境中特定的 DIA 要求

DIA 要求支持不同的环境,同时,强调能表述 DI 环境的特性。另外,MPEG-21 还应该支持以下内容:

① 包括终端、网络、传输等在内的环境能力。
② 包括器件类型和处理、软件、硬件、系统等在内的终端能力。
③ 包括时延、纠错和带宽等在内的网络能力。
④ 包括位置、用户和终端速率在内的自然环境能力。
⑤ 包括用户权限和业务类型在内的业务能力。
⑥ 包括不同类型环境之间相关性在内的互操作能力。

(2)媒体源适应性上特定的 DIA 要求

DIA 对于包括内容表述格式和源灵活性描述在内的媒体源的适应性提出了特殊要求。而且,MPEG-21 要支持以下内容:

① 格式化的表述要独立于实际内容表述。
② 内容的表述格式可以升级。
③ 表述应该独立于格式并能自动从源中取出,相反的,表述应该允许以一个独立于格式的方式产生媒体源。
④ 根据重要性和相关进程的灵活性描述元数据。

(3) 其他 DIA 要求

DIA 也提出了对于使用和处理 DIA,并产生影响的其他一些系统要求:

① MPEG-21 应该支持这样一种机制:允许系统处理表述和与之相适应的媒体源特性之间的关系,基于此还能在不同的特性之间实现均衡。

② MPEG-21 应该支持 IPMP 系统和与之相关的权力描述,这使得它能控制 DI 允许的适应性类型。

③ MPEG-21 给我们提供了一种以高效、透明和可互操作的方式,在用户间实现交换、接入、消费、贸易和控制 DI 的解决方案。

而且,对于 UMA,MPEG-21 包含了对 DI 适应的技术,这使得 UMA 可以与服务器、网络和终端处的媒体源相适应。

## 10.5 信息高速公路及其影响

### 10.5.1 概述

早在 1955 年,美国国会议员阿尔伯特·戈尔就曾提出"洲际高速公路"议案,计划建立 7 万多千米、连通美国各州的高速公路。提案获得了议会通过,有力地促进了美国经济繁荣和社会发展。1991 年,另一位美国国会议员、第 45 任副总统小阿尔伯特·阿诺德·戈尔在美国科学与电视艺术研究院的一次讲演中,首次提出"信息高速公路"的概念。他主张把全美国所有公用的信息库及信息网络联结在一起,形成一个全国性的大网络,再把大网络接到作为用户的所有机构和家庭,使人们利用、传递信息更加方便。美国前总统克林顿在 1993 年 2 月发表的题为"促进美国经济增长的技术与经济发展新方向"的《国情咨文》中正式援用"信息高速公路"这一概念。美国政府给"信息高速公路"的定义是:"一个能给用户提供大量信息的,由通信网络、计算机、数据库以及日用电子产品组成的完备网络。它能使所有美国人享用信息,并在任何时间和地点,通过声音、数据、图像或文表相互传递信息。"也就是在美国的政府、研究机构、大学、企业以及家庭之间,利用先进的计算机、通信和视频技术,建立可以交流各种信息的大容量、高速率的通信网络,向用户更有效地提供大量而及时的信息。

由此可见,"信息高速公路"指的不是跑汽车的公路,而是一条跑信息的公路,简单地说,就是以多媒体为车,以光纤为路,通过数字化大容量光纤通信网络,将全国乃至全球的政府机构、企业、大学、科研机构、图书馆、医院和家庭连接起来,以交互式方式快速传递数据、文字、图像和声音的高信息流量的信息网络。利用远距离的银行业务、教学、信息检索、购物、纳税、电子邮件、电视会议、点播电影、医疗诊断等使每个人都连在一起。在美国,信息高速公路的正式名称是"全国性信息基础设施",英文缩写是 NII(National Information Infrustructure)。

自从 1993 年 9 月美国提出 NII 计划以来,在全球引发了一个"电磁波"式的振荡,一个全球化互联网络运动蓬勃兴起。加拿大、英国、法国、日本、欧共体等发达国家和地区先后宣布了雄心勃勃的实现信息高速公路计划;新加坡宣布要建立智能岛;韩国也成为要建成通往信息高速公路的第一批国家。根据西方七国政府首脑会议决定,1995年2月25~26日由欧洲委员会负责组织召开了"七国信息社会部长级会议",专门讨论实现全球信息社会宏伟计划的有关问题,会议取得圆满成功。一致表示:"决心合作促进全球信息社会的发展。"我国政府亦采取积极对策,1995年12月在清华大学正式建成中国科技教育网CERNET并与Internet联网,并及时提出代号为CHINA的《中国人的高速信息网络行动计划》。经过十年的发展,我国民用Internet网的网民总数已经达到1亿,名列亚洲第一、世界第二,仅次于美国。然而,Internet网在中国的发展极不平衡,到目前为止仍然主要集中在城市。虽然大城市的网民比例已经达到或接近50%左右;但在小城市,尤其是农村的Internet网使用则远没有普及。但令人瞩目的是,Internet网作为新型信息传播技术,正在改变传统媒体的作用和人们日常交流的方式;在一定程度上也正开始改变政府和民众交往的方式。Internet网作为一种开放的技术,正对中国相对封闭的传统、文化和体制产生深刻的影响。

### 10.5.2 信息高速公路对社会的影响

信息高速公路是一场跨越时空的新的信息网络革命,它将比历史上的任何一次技术革命对社会、经济、政治、文化等带来的冲击更为巨大,它将改变着我们的生产方式、生活方式和工作方式以及治理国家的方式。

1) 信息高速公路改变了社会物质生产方式,加速社会产业结构的更大规模变革

人类社会的生产方式基本上是劳动者通过劳动工具改变劳动对象的物质形态,生产出满足人类生产和生活需要的产品和商品。从古代经过近代到现代,这已经发生了很大变化。近代,由于蒸汽机的发明和应用,使劳动者作用于劳动对象的生产方式发生了变革,在生产工具中增加了新的成分,即动力机、传动机和工作机。由此而引起了许多人所共知的新兴产业的产生,引起了社会生产结构的巨大变革,使人类社会由农业社会进入了工业社会。到20世纪中叶,由于计算机与自动控制技术的产生和发展,特别是90年代出现的信息高速公路的普遍应用,使劳动者作用于劳动对象的生产工具中增加了新的成分——信息化、智能化、网络化的计算机控制系统,即它是与信息高速公路互联的信息控制机。作为新的生产工具,它大大提高了劳动生产率,由此必然要引起社会产业结构的更巨大的变革,促使社会生产方式发生根本变化和人类社会的不断发展。

2) 信息高速公路促使社会经济形态由物质型向信息型更快转变

在人类社会发展的长河中,人类最先认识和开发的重点是物质材料,人类社会的进步,始终取决于人对物质材料的认识和利用程度,是它决定了人类社会由原始社会向奴隶社会再向封建社会的过渡。在古代这三种社会形态基本上属于农业社会,主要产品是农产品,它的社会经济形态是物质型经济。到了近代,由于蒸汽机以及后来的电机等动力机械的发明和应用,使人类社会走进了工业社会,其主要产品是工业品,人类认识和开发的重点转向了能量、动力,并使能量与物质资源很好地结合起来,但其经济形态仍然是物质型。只有到20世纪中叶,人类才对信息的认识有了很大提高,特别是计算机的发明应用和开始深入的开发信息资源,并利用信息资源与物质、能量资源相结合,创造出各种智能化、信息化、网络化的信息控制生产工具。

信息控制生产工具与动力机械工具相结合形成了具有强大生产能力的复合生产工具,并生产出越来越多的信息产品和工业产品,而在工业产品中则占有越来越多的信息成分。目前,社会经济形态正从物质型向信息型转变。

3) 信息高速公路必将引起的变革

众所周知,信息是继材料和能源之后的第三大资源,是人类物质文明与精神文明赖以发展的三大支柱之一。相应于这三大资源的基础设施是运输物质、人员的交通运输网络和输送能量的电力传输网络。科技史证明交通运输网络和电力网络的产生和发展,都与当时材料和能源的技术革命分不开,这些变革极大地推动了人类社会的发展,改变了人们的生产和生活方式及思想观念,亦引起了管理行为、管理思想、管理方式、管理方法以及管理组织和理论的相应变革。没有蒸汽机的发明和应用就没有近代的交通事业和交通网络;没有内燃机的发明和应用就没有现代的高速公路网络和空中交通网络;没有电力革命就没有电力事业和电力运输网络的产业和发展,管理科学的产生和发展与技术革命息息相关,从科学技术革命的观点来看,最早亚当·斯密等人的管理思想产生是与近代第一次技术革命分不开的;没有电气技术的发展就没有泰罗的科学管理理论;没有第二次世界大战后的现代科学技术革命就不会有组织理论、行为科学、系统管理等管理科学的产生和发展。同理,没有当今信息技术(电子计算机和通信技术)的产生和应用,就不可能有信息高速公路的产生。据此,我们可以推断,在当代信息处理自动化、信息服务网络化、信息应用全民化的发展浪潮中,亦将会产生出新的管理方式、管理方法和管理理论。如果说以往的技术革命中心任务是解放人的体力,其管理理论着重探讨如何充分有效开发利用材料和能源资源,而今天的新技术革命的中心任务是解放人的脑力,扩大人的智力。那么今天我们的管理理论应着重探讨如何充分有效地开发、利用信息资源,并借助信息技术更好地开发利用材料和能源的资源,及由此引起的管理行为、管理思想、管理方式、管理方法以及管理组织和理论的变革。

国外已出版了信息经济学与经济信息论、信息经济的定义及其创造、传播等新的经济管理专著,国内学者亦正组织出版《信息资源管理》丛书。1985年管理信息系统已正式成为一门运用信息技术于经济管理的边缘学科,并普遍应用于宏观与微观管理之中。全国正在积极推进金桥、金卡、金关三金工程,目前各部门正在进行专业部门局域网的建设,以适应信息化管理的需要。如国家经贸委的"金企"工程,石化总公司的石油广域网、民航总公司的旅客服务系统网络中的Intranet网为加入全球的Internet网做好了技术上的准备。我国许多大型国企为适应Internet网发展的新形势,以便能在国际上开展卓有成效的竞争,已在公司内部建立了Intranet网并与国际联网,并在网络平台上实现了信息管理。这些管理信息系统的应用,已使管理面貌为之一新。

近年来,在一些国家企业之间借助于Internet网连接成的相互的信息通信网络系统叫CALS(Commerce At Light Speed)。原来的CALS是1985年美国国防部为了有效地采购运送军事物资的信息系统的名称缩写。CALS推广到企业界后,其内涵也随之变化,现在所说的CALS表示生产、采购及运用支援、综合信息系统。CALS利用信息通信技术的发展和标准化,通过产品的设计、零件的采购及维护等,以便更有效地进行生产,以达到减少生产经费、提高产品质量的目的,CALS愈来愈引起人们的重视,并耗巨资研究开发。

多个企业为了同一目的和目标,通过Internet网集合在一起的信息通信系统,形成一个虚似企业,像一个企业一样进行设计、采购、制造、交货、运行甚至付款结算均可通过网络实施。

今天CALS叫做光速商贸。

4) 信息高速公路使科研教育方式发生了根本性转变

一个需要解决的问题是一切科研工作的起点,选题准确与否决定了科研工作的成败与成效。要使选题准确、得当,具有科学性、创造性、可行性,符合科学发展和社会需要,必须要有准确的、大量的信息。一旦选题确定后,就应针对问题,运用各种手段(包括实验、观察)从现有信息库中或通过通信系统等方式收集所需的资料,进行信息存储与整理加工、处理,形成科学概念、原理和理论,然后将这种认识的结果以信息的形式输出,通过实践活动与物质世界相互作用,与别人进行交流,以科研成果的论文等形式存入人类信息库(如以图书等形式),作为人类的共同财富,或与他人进行直接的交流,这时物质世界可能又有新的现象,提出新的问题,需要人们再认识。信息高速公路使上述科研活动的方式发生了质的变化,它在信息传递的各个阶段(见箭头连线)都可利用信息高速公路和多媒体等信息技术,大大加快了信息的获取、存储、加工处理、传递的渠道速率和容量,加速了科学研究的进程,提高了质量和成功率,扩大了科学研究的范围和方便了科学家交流、协同合作研究。科学家可以通过信息高速公路、电子信箱(E-mail)随时通信,进行信息联系,可以通过多媒体电视会议把分布于各大洲、各地区不同职业的人员聚在一起开会,犹如真的共聚一堂,既闻其声又见其人,频繁地交流学术成果,大大提高了工作效率,而且可以方便地进行合作,共同担负一个课题,就像在一个单位工作一样方便。对此,不仅在国外可以做到,而且在我国也做到了。1995年8月中旬,由中国科学院高能物理所主持召开的第17届国际轻光子相互作用大会,从准备工作到大会进行的全过程以及与全世界有关单位的联系、进行电视会议,面对面地你我相见,都是利用Internet网实现的。另外,还可以提供电子公告、自由论坛、信息研讨等等。科研人员还可以运用Internet网上的远程登录(Telnet)功能,实时启用远在天边的远程计算机对外开放全部资源。如向其输入数据、进行情报检索或运行该机上的程序等等。当主机上没有某些服务,或你所需要服务不能满足时,通过Telnet就能从其他主机上获得这些服务。还可以运用文件传送服务系统(FTP),将网中某一主机上的文件送到你所希望的主机上去。Internet网上有丰富的信息资源、多媒体信息服务,如目前的环球互联网络(World Wide Web,WWW)可以为用户提供当天新闻、当前科研成果,以及其他所需的信息。它可以将Internet网上位于世界不同地点的相关信息,有机地组织起来,如何查询以及到什么地方查询则全由WWW自动完成。WWW除了能浏览文本信息外,还可以通过相应的软件Masaic或Netscape来显示文本所附带的图像、影视和声音等信息。甚至可以查到图书馆中找不到的资料。

信息高速公路对教育方式的变革亦有极大的推动,Internet网作为全球信息网络改变了信息传送的方式,加快了传递速度,为广大教师、学生以及科研人员提供了一个全新的网络计算环境,从根本上改变并促进了他们之间的信息交流、资源共享、科学计算和科研合作。进入20世纪80年代以后,世界上几乎所有发达国家都相继建成了国家级的教育和科研计算机网络,并相互连成覆盖全球的国际性计算机网络,成为这些国家教育和科研工作的最主要的基础设施,从而促进了这些国家的教育和科研事业的迅速发展。1995年12月,我国教育科研计算机网CERNET示范工程的建立,使中国大部分高等院校的教师、研究生和科研人员在全国和全世界的计算机网络环境下进行学习和开展科研工作,极大地提高了教学质量和科研水平,成为中国高等学校进入世界科技领域的快捷方便的入口和科学研究的重要基础设施,培养出面向世界、面向未来的高层次人才。这个网络可为用户提供丰富的网络应用资源。包括:国内外通达的电子邮件服务、提供查询网络用户信息的网络目录服务、文件访问和共享服务；图书科技情报查询服务；具有丰富的学科信息资源的电子新闻服务；能够帮助用户查询、获取并组织信息的信息发现服务；远程高速信息服务和计算机服务；远程计算机教育；远程计算机协同工作；教育和科研管理信息服务等等。总之，它的建成不仅可以大大促进中国教育科研事业的发展，而且可以缩小与发达国家的差距，使中国在21世纪的竞争中处于较主动的地位。

目前，美国、日本等发达国家正在采取更为积极的措施，加大投入扩大Internet网的应用，促进中、小学教育的发展和变革。Internet网的应用必将引起教育观、学习能力观点的变革。未来的教育应培养有创造力、有个性、善于思考、有丰富表现力、能提出问题、具有创造性、提出解决问题的办法的人才。这种由过去被动型变为主动型的教育观的变革应引起高度重视。

5) 信息高速公路开创了信息网络文化新时代

人们对文化的理解有两种：狭义地理解文化是指人的精神生活方式，如知识、哲学、思想、文学艺术、道德和宗教等意识形态现象，广义地理解文化是指人类文明所形成的生活方式或生存方式，包括人类的物质文明和精神文明方式。从广义上说，存在三种不同的人类文化，即物质文化、行为文化和意识文化。意识文化是人的意志活动的成果，表现为经验、科学知识、文艺、社会心理等等；行为文化是人的行为活动本身的文化；而物质文化则是人的物质活动的成果，表现为各种生产资料和生活用品等等。自古以来，人类已经历了采集文化、农业文化、工业文化三个历史阶段，这些都属于物质文化。

20世纪50年代以来随着信息技术的产生和90年代信息高速公路、信息网络技术的发展，人们运用信息网络技术与自然界沟通和调节自然界运动；运用它实现人与人的信息沟通并调节人类社会活动。不仅根本改变了人类的物质生产方式；而且极大地改变了人们的精神生活方式。马克思、培根、拿破仑等伟人曾高度评价历史上印刷术的发明对人类社会进程的革命性功绩，今天的电子出版物和信息、网络技术的产生，亦必将对社会变革起到更大的推动作用，信息网络技术将会重建当代的社会结构。

今天的信息技术和信息网络技术已创造了许多意想不到的奇迹，它实现了信息的获取、加工处理、传输等的重大变革。它实现了"六无"革命，即无纸邮政、无纸贸易、无纸货币、无纸会议、无纸报刊、无纸书籍。它可以通过数字压缩技术把声音、图像、文字等保存在电脑资料库中，随时提供人们使用，并实现信息共享。多媒体数据库可以在任何时候、任何地点，通过任何网络向任何有接收装置的任何人输出。利用信息高速公路1秒钟内可以传送1本大英百科全书，我们可以将美国国会图书馆中拥有的1 800万册图书，全部存储在20盘IBM3850磁带或光盘中，并可借助卫星传输系统，在8小时内将整座国会图书馆"搬到"欧洲任何一个国家去。

# 参 考 文 献

1. 吴乐南. 媒体及其相关技术的原理与应用. 南京：东南大学出版社，1996
2. 钟玉琢. 多媒体技术基础及应用. 北京：清华大学出版社，2000
3. Franklin Kuo, Wolfgang Effelsberg. Multimedia Communication: protocols and application. 1998
4. 罗万伯. 现代多媒体技术应用教程. 北京：高等教育出版社，2004
5. Ralf Steinmetz, Klara NahrsteT. 多媒体原理(第一册). 北京：电子工业出版社，2003
6. 林福宗. 多媒体技术. 北京：北京邮电大学出版社，2000
7. ISO/IEC JTC1/SC29/WG11 N4668, Overview of the MPEG-4 Standard, 2002
8. 马华东. 多媒体技术原理及应用. 北京：清华大学出版社，2002
9. Jan Bormans, Keith Hill, MPEG-21 Overview v.5, ISO/IEC JTC1/SC29/WG11/N5231, 2002
10. 雪威工作室. Premierse 5.X 使用指南. 北京：北京希望出版社，1996
11. 知寒工作室. Photoshop 5.0 简明案例教程. 北京：人民邮电出版社，1999
12. 胡晓峰. 多媒体技术教程. 北京：人民邮电出版社，2002